电路原理

导学导教及习题解答

朱桂萍　于歆杰　陆文娟　刘秀成　编著

清华大学出版社
北京

内容简介

本书是清华大学《电路原理》(于歆杰、朱桂萍、陆文娟编著,清华大学出版社,2007)教材的配套辅导书,结合作者多年的教学经验和学生反馈意见编写而成。书中仍按主教材分为6章,每章再以"教"与"学"过程中的多个难点和课程重点作为论题进行深入分析,并对教材中的相关知识点做了延伸和拓展(如MOSFET和Op-Amp的应用)。本书还对教材中的所有习题给出了详细解答,指出了每一道习题的考查重点。

本书既可以作为普通高等学校电气工程、电子工程、自动化、计算机、微电子、软件工程、生物医学工程等专业本科生学习电路原理课程的复习指导书,也可作为从事电路原理课程教师的教学参考书。此外,书中介绍的内容对于准备参加研究生入学考试的考生和从事与电路相关专业的研究人员来说,也具有参考价值。

图书在版编目(CIP)数据

电路原理导学导教及习题解答/朱桂萍,于歆杰,陆文娟,刘秀成编著. —北京:清华大学出版社,2009.3 (2025.3重印)

ISBN 978-7-302-19223-7

Ⅰ. 电… Ⅱ. ①朱… ②于… ③陆… ④刘… Ⅲ. 电路理论-高等学校-教学参考资料 Ⅳ. TM13

中国版本图书馆CIP数据核字(2009)第001204号

责任编辑:邹开颜
责任校对:王淑云
责任印制:刘海龙

出版发行:清华大学出版社
网 址:https://www.tup.com.cn,https://www.wqxuetang.com
地 址:北京清华大学学研大厦A座 邮 编:100084
社 总 机:010-83470000 邮 购:010-62786544
投稿与读者服务:010-62776969,c-service@tup.tsinghua.edu.cn
质量反馈:010-62772015,zhiliang@tup.tsinghua.edu.cn
印 装 者:涿州市般润文化传播有限公司
经 销:全国新华书店
开 本:185mm×230mm **印 张**:18.75 **字 数**:454千字
版 次:2009年3月第1版 **印 次**:2025年3月第13次印刷
定 价:53.00元

产品编号:019639-07

前 言

FOREWORD

本书是电路原理课程的辅导读物。它与其他教学资料一起，构成了清华大学电路原理课程的立体化教材体系。这些资料包括：

(1) 主教材：《电路原理》[①]。

(2) 教学和学习辅导：《电路原理导学导教及习题解答》(即本书)。

(3) 习题集：《电路原理学习指导与习题集》[②]。

(4) 课件：《电路原理电子课件》[③]。

(5) 教学网站：http://www.eea.tsinghua.edu.cn/pec，其中包括网络课堂和 2007 年秋清华大学电路原理课程的全程录像等多媒体资料。

整套资料的完成以教育部"高等学校电子信息科学与电气信息类基础课程"教学指导分委员会编写的电子信息科学与电气信息类平台课程教学的基本要求为依据。对于电路分析基础课程(信息学院本科生学习，64 学时)，上述 5 项内容构成了完整的教学支撑环境；对于电路理论基础课程(电机系本科生学习，96 学时)，则将主教材替换为《电路原理(第 2 版)》[④]即可。

写作本书的目的主要可以归结为以下三点。

1. 说意犹未尽之话

毋庸置疑，电路原理中有些知识点是需要颇费笔墨才能阐述清楚的。但如果在主教材中对每个知识点都言之务尽，则定会使整本教材显得冗长而重点不清，因此作者在编写过程中不得不有所取舍和保留。篇幅的减少必然带来读者理解上的困难，而且由于某些章节的编排与目前国内其他电路原理教材差别较大，因此很有必要向读者解释清楚作者的写作初衷。本书无疑是畅谈这些意犹未尽之话的最佳去处。

2. 答似是而非之疑

电路原理这门课程的一大特点就是知识点特别多，而且很多知识点相互之间关系紧密。这些知识点往往在学生的若干后续课程中被反复应用。因此对基本概念有清晰而正确的理解是电路教学的基本要求之一。遗憾的是，作者在课下与学生交流或面试研究生的过程中

---

① 于歆杰，朱桂萍，陆文娟编著. 电路原理. 清华大学出版社，2007

② 徐福媛，刘秀成，朱桂萍编著. 电路原理学习指导与习题集. 清华大学出版社，2005

③ 刘秀成，于歆杰，朱桂萍，陆文娟著. 电路原理电子课件. 清华大学出版社，2008 年(该课件可向主教材用量较大的高校任课教师免费赠送。请感兴趣的读者与清华大学出版社联系)

④ 江缉光，刘秀成主编. 电路原理(第 2 版). 清华大学出版社，2007

经常发现，学生能够快速而准确地做对习题，但对基本概念的理解却比较肤浅，经不起推敲。所以有必要对电路原理中学生理解时容易似是而非的一些基本概念进行深入的剖析。

3. 解章后练习之题

尽管作者始终认为题海战术对学好电路原理课程是不适用的，但认真完成适量的练习是学好电路原理的必要手段。学电路，切忌眼高手低、浅尝辄止，务必要踏踏实实算出结果来。关于这一点，在主教材中已有较多讨论，这里就不再赘述。本书给出所有主教材章后习题的完整解答，供读者参考。

本书的写作目的决定了其写作风格。在内容的组织和编排上也许会稍显松散，有点“信马由缰”的感觉，但所有的论题都是有感而发。它们汇集了作者在编写主教材和教学过程中的很多体会，基本上都是电路原理课程教学中必须强调的重点或是学生学习过程中容易出错或难以理解的难点，也有些内容需要和后续课程中的若干知识点相互联系起来才能理解得更为深刻，例如第 2 章和第 4 章中与 MOSFET 相关的部分(目录中已经用 * 标出)。这一部分内容也许并不适合学生阅读，但对于教授电路原理课程的老师来说，却是很有必要搞清楚的。作者非常欣赏清华大学郑君里教授所著《教与写的记忆——信号与系统评注》[①]的写作风格，虽然我们不可能具备大师那样举重若轻的高超技巧，但我们笃信“取法于上，仅得为中，取法于中，故为其下”[②]，因此这种略显轻松的写作风格是我们乐于尝试的。

本书每一章的若干论题篇幅不等，它们之间的联系并不紧密，有时可能需要一些后面的知识才能读懂前面的内容。从导学的角度看，这也许会给学生造成一些困难；但从本书的另一出发点——导教的角度看，这种阐述方法也许会帮助教师或者已经全部学完本课程的学生更加深刻、正确地认识一些知识点之间的相互联系。

本书的写作分工基本与主教材相同，即朱桂萍主要负责第 5、6 章的编写，于歆杰主要负责第 1、2、4 章的编写，陆文娟主要负责第 3 章的编写，刘秀成对各章均有贡献。正是由于本书具有略显轻松的写作风格，同时并不要求体系完整，因此可以允许教师针对其他内容编写自己感兴趣的话题。

由于作者水平有限，难免存在错漏之处，我们恳切希望读者多多批评指正。联系方式为：朱桂萍，北京市清华大学电机系，100084，010-62794878，gpzhu@tsinghua.edu.cn。

作　者

2008 年 9 月于清华园

① 郑君里，高等教育出版社，2005

② 李世民《帝范》卷四

目录

CONTENTS

第1章 绪论

0 组织结构图

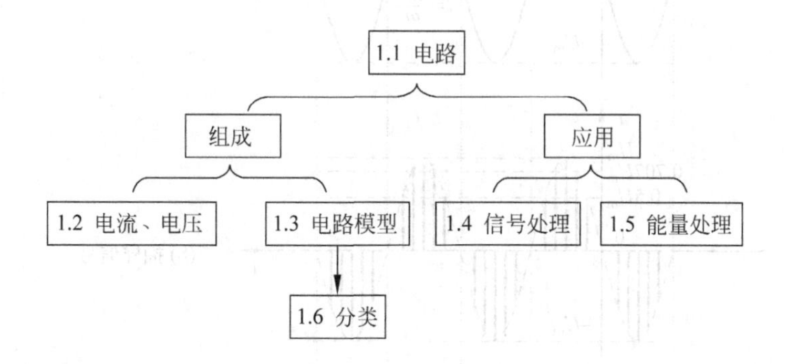

1 重读方案

一本好的教材应该是常读常新的。这里的"常读",既包括在学习过程中反复阅读教材的相关章节从而掌握各知识点的实质和相互之间的联系,也包括在一门课程学习结束一段时间后再次阅读教材。通过一段时间的积淀,也许会更深刻地体会作者在写作时的良苦用心。

为使主教材可以是常读常新的,在编写过程中作者努力使之满足读者日后查阅的需要。建议读者学完电路原理课程后重读教材第1章;学习模拟电子线路之前重读教材4.4～4.7节;学习数字电子线路前重读教材2.8～2.9节,学习信号与系统之前重读教材6.8节;学习通信电路之前重读教材1.4节;学完电磁学和电磁场(电动力学)后重读教材附录A。

2 关于模拟信号、数字信号、采样信号和阶梯信号

教材的1.4.1小节讨论了信号的分类,可以总结为图1.1。

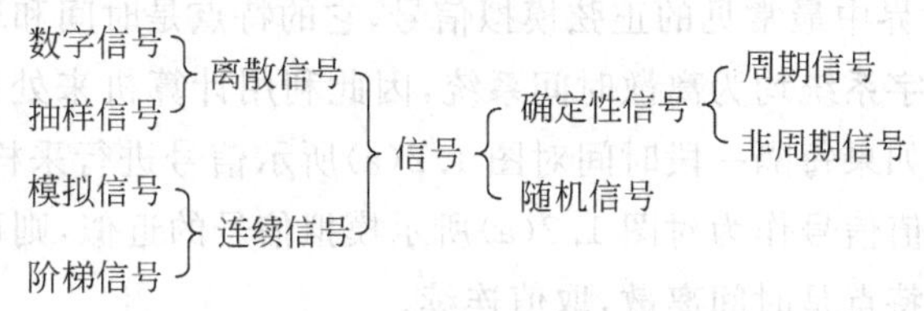

图1.1　信号的分类

下面来关注图 1.1 中左半部分的分类方式。

图 1.2 给出了几种信号的波形，其中包括教材中并没有提到的时间连续取值离散的阶梯信号。

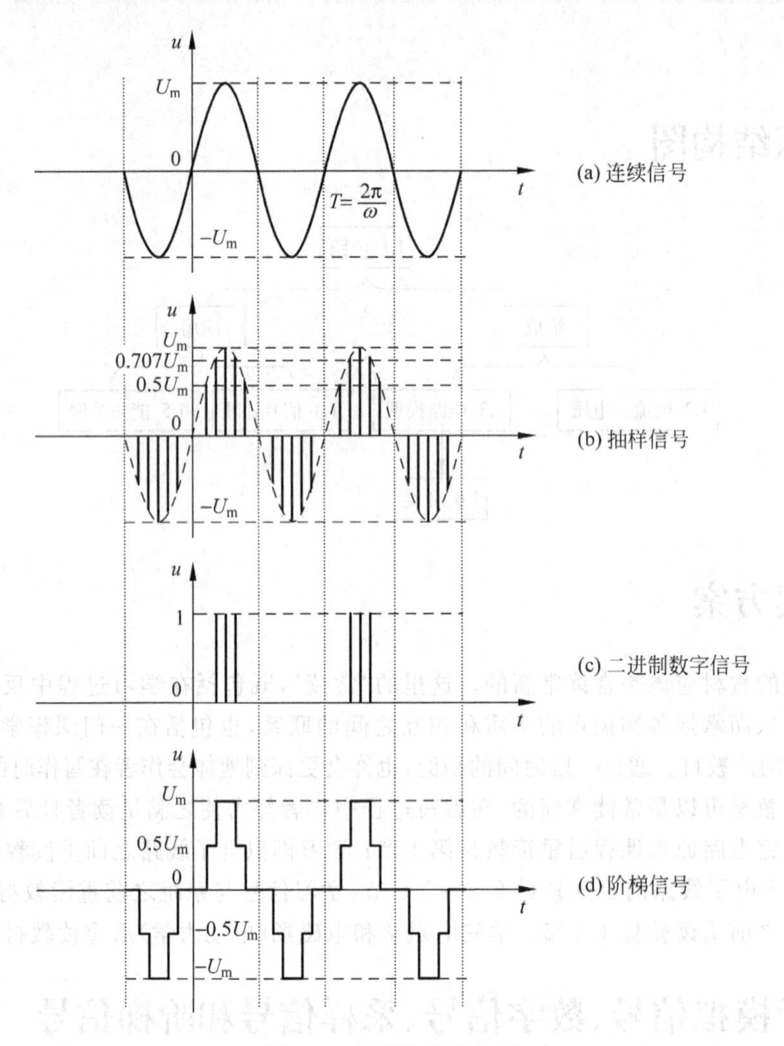

图 1.2 几种信号的波形

图 1.2(a)是自然界中最常见的正弦模拟信号，它的特点是时间和取值均连续。

由于计算机等数字系统均为离散时间系统，因此利用计算机来处理模拟信号的第一步必须对其进行采样。如果每隔一段时间对图 1.2(a)所示信号进行采样，并将这些在离散时间点采集来的连续取值信号作为对图 1.2(a)所示模拟信号的近似，则可以得到图 1.2(b)所示的抽样信号。它的特点是时间离散，取值连续。

为了能够用计算机来处理，除了在时间轴上离散采样之外，还需要对采样信号的连续值进行离散化(这个问题将在第 2 章论题 13 中详细讨论)。这样得到的信号称为数字信号。它的特点是时间和取值均离散。如果只有两种取值，则称其为二进制数字信号。对图 1.2(b)所示采样信号，设置某个阈值($0.707U_m$)，认为大于该阈值表示信息 1，小于该阈值表示信息 0，就可以得到图 1.2(c)所示的二进制数字信号，它从 $t=0$ 时起表示信息 0011100000000111……

图 1.2(d)所示为阶梯信号，这种信号的特点是时间连续，取值离散，它们在功率电子学(power electronics，也称为电力电子学)中广泛存在。在功率电子学中，通常用“开关”这种非线性元件来控制能量的流动，从而达到处理能量的目的。有一种功率变换方式叫做逆变(或称 DC/AC 变换)，即将直流变换为交流。逆变的基本原理可用图 1.3 所示电路来说明。

为简单起见，假设负载是纯电阻。由图 1.3 易知，开关 S1、S4 闭合，S2、S3 断开时，$u=U_S$；S1、S4 断开，S2、S3 闭合时，$u=-U_S$；S1、S2、S3、S4 全部断开时，$u=0$。因此负载上的电压是交变的，其波形可能如图 1.4 所示。无疑，用这种方式实现的交流是非常粗放的，只有 0 和 $\pm U_S$ 这 3 种电压。如果希望产生类似于正弦那样的交流，则需要采取其他手段。

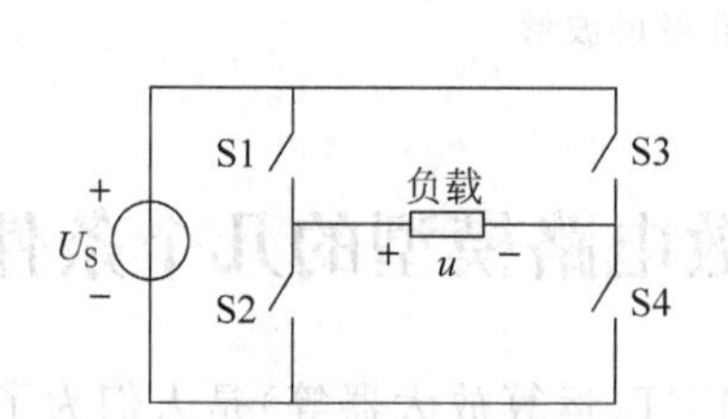

图 1.3 逆变的基本原理[1]

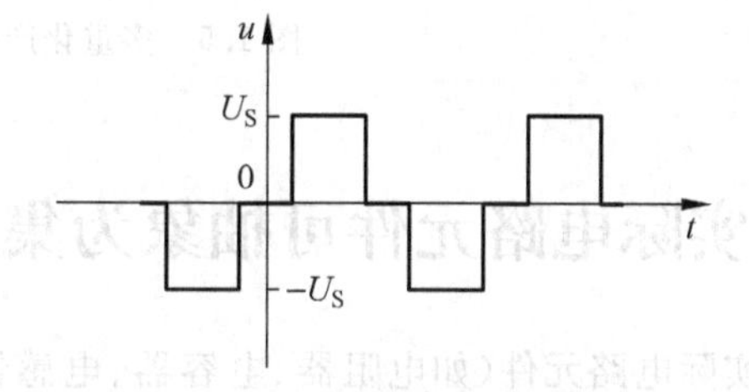

图 1.4 一种可能的逆变输出波形

如果能够产生两个相互错开一定角度的逆变输出波形(图 1.5(a)和(b))，然后将其相加，则可得到更接近正弦的波形(图 1.5(c))。这种方法称为多重化。

由图 1.4 和图 1.5(c)可以看出：这两种波形在时间上是连续的，但在取值上是离散的，每隔一定时间输出就上/下一个“台阶”，因此称为阶梯信号。图 1.5(c)输出了 0、$\pm U_S$、$\pm 2U_S$ 共 5 种电压。相比图 1.4 所示波形，多重化技术可产生更接近正弦信号的输出。根据教材 6.8 节的知识可知，图 1.5(c)所示波形的谐波分量也更小。

除了上文所说的多重化技术，在电力电子技术中还有其他对正弦近似的手段，如脉冲宽度调制(PWM)等，请参考相关读物，如参考文献[1]。

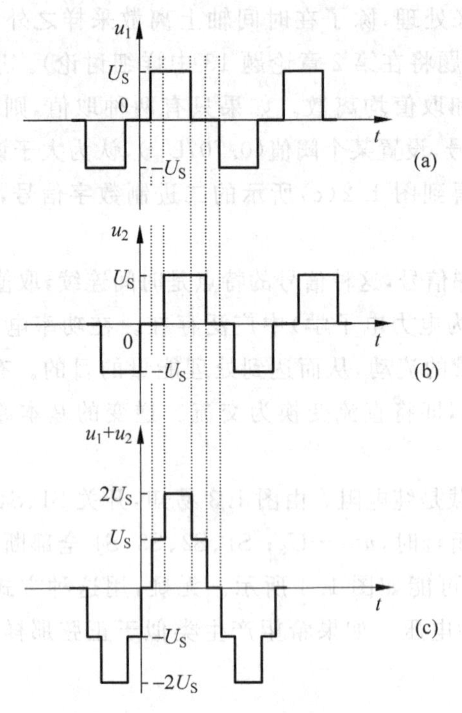

图 1.5 多重化产生更接近正弦的波形

3 实际电路元件可抽象为集总参数电路模型的几个条件

实际电路元件(如电阻器、电容器、电感器、MOSFET、运算放大器等)是人们为了某种目的生产出来的、具有某种电气性能的元件。如何用电路模型来表示这些元件呢？对这个问题的回答需要考虑该实际元件的使用场合和求解问题所需的精度。

从本质上来讲,只有麦克斯韦方程组才能精确地描述所有电气元件中的电磁性质,但列写和求解麦克斯韦方程组在数学上和物理上都是很复杂的事,因此人们往往希望能够对电路元件进行抽象,使其能够用集总参数电路模型来表征,从而可以用电路分析手段求出误差可接受的解。一般来说,一个实际电路元件的电路模型随着该元件的使用场合及问题的求解精度不同而不同。元件的材料、结构、尺寸、是否存在外加场和激励频率等因素都会对元件的电路模型有影响,在这些因素都满足一定条件时,才能用集总参数电路模型来描述实际元件。

材料需要满足的条件是：电阻元件的电导率比周围介质的电导率大很多,电感元件的磁导率比周围介质的磁导率大很多,电容元件的介电常数比周围介质的介电常数大很多。只有满足这些条件,才能确保电流始终在电阻元件中流动,磁场始终维持在电感元件中,电场始终维持在电容元件中。

结构需要满足的条件是：没有产生强电场和强磁场的结构。特别尖锐的结构可能会在电压和电流并不很大时形成很强的电场或磁场，从而使得该元件无法用集总参数模型来表示。

尺寸需要满足的条件是：元件空间尺度比电源发出的电磁波波长小很多。这一点在教材的 1.6 节第 5 部分有比较详细的讨论。

外加场的约束是：该元件不位于其他电场或磁场中。举例来说，如果一段导线位于某个变化的外加磁场中，则根据法拉第电磁感应定律，在该导线上必然产生感应电动势，但这个电动势却与导线所在的电路无关。因此该导线就不能仅建模为电阻或电阻与电感的串联，必须将外加磁场的影响用独立电压源来建模。

此外，要想用集总参数模型对实际电路元件建模，还需要对电路的工作频率有一定限制。这一点与元件尺寸需要满足的条件类似，在教材的 1.6 节第 5 部分也有比较详细的讨论。

4 电路的基本量和电磁场的基本量

教材附录 A 的最后引用了法肯伯尔格的一幅重要关系图来说明电路基本量和电路基本模型间的关系(图 A9.5)，并据此说明 u、i、q 和 Ψ 是电路的 4 个基本量。事实上，这 4 个基本量都是所谓的积分量。根据国际电工委员会(IEC)的标准，积分量指的是电磁场中相关量的线、面或体积分，这些相关量有：电场强度 $\boldsymbol{E}$，电通密度 $\boldsymbol{D}$，磁场强度 $\boldsymbol{H}$，磁通密度 $\boldsymbol{B}$，体电荷密度ρ，电流密度 $\boldsymbol{J}$ 等。下面介绍一下这些电磁场量与电路基本量之间的积分关系。

根据静电场的保守性质可定义电位差(即电压)为

$$u_{\mathrm{AB}} = \varphi_{\mathrm{A}} - \varphi_{\mathrm{B}} = \int_{\mathrm{A}}^{\mathrm{B}} \boldsymbol{E} \cdot \mathrm{d}\boldsymbol{l} \tag{1.1}$$

式(1.1)等号右侧的积分表示给定积分路径的方向后的第 2 类曲线积分，式(1.1)给出了 $\boldsymbol{E}$ 和 u 之间的积分关系。

根据高斯定理，考虑极化后有

$$\oiint_S \boldsymbol{D} \cdot \mathrm{d}\boldsymbol{S} = q \tag{1.2}$$

式(1.2)等号左侧的积分表示正方向向外的闭合曲面的第 2 类曲面积分，右侧的 q 表示该闭合曲面包围的净自由电荷。式(1.2)给出了 $\boldsymbol{D}$ 和 q 之间的积分关系。

在恒定电流场中，根据电流密度的定义，有

$$I = \iint_S \boldsymbol{J} \cdot \mathrm{d}\boldsymbol{S} \tag{1.3}$$

式(1.3)等号右侧积分表示给定某个曲面正方向后，电流密度 $\boldsymbol{J}$ 的第 2 类曲面积分。式(1.3)

给出了 $\boldsymbol{J}$ 和 I 之间的积分关系。

在恒定磁场中，磁通的定义为

$$\Phi = \iint_S \boldsymbol{B} \cdot \mathrm{d}\boldsymbol{S} \tag{1.4}$$

式(1.4)等号右侧积分表示给定某个曲面正方向后，磁通密度 $\boldsymbol{B}$ 的第2类曲面积分。式(1.4)给出了 $\boldsymbol{B}$ 和 Φ 之间的积分关系。此外，由于 $\Psi = N\Phi$，式(1.4)实际上也给出了 $\boldsymbol{B}$ 和 Ψ 之间的积分关系。

根据恒定磁场中的安培环路定律，考虑磁化后有

$$\oint_L \boldsymbol{H} \cdot \mathrm{d}\boldsymbol{l} = I \tag{1.5}$$

式(1.5)等号左侧积分表示给定积分路径的方向后，磁场强度 $\boldsymbol{H}$ 的闭合曲线的第2类曲线积分，右侧的 I 表示曲线包围的净电流，电流的参考方向由该闭合曲线方向和右手螺旋定则共同确定。式(1.5)给出了 $\boldsymbol{H}$ 和 I 之间的积分关系。

参考文献

[1] 王兆安，黄俊. 电力电子技术. 第4版. 北京：机械工业出版社，2003

第2章 简单电阻电路分析

0 组织结构图

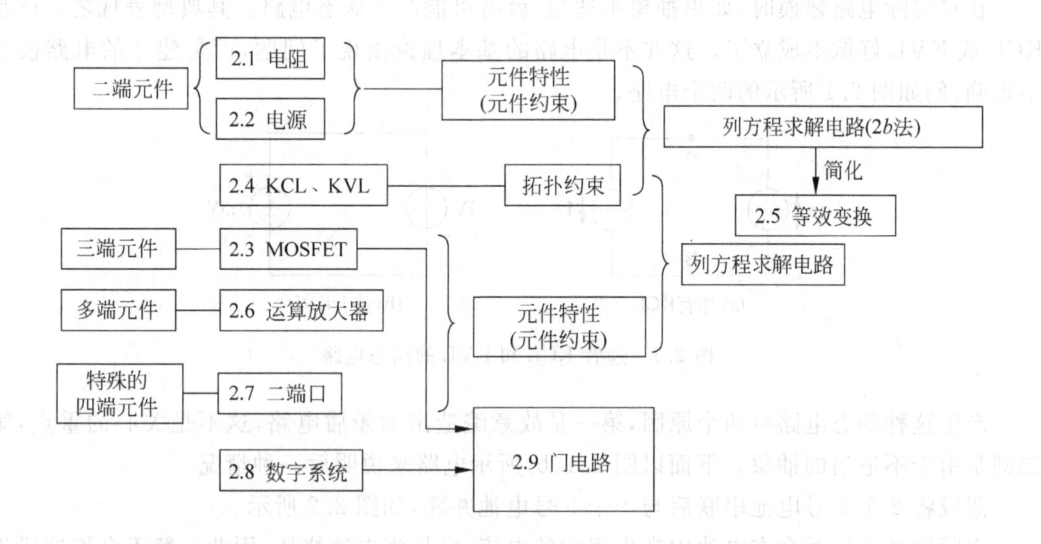

1 电阻和独立电源的 u 和 i 参考方向设定

一般情况下，通常将电阻的 u、i 设为关联参考方向，而对独立电源的 u、i 则采用非关联参考方向。这种设定是符合直觉认识的，即电阻吸收功率，独立电源发出功率（事实上独立电源也可以吸收功率）。

关于元件发出和吸收的功率有两种等效的记忆方法。

法 1 只记关联参考方向下的表达式，即

$$p_{吸} = ui \tag{2.1}$$

当 u、i 的参考方向非关联时，改变 u、i 中任一变量的符号以表示其在关联参考方向下的取值，再利用式(2.1)进行计算。若计算结果为正，表明元件实际上确实在吸收功率；若计算结果为负，表明元件实际在发出功率。

法 2 只记表达式

$$p = ui \tag{2.2}$$

u、i 取关联参考方向时，p 表示该二端元件吸收的功率，否则就表示其发出的功率。根据上

文所说的设定方法，将电阻的 u、i 设为关联参考方向，独立电源的 u、i 设为非关联参考方向，则利用式(2.2)求出的就是电阻吸收的功率或电源发出的功率。建议在表达式前明确指明是吸收功率或是发出功率。

对于初学者，作者建议采用第1种表达式计算功率。

2 不适当的抽象可能产生病态电路

在对实际电路建模时，如果抽象不适当，就有可能产生病态电路。其典型表现之一就是KCL或KVL好像不成立了。这并不是电路的基本理论出现了问题，而是建立的电路模型不正确，例如图2.1所示的两个电路。

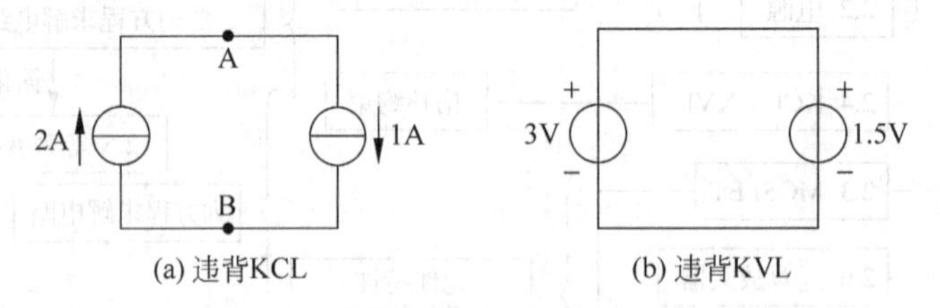

图2.1 违背KCL和KVL的病态电路

产生这种病态电路有两个原因，第一是故意编造出的矛盾电路，这不是关心的重点，第二则是由于不适当的抽象。下面以图2.1(b)所示电路来说明后一种情况。

假设将2个5号电池串联后与1个5号电池并联，如图2.2所示。

实际这样操作时会在电池中产生很大的电流，容易将电池烧坏，因此一般不允许这样连接。但无论如何，这种连接与违反KVL无关。假设每个5号电池的内阻为0.1Ω，此时对这个实际电路建立的正确的电路模型应该如图2.3所示，该电路模型完全可以用KCL和KVL来分析。

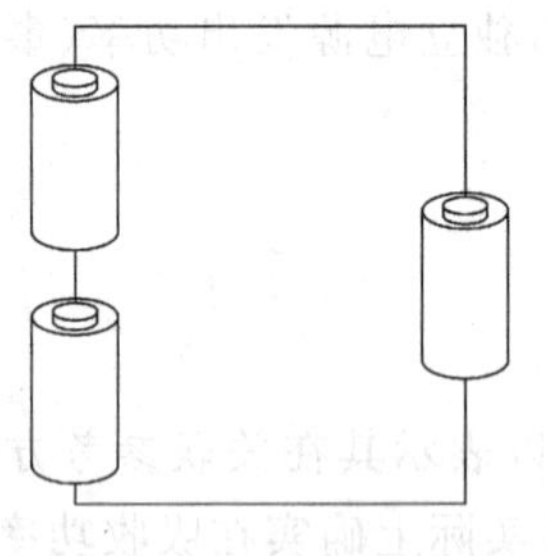

图2.2 实际电路

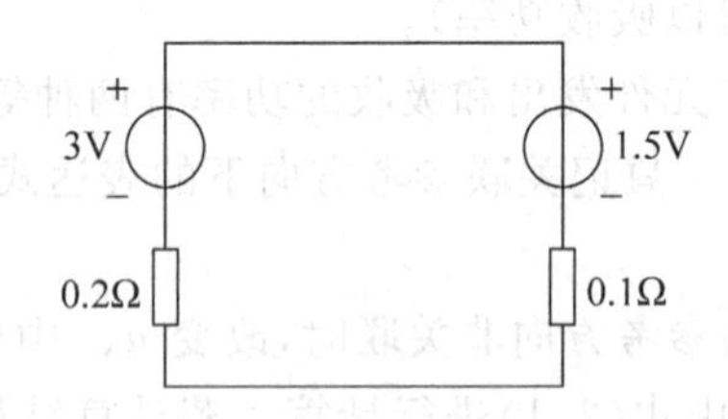

图2.3 合理抽象的电路模型

当外部电阻比电池内阻大很多的时候，电池内阻可忽略，实际电池可建模为一个理想电压源。但在图2.2中，若以左侧两个串联电池作为电源，右侧电池作为外部负载，该条件(外部电阻比电池内阻大很多)不成立,因此建模时必须考虑电池内阻,实际电池应该建模为一个理想电压源和一个电阻的串联,从而避免图 2.1(b)所示的病态电路。

总之,在对实际元件进行抽象、建模和对电路模型进行简化时,要特别注意抽象和简化的条件,否则就有可能产生不正确的电路模型。

3　电阻电路的灵敏度

灵敏度这个概念并非电路分析中独有,它在很多科学和工程领域都有广泛的应用。

讨论灵敏度的目的是定量分析系统参数的微量变化对系统输出的影响。假设某系统的输出 y 由 3 个参数 x_1、x_2、x_3 决定,即

$$y = f(x_1, x_2, x_3) \tag{2.3}$$

则根据多变量微积分中的偏导数关系可知

$$\frac{\partial y}{\partial x_1} = \frac{\partial f(x_1, x_2, x_3)}{\partial x_1} \tag{2.4}$$

$$\frac{\partial y}{\partial x_2} = \frac{\partial f(x_1, x_2, x_3)}{\partial x_2} \tag{2.5}$$

$$\frac{\partial y}{\partial x_3} = \frac{\partial f(x_1, x_2, x_3)}{\partial x_3} \tag{2.6}$$

式(2.4)表示在 x_2 和 x_3 均不变化的条件下,x_1 的微量变化对输出 y 的影响。式(2.5)和式(2.6)可以进行类似的解释。

搞清楚系统中每个参数的微量变化对输出的影响是很重要的。举例来说,一个大程序中每个子程序的执行时间可以视为若干个系统参数,它们共同决定了大程序的总执行时间(视为输出)。如果用户感觉程序执行太慢,首先可利用灵敏度的概念来分析,确定哪个子程序对总执行时间的影响最大,然后再对该子程序进行改进,就可以达到事半功倍的效果。

在电路中也存在类似的情况。每个电阻的实际阻值和它的标称值之间都是有一定误差的。一般来说,电阻的阻值精度越高,价格越昂贵。如果为了保证电路的输出精度,将所有电阻都使用高精度电阻,可能会造成不必要的浪费。实际上,只需通过灵敏度分析,将对输出精度影响较大的电阻换成高精度电阻就可以了,其他电阻则使用一般精度的电阻。这样既保证了电路性能,又降低了成本。

以图 2.4 所示分压器电路为例。以 R_2 上的电压 U_2 作为输出,影响输出的参数包括电源电压 U_S 和两个电阻的阻值 R_1 和 R_2。

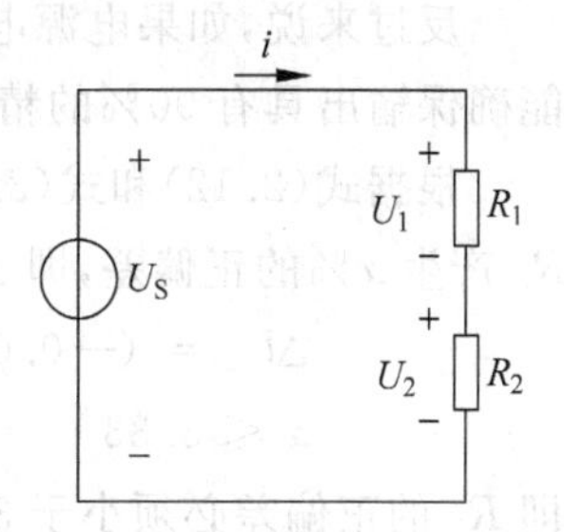

图 2.4　分压器电路

根据电阻串联分压关系,图 2.4 所示电路的输出为

$$U_2 = U_S \frac{R_2}{R_1 + R_2} \tag{2.7}$$

利用式(2.4)～式(2.6)来分析式(2.7)中3个参数对输出的影响(即灵敏度)，则有

$$\frac{\partial U_2}{\partial U_S}=\frac{R_2}{R_1+R_2} \tag{2.8}$$

$$\frac{\partial U_2}{\partial R_2}=U_S\frac{R_1}{(R_1+R_2)^2} \tag{2.9}$$

$$\frac{\partial U_2}{\partial R_1}=-U_S\frac{R_2}{(R_1+R_2)^2} \tag{2.10}$$

式(2.8)～式(2.10)表明：增加 U_S 和 R_2，电路的输出会增大；而增加 R_1，电路的输出会减小。

假设 $U_S=10\text{V}$，$R_1=30\Omega$，$R_2=10\Omega$，则图2.4所示电路表示了一个1/4分压电路。将上述参数代入式(2.8)～式(2.10)，可得

$$\frac{\partial U_2}{\partial U_S}=0.25 \tag{2.11}$$

$$\frac{\partial U_2}{\partial R_2}=0.1875\text{V}/\Omega \tag{2.12}$$

$$\frac{\partial U_2}{\partial R_1}=-0.0625\text{V}/\Omega \tag{2.13}$$

式(2.11)～式(2.13)说明：

(1) 电源电压的绝对变化对输出的影响最大。

(2) R_2 阻值的绝对变化对输出的影响大于 R_1 阻值的绝对变化对输出的影响。

假设电源电压精确，两个电阻均可能产生10%误差，问输出能否确保具有90%的精度？

根据式(2.12)和式(2.13)可知，如果 R_2 产生10%的正偏差，即 $\Delta R_2=0.1\times10=1(\Omega)$，同时 R_1 产生10%的负偏差，即 $\Delta R_1=-0.1\times30=-3(\Omega)$，则输出最大偏差为

$$\Delta U_2=\Delta R_1\frac{\partial U_2}{\partial R_1}+\Delta R_2\frac{\partial U_2}{\partial R_2}=(-0.0625)\times(-3)+0.1875\times1=0.375(\text{V})$$

占输出的0.375/2.5=15%，因此无法确保具有90%的精度。

反过来说，如果电源电压精确，R_1 可能具有10%的误差，R_2 要在怎样的误差等级下才能确保输出具有90%的精度？

根据式(2.12)和式(2.13)，如果 R_1 产生10%的负偏差，即 $\Delta R_1=-0.1\times30=-3(\Omega)$，$R_2$ 产生 x%的正偏差，即 $\Delta R_2=10\times0.01x=0.1x(\Omega)$，则输出偏差为

$$\Delta U_2=(-0.0625)\times(-3)+0.1875\times0.1x\leqslant2.5\times0.1=0.25$$

$$x\leqslant3.33$$

即 R_2 的正偏差必须小于3.33%，才能确保输出具有90%的精度。

根据式(2.8)～式(2.10)定义的灵敏度称为绝对灵敏度，表示的是系统参数的绝对变化量对系统性能的绝对影响。与之相关的另一种定义是相对灵敏度，表示的是系统参数的相对变化量对系统性能的相对影响。将式(2.8)、(2.9)、(2.10)分别除以式(2.7)，通过整理可

以得到

$$\frac{dU_2}{U_2}=\frac{dU_S}{U_S} \tag{2.14}$$

$$\frac{dU_2}{U_2}=\frac{R_1}{R_1+R_2}\frac{dR_2}{R_2} \tag{2.15}$$

$$\frac{dU_2}{U_2}=-\frac{R_1}{R_1+R_2}\frac{dR_1}{R_1} \tag{2.16}$$

将上述电路参数代入式(2.14)～式(2.16)，可得

$$\frac{dU_2}{U_2}=\frac{dU_S}{U_S} \tag{2.17}$$

$$\frac{dU_2}{U_2}=0.75\frac{dR_2}{R_2} \tag{2.18}$$

$$\frac{dU_2}{U_2}=-0.75\frac{dR_1}{R_1} \tag{2.19}$$

式(2.17)～式(2.19)说明：

(1) 电源电压的相对变化量对输出的影响最大。

(2) R_2 阻值的相对变化量对输出的影响等于 R_1 阻值的相对变化量对输出的影响(只考虑大小)。

利用相对灵敏度同样可以进行定量分析。假设电源电压精确，两个电阻均可能产生10%误差，问输出能否确保具有90%的精度？

由式(2.18)和式(2.19)可知，如果 R_2 产生10%的正偏差，同时 R_1 产生10%的负偏差，则输出偏差为

$$\frac{dU_2}{U_2}=0.75\times0.1+0.75\times0.1=15\%$$

无法确保具有90%的精度，与用绝对灵敏度分析得到的结论一致。

反过来，在电源电压精确，R_1 可能具有10%的误差条件下，求 R_2 要在怎样的误差等级下才能确保输出具有90%的精度。

根据式(2.18)和式(2.19)，如果 R_1 产生10%的负偏差，同时 R_2 产生 x%的正偏差，则输出偏差为

$$\frac{dU_2}{U_2}=0.75\times0.1+0.75\times0.01x\leqslant10\%$$

同样可以求出 R_2 的正偏差小于3.33%。

下面给读者留一个思考题，假设电源电压、R_1 的阻值都精确，R_2 的实际阻值比设计值大了1Ω，则根据式(2.12)可知，实际输出比设计值大了0.1875V，即实际输出应为2.6875V。但如果把 $U_S=10V$，$R_1=30\Omega$，$R_2=11\Omega$ 代入式(2.7)算出的实际输出却是2.6829V。请读者尝试对这个不一致进行解释。

4 对受控源的讨论

教材 2.5.1 小节第 5 部分在讨论含电阻和受控源二端网络等效电阻时指出：对于含电阻和受控源的二端网络来说，如果受控源的控制量在网络中，则一般可以将该网络等效为一个电阻。

在这句表述中，特别强调“受控源的控制量在网络中”是有所指的。如果受控源的控制量包含在该二端网络中，则在用加压求流或加流求压求等效电阻的过程中，这个控制量一定能够被消去，最终表示为 $U/I=R_{eq}$ 的形式。在图 2.5 所示的电路中，容易求出

$$R_{eq}=U/I=3\Omega$$

但如果在图 2.5 所示电路中要求 R'_{eq}，则由于控制量 I_1 不在欲求等效电阻的二端网络中，在求解过程中该控制量无法被消去(若用加压求流法，此时电压加在 1Ω 电阻的右侧)。

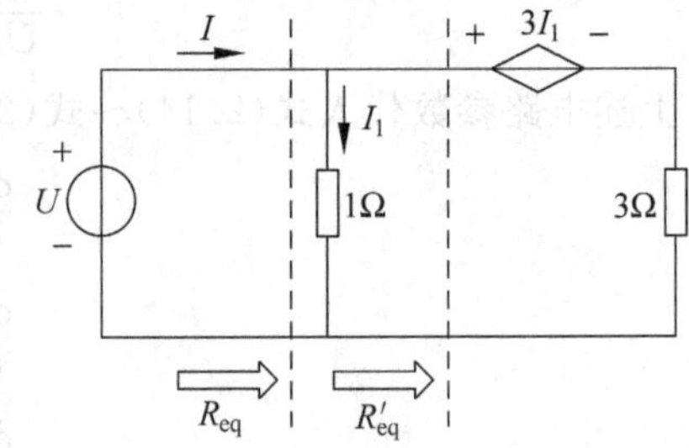

图 2.5 含电阻和受控源的二端网络

但从实际电路来说，这样的阐述实际是不必要的。教材给出了 4 种线性受控源的电路模型，如图 2.6 所示。

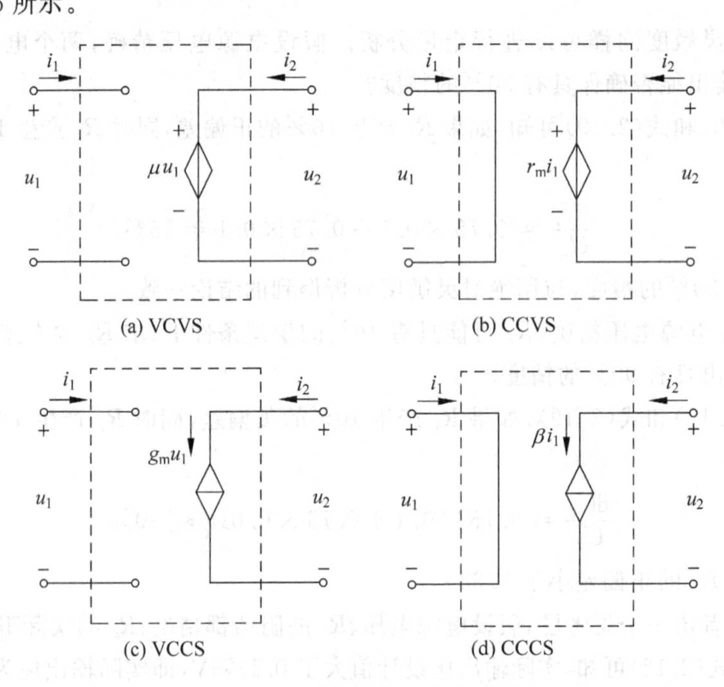

图 2.6 4 种线性受控源的电路模型

由图 2.6 可知，受控源是一个二端口网络，有控制端口和受控端口。在初学受控源时都容易将注意力放在受控端口上，认为受控端口就代表了受控源的全部性质，基于这样的认识才会有求图 2.5 中 R'_{eq} 的要求。事实上，受控源是对电气工程中某些实际元件的建模，要么该元件被包含在二端网络中(即控制端口和受控端口均被包含在该网络中)，要么该元件不被包含在二端网络中(即两个端口均不被包含在该网络中)，不存在控制端口和受控端口被二端网络分开的情况。因此，从更准确的意义上来说，教材中关于控制量在二端网络中的要求是不必要的。

但还是有必要对受控源的控制端口给予更多说明。从图 2.6(a)和(c)可知，压控电源的控制端口可以是电路中任意两点间的电压，将控制端口画成开路的形式表示对该电压的采样不会影响原来的电压值(这一点请参考本书第 4 章论题 6 中关于小信号放大电路输入电阻和输出电阻的讨论)。类似地，流控电源的控制端口可以是电路中任意支路中的电流，将控制端口画成短路的形式可以理解为取控制支路上任意一小段导线作为控制端口。

教材 2.5.2 小节第 5 部分在介绍受控源的等效变换时指出：可以对受控源进行电源等效变换，前提是变换前后一般不能使受控源的控制量发生变化。下面对“一般”二字进行讨论，观察图 2.7 所示电路。

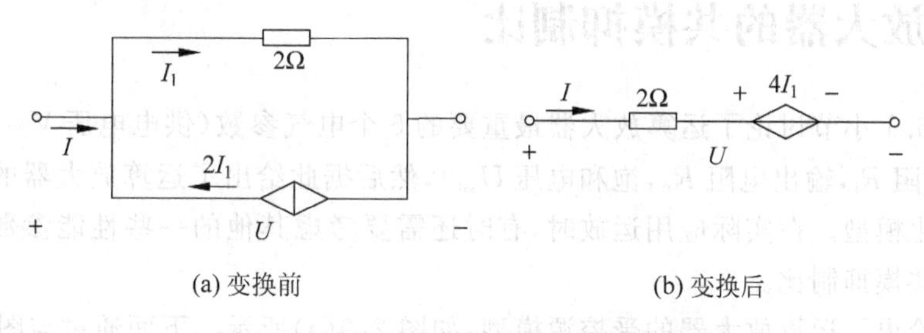

图 2.7　消除了控制量的受控源等效变换

容易求出，图 2.7(a)所示电路的端口 u-i 关系为

$$U = 2I_1 = -2I \tag{2.20}$$

即该二端电路可等效为 -2Ω 电阻。

对于图 2.7(b)所示电路来说，变换后控制量 I_1 不知所终(不能认为是 I)，因此似乎无法继续求解。但可以换一种思路来考虑该问题。在图 2.7(a)所示电路中，由 KCL 可知

$$I_1 = -I \tag{2.21}$$

根据上式，图 2.7(a)所示电路可以用图 2.8(a)所示电路来表示。在将控制量用端口量进行表示后，可以对其进行电源等效变换，得到图 2.8(b)所示电路。

易知，图 2.8(b)所示电路的端口 u-i 关系为

$$U = -2I \tag{2.22}$$

与式(2.20)相同。因此图 2.8(a)和图 2.8(b)是等效的。

从图 2.7(a)变换为图 2.8(a)的过程可以发现，在电路进行等效变换的过程中，若某个受控源的控制量消失，应该设法将该控制量用某个变换后不会消失的支路量来表示，进而改变受控源的参数，从而避免电路等效变换后产生无法继续求解的问题。

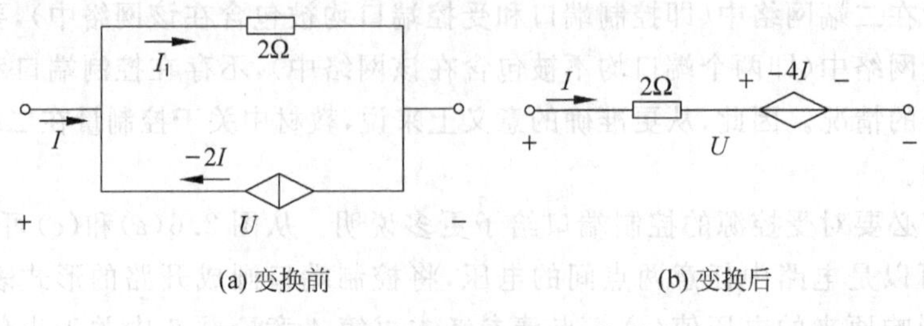

(a) 变换前　　(b) 变换后

图 2.8　保持控制量的受控源等效变换

从这个分析过程也可以发现，虽然上述手段可以让电路求解继续进行，但对电路的分析往往不能起到简化的作用。毕竟进行等效变换的目的是为了简化电路分析过程。用某个不会消失的支路量来表示控制量的过程有时候是很麻烦的，此时应考虑其他的电路求解方法。

5　运算放大器的共模抑制比

教材 2.6.1 小节讨论了运算放大器最重要的 5 个电气参数(供电电压 V_{CC}，开环放大倍数 A，输入电阻 R_i，输出电阻 R_o，饱和电压 U_{sat})，然后据此给出了运算放大器的低频受控源模型及其简化模型。在实际应用运放时，有时还需要考虑其他的一些性能参数。这里主要讨论运放的共模抑制比。

教材中给出了运算放大器的受控源模型，如图 2.9(a)所示。下面通过与图 2.9(b)所示电路的比较，分析图 2.9(a)所示模型的优点。

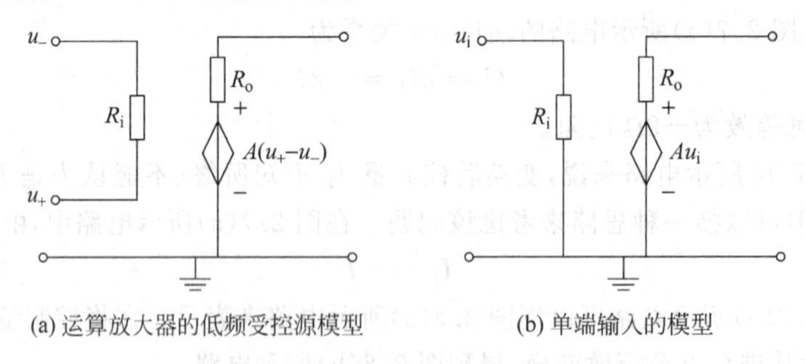

(a) 运算放大器的低频受控源模型　　(b) 单端输入的模型

图 2.9　运算放大器的差动输入

设电压信号 u_S 是待放大的信号，从理论上来说，图 2.9(a)和(b)均能起放大作用(若 A 足够大)，接线方式分别如图 2.10(a)和(b)所示。

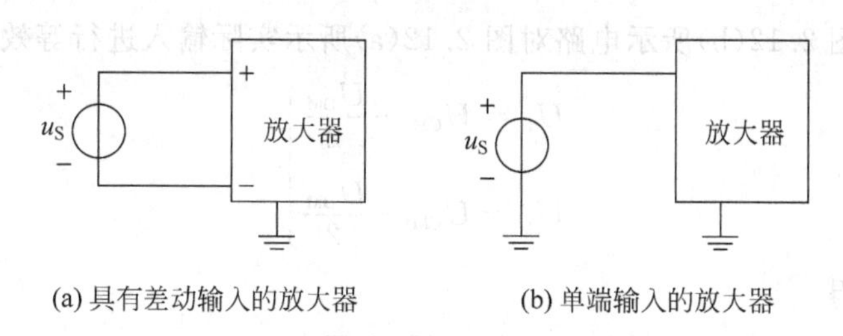

(a) 具有差动输入的放大器　(b) 单端输入的放大器

图 2.10　两种前置放大器的接法

但在实际电路中，一般待放大的信号都很小(电压或电流都非常低)，通常必须考虑噪声的影响。对于图 2.10(a)和(b)所示的两种放大电路，考虑输入端噪声影响后的电路分别如图 2.11(a)和(b)所示。

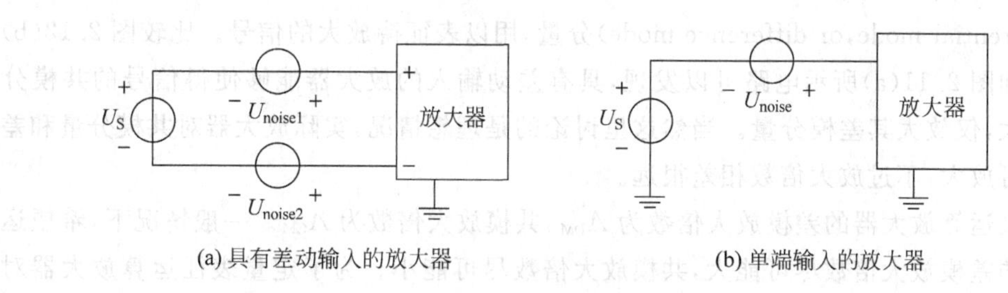

(a) 具有差动输入的放大器　(b) 单端输入的放大器

图 2.11　考虑噪声时的两种前置放大器

对于图 2.11(b)所示接法，显然放大器在放大信号的同时也放大了噪声。而对于图 2.11(a)所示具有差动输入方式的放大器，由于放大的是两个输入端的电压差，因此如果能够使得导线上的噪声电压相等($U_{noise1}=U_{noise2}$)，则放大器仅放大有用的信号，噪声得到了抑制。为了使得导线上的噪声电压相等，常见的措施是尽可能使得两条导线对称，并且要用双绞线(这样可以减小外部变化的磁场在导线上感应的电动势)。

上面说明了为什么运算放大器的输入要采取图 2.9(a)所示的差动输入方式。接下来讨论差动输入的一般情况，如图 2.12(a)所示。

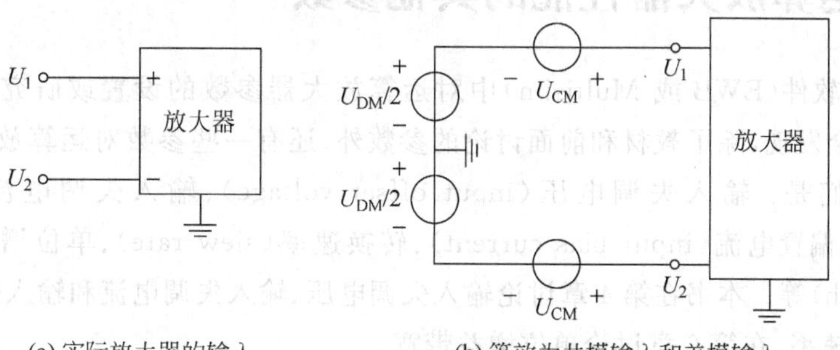

(a) 实际放大器的输入　(b) 等效为共模输入和差模输入

图 2.12　实际放大器输入的等效

假设可以用图 2.12(b)所示电路对图 2.12(a)所示实际输入进行等效，则

$$\left.\begin{aligned} U_1 &= U_{CM} + \frac{U_{DM}}{2} \\ U_2 &= U_{CM} - \frac{U_{DM}}{2} \end{aligned}\right\} \tag{2.23}$$

求解式(2.23)可得

$$\left.\begin{aligned} U_{CM} &= \frac{U_1 + U_2}{2} \\ U_{DM} &= U_1 - U_2 \end{aligned}\right\} \tag{2.24}$$

式(2.24)中，U_{CM}是放大器两输入端电压的平均值，称为输入信号的共模(common mode)分量，用以表征噪声之类待消除的信号；U_{DM}是放大器两输入端电压之差，称为输入信号的差模(differential mode, or difference mode)分量，用以表征待放大的信号。比较图 2.12(b)所示电路和图 2.11(a)所示电路可以发现，具有差动输入的放大器能够使得信号的共模分量不被放大，仅放大其差模分量。当然这里讨论的是理想情况，实际放大器对共模分量和差模分量均可放大，不过放大倍数相差很远。

定义运算放大器的差模放大倍数为 A_{DM}，共模放大倍数为 A_{CM}。一般情况下，希望运算放大器的差模放大倍数尽可能大，共模放大倍数尽可能小。为了定量表征运算放大器对差模分量的放大和对共模分量的抑制，定义共模抑制比(common mode rejection ratio, CMRR)

$$\mathrm{CMRR} = \left|\frac{A_{DM}}{A_{CM}}\right| \tag{2.25}$$

一般认为共模抑制比越大，运算放大器性能越好。

本书将在第 4 章中讨论用 MOSFET 构成的差分放大器。关于运算放大器的共模抑制比可进一步参考文献[1]、[2]。

6 影响运算放大器性能的其他参数

观察仿真软件(EWB 或 Multisim)中对运算放大器参数的设置或研究运算放大器的 DataSheet 都会发现，除了教材和前面讨论的参数外，还有一些参数对运算放大器的性能有重要影响，它们是：输入失调电压(input offset voltage)、输入失调电流(input offset current)、输入偏置电流(input bias current)、转换速率(slew rate)、单位增益带宽(unity-gain bandwidth)等。本书在第 4 章讨论输入失调电压、输入失调电流和输入偏置电流，在第 5 章讨论转换速率，在第 6 章讨论单位增益带宽。

7　信号处理电路的输入和输出电阻

在设计或分析信号处理电路时，通常将一个复杂的电路按功能划分为若干模块（或称子电路），然后再将子电路按适当的方式连接起来。假设一个由 3 级子电路级联而成的信号处理电路如图 2.13 所示，每级电路的功能不一（放大、滤波、阻抗匹配……）。图中，U_S 表示信号源，R_S 表示信号源的内阻，R_L 表示负载。

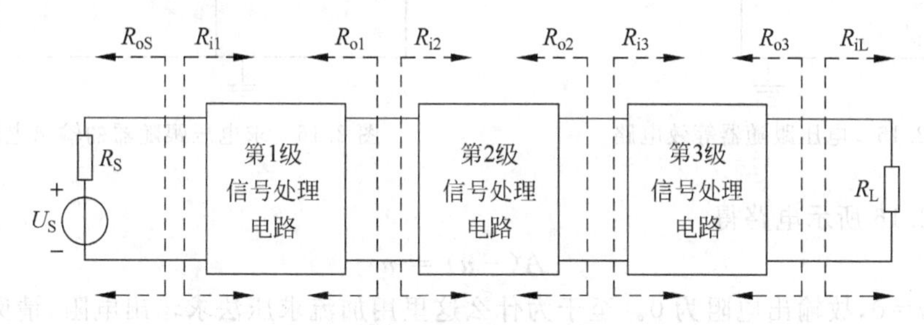

图 2.13　信号处理电路的输入和输出电阻

定义第 k 级信号处理电路的输入电阻 R_{ik} 为从该级电路的信号输入端看入的无独立源一端口网络的等效电阻，输出电阻 R_{ok} 为从该级电路的信号输出端看入的有独立源一端口网络的戴维南等效电阻（戴维南等效电阻的概念在第 3 章讨论，即将网络内部所有独立源置零后的一端口等效电阻）。据此可以画出用输入和输出电阻表示的第 k 级和第 $k+1$ 级信号处理电路联接处的等效电路如图 2.14 所示。

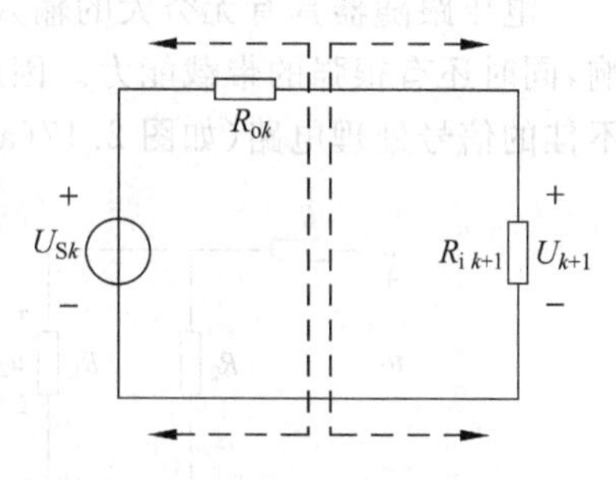

图 2.14　第 k 级电路输出和第 $k+1$ 级电路输入的联接处

图 2.14 所示电路是一个简单的分压器电路。假设第 $k+1$ 级信号处理电路是一个电压驱动型的电路，因此希望输入电压 U_{k+1} 尽可能大，即 R_{ik+1} 上得到的分压尽可能大。根据串联分压，有

$$U_{k+1}=\frac{R_{ik+1}}{R_{ik+1}+R_{ok}}U_{Sk} \tag{2.26}$$

为了达到上述目的，在上一级电源电压不变的前提下有两种方法：一是使得上一级的输出电阻 R_{ok} 尽可能小（称上一级电路的带载能力强），二是使得下一级的输入电阻 R_{ik+1} 尽可能大（称对上一级电路的影响小）。事实上这也是对大多数信号处理电路的两点要求，即输入电阻尽量大，输出电阻尽量小。

下面以由运算放大器构成的电压跟随器为例，分析它的输入和输出电阻。假设运算放大器的放大倍数 A 为有限值，输入电阻无穷大，输出电阻为 0，画出电压跟随器的等效电路如图 2.15 所示。

显然,图 2.15 所示电路的输入电阻为无穷大。下面来分析它的输出电阻。从输出端向输入端看,将独立源(输入信号)置零,用加流求压法得到图 2.16 所示电路。

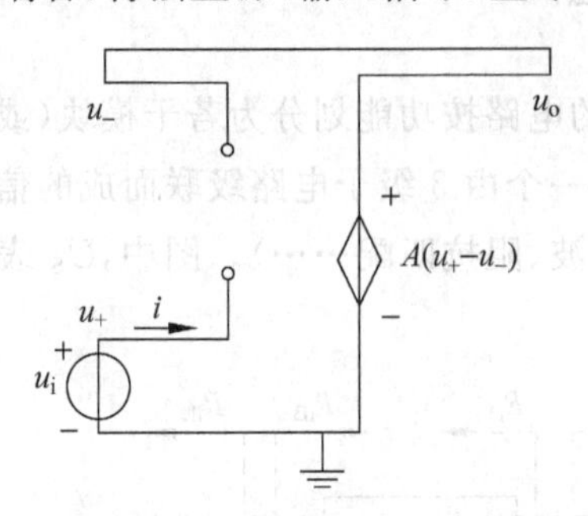

图 2.15 电压跟随器等效电路

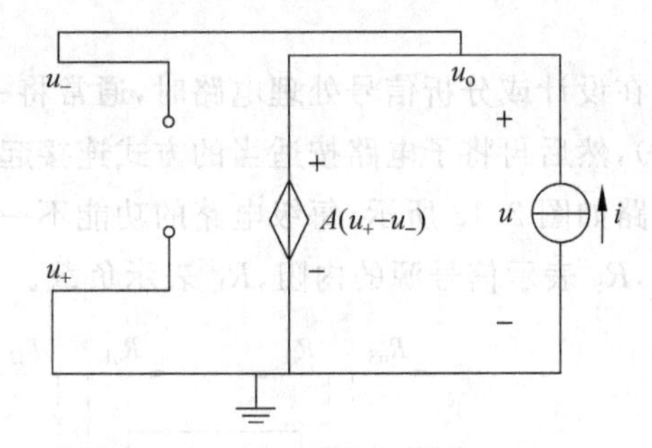

图 2.16 求电压跟随器的输出电阻

由图 2.16 所示电路得

$$A(-u) = u$$

由此可知 $u=0$,故输出电阻为 0。至于为什么这里用加流求压法求输出电阻,请阅读第 3 章论题 3。

电压跟随器具有无穷大的输入电阻和零输出电阻,换言之,它对上一级电路没有任何影响,同时还有很强的带载能力。因此在电子线路中,经常用它来改善原本输入输出电阻性能不佳的信号处理电路(如图 2.17(a)所示的分压器电路)。

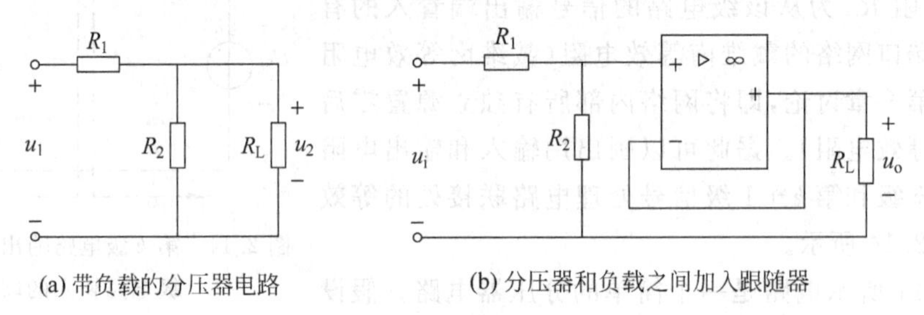

图 2.17 电压跟随器的作用

图 2.17(a)所示的由 R_1、R_2 构成的分压器电路输出电阻为 $R_1 /\!/ R_2$,加上负载后

$$u_{2\text{real}} = \frac{R_2 /\!/ R_L}{R_1 + R_2 /\!/ R_L} u_1$$

不等于所期望的

$$u_{2\text{ideal}} = \frac{R_2}{R_1 + R_2} u_1$$

在分压器和负载间加入电压跟随器后,由于电压跟随器的输入电阻为无穷大,输出电阻为 0,因此无论负载为何值,其上电压始终等于

$$u_o = \frac{R_2}{R_1 + R_2} u_i$$

建议读者分析教材例 2.6.3 所示反相比例放大器和例 2.6.4 所示同相比例放大器的输入和输出电阻，并从输入输出电阻的角度来讨论这两种放大器的优劣。

8　负反馈理想运算放大器电路的分析方法

教材例 2.6.2～例 2.6.8 给出了几种常用的负反馈理想运算放大器电路。和一般的电阻电路分析相似，分析负反馈理想运算放大器电路的依据仍然是"元件特性＋KCL/KVL"，所不同的是理想运算放大器的元件特性有两条：虚断（流入同相和反相输入端的电流为零）和虚短（同相和反相输入端等电位）。

总结一下，分析负反馈理想运算放大器电路要注意以下几点：

(1) 一般应在理想运算放大器的输入端应用 KCL。

因为理想运算放大器有虚断的性质，因此在输入端应用 KCL 往往能够简化分析。

(2) 应尽量在由理想运算放大器输入端和输出端构成的回路中应用 KVL。

因为理想运算放大器有虚短的性质，因此在上述回路中应用 KVL 往往能够简化分析。

(3) 应尽量避免在理想运算放大器的输出端应用 KCL。

一般地，对理想运算放大器的输出电流不感兴趣。在输出端应用 KCL 增加了一个独立方程，但同时也引入了放大器的输出电流这一变量，对分析电路没有帮助。

(4) 应尽量避免在理想运算放大器上应用广义 KCL。

常见的含理想运算放大器电路都不画出电源接线端和接地端，因此在理想运算放大器上应用广义 KCL，若只考虑图中显示的反相输入电流、同相输入电流和输出电流，则是错误的；若引入电源电流和接地端电流，则会增加很多变量，对分析电路没有帮助。

请结合上述 4 条研读教材例 2.6.2～例 2.6.8 的分析过程，故意尝试不用上述 4 条或故意违反这些注意事项，这样就会发现这些总结的作用。

9　从灵敏度角度讨论负反馈对运算放大器的作用

下面从灵敏度的角度来讨论负反馈对运算放大器的作用。对于教材例 2.6.3 讨论的反相比例放大器来说，如果认为运算放大器的开环电压放大倍数 A 为有限值，输入电阻无穷大，输出电阻为 0，则可画出其等效电路，如图 2.18 所示（同教材图 2.6.6(b)）。

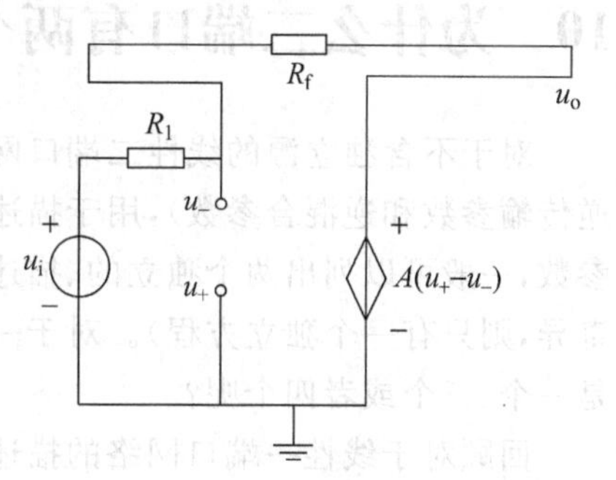

图 2.18　反相比例放大器等效电路

分析过程可参考教材例 2.6.1，结论为

$$G=\frac{u_o}{u_i}=-\frac{AR_f}{(R_1+R_f)+AR_1} \tag{2.27}$$

显然，反相比例放大器的电压增益是关于 A，R_1 和 R_f 这 3 个参数的函数。根据本章问题 3 对灵敏度

的讨论可以求出该电压增益的绝对灵敏度为

$$\frac{\partial G}{\partial A}=-\frac{R_f(R_1+R_f)}{[(R_1+R_f)+AR_1]^2} \tag{2.28}$$

相对灵敏度为

$$\frac{dG}{G}=\frac{R_1+R_f}{(R_1+R_f)+AR_1}\frac{dA}{A} \tag{2.29}$$

假设 $A=10^5$，$R_f=R_1=1\text{k}\Omega$，代入式(2.28)和式(2.29)可知

$$\frac{\partial G}{\partial A}\approx -2\times 10^{-10}$$

$$\frac{dG}{G}\approx 2\times 10^{-5}\frac{dA}{A}$$

也就是说，运算放大器开环放大倍数10%的变化会导致反相比例放大器电压增益0.0002%的变化。

如果没有负反馈，则

$$u_o=-Au_i$$

可知

$$G=\frac{u_o}{u_i}=-A$$

绝对灵敏度为

$$\frac{\partial G}{\partial A}=-1$$

相对灵敏度为

$$\frac{dG}{G}=\frac{dA}{A}$$

即运算放大器放大倍数10%的变化会导致反相比例放大器电压增益10%的变化。

显然，引入负反馈有效减小了运算放大器的开环放大倍数的变化对反相比例放大器增益的影响。

10 为什么二端口有两个独立方程

对于不含独立源的线性二端口网络，教材中介绍了4种参数(一共有6种，另外2种为逆传输参数和逆混合参数)，用于描述线性二端口网络端口的电压、电流关系。对于每一种参数，一般可以列出两个独立的、描述4个端口量 u_1,u_2,i_1,i_2 的线性代数方程(若参数矩阵奇异，则只有一个独立方程)。对于一般情况，为什么独立线性代数方程的个数是两个，而不是一个、三个或者四个呢？

回顾对于线性一端口网络的描述，其端口的 u-i 关系一般能够表示为(教材第3章中将其称为戴维南定理)

$$u = u_{OC} + R_i i$$

其中开路电压 u_{OC} 和输入电阻 R_i 是由端口内部元件的连接关系和元件参数决定的两个参数。

下面来观察图 2.19 所示的二端口网络。

图 2.19　讨论二端口网络的独立方程数用图

从图 2.19 的端口 1 向左看，是一个一端口网络，可以得到关于 u_1 和 i_1 的一个方程。同理，从图 2.19 的端口 2 向右看，是另一个一端口网络，可以得到关于 u_2 和 i_2 的一个方程。可以认为图 2.19 是一个各个支路量均有唯一解的线性电路，因此要想求解出 u_1, u_2, i_1, i_2 这 4 个支路量，必须再补充两个独立方程。而端口 1 向左的一端口网络和端口 2 向右的一端口网络的全部电气特性已经通过两个方程体现出来（u_1 和 i_1，u_2 和 i_2）了，剩下的两个独立方程只能由中间的二端口网络提供。因此一般二端口网络的独立方程数量是两个。

11　三端网络与二端口网络

教材 2.7 节讨论了二端口网络的参数和方程、等效电路及其联接。教材 2.7.1 小节中举了一个例子（教材图 2.7.4）说明：在二端口网络的两个端口之间联接支路可能会破坏原有的端口条件，使其不再成为二端口网络。接下来，教材图 2.7.5 说明了任意三端网络可以看做二端口。

下面把教材图 2.7.4 的条件施加在教材图 2.7.5 上，即元件 R 连接在网络 1 的接线端 1 和网络 2 的接线端 2 之间，如图 2.20 所示。讨论此时三端网络 3 是否还能够看做二端口网络。

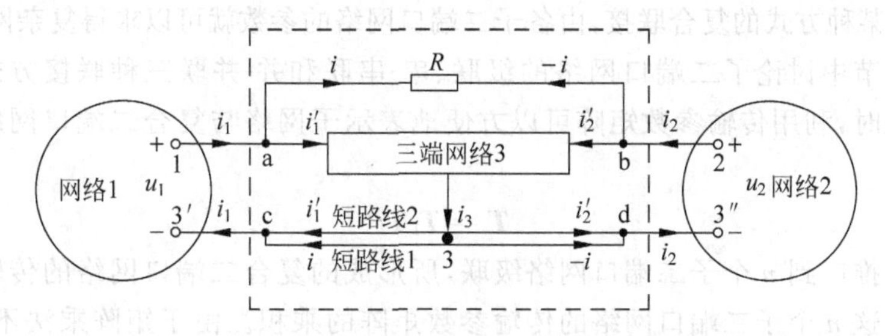

图 2.20　三端网络的端口条件不会被破坏

如果依然希望用二端口网络的方法来分析网络 3，不妨认为接线端 3′和 3″间有 2 条并联的短路线。

类似于教材图 2.7.4 的讨论可以知道，根据广义 KCL，图 2.20 中虚线框仍然为二端口网络。

在节点 a 和 b 分别应用 KCL 得到

$$i_1' = i_1 - i$$
$$i_2' = i_2 + i$$

对于三端网络 3 来说，应用 KCL 可知

$$i_3 = i_1' + i_2'$$

虽然根据 KCL 和 KVL 无法求出 2 条并联短路线中各自的电流，但如果希望用二端口网络的方法来分析网络 3，可人为地认为短路线 2 的左侧有自右向左流过电流 i_1'，右侧有自左向右流过电流 i_2'；短路线 1 的左侧有自右向左流过电流 i，右侧有自左向右流过电流 $-i$，因此在节点 c 和 d 分别满足

$$i_1' = i_1 - i$$
$$i_2' = i_2 + i$$

因此三端网络的端钮 a、b 和短路线 2 构成了一个二端口网络，电阻 R 和短路线 1 构成了另一个二端口网络。这两个二端口并联联接。

上面这个讨论也解释了教材中的一句话：具有公共端的二端口将公共端并联在一起不会破坏端口条件。接下来请结合问题 12 的阐述自行解释教材中的另一句话：具有公共端的二端口在公共端进行串联不会破坏端口条件。

12　二端口网络的联接

二端口网络的联接是指网络端口之间的互联。根据端口联接方式的不同，其基本联接方式有级联、串-串联、并-并联、并-串联、串-并联。在网络综合中经常会应用二端口网络联接的知识。在设计一个复杂网络时，常常将其分解为几个简单的二端口网络（子二端口网络）及其相互之间某种方式的复合联接，由各子二端口网络的参数就可以求得复杂网络的参数。

教材 2.7 节中讨论了二端口网络的级联、串-串联和并-并联三种联接方式。当两个二端口网络级联时，利用传输参数矩阵可以方便地表示子网络与复合二端口网络参数之间的关系：

$$\boldsymbol{T} = \boldsymbol{T}_1 \boldsymbol{T}_2 \tag{2.30}$$

式(2.30)可以推广到 n 个子二端口网络级联，所形成的复合二端口网络的传输参数矩阵即为参与级联的这 n 个子二端口网络的传输参数矩阵的乘积。由于矩阵乘法不满足交换律，因此在矩阵相乘过程中，各子二端口网络的传输参数矩阵的顺序不能调换。

在串-串联接方式下，利用开路阻抗参数矩阵计算复合二端口网络的开路阻抗参数最为方便，即

$$\boldsymbol{Z} = \boldsymbol{Z}_1 + \boldsymbol{Z}_2 + \cdots + \boldsymbol{Z}_n \tag{2.31}$$

在并-并联接方式下，利用短路导纳参数矩阵计算复合二端口网络的短路导纳参数最为方便，即

$$\boldsymbol{Y}=\boldsymbol{Y}_1+\boldsymbol{Y}_2+\cdots+\boldsymbol{Y}_n \tag{2.32}$$

需要指出的是，在二端口网络进行串-串联接和并-并联接时，原子二端口网络的端口条件(即从端口的一个端钮流入的电流必须等于从该端口的另一个端钮流出的电流)可能由于相互联接而被破坏，称此时的联接为非正规联接。在非正规联接时，若仍然应用式(2.31)和式(2.32)计算复合二端口网络的参数将导致错误的结论。原因很简单，由于子二端口网络的端口条件因联接而破坏，换言之，在复合二端口网络中该子网络已经不再是二端口网络了，再利用原子二端口网络的参数计算当然就不对了。

若在二端口网络联接过程中，原子二端口网络的端口条件均不因相互联接而被破坏，则称为正规联接。此时，所形成的复合二端口网络的参数可以根据式(2.30)、式(2.31)和式(2.32)求得。容易看出：级联联接的各子二端口网络的端口条件总是满足的，即级联总是正规联接；但对于其他联接方式就不能一概而论了，需要对端口进行有效性实验。若所有子二端口网络内部结构已知，复合联接后端口条件是否被破坏很容易通过对电路的分析得出结论。但一般情况下，二端口网络是一个被“封装”的“黑箱”，只知道外部参数(即端口u-i关系)，内部结构不得而知。在这种情况下，子二端口网络联接后端口条件是否被破坏就要通过测量外部端口的电压、电流来进行判断。

在二端口网络并-并联联接时，由于子二端口网络特征和联接后复合二端口网络的特征通常用短路导纳参数表征，因此需在端口短路条件下进行二端口联接的有效性试验。具体做法是将子二端口网络的两个端口11、12与31、32并联后接到电压源U_S上，另两个端口21、22与41、42各自短路，测量两个短路端口间的电压，试验电路如图2.21所示。

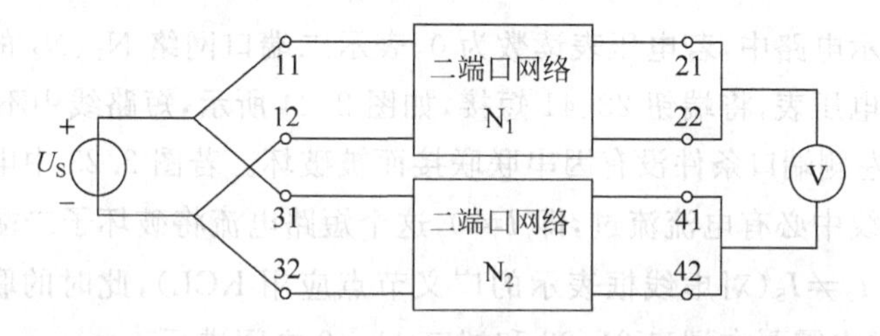

图2.21　二端口网络并-并联联接有效性试验电路图

在图2.21所示电路中，若电压表读数为0，表示二端口网络N_1、N_2的并联联接是正规联接，此时若移去电压表，将端钮22、41短接，如图2.22所示，短路线中不会有电流流过，即$I=0$，两个子网络左侧端口条件没有因并联联接而被破坏。若图2.21中电压表读数不为0，则图2.22的短接线中必有电流流过，即$I\neq 0$，这个短路电流将破坏子二端口网络N_1、N_2的左侧端口条件，即$I_1\neq I_2$，$I_3\neq I_4$(对虚线框表示的广义节点应用KCL)，此时的联接即为非正规联接。这个试验同样也需要在端口21、22和端口41、42之间进行。

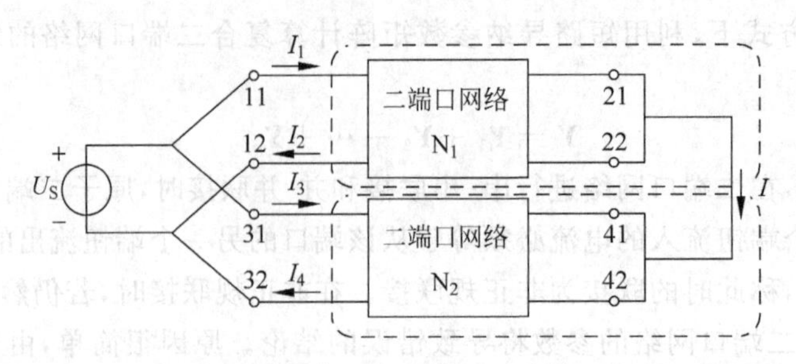

图 2.22　二端口网络并联正规联接时 $I=0$，非正规联接时 $I\neq0$

在二端口网络串-串联接时，由于子二端口网络特征和联接后复合二端口网络的特征通常用开路阻抗参数表征，因此需在端口开路条件下进行二端口联接的有效性试验。具体做法是将子二端口网络的两个端口 11、12 与 31、32 串联后接到电流源 I_S 上，另两个端口 21、22 与 41、42 各自开路，测量两个开路端口的 22、41 端钮之间的电压，试验电路如图 2.23 所示。

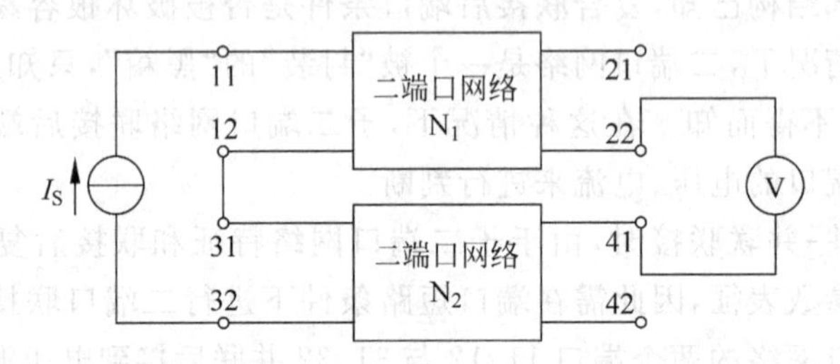

图 2.23　二端口网络串联联接有效性试验电路图

在图 2.23 所示电路中，若电压表读数为 0，表示二端口网络 N_1、N_2 的串联联接是正规联接，此时若移去电压表，将端钮 22、41 短接，如图 2.24 所示，短路线中不会有电流流过，即 $I=0$，两个子网络左侧端口条件没有因串联联接而被破坏。若图 2.23 中电压表读数不为 0，则图 2.24 的短接线中必有电流流过，即 $I\neq0$，这个短路电流将破坏子二端口网络 N_1、N_2 的左侧端口条件，即 $I_1\neq I_S$（对虚线框表示的广义节点应用 KCL），此时的联接即为非正规联接。这个试验同样也需要在端口 21、22 和端口 41、42 之间进行。

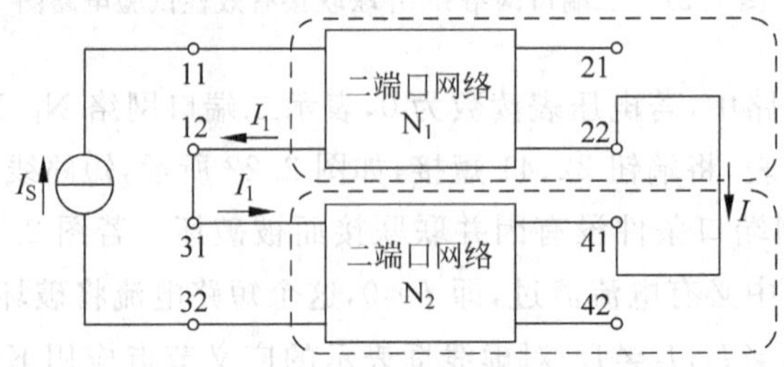

图 2.24　二端口网络串联正规联接时 $I=0$，非正规联接时 $I\neq0$

请自行思考并-串联联接和串-并联联接的有效性实验电路图,此处不再赘述。

13　如何在数字系统中比较精确地表示信号的值

教材2.8节介绍了数字系统的基本概念,为本书后续章节和后续课程(数字电子技术、微机原理……)的讨论做了铺垫。

必须指出,虽然该节讨论的更多的是逻辑信号的处理,但实际的数字系统需要处理和传输大量连续信号。采用教材图2.8.2所示的信号表示方法,在表示逻辑信号的时候比较有优势,但难以直接表示4.53V这样的连续信号值。因此很有必要研究如何用数字系统来比较精确地表示信号的值。

一般来讲,数字系统中处理的电压都有比较明确的范围,比如[0,5V],可以把从0到5V的取值范围划分为若干段,一般采用2的整数次幂作为段数(如$2^8=256$段),这样便于用二进制来表示。

以$2^8=256$段为例,每段可以用一个8位二进制数来表示。这些8位二进制数从00000000到11111111,共256个。可以根据某个模拟数值落入某段来用某个二进制数来表示它。比如,模拟信号值大于0且小于5/256V,则可以用00000001来表示这个模拟值。于是就完成了从模拟信号到采样再到取值离散的数字化过程。实现这个过程的电路称为模数转换器(analog-digital-converter,ADC)。教材中习题2.35讨论了一种ADC电路。

这种用256个段来表征0～5V的方式看似太粗放,但只要用户给出精度需求,就可以通过增加二进制位数来更精细地表示模拟数值。比如尼康D300数码单镜头反光相机就采用了14位的ADC,也就是用$2^{14}=16\ 384$段来划分模拟取值区间。对于最大值是5V的模拟值来说,对应着误差是0.3mV,这足以满足用户的需求了。

此外,还有必要讨论一下数字信号的传输。以8个二进制数为例,存在两种传输方式:8根线并行传输(每个时钟周期传输1个模拟信号的离散值)和1根线串行传输(每8个时钟周期传输1个模拟信号的离散值)。这两种方式各有利弊。在时钟周期较长的场合,并行传输效率比较高。但随着数字系统时钟周期越来越短,并行传输线之间的串扰问题益发突出,串行传输逐渐得到更多的应用。以硬盘为例,原先使用的PATA(parallel advanced technology attachment)接口一般数据传输速率为65MB/s,而最新的STAT(serial advanced technology attachment)接口数据传输速率已达到300MB/s。

当然,在计算机对信号处理完毕后,还需要将二进制数转换为模拟信号,这需要用数模转换器(digital-analog-converter,DAC)来实现。教材中习题2.42、图3.4.5和习题5.36讨论了DAC电路。

*14　对 MOSFET 电气性能的解释

本论题内容改编自参考文献[3]～[8]。

教材图 5.1.4 给出了 N 沟道增强型 MOSFET① 的结构示意图和电气符号，教材中图 2.3.3 给出了两种等效模型。下面用结构示意图来解释等效模型的构成。

首先介绍一下半导体最基本的原理。随着电气工程学科的发展，人们对电气元件的性能提出了越来越高的要求——能够更精确地控制组成电气元件材料的导电性质，从而达到特殊的电气目的。自然界中，有的物质中存在可自由移动的电子或离子(如金属)，有的物质中基本上没有可自由移动的电子或离子(如橡胶)，有的物质介于二者之间(如硅)。为了能够更好地控制元件材料的电气性质，在纯净硅晶体中采用某种工艺掺杂了一些能够导电的杂质，称为杂质半导体。掺入正导电杂质的半导体称为 P 型半导体，掺入负导电杂质的半导体称为 N 型半导体。

如果把一块 P 型半导体和另一块 N 型半导体以图 2.25(a)和(b)的方式联接在一起并接入电路(其中 $U>0$)，则称这种结构为 PN 结。在图 2.25(a)中，材料中会形成从左指向右的电场，从而使得正导电杂质向右运动，负导电杂质向左运动，半导体内部宏观体现出从左向右的电流，这种情况称为 PN 结正向偏置。反过来，在图 2.25(b)中，电场从左指向右，正导电杂质向右运动，负导电杂质向左运动，无法形成恒定的电流，这种情况称为 PN 结反向偏置。

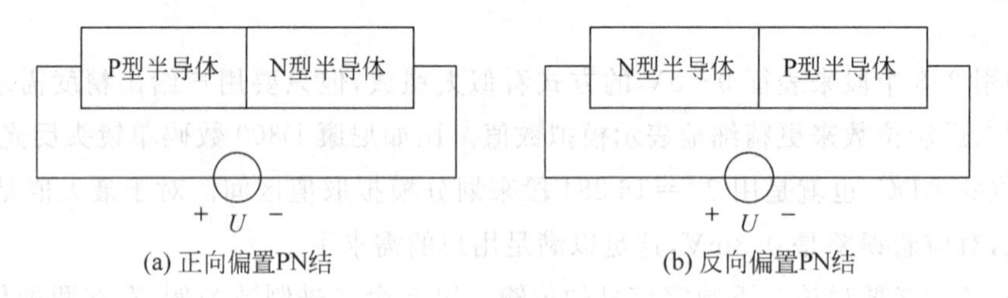

图 2.25　PN 结

事实上，二极管这种非线性电阻元件就包含一个 PN 结。教材式(4.1.4)所示的二极管 u-i 特性就是 PN 结的 u-i 特性。由该式可知，控制二极管两端的电压 u，就可以控制流过它的电流 i，这样给电路设计带来了很多方便之处。

下面简单介绍一下 N 沟道增强型 MOSFET 的工作原理。N 沟道增强型 MOSFET 的二维结构示意图如图 2.26 所示。其中 N^+ 表示掺杂很多负杂质的 N 型半导体，氧化物为

---

① 在这一部分中，我们解释了 N 沟道、增强型、MOS、FET 的含义。与 N 沟道对应的有 P 沟道，与增强型对应的有耗尽型，与 MOS(即金属氧化物)对应的有结型，与 FET 对应的有 BJT(即双极型晶体管)。这些内容将在电子学课程中详细讨论。

SiO_2，是理想的绝缘体，因此流入 G 极的电流近似为 0。金属引出电极、氧化物和半导体一起构成了 MOS 的英文缩写。

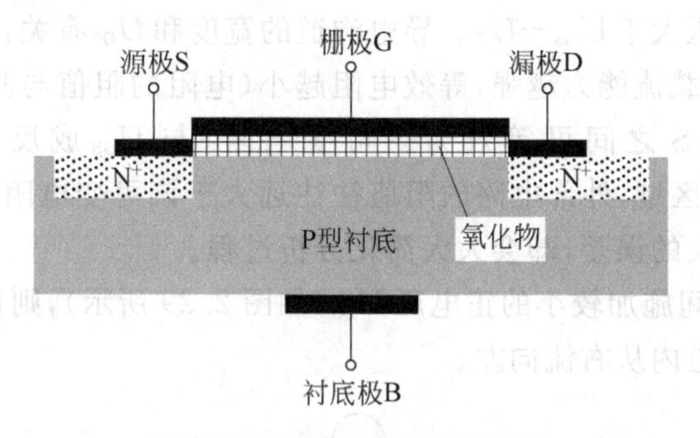

图 2.26 N 沟道增强型 MOSFET 的二维结构示意图

实际元件(集成电路中或分立元件中)的 B 极和 S 极一般始终接在一起，因此 MOSFET 可以看做三端元件，在下文图中也不再画出 B 极。此时 D 极和 S 极之间相当于两个反向串联的二极管(如图 2.27 所示)，不能导通电流。

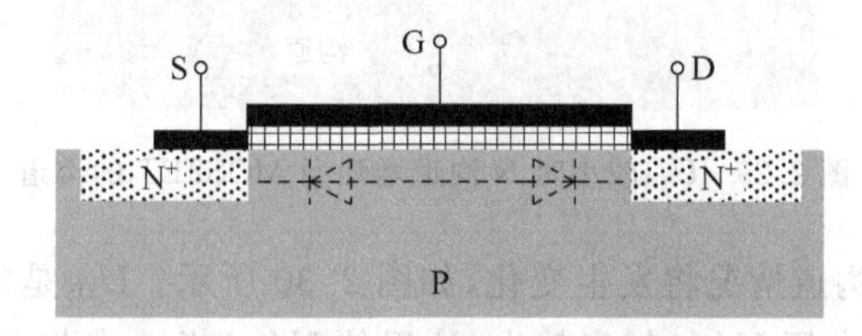

图 2.27 N 沟道增强型 MOSFET 中 P 型衬底上的等效二极管

如果将 S 和 D 极均接地，G 极接一个正的电压 U_{GS}，则会在氧化物上形成一个方向由上指向下的电场(第 5 章会说明这个电场对应着 G 极和 S 极之间的杂散电容 C_{GS})，该电场一方面会吸引 N^+ 区域中的负导电杂质，另一方面也会排斥 P 区域中的正导电杂质，最终在氧化物之下形成一层由负导电杂质构成的导电沟道(如图 2.28 所示)，这就是 N 沟道名称的由来。由于该沟道是由电场效应产生的，故该元件被称为场效应管(FET)。

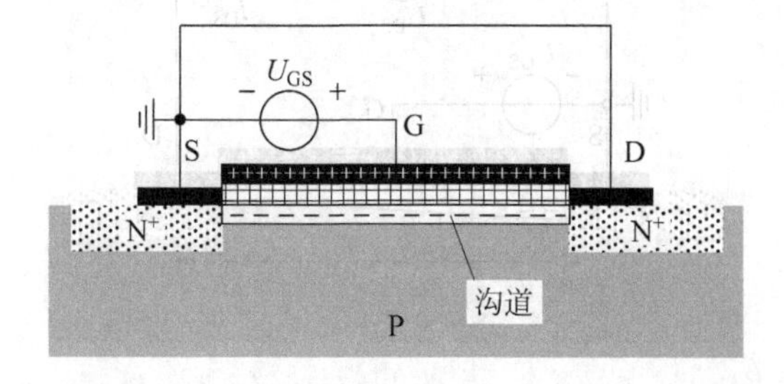

图 2.28 N 沟道增强型 MOSFET 导电沟道的形成

当U_{GS}达到一定值后，将在沟道区域积聚足够数量的导电杂质，导电沟道正式形成。这个阈值电压被记作U_T。也就是说，$U_{GS}>U_T$后，导电沟道形成，可以理解为存在导电沟道的条件是氧化物两侧电压大于$U_{GS}-U_T$。导电沟道的宽度和U_{GS}有关，越大的U_{GS}对应越宽的沟道(增强型的由来)，载流能力越强，等效电阻越小(电阻的阻值与其导电截面积成反比)。因此，$U_{GS}>U_T$后，D、S之间可等效为一可变电阻(与U_{GS}成反比关系)。不过，如果MOSFET工作于这一区域，外部电路的阻值往往远大于该可变电阻，因此将其看做恒定不变的电阻不会引起太大的误差，却会大大简化分析过程。

如果此时在D、S间施加较小的正电压U_{DS}(如图2.29所示)，则负载流子会从左向右流动，宏观电流I_{DS}在沟道内从右流向左。

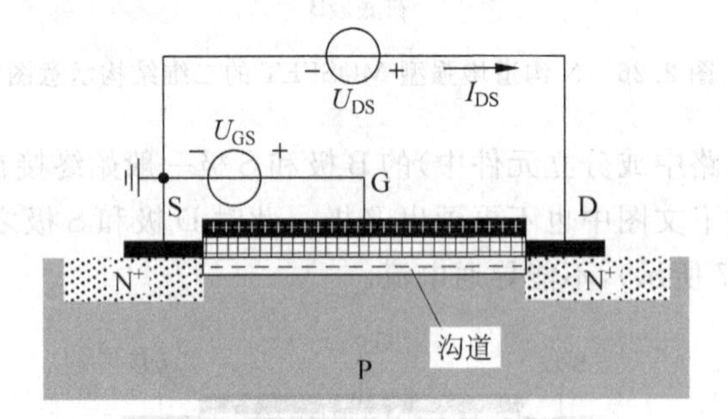

图2.29 U_{DS}较小时N沟道增强型MOSFET的沟道

随着U_{DS}的增加，沟道情况将发生变化，如图2.30所示。U_{DS}是加在沟道两端的电压，随着x的增加，x处的电压$U(x)$越来越大(这里的$U(x)$指x点与左端接地极S之间的电压)，为简单起见，不妨设

$$U(x)=U_{DS}\frac{x}{L}$$

G和x处氧化物两侧的电压$(U_{GS}-U(x))$越来越小(应用KVL，路径方向是从G极向左走到S极，再向右走到x点处)，导电通道变薄，沟道呈现出楔型。

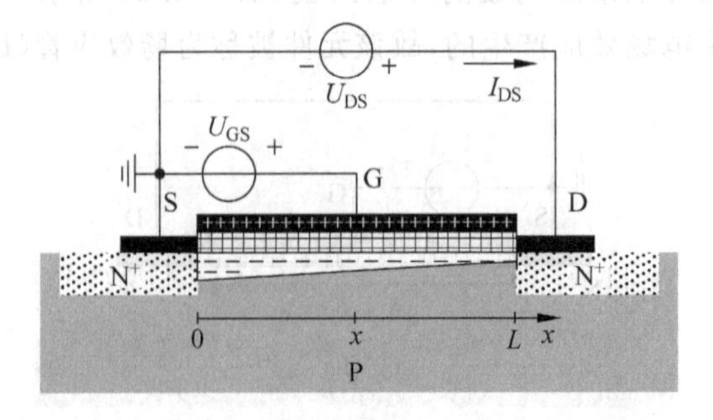

图2.30 U_{DS}较大时N沟道增强型MOSFET的沟道

当 U_{DS} 增大到 $U_{GS}-U_T$ 时，则在 $x=L$ 处氧化物两侧的电压刚好为 U_T，勉强可以维持导电沟道。继续增大 U_{DS}，则导电沟道无法维持，有一部分恢复为 P 型半导体，称为夹断区(如图 2.31 所示)。但存在导电沟道的部分，依然有持续的负杂质流向夹断区。在夹断区，依然存在从右指向左的电场，使得进入夹断区的负杂质能够向右到达 D 极。此时 U_{DS} 超出 $(U_{GS}-U_T)$ 的部分 $(U_{DS}-U_{GS}+U_T)$ 几乎全部降在夹断区上，形成较强电场，用于克服夹断区对电流的阻力。也就是说 $U_{DS}\geqslant(U_{GS}-U_T)$ 后端口 D、S 间表现为一个电流源，其电流值 I_{DS} 取决于导电沟道中的电流，而导电沟道中的电流又受 U_{GS} 的影响，因此 I_{DS} 是一个压控电流源。

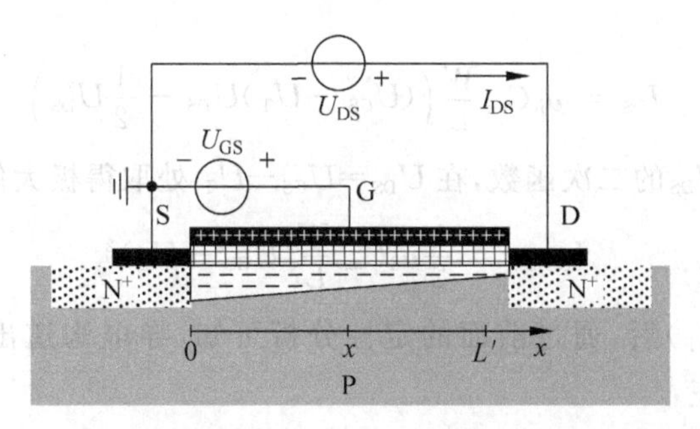

图 2.31　存在夹断区时 N 沟道增强型 MOSFET 的沟道

下面定量讨论一下 MOSFET 的电气性质，这需要一些电磁场的知识。

先讨论无夹断区的情况。考虑氧化物两侧需要克服阈值电压 U_T 才能在 P 型半导体中产生沟道，在图 2.30 中 x 处氧化物两侧的有效电压为 $U_{GS}-U_T-U(x)$。

G 极和沟道区形成电容，称其为栅-源电容。设单位栅极面积的电容值为 C_{ox}，氧化物的厚度为 t_{ox}(典型值为 2～50nm)，SiO_2 的介电常数为 $\varepsilon_{ox}=3.45\times10^{-11}$F/m，则

$$C_{ox}=\frac{\varepsilon_{ox}}{t_{ox}} \tag{2.33}$$

图 2.30 中，设导电沟道长度为 L(典型值为 0.1～3μm)，宽度为 W(典型值为 0.2～100μm)。考虑 x 和 $x+\mathrm{d}x$ 之间的微小区域 $\mathrm{d}x$，其电容为 $C_{ox}W\mathrm{d}x$。根据电容的定义，可知在 $\mathrm{d}x$ 区域内含有的电荷 $\mathrm{d}q$ 为

$$\mathrm{d}q=-(U_{GS}-U_T-U(x))C_{ox}W\mathrm{d}x \tag{2.34}$$

式(2.34)中的负号表示 $\mathrm{d}q$ 是负杂质。

x 处电场由 $U_{GS}-U(x)$ 产生的 $E(x)$ 方向向左，大小为

$$E(x)=\frac{\mathrm{d}U(x)}{\mathrm{d}x} \tag{2.35}$$

用电子迁移率 μ_n 来表示负杂质移动速度 $v(x)$ 和电场强度 $E(x)$ 的关系。易知负杂质向右移动，则有

$$v(x)=\frac{\mathrm{d}x}{\mathrm{d}t}=\mu_n E(x)=\mu_n\frac{\mathrm{d}U(x)}{\mathrm{d}x} \tag{2.36}$$

宏观电流 i_{DS}的方向与负杂质的方向相反，即

$$I_{DS}=-\frac{dq}{dt}=-\frac{dq}{dx}\frac{dx}{dt}=(U_{GS}-U_T-U(x))C_{ox}W\mu_n\frac{dU(x)}{dx} \tag{2.37}$$

即

$$I_{DS}dx=\mu_n C_{ox}W(U_{GS}-U_T-U(x))dU(x) \tag{2.38}$$

对式(2.38)进行积分得

$$\int_0^L I_{DS}dx=\int_0^{U_{DS}}\mu_n C_{ox}W(U_{GS}-U_T-U(x))dU(x) \tag{2.39}$$

求解式(2.39)得

$$I_{DS}=\mu_n C_{ox}\frac{W}{L}\left((U_{GS}-U_T)U_{DS}-\frac{1}{2}U_{DS}^2\right) \tag{2.40}$$

式(2.40)说明，I_{DS}是 U_{DS}的二次函数，在 $U_{DS}=U_{GS}-U_T$ 处取得极大值，为

$$I_{DSmax}=\frac{1}{2}\mu_n C_{ox}\frac{W}{L}(U_{GS}-U_T)^2 \tag{2.41}$$

当 $U_{DS}>(U_{GS}-U_T)$后，通过前面的定性分析可知，导电沟道出现夹断区。此时要对式(2.39)进行如下修正：

$$\int_0^{L'} I_{DS}dx=\int_0^{U_{GS}-U_T}\mu_n C_{ox}W(U_{GS}-U_T-U(x))dU(x) \tag{2.42}$$

其中 L'表示夹断点与S极的距离。积分式(2.42)得到

$$I_{DS}=\frac{1}{2}\mu_n C_{ox}\frac{W}{L'}(U_{GS}-U_T)^2 \tag{2.43}$$

式(2.43)表明，在夹断区域不太大(U_{DS}不太大$\to L'\approx L$)的情况下，I_{DS}与 U_{DS}无关，是 U_{GS}的二次函数。式(2.40)对前面的定性分析给出了定量结果。当然，随着 U_{DS}的增加，L'会逐渐减小，导致 I_{DS}增大。另一方面，L'的减少会增加夹断区的长度，由于 U_{DS}增加的部分完全加在夹断区上，因此夹断区的场强变化不明显。这两个因素的共同作用导致 I_{DS}有不明显的增加，一般可认为 $U_{DS}>(U_{GS}-U_T)$后，I_{DS}即进入饱和区。

综合式(2.40)和式(2.43)(或式(2.41))可以得到N沟道增强型MOSFET的开关统一(SU)模型，用解析式表示为

$$I_{DS}=\begin{cases}K\left[(U_{GS}-U_T)U_{DS}-\dfrac{U_{DS}^2}{2}\right] & (U_{GS}-U_T)\geqslant 0,U_{DS}<(U_{GS}-U_T)\\ \dfrac{K(U_{GS}-U_T)^2}{2} & (U_{GS}-U_T)\geqslant 0,U_{DS}\geqslant(U_{GS}-U_T)\\ 0 & (U_{GS}-U_T)<0\end{cases} \tag{2.44}$$

其中 $K=\mu_n C_{ox}\dfrac{W}{L}$。

当 U_{DS}很小时，忽略式(2.40)中的高次项，得

$$
\begin{aligned}
I_{DS} &= \mu_n C_{ox}\frac{W}{L}\left((U_{GS}-U_T)U_{DS}-\frac{1}{2}U_{DS}^2\right)\\
&\approx \mu_n C_{ox}\frac{W}{L}(U_{GS}-U_T)U_{DS}\\
&= K(U_{GS}-U_T)U_{DS}
\end{aligned}
\tag{2.45}
$$

式(2.45)说明，当 U_{DS} 很小时，I_{DS} 和 U_{DS} 呈线性关系，因此 D、S 间等效为一个线性电阻，电阻值为

$$
R_{ON}=\frac{U_{DS}}{I_{DS}}=\frac{1}{\mu_n C_{ox}\frac{W}{L}(U_{GS}-U_T)}=\frac{1}{K(U_{GS}-U_T)}
\tag{2.46}
$$

由式(2.46)可以看出，这是一个压控电阻，控制量是 U_{GS}。U_{GS} 越大，电阻越小。式(2.46)对前面的定性分析给出了定量结果。

*15 如何用 MOSFET 构成电阻

教材图 2.9.1 讨论了反相器电路的基本原理，指出反相器正常工作的一个条件是 $R_L \gg R_{ON}$。其中，R_{ON} 是 MOSFET 的导通电阻，R_L 则是外部电阻。

在集成电路制造过程中，R_L 可以用扩散等工艺生成。但这种方法一方面占据太大的面积，另一方面阻值精度也无法保证。因此在数字电路中，提出仍然利用 N 沟道增强型 MOSFET 来构成电阻 R_L，由此形成的反相器电路如图 2.32 所示。

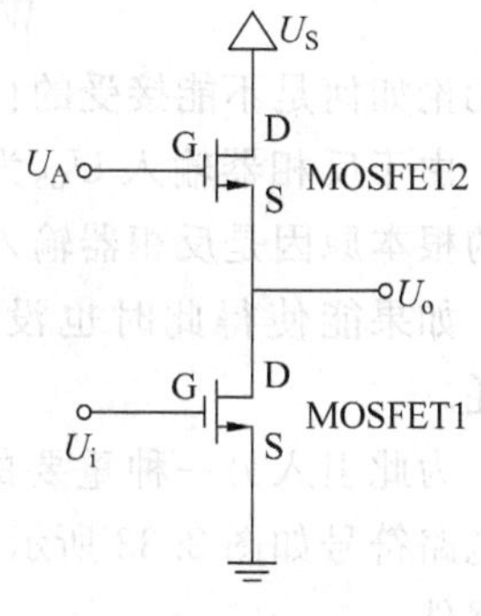

图 2.32 N 沟道增强型 MOSFET 用作有源上拉电阻

图 2.32 中，MOSFET2 用于实现电阻 R_L，因此需要确保

$$
U_A > (U_S + U_T) \tag{2.47}
$$

这样才可以使得 MOSFET2 始终能够被高电平的 U_A 置于电阻区。

根据本章问题 13 的定量讨论(式(2.46))知道，MOSFET 的导通电阻正比于 L/W，因此只要对两个 MOSFET 的 L/W 进行合理的配比，就可以满足 $R_L \gg R_{ON}$，从而实现反相器的功能。

给定数字系统逻辑 0 输出的阈值 U_{Th} 后，就可以根据式(2.48)确定两个 MOSFET 的结构。

$$
U_o = U_{DS1} = U_S\frac{R_{ON1}}{R_{ON1}+R_{ON2}} = U_S\frac{\frac{L_1}{W_1}}{\frac{L_1}{W_1}+\frac{L_2}{W_2}} < U_{Th}
\tag{2.48}
$$

由于 U_i 为低时，输出由 R_{ON1} 上拉(pull-up)至高电平，因此称其为上拉电阻 R_{pu}；U_i 为高时，输出由 R_{ON2} 下拉(pull-down)至低电平，因此称其为下拉电阻 R_{pd}。

假设 $U_S = 5V$，$U_{Th} = 1V$，可以得到

$$\frac{\dfrac{L_{pu}}{W_{pu}}}{\dfrac{L_{pd}}{W_{pd}}} > 4$$

只要满足这样的条件，就可以用两个 N 沟道增强型 MOSFET 构成一个反相器。

*16 MOSFET 门电路的静态功率（兼论 CMOS）

下面讨论一下 MOSFET 门电路的静态功率。以图 2.32 所示两个 MOSFET 构成的反相器来讨论。

设 $U_S=5\text{V}$，$R_{pu}=10\text{k}\Omega$，$R_{pd}=1\text{k}\Omega$，易知该反相器消耗的功率为

$$W=\frac{U_S^2}{R_{pu}+R_{pd}}=2.27(\text{mW})$$

一颗奔腾 4CPU 中大约有 40×10^6 个晶体管。假设均为 N 沟道增强型 MOSFET，同时这 40×10^6 个晶体管构成了 20×10^6 个反相器，则 CPU 的功耗应该是

$$W=20\times10^6\times2.27\times10^{-3}=45(\text{kW})$$

这无论如何是不能接受的！

由于反相器输入 U_{GS} 为低时，电路没有功耗，因此产生这个问题的根本原因是反相器输入 U_{GS} 为高时，产生了流通两个电阻的电流。如果能使得此时也没有电流，就能消除门电路的静态功率损耗。

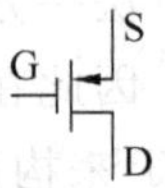

图 2.33 P 沟道增强型 MOSFET 的电路符号

为此引入另一种重要的器件——P 沟道增强型 MOSFET，它的电路符号如图 2.33 所示。它与 N 沟道增强型 MOSFET 是互补型器件。

P 沟道增强型 MOSFET 用于数字电路中的等效模型如图 2.34 所示[3]。

将一个 P 沟道增强型 MOSFET 和一个 N 沟道增强型 MOSFET 联接起来，就构成了如图 2.35 所示的 CMOS(complementary metal-oxide semiconductor)电路。

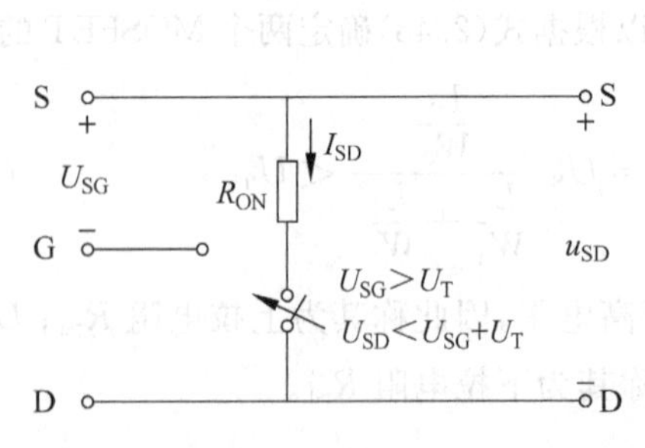

图 2.34 P 沟道增强型 MOSFET 的开关-电阻模型

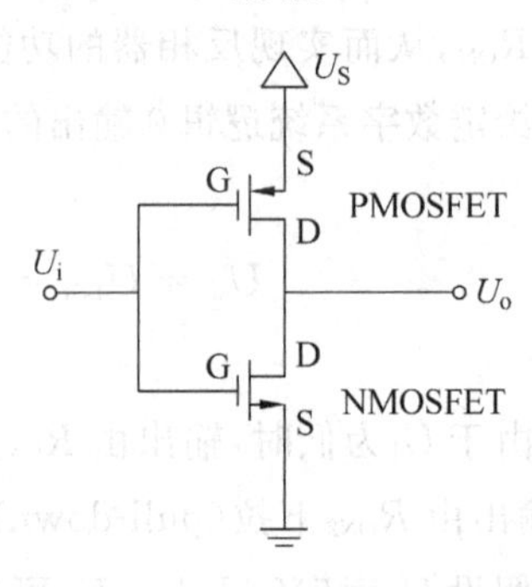

图 2.35 CMOS 反相器

当U_i为逻辑低时，NMOSFET 的 D、S 间断开，PMOSFET 的 D、S 间为电阻（如图 2.36(a)所示），输出为逻辑高；当U_i为逻辑高时，NMOSFET 的 D、S 间为电阻，PMOSFET 的 D、S 间断开（如图 2.36(b)所示），输出为逻辑低。无论输入为逻辑低还是逻辑高，反相器电路均无电流流通，从而消除了静态功率损耗。

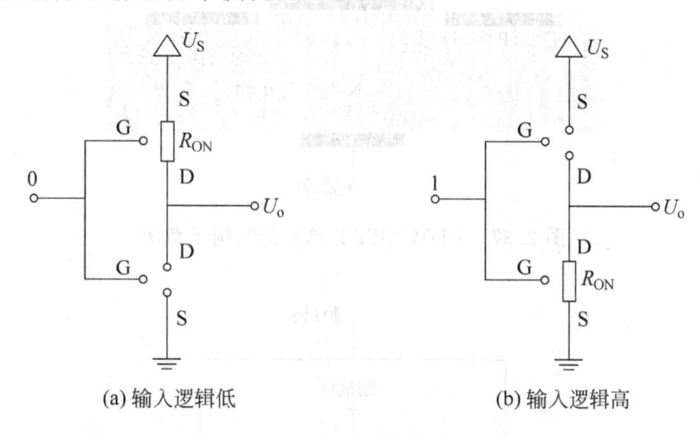

(a) 输入逻辑低　　(b) 输入逻辑高

图 2.36　CMOS 反相器的等效电路

建议读者利用 N 沟道增强型 MOSFET 和 P 沟道增强型 MOSFET 自行设计 CMOS 与非门和或非门。

17　功率电子中的 MOSFET 结构

前面讨论了微电子电路中的 MOSFET，接下来讨论功率电子（电力电子）中的 MOSFET，即 Power MOSFET。

图 2.24 所示的 MOSFET 结构中，导电沟道呈水平位置，也称为平行 MOSFET 结构（parallel-MOSFET，PMOSFET）。这种结构的导电沟道比较长，导通电阻较大，同时耐压水平较低，硅片利用率也较低，不适合在功率电子技术中使用。

为了改进 PMOSFET 的上述种种问题，提出了若干种垂直结构的 MOSFET，如垂直 V 型槽 MOSFET（vertical V-groove MOSFET，VVMOSFET），垂直双扩散 MOSFET（vertical double-diffused MOSFET，VDMOSFET）等。在功率电子学中，往往还将若干 MOSFET 单元以某种方式排列起来，构成一个器件，用以进一步提高耐压水平。对此，不同的制造商有不同的设计方法。图 2.37 给出了 VDMOSFET 单元的结构示意图。

参照本章论题 13 的讨论，观察图 2.37 可知，S 极与 D 极之间天然存在一个 PN 结；当 $U_{GS}>U_T$ 时，与 S 极相连的 P 型半导体中的正杂质会被电场推开，N 型半导体中的负杂质则会汇集到栅极之下，从而构成如图 2.38 所示的导电沟道。

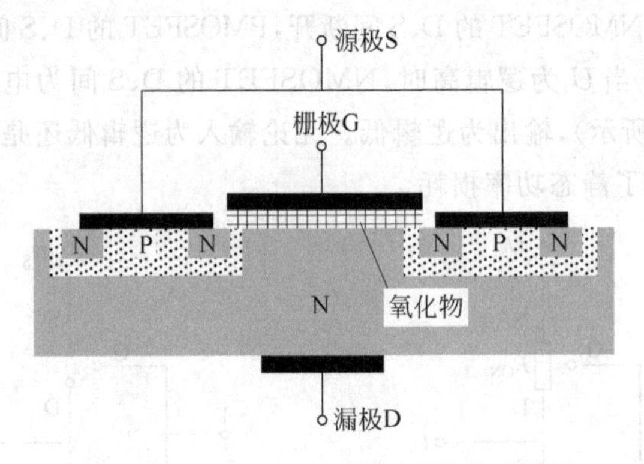

图 2.37 VDMOSFET 单元的结构示意图

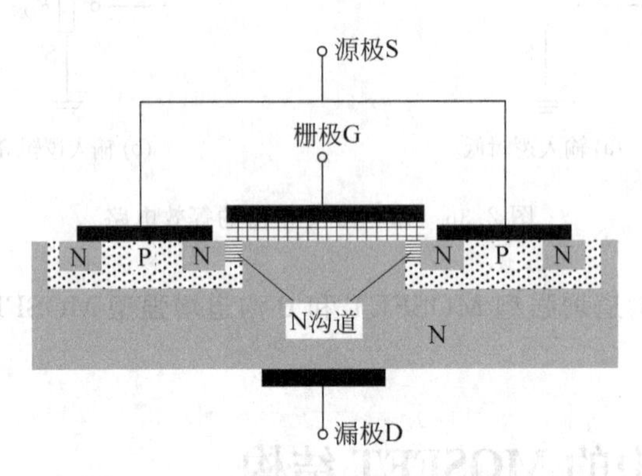

图 2.38 VDMOSFET 单元的导电沟道

由图 2.38 可知，VDMOSFET 单元的导电沟道为 N 沟道，因此称为 N 沟道增强型 power MOSFET。沟道形成后，导电通路的主要部分是垂直的，因此称为垂直结构 MOSFET。在功率电子学中，通常均采用这种结构的 MOSFET。由于导电沟道短，这种结构的 MOSFET 一般导通电阻小（典型值为几十毫欧）。

N 沟道增强型功率 MOSFET 的电路符号如图 2.39 所示。注意，其中的二极管是寄生的，并非外部施加。

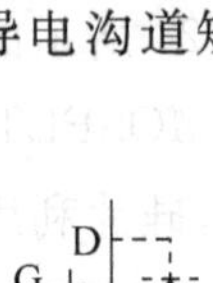

图 2.39 N 沟道增强型功率 MOSFET 的电路符号

参考文献[9]指出，功率 MOSFET 具有双向导电性，即其电气特性如图 2.40 所示。

功率 MOSFET 一般当作开关使用，即可用开关-电阻模型对其建模，当它导通时，工作于图 2.40 中虚线框内的曲线段部分。进一步的学习可参考文献[10]～[12]。

功率 MOSFET 正向导通时（即电流从 D 极流向 S 极），往往作为电力电子电路的主开关使用；反向导通时（即电流从 S 极流向 D 极），则往往用于替代电力电子电路中的整流二极管，进行同步整流。第 6 章中会讨论若干功率 MOSFET 的应用。

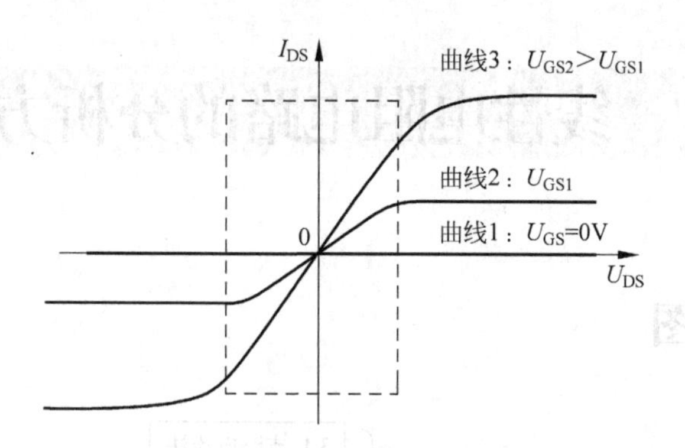

图 2.40　功率 MOSFET 的电气特性

参考文献

[1]　冈村迪夫著. 王玲等译. OP 放大电路设计. 北京：科学出版社，2004

[2]　佛朗哥著，刘树棠等译. 基于运算放大器和模拟集成电路的电路设计. 西安：西安交通大学出版社，2004

[3]　Sedra，Smith 著. 周玲玲等译. 微电子电路. 第 5 版. 北京：电子工业出版社，2006

[4]　拉扎维著. 陈贵灿等译. 模拟 CMOS 集成电路设计. 西安：西安交通大学出版社，2003

[5]　Neamen. 电子电路分析与设计. 第 2 版. 北京：清华大学出版社，2000

[6]　童诗白，华成英. 模拟电子技术基础. 第 3 版. 北京：高等教育出版社，2001

[7]　高文焕，李冬梅. 电子线路基础. 第 2 版. 北京：高等教育出版社，2005

[8]　Agarwal，Lang 著. 于歆杰等译. 模拟与数字电子电路基础. 北京：清华大学出版社，2008

[9]　胡宗波，张波. 同步整流器中 MOSFET 的双向导电特性和整流损耗研究. 中国电机工程学报，2002，22(3)：88～93

[10]　王兆安，黄俊. 电力电子技术. 第 4 版. 北京：机械工业出版社，2003

[11]　本达等著. 吴郁等译. 功率半导体器件——理论及应用. 北京：化学工业出版社，2005

[12]　林渭勋. 现代电力电子电路. 杭州：浙江大学出版社，2002

[13]　林争辉. 电路理论(第一卷). 北京：高等教育出版社，1988

CHAPTER 3

第3章 线性电阻电路的分析方法和定理

0 组织结构图

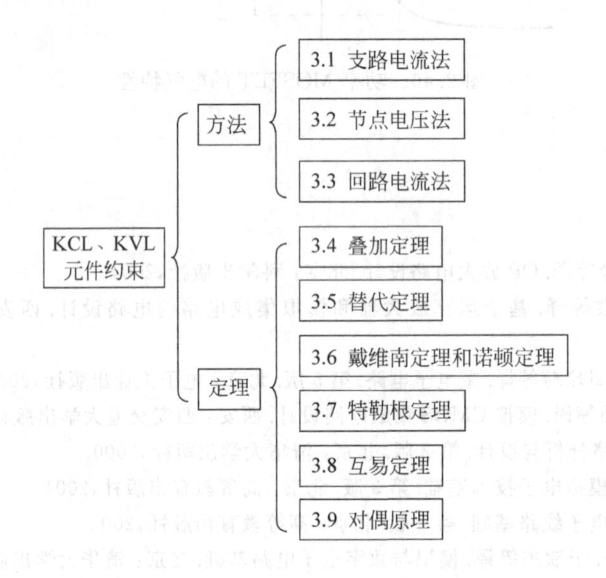

1 一种电路等效变换方法——电源转移

应用节点法分析电路时，有时会遇到两个独立节点之间接有单独一个理想电压源的情况。此时，若直接列写标准形式的节点电压方程，方程系数会出现电导为无穷大的问题。教材 3.2 节中分别介绍了通过灵活选取参考节点、增设电压源支路中电流变量、引入广义(超)节点等方法来解决这个问题。下面介绍另一种可以有效解决此类问题的方法，即电压源转移。所谓电压源转移，本质上就是在满足基尔霍夫定律的前提下，改变电压源的位置，得到原电路的一个等效电路。

以图 3.1(a)(教材中图 3.2.5)所示电路为例。节点②和节点③之间有一条纯独立电压源支路。进行电压源转移的一种方法是将电压源 U_{S3} 移到与节点②连接的其他所有支路中，即电阻 R_3 和 R_4 所在支路，原电压源所在的支路变为短路，如图 3.1(b)所示；另一种方法是将电压源 U_{S3} 移到与节点③连接的其他所有支路中，原电压源所在的支路变为短路，如图 3.1(c)所示。图 3.1(b)、(c)所示电路都是图 3.1(a)所示电路的等效电路。这一点可以用基尔霍夫定律加以证明，对于图 3.1(a)、(b)、(c)所示 3 个电路分别选网孔列写 KVL 方程，得到的方程是相同的。将 3 个电路中的节点②和③组成广义节点，它们的 KCL 方程也是相同的。因此，图 3.1(a)、(b)、(c)所示电路是等效电路。

对图 3.1(b)所示电路，以节点①、③的电压 U_{n1} 与 U_{n3} 为独立变量列方程，求解可得到节点电压 U_{n1} 与 U_{n3}，则节点②的电压为

$$U_{n2}=U_{n3}+U_{S3}$$

对图 3.1(c)所示电路，以节点①、②的电压 U_{n1} 与 U_{n2} 为独立变量列方程，求解可得到节点电压 U_{n1} 与 U_{n2}，则节点③的电压为

$$U_{n3}=U_{n2}-U_{S3}$$

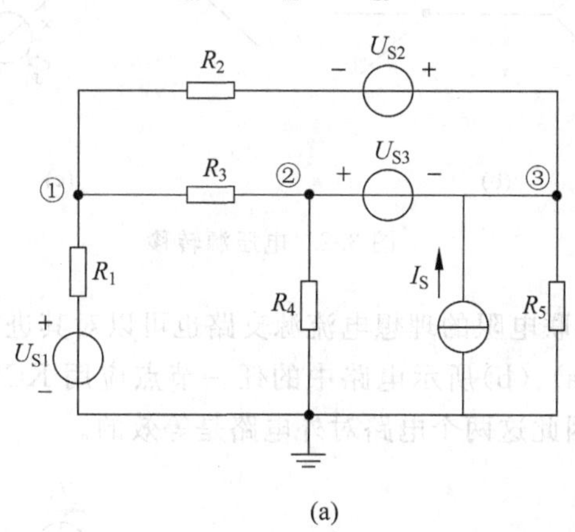

(a)

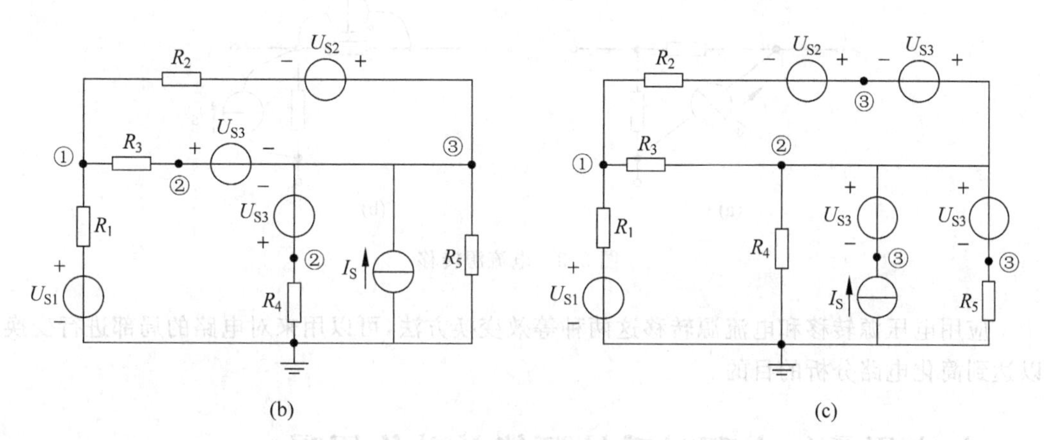

(b)　(c)

图 3.1　电压源转移的应用

电压源转移等效变换不仅可用在节点法中，只要两个节点之间有纯电压源支路，都可以进行电压源转移。如图 3.2(a)所示电路等效变换为图 3.2(b)和图 3.2(c)所示电路。等效变换的正确性既可以根据基尔霍夫定律列方程加以证明，也可以从另一个角度加以简单说

明。图 3.2(b)所示电路中，显然 a、b 两点的电位相等，因此可将 a、b 两点短路，这样就形成了两个电压相等的理想电压源同极性并联，它们对外电路就等效为一个理想电压源 U_S，即图 3.2(a)所示电路。同理亦可说明图 3.2(c)和图 3.2(a)所示的两个电路是等效的。

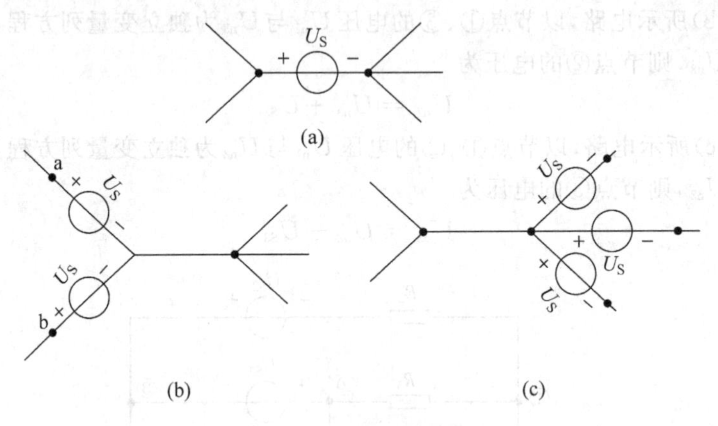

图 3.2 电压源转移

类似地，对于没有并联电阻的理想电流源支路也可以对其进行电流源转移等效变换，如图 3.3 所示。对图 3.3(a)、(b)所示电路中的任一节点应用 KCL，两个电路中对应节点的 KCL 方程都是相同的，因此这两个电路对外电路是等效的。

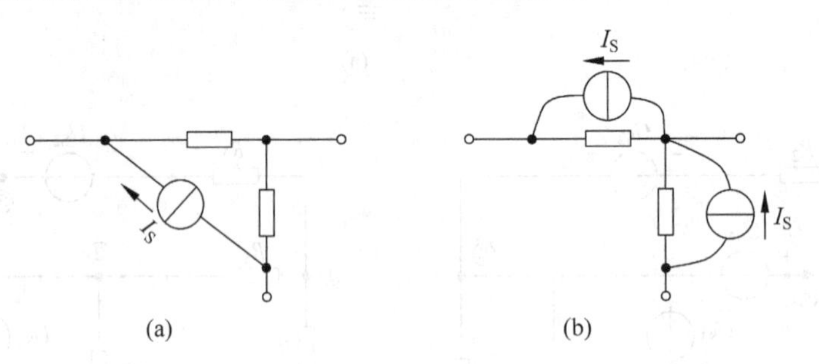

图 3.3 电流源转移

应用电压源转移和电流源转移这两种等效变换方法，可以用来对电路的局部进行变换，以达到简化电路分析的目的。

2 在应用叠加定理时受控源能单独作用吗

从本质上讲，受控源体现的只是控制量和被控制量之间的一种关系，它不能作为电路的激励，只有独立源才可以作为电路的激励。从这个意义上说，应用叠加定理时，受控源不能像独立源那样单独作用(教材第 120 页的页下注说明了这一点)。

下面的例子旨在说明如果在应用叠加定理时一定要把受控源看做独立源那样让它单独作用，需要进行怎样的操作，从而从另一个角度说明为什么在应用叠加定理时受控源不能单独作用。

用叠加定理求图 3.4 所示电路中电流源的端电压 U。

首先用传统的叠加定理分析方法进行求解，即两个独立源分别单独作用时，受控源和除独立源以外的其他元件一样保留在电路中。

24V 电压源单独作用，电路如图 3.5 所示。此时控制量是 24V 电压源单独作用在 5Ω 电阻中产生的电流 I'_x。

$$8I'_x + 4I'_x = 24$$

$$I'_x = 2\text{A}$$

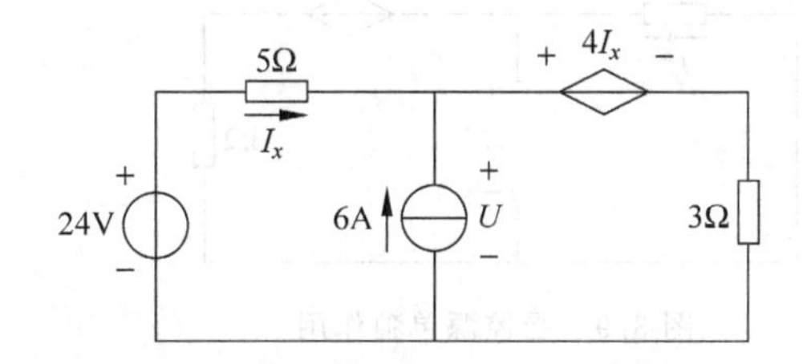

图 3.4　用叠加定理求含受控源电路

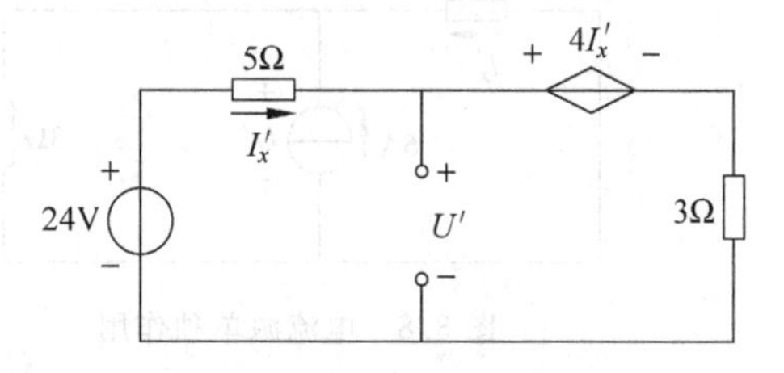

图 3.5　电压源单独作用

电流源的端电压

$$U' = 14\text{V}$$

6A 电流源单独作用，电路如图 3.6 所示。此时控制量是 6A 电流源单独作用在 5Ω 电阻中产生的电流 I''_x。

$$5I''_x + 3(6 + I''_x) + 4I''_x = 0$$

$$I''_x = -1.5\text{A}$$

$$U'' = 7.5\text{V}$$

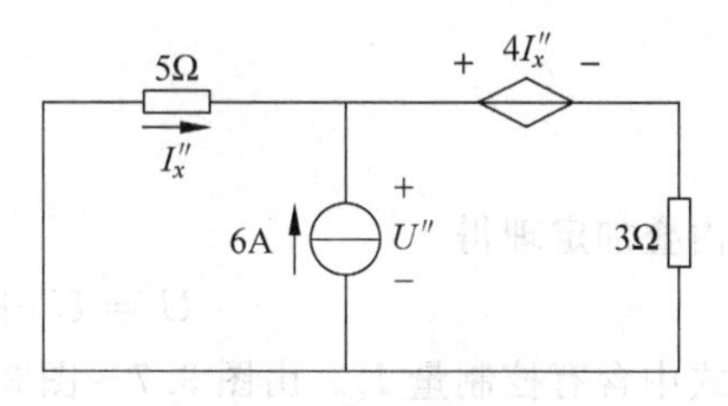

图 3.6　电流源单独作用

由叠加定理，得

$$U = U' + U'' = 21.5(\text{V})$$

下面对受控源采用另一种处理方法，把它看成独立源，可以单独作用；在其他独立源分别单独作用时，受控源不作用，即受控电压源短路，受控电流源开路。

24V 电压源单独作用，电路如图 3.7 所示。此时控制量是 24V 电压源单独作用在 5Ω 电阻中产生的电流 I'_x。6A 电流源单独作用，电路如图 3.8 所示。相应的控制量是 6A 电流源单独作用在 5Ω 电阻中产生的电流 I''_x。在两个独立源单独作用时，由于电路中没有出现受控源，因此相应的电流源的端电压 U'、U'' 实际上与控制量 I'_x、I''_x 无关，仅由独立源决定。之所以在这里画出来，是因为下面的讨论要用到这两个量。流控电压源单独作用，电路如图 3.9 所示。值得提醒的是，此时控制量绝不仅仅是该图中流过 5Ω 电阻的电流 I'''_x，而是

I_x，$I_x=I'_x+I''_x+I'''_x$，即两个独立源和受控源分别单独作用时在5Ω电阻中产生的电流的代数和。

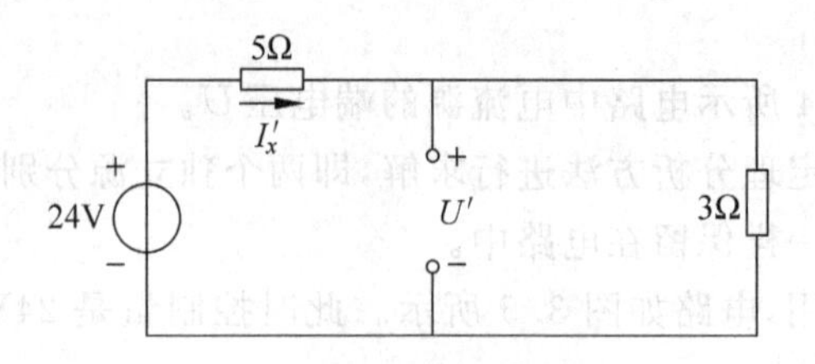

图3.7 电压源单独作用

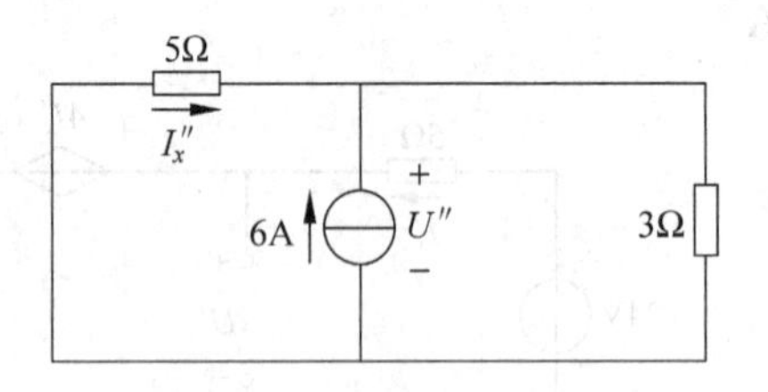

图3.8 电流源单独作用

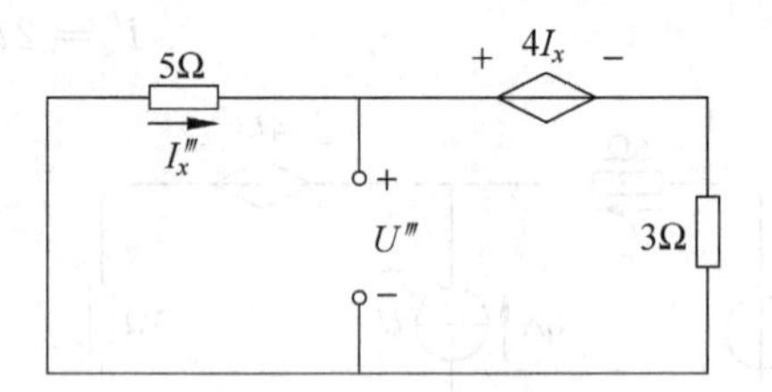

图3.9 受控源单独作用

易得电流源的端电压分别为

$$U' = 9\text{V}$$

$$U'' = 11.25\text{V}$$

$$U''' = 2.5I_x$$

由叠加定理得

$$U = U' + U'' + U''' = 20.25 + 2.5I_x$$

式中含有控制量 I_x。由图3.7～图3.9所示3个子电路可得

$$I_x = I'_x + I''_x + I'''_x = \frac{24}{8} - \left(6 \times \frac{3}{8}\right) - \frac{4}{8}I_x$$

$$I_x = 0.5\text{A}$$

因此电流源的端电压为

$$U = U' + U'' + U'''_x = 20.25 + 2.5I_x = 21.5(\text{V})$$

从上面的分析过程可以看出，通过一些处理，在运用叠加定理时可以将受控源像独立源一样让其单独作用，从而对电路进行求解。但需要强调的是，这仅仅是一种解题技巧，不是叠加定理的本质；并且这样处理的结果往往会由于概念不清导致结果错误，即使概念清晰，但由于所求变量结果中往往会包含控制量，需要回到原电路中或由若干子电路的相应变量叠加才能得出，计算过程烦琐，违背了应用叠加定理的初衷。因此对于含有受控源的电路应用叠加定理时，一般不让受控源单独作用，而是在每个独立源单独作用时都保留在电路中。

3　关于戴维南等效电路的讨论

戴维南定理是电路分析中非常重要的定理之一，应用戴维南定理求解电路需要解决 3 个问题：何时用戴维南定理？对哪个端口用戴维南定理？如何求戴维南等效电路(即开路电压和等效内阻)？

一般来说，如果问题只要求某一条支路的电压或电流，则可以考虑应用戴维南定理。最大功率传输问题是应用戴维南定理的典型实例。

上述第 2 个问题比较复杂，需要根据具体问题具体分析。一条基本原则是如果电路中含有受控源，选择进行等效变换的端口时应使得控制量和被控制量在同一部分电路中，即要么都在要进行等效变换的子电路中，要么都在外电路中。

确定了要进行等效变换的子电路后，求开路电压或短路电流视具体电路可应用电源等效变换、节点法、回路法、叠加定理等各种方法。求等效电阻或电导时应将子电路的所有独立源置零，即电压源短路，电流源开路。对不含受控源的电路，可以直接用电阻串、并联关系和Y-△变换得到等效内阻；含受控源的电路，可以用端口加电压求电流、端口加电流求电压或求开路电压和短路电流的方法求得等效内阻。

教材 3.6.1 节中指出，不是所有的一端口电路都存在戴维南等效电路。举例如下。

分析图 3.10(a)所示电路，求端口的入端等效电阻。用端口加电压求电流法求其等效电阻的电路如图 3.10(b)所示。

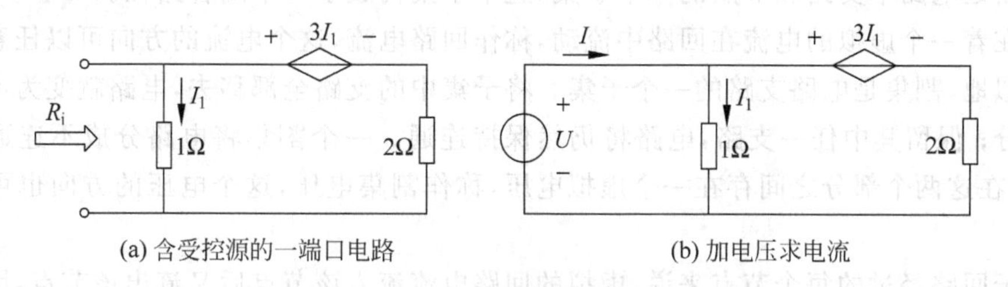

(a) 含受控源的一端口电路　　(b) 加电压求电流

图 3.10　求戴维南电阻

根据 KCL、KVL 和元件约束得

$$\begin{cases} U = I_1 \\ U = 3I_1 + 2(I - I_1) \end{cases}$$

式中有 2 个独立方程、3 个未知数，一般来说可以求出 U/I，即端口的入端等效电阻 R_i。但对图 3.10(a)所示电路给定的参数，会得出

$$I_1 = 3I_1 + 2(I - I_1)$$
$$I = 0$$

这个结果说明任意电压施加在端口，得到的电流都是0。这意味着该端口的戴维南等效电阻为无穷大，即该电路的戴维南等效电路不存在。

还存在一些其他的特殊现象，即有时一端口网络对外仅等效为一个独立电压源，其戴维南等效电阻为零，则其戴维南等效电路存在，但诺顿等效电路不存在。有时一端口网络仅等效为一个独立电流源，诺顿等效电导是零，则其诺顿等效电路存在，但戴维南等效电路不存在。有时一端口网络仅等效为一个电阻，则此时的开路电压和短路电流均为零。

4 割集和割集电压

本论题内容发表在文献[3]中。

回路电流是很神奇的。它们是一群听话的虚拟电流，它们受解题人的控制从一条支路流入节点，再从另一条支路流出，不分流，因此自然满足 KCL。实际的支路电流由流经这些支路的回路电流的代数和决定。只要找到 $b-n+1$ 个独立回路(教材附录 B 解释了为什么是 $b-n+1$ 个独立回路)，确保每条支路都至少有 1 个回路经过，就能够用回路电流的线性组合来表示支路电流，再根据元件约束求出支路电压。在 $b-n+1$ 个回路中应用 KVL 得到 $b-n+1$ 个以回路电流为变量的独立方程，求出回路电流，进而求出支路电流和支路电压，从而完成电路分析。这种方法称为回路电流法。下面讨论和回路电流相对应的另一群听话的虚拟电压——割集电压。我们始终用对比的方法来介绍，介绍的过程需要用到一些图论的知识，请参考教材附录 B。

回路是电路中支路和节点的一个子集，这个子集构成了一个闭合路径。对于一个回路，假设存在着一个虚拟的电流在回路中流动，称作回路电流，这个电流的方向可以任意指定。

类似地，割集是电路支路的一个子集。将子集中的支路全部移去，电路就变为不连通的两个部分；保留其中任一支路，电路将仍然保持连通。一个割集将电路分成不连通的两部分，假设在这两个部分之间存在一个虚拟电压，称作割集电压，这个电压的方向也可以任意指定。

对于回路经过的每个节点来说，虚拟的回路电流流入该节点后又流出该节点，因此回路电流流经节点上的 KCL 自然满足，从而无需列写以回路电流为变量的 KCL 方程。每条支路可能有多个虚拟的回路电流流过，支路的实际电流等于全部流经该支路的虚拟回路电流的代数和。

类似地，对于割集中的每条支路来说(称割集切割该支路)，割集电压给出了该支路两端的电压，因此割集所包含的支路上的 KVL 自然满足，无需列写以割集电压为变量的 KVL 方程。每条支路可能被多个虚拟的割集切割，支路两端的实际电压等于全部切割该支路的虚拟割集电压的代数和。

与上文所述回路电流法类似，将割集中所有支路的实际电压用割集电压来表示，并应用元件约束可在每个割集分成的两部分子电路间列写 KCL 方程。如果列写的独立 KCL 方程数量足够，则可求解出割集电压，进而利用割集电压和支路电压的关系求解出支路电压，并利用元件约束求解出支路电流，从而完成电路分析。这种电路分析方法称为割集电压法。

选择独立回路的一种规范的方法是：选择一棵树，在该树上每添加一条连支，就形成一个新的回路，该回路由该连支和若干树支构成。这种回路称为单连支回路，回路电流的方向就选为该连支的电流方向。这样得到的 $b-n+1$ 个回路中，由于每个回路都有一个新的连支，即通过每条连支的回路电流只有一个，因此这些回路电流方程彼此是独立的，可以求解出 $b-n+1$ 个回路电流，从而可以进一步完成电路分析。

类似地，选择割集的一种规范的方法是：选择一棵树，除树支以外剩下的支路和节点组成的子图称为余树，在该余树上每添加一条树支，就形成一个新的割集。这种割集称为单树支割集，割集电压的方向就选择为树支的电压方向。这样形成的 $n-1$ 个割集中，由于每个割集都有一个新的树支，即通过每个树支的割集电压只有一个，因此这些割集电压方程彼此是独立的，可以求解出 $n-1$ 个割集电压，从而可以进一步完成电路分析。

从上面的类比可以看出：

(1) 割集电压的物理意义是被割集分割的两部分子电路间的虚拟电压。

(2) 割集电压的定义是不依赖于树的。

(3) 单树支割集提供了一种规范的列写割集电压方程的方法。

(4) 割集电压和回路电流是一对对偶的概念。如果每个独立割集所包含的全部支路均与 1 个节点相连，则割集电压法退化为节点电压法；对于平面电路，如果选择网孔作为一组独立回路，则回路电流法退化为网孔电流法。这 4 种电路分析方法之间的关系如图 3.11 所示。

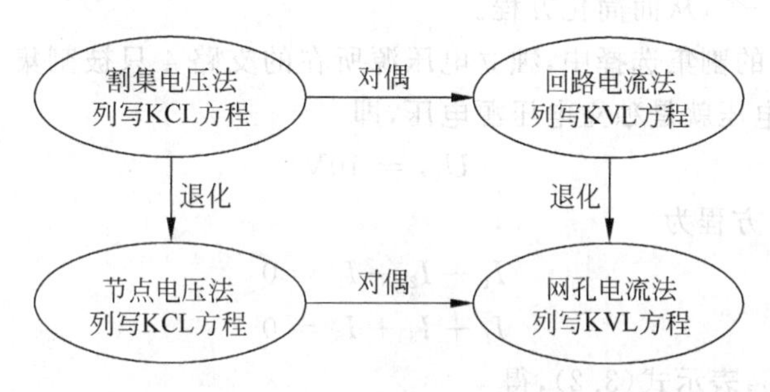

图 3.11　4 种电路分析方法的关系

下面以图 3.12 所示电路说明割集电压法的求解过程。

设电路中每条支路的电压、电流均取关联参考方向，支路电流的参考方向如图 3.12 所示。所选的相应割集如图 3.13 所示，割集电压的方向由正到负，如图所示。该电路有 4 个节点，需要列写 3 个独立的割集电压方程。

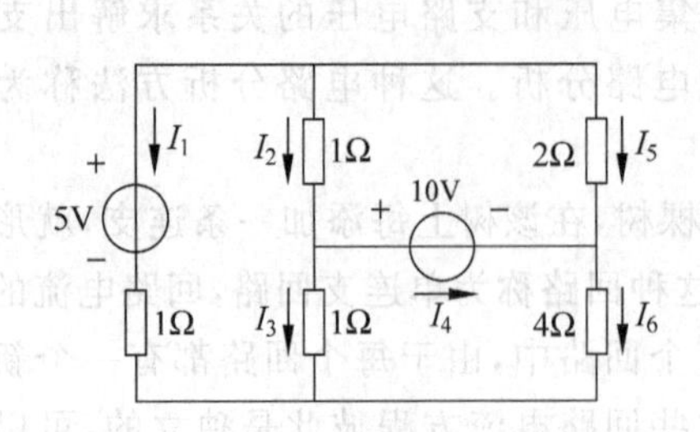

图 3.12　用割集电压求解电路

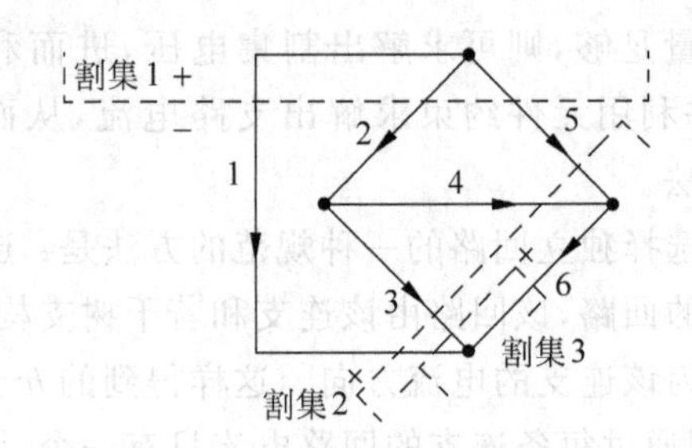

图 3.13　割集的选取和割集电压的方向

下面用 $U_1 \sim U_6$ 表示支路电压，$U_{C1} \sim U_{C3}$ 表示割集电压。支路电压和割集电压的关系为

$$\begin{pmatrix} U_1 \\ U_2 \\ U_3 \\ U_4 \\ U_5 \\ U_6 \end{pmatrix} = \begin{pmatrix} U_{C1} + U_{C2} + U_{C3} \\ U_{C1} \\ U_{C2} + U_{C3} \\ U_{C2} \\ U_{C1} + U_{C2} \\ U_{C3} \end{pmatrix} \tag{3.1}$$

列写割集电压方程的关键在于用割集电压的代数组合（即支路电压）和元件约束来列写 KCL 方程，因此如果出现独立电压源支路，则往往需要增加 1 个变量：独立电压源支路的电流。在回路电流法中，可以技巧性地选择回路，使得流过独立电流源支路的回路只有一个，从而简化方程。类似地，在割集电压法中也可以技巧性地选择割集，使得切割独立电压源支路的割集只有一个，从而简化方程。

在图 3.13 所示的割集选择中，独立电压源所在的支路 4 只被割集 2 切割，因此可简化方程的列写。割集电压就是独立电压源电压，即

$$U_{C2} = 10\text{V}$$

另两个割集的 KCL 方程为

$$\begin{aligned} I_1 + I_2 + I_5 &= 0 \\ I_1 + I_3 + I_6 &= 0 \end{aligned} \tag{3.2}$$

用割集电压 $U_{C1} \sim U_{C3}$ 表示式(3.2)，得

$$\frac{(U_{C1} + U_{C2} + U_{C3}) - 5}{1} + \frac{U_{C1}}{1} + \frac{U_{C1} + U_{C2}}{2} = 0$$

$$\frac{(U_{C1} + U_{C2} + U_{C3}) - 5}{1} + \frac{U_{C2} + U_{C3}}{1} + \frac{U_{C3}}{4} = 0$$

整理得

$$2.5U_{C1} + 1.5U_{C2} + U_{C3} = 5$$

$$U_{C1} + 2U_{C2} + 2.25U_{C3} = 5$$

最终解得

$$U_{C1}=-1.62\text{V},\quad U_{C2}=10\text{V},\quad U_{C3}=-5.95\text{V}$$

正是由于灵活地选择了割集，使切割支路 4 的割集只有一个，从而使得只需求解二元一次方程组即可求出割集电压，进而求出支路电压和电流。对于电路中存在多个独立电压源支路的情况，如果能够技巧性地选择割集，使得切割独立电压源支路的割集只有一个，就可以大大简化电路分析。

利用式(3.1)和元件约束可求出支路电压和电流：

$$\begin{pmatrix}U_1\\U_2\\U_3\\U_4\\U_5\\U_6\end{pmatrix}=\begin{pmatrix}U_{C1}+U_{C2}+U_{C3}\\U_{C1}\\U_{C2}+U_{C3}\\U_{C2}\\U_{C1}+U_{C2}\\U_{C3}\end{pmatrix}=\begin{pmatrix}2.43\\-1.62\\4.05\\10\\8.38\\-5.95\end{pmatrix}\text{V}$$

$$\begin{pmatrix}I_1\\I_2\\I_3\\I_4\\I_5\\I_6\end{pmatrix}=\begin{pmatrix}\dfrac{U_1-5}{1}\\\dfrac{U_2}{1}\\\dfrac{U_3}{1}\\I_2-I_3\\\dfrac{U_5}{2}\\\dfrac{U_6}{4}\end{pmatrix}=\begin{pmatrix}-2.57\\-1.62\\4.05\\-5.67\\4.19\\-1.48\end{pmatrix}\text{A}$$

从而完成了图 3.12 所示电路的求解。

从对图 3.12 所示电路的求解过程可以看出，完全可以发展出一套与回路电流法对偶、类似于节点电压法的割集电压方程列写方法。但一般来说，并不鼓励这样做，原因在于这种方法只在很少的情形下可以比节点电压法和回路电流法更方便地求解电路。

5　应用特勒根定理分析电路时的注意点

两个具有相同的拓扑结构的网络 N 和 $\hat{N}$，各支路电压、电流均取关联参考方向，在对应支路的电量参考方向均相同条件下，特勒根定理可描述为

$$\sum_{k=1}^{b}u_k\hat{i}_k=0\quad\text{和}\quad\sum_{k=1}^{b}\hat{u}_k i_k=0$$

举例说明如下。电路如图 3.14 所示，P 为一不含受控源的纯电阻网络。已知图 3.14(a)

中，电压源 $U_S=12\text{V}$，电阻 R_2 上的压降 $U_2=3\text{V}$；图 3.14(b)中，电流源 $I_S=2\text{A}$，求图(b)中电流$\hat{I}_1$。

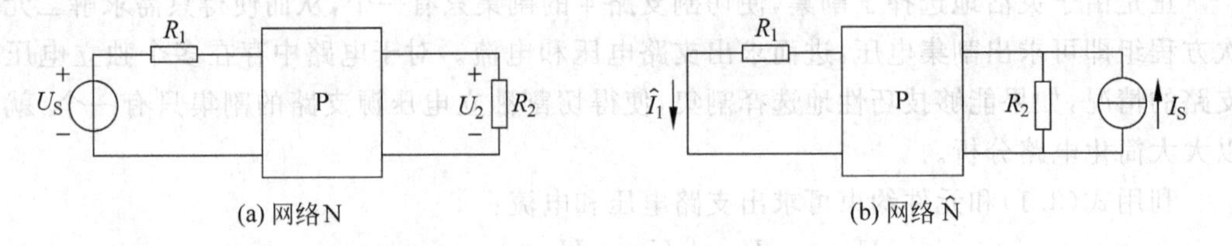

(a) 网络N (b) 网络N̂

图 3.14 应用特勒根定理用图

首先设定各支路的电压、电流参考方向如图 3.15 所示。

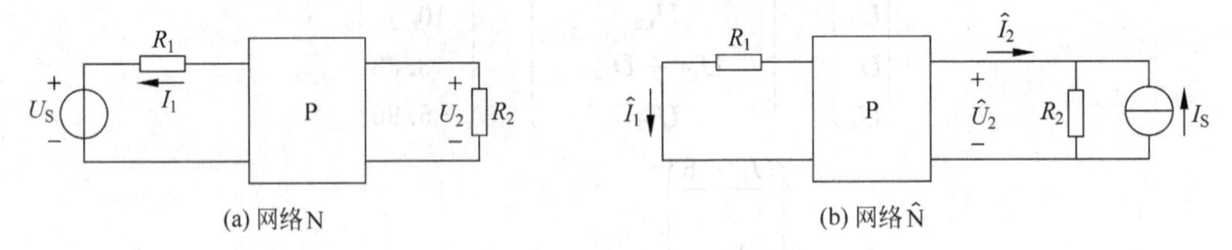

(a) 网络N (b) 网络N̂

图 3.15 设参考方向用图

由特勒根定理，得

$$(U_S+R_1I_1)\hat{I}_1+U_2\hat{I}_2+\sum_{k=3}^{b}U_k\hat{I}_k=0 \tag{3.3}$$

$$R_1\hat{I}_1I_1+(\hat{I}_2+I_S)R_2\times\frac{U_2}{R_2}+\sum_{k=3}^{b}\hat{U}_kI_k=0 \tag{3.4}$$

由于 P 是纯电阻网络，所以

$$\sum_{k=3}^{b}U_k\hat{I}_k=\sum_{k=3}^{b}I_kR_k\hat{I}_k=\sum_{k=3}^{b}I_k\hat{U}_k \tag{3.5}$$

由式(3.3)、式(3.4)和式(3.5)得

$$(U_S+R_1I_1)\hat{I}_1+U_2\hat{I}_2=R_1\hat{I}_1I_1+(\hat{I}_2+I_S)R_2\times\frac{U_2}{R_2}$$

$$\hat{I}_1=\frac{I_SU_2}{U_S}=0.5(\text{A})$$

初学者经常会给出以下这样的解题过程。由特勒根定理，得

$$(U_S+R_1I_1)\hat{I}_1+U_2\hat{I}_2=R_1\hat{I}_1I_1+(\hat{I}_2+I_S)R_2\times\frac{U_2}{R_2} \tag{3.6}$$

$$\hat{I}_1=\frac{I_SU_2}{U_S}=0.5(\text{A})$$

上述解法虽然得出了正确的结果，但解题过程是有缺陷的。因为式(3.6)不是特勒根定

理的表述，它仅仅是应用特勒根定理并结合方框内是纯电阻网络的事实而得出的端口外接支路间电压、电流满足的关系式。忽略式(3.3)～式(3.5)直接给出式(3.6)，从数学上讲推导过程不够严密；实际上是忽略了一个很重要的概念，因为不是所有的网络端口外接支路电压、电流都满足式(3.6)，例如当网络内部包含独立电源或非线性元件时。假设图 3.14 所示网络内部除电阻外还包含有独立源，则由给定的已知条件得不到电流$\hat{I}_1$。原因很简单，在这种情况下，无法证明 $\sum_{k=3}^{b} U_k \hat{I}_k = \sum_{k=3}^{b} I_k \hat{U}_k$，显然就不会有式(3.6)。

特勒根定理适用于任何集总参数电路。不论元件是线性、非线性，时变、非时变，是否含有独立源，特勒根定理总是成立的。倘若将给定电路的所有支路分成端口外部支路($1 \sim b_i$)和内部支路($b_{(i+1)} \sim b$)，则特勒根定理可表示为

$$\sum_{k=1}^{b_i} U_k \hat{I}_k + \sum_{k=b_{(i+1)}}^{b} U_k \hat{I}_k = 0 \quad 或 \quad \sum_{k=1}^{b_i} \hat{U}_k I_k + \sum_{k=b_{(i+1)}}^{b} \hat{U}_k I_k = 0$$

只有证明了端口内部支路的电压、电流满足

$$\sum_{k=b_{(i+1)}}^{b} U_k \hat{I}_k = \sum_{k=b_{(i+1)}}^{b} \hat{U}_k I_k \tag{3.7}$$

才会有端口外接支路间的下述关系成立：

$$\sum_{k=1}^{b_i} U_k \hat{I}_k = \sum_{k=1}^{b_i} \hat{U}_k I_k \tag{3.8}$$

6 互易定理的第三种形式

教材 3.8 节给出了互易定理的两种形式。

互易定理的第一种形式：给定一个仅含有线性电阻的二端口网络，在 11′端口接入电压源激励 $u_{S1}(t)$，在 22′端口处有电流响应 $i_2(t)$，如图 3.16(a)所示；在 22′端口接入电压源激励 $u_{S2}(t)$，在输入端口 11′处有电流响应 $i_1(t)$，如图 3.16(b)所示。互易定理表述为

$$\frac{i_2(t)}{u_{S1}(t)} = \frac{i_1(t)}{u_{S2}(t)} \tag{3.9}$$

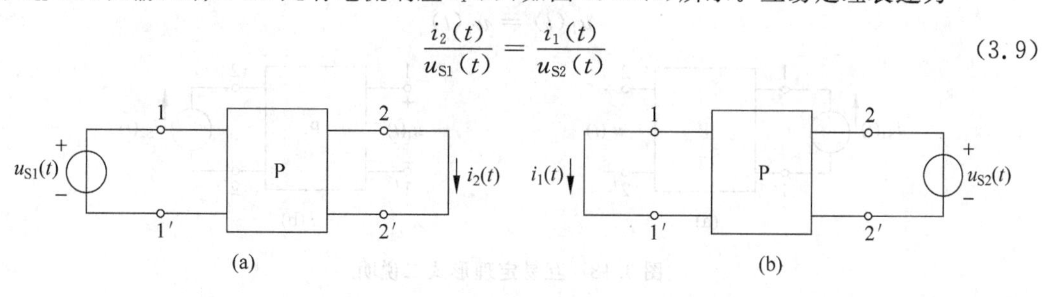

图 3.16 互易定理形式一说明

或

$$u_{S1}(t)\, i_1(t) = u_{S2}(t)\, i_2(t)$$

若

$$u_{S2}(t) = u_{S1}(t)$$

则

$$i_1(t) = i_2(t)$$

即在11′端口接电压源时，在22′端口产生的电流等于在22′端口接同一个电压源时在11′端口产生的电流。将这个结论应用到测量电路时，表现为将电压源与电流表同极性互换位置，两块电流表的读数相同，如图3.17(a)、(b)所示。在这种结构中，端口11′和22′都是可短路的，可以认为电压源和电流表都是嵌入到端口的短路线中去的。

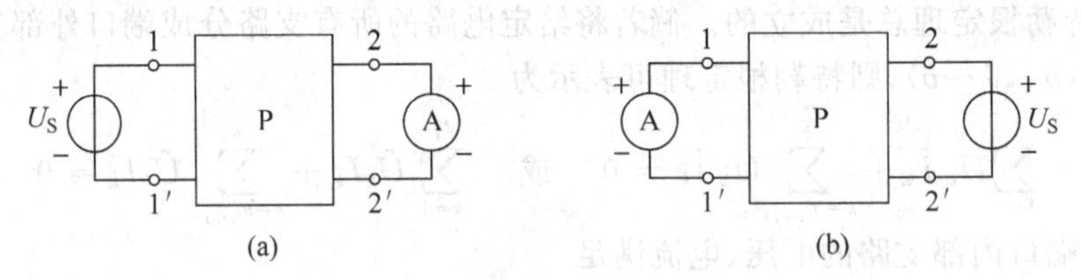

图3.17 电压源与电流表互换位置

互易定理的第二种形式：给定一个仅含有线性电阻的二端口，在11′端口接入电流源激励$i_{S1}(t)$，在22′端口处有电压响应$u_2(t)$，如图3.18(a)所示；在22′端口接入电流源激励$i_{S2}(t)$，在11′端口处有电压响应$u_1(t)$，如图3.18(b)所示。互易定理表述为

$$\frac{u_2(t)}{i_{S1}(t)} = \frac{u_1(t)}{i_{S2}(t)} \tag{3.10}$$

或

$$i_{S1}(t)\ u_1(t) = i_{S2}(t) u_2(t)$$

若

$$i_{S1}(t) = i_{S2}(t)$$

则

$$u_1(t) = u_2(t)$$

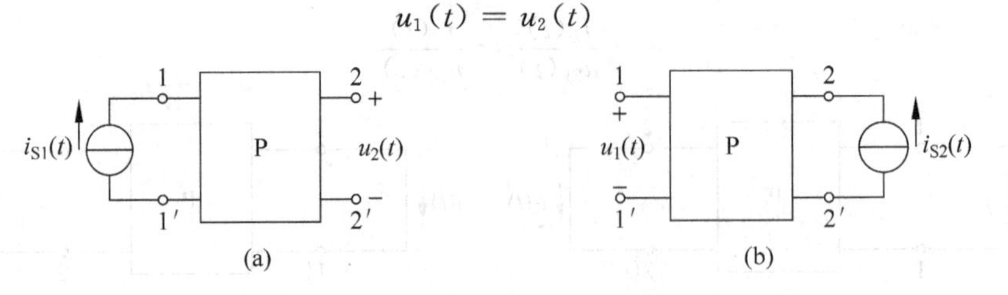

图3.18 互易定理形式二说明

第二种形式对应于将电流源与电压表互换位置，电流源电流方向和电压表的极性如图3.19(a)、(b)中所示。两种情况下，电压表的读数相同。在这种结构中，端口11′和22′都是可开路的，可以认为电流源和电压表都是并接到两个端口上去的。

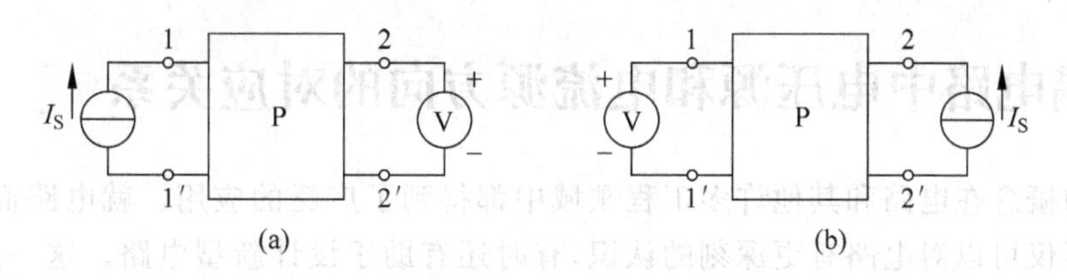

图 3.19 电流源与电压表互换位置

互易定理的第三种形式与前两种有所不同,它除了将激励和响应互换位置外,还要改变激励和响应的形式,即将激励源由电流源换成电压源,响应由短路电流换成开路电压,如图 3.20 所示。此时互易定理表述为

$$\frac{i_2(t)}{i_S(t)}=\frac{u_2(t)}{u_S(t)} \tag{3.11}$$

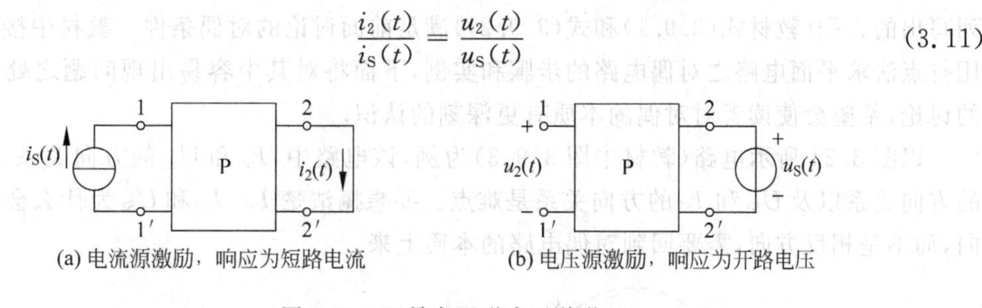

图 3.20 互易定理形式三说明

互易定理的第三种形式也可以用特勒根定理进行证明,这里不再赘述。

式(3.11)中$\frac{i_2(t)}{i_S(t)}$是图 3.20(a)所示电路(22′端口短路)的短路电流比,与图示二端口网络 P 的混合参数 H_{21} 相差一个负号(注意图 3.20(a)中 $i_2(t)$的方向与定义二端口 H 参数时所设方向相反),即

$$H_{21}=-\left.\frac{i_2(t)}{i_S(t)}\right|_{u_2=0}$$

$\frac{u_2(t)}{u_S(t)}$是图 3.20(b)所示电路(11′端口开路)的开路电压比,它是图中所示二端口网络 P 的混合参数 H_{12},即

$$H_{12}=\left.\frac{u_2(t)}{u_S(t)}\right|_{i_1=0}$$

当二端口网络的混合参数满足 $H_{12}=-H_{21}$(即式(3.11)成立)时,该二端口具有互易性,称为互易二端口。式(3.11)和上文的讨论验证了电阻构成的二端口网络是互易二端口。

7　对偶电路中电压源和电流源方向的对应关系

对偶的概念在电路和其他许多工程领域中都得到了广泛的应用。就电路而言，运用对偶的概念不仅可以对电路有更深刻的认识，有时还有助于设计新型电路。这一点在电力电子技术中体现得尤为突出。

教材3.9节讨论了电路中的几对对偶元素，说明了两个电路互为对偶电路的条件：

(1) 两个电路的方程具有相同的形式；

(2) 某电路方程中的变量用对偶元素替换后即成为其对偶电路的方程。

教材中图3.9.1(a)和(b)即为两个对偶电路，根据图中网孔方向与节点选取的原则所列写出的方程(教材式(3.9.1)和式(3.9.2))满足前面讨论的对偶条件。教材中接着给出了用打点法求平面电路之对偶电路的步骤和实例，下面将对其中容易出现问题之处做更详细的讨论，希望会使读者对对偶的本质有更深刻的认识。

以图3.21所示电路(教材中图3.9.3)为例，该电路中，I_{S1}和U_{S1}的方向关系、I_{S2}和U_{S2}的方向关系以及U_{S3}和I_{S3}的方向关系是难点。要想搞清楚I_{S1}、I_{S2}和U_{S3}为什么会是图示方向，而不是相反方向，需要回到对偶电路的本质上来。

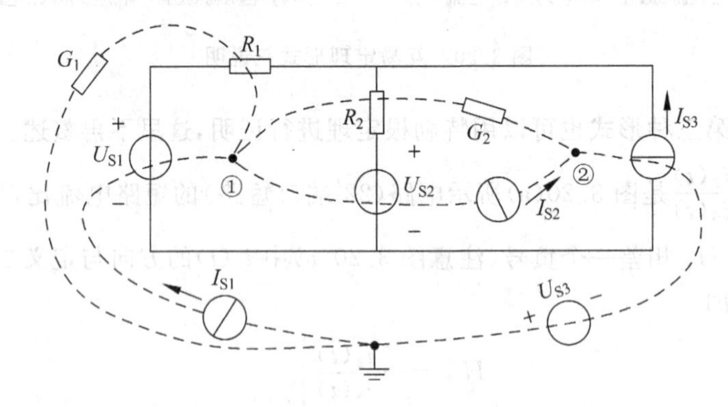

图3.21　用打点法求对偶电路

某个电路的对偶电路是人为构造出来的。对这个构造出来的电路列写方程应该与原电路具有相同的形式，如果把原电路方程中的各个元素替换为相应的对偶元素，就得到这个构造出来的电路的方程。因此最稳妥的方法是先列写原电路的方程，然后写出其对偶方程，再根据对偶方程构造出对偶电路来。但打点法可以不必这样绕弯子。

观察教材式(3.9.1)和式(3.9.2)可以发现，这是两个对偶方程。式(3.9.1)是取顺时针方向的网孔电流为变量得到的KVL方程，方程左端是网孔所含电阻元件上沿着网孔电流方向的压降，方程的右端项表示网孔中沿着网孔电流方向独立电压源的电压升。式(3.9.2)是取独立节点电压为变量得到的KCL方程，独立节点电压的极性相对于参考节点为正，方程左端是由电阻元件上流出独立节点的电流，方程的右端项表示由独立电流源流入该节点的电流（教材 3.2 节和 3.3 节给出了相关的解释）。

基于这个观察，就可以来解决图 3.21 中 I_{S1}、I_{S2} 和 U_{S3} 的方向问题了。假设图 3.21 中左边网孔对应的对偶节点为①节点，网孔中电压源 U_{S1} 沿顺时针方向电压升高，体现在网孔电流方程右端项 U_{S1} 的系数为“＋”，电压源 U_{S2} 沿顺时针方向电压降低，体现在方程右端项 U_{S2} 的系数为“－”。那么，与其对偶的节点电流方程右端项电流源 I_{S1} 的系数也为“＋”，电流源 I_{S2} 的系数也为“－”。体现在对偶电路中电流源 I_{S1} 的电流方向应指向①节点，电流源 I_{S2} 的电流方向应离开①节点。图 3.21 所示电路右边网孔对应的对偶节点为②节点，在该网孔中含有独立电流源 I_{S3}，顺时针方向的网孔电流 $I_{l2}=-I_{S3}$，其对偶的节点方程是 $U_{n2}=-U_{S3}$，因此在对偶电路中电压源 U_{S3} 的“－”极性落在独立节点②上。假如电流源位于两相邻网孔的公共支路，如图 3.22 所示。在列写网孔电压方程时要引进电流源两端电压变量，由于引入了一个新的变量，必然要增加一个相邻两个网孔电流与电流源电流间的约束方程，即 $I_S=I_{l2}-I_{l1}$。它的对偶方程是 $U_S=U_{n2}-U_{n1}$，因此与电流源对偶的电压源的“＋”极性必然要落在②节点上。可以归纳为：如果网孔中所包含的电流源电流方向与顺时针网孔电流方向一致，则其对偶的电压源的“＋”极性落在该网孔对应的节点上。

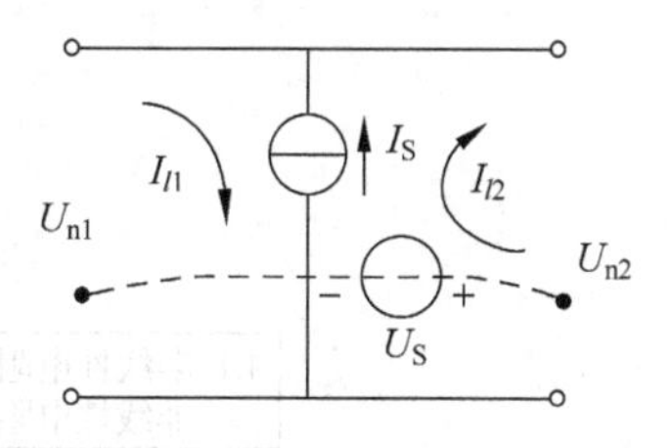

图 3.22　电流源位于两相邻网孔的公共支路

对偶电路的本质是其对应的方程是对偶的，利用打点法求对偶电路实际上是对偶方程在电路图中的具体体现，各对偶的电源极性确定的唯一原则是满足方程对偶。

最后讨论参考节点与外网孔的对偶关系。把电路中所有 l 个网孔电流方程相加后，除了电路最外侧（外网孔）所含支路以外所有各支路电压相互抵消，剩下的只是外网孔所含支路的电压总和。同样，把 n 个独立节点电流方程相加时，有些项会相互抵消，剩下的各支路电流则是在参考节点上基尔霍夫电流定律的约束关系。因此，在打点法画对偶电路时，外网孔与参考节点相对应。

参考文献

[1]　江缉光，刘秀成．电路原理．第 2 版．北京：清华大学出版社，2007
[2]　周守昌．电路原理．北京：高等教育出版社，1999
[3]　于歆杰，王树民等．有关割集电压的讨论．电气电子教学学报，2006，28(4)：29～31

CHAPTER 4

第4章 非线性电阻电路分析

0 组织结构图

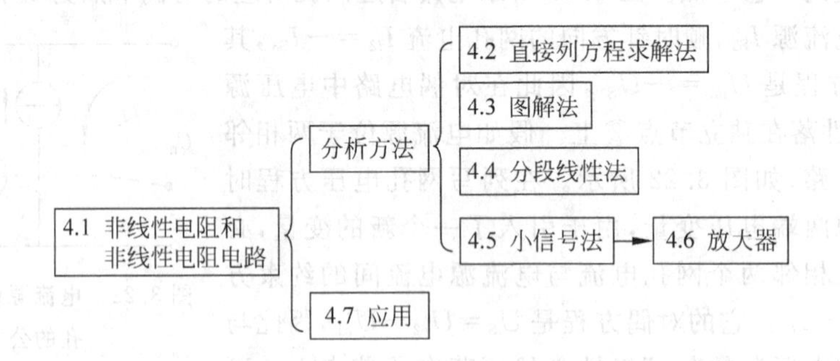

1 非线性电阻的串并联

教材中并没有讨论非线性电阻的串联等效电阻和并联等效电阻。原因有二：一方面求非线性电阻的串/并联等效电阻过程可能很麻烦，另一方面求出该等效电阻也不能显著简化电路分析。

两个非线性电阻关联参考方向下的 u-i 特性曲线如图 4.1 所示(假设只关心第Ⅰ象限的性质)，求其串联等效电阻和并联等效电阻。

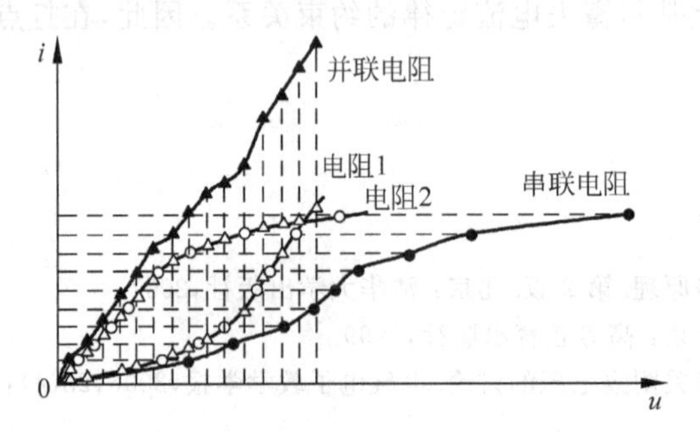

图 4.1 求两个非线性电阻的串联等效电阻和并联等效电阻

如果只知道非线性电阻的 u-i 特性曲线，则可用图解法求其串/并联等效电阻。根据两个串联电阻的电流相同，在 i 轴上取一系列的电流值，求出两个电阻对应的电压(用"○"表示)，两个电压之和即为该电流下串联等效电阻的电压(用“●”表示)，将一系列电流取值对应的串联电阻电压联接起来，就构成了串联等效电阻的 u-i 特性曲线。类似地，根据两个并联电阻的电压相同，在 u 轴上取一系列的电压值，求出两个电阻对应的电流(用“Δ”表示)，两个电流之和即为该电压下并联等效电阻的电流(用“▲”表示)，将一系列电压取值对应的并联电阻电流联接起来，就构成了并联等效电阻的 u-i 特性曲线。

从上面的求解过程可以看出，这个过程是很麻烦的，而且求解精度也较低。当然，如果能够根据非线性电阻的 u-i 特性曲线求出其 u-i 特性关系表达式，则可以用计算机来求取相同电流下两个电阻电压之和以及相同电压下两个电阻电流之和，从而分别得到其串联和并联等效电阻的 u-i 特性曲线。

需要指出，只有同一类型的非线性电阻才能进行串并联操作。对于压控电阻来说，给出一个电流值可能对应多个电压，因此只能求两个压控型电阻的并联等效电阻；对于流控电阻来说，给出一个电压值可能对于多个电流，因此只能求两个流控电阻的串联等效电阻。

2　为什么 MOSFET 的 SR 模型和 SCS 模型可能没有相同的工作点

教材图 2.3.3 给出了 MOSFET 的两个等效模型，即开关-电阻模型和开关-电流源模型。随即，教材例 4.6.1 阐述了如何用假设-检验方法根据给定电路参数确定 MOSFET 的工作区域，基本上解决了确定具有多个工作区域的元件在某个给定电路中的实际工作区域问题。

如果 MOSFET 接入图 4.2 所示电路中，对于开关-电阻模型($(U_{GS}-U_T)>U_{DS}>0$)，MOSFET 的 D、S 极间满足关系

$$I_{DS}=\frac{U_S}{R_{ON}+R_L} \tag{4.1}$$

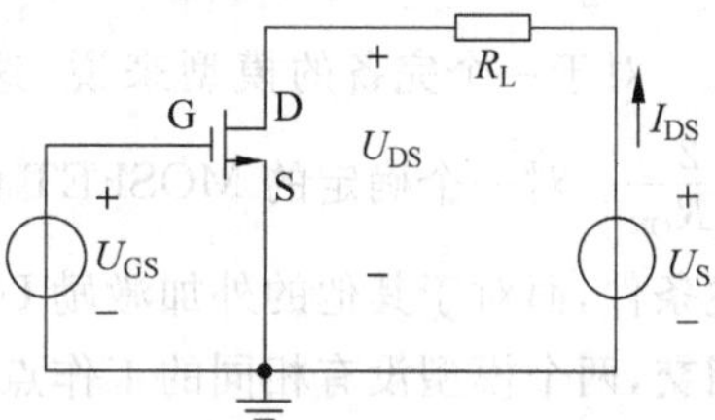

对于开关-电流源模型($0<(U_{GS}-U_T)<U_{DS}$)，D、S 极间则满足关系

$$I_{DS}=\frac{K(U_{GS}-U_T)^2}{2} \tag{4.2}$$

图 4.2　判断 MOSFET 的工作区域

对于一个完备的模型来说，需要在两个工作区域的交点上同时满足式(4.1)和式(4.2)，即在两个工作区域的交点上有

$$\frac{K(U_{GS}-U_T)^2}{2}=\frac{U_S}{R_L+R_{ON}} \tag{4.3}$$

将教材例 4.6.1 的参数 $U_S=10\text{V}$，$K=0.5\text{mA/V}^2$，$U_T=1\text{V}$，$R_L=9\text{k}\Omega$，$R_{ON}=1\text{k}\Omega$ 代入

式(4.3)可以解得 $U_{GS}=3V$。换言之，当 $U_{GS}=3V$ 时，既可以用 SR 模型对 MOSFET 建模，又可以用 SCS 模型对其进行建模。在此不妨验证一下两个模型成立的条件。

对 SR 模型，

$$U_{DS}=\frac{U_S}{R_{ON}+R_L}R_{ON}=1V$$

因此，$(U_{GS}-U_T)>U_{DS}>0$，条件成立。此时用 SR 模型对 MOSFET 建模是正确的。

对 SCS 模型，

$$U_{DS}=U_S-\frac{K\,(U_{GS}-U_T)^2}{2}R_L=1V$$

因此，条件 $0<(U_{GS}-U_T)<U_{DS}$ 不成立。此时用 SCS 模型对 MOSFET 建模是错误的。与上文的阐述出现了矛盾。

还可以从另外一个角度发现这个矛盾。图 4.3 中是某个 U_{GS} 对应的 MOSFET 特性曲线。图中两个模型的交点 a 所对应的电压应满足 MOSFET 两个模型成立的临界条件，即 $U_{DS}=U_{GS}-U_T$。因此，根据 MOSFET 的开关-电阻模型，交点 a 的坐标为 $\left[(U_{GS}-U_T),\frac{U_{GS}-U_T}{R_{ON}}\right]$；而根据 MOSFET 的开关-电流源模型，交点 a 的坐标应为 $\left[(U_{GS}-U_T),\frac{K\,(U_{GS}-U_T)^2}{2}\right]$。

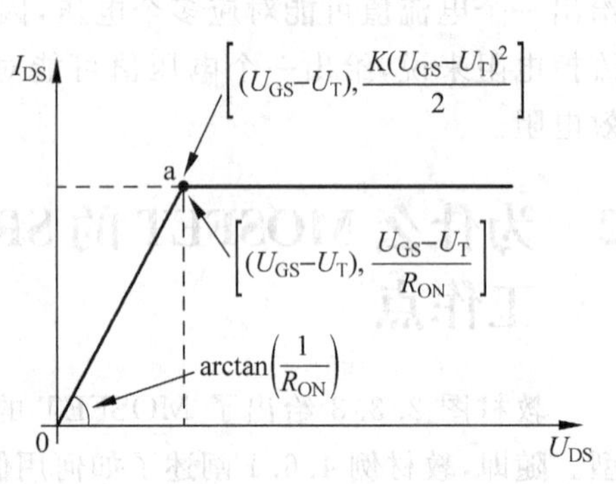

图 4.3 MOSFET 两个模型的矛盾

对于一个完备的模型来说，这两个坐标对应的值应该一样，即必须满足 $U_{GS}-U_T=\frac{2}{KR_{ON}}$。对一个确定的 MOSFET 而言，$K$、$R_{ON}$、$U_T$ 是常数，因此只有唯一的 U_{GS} 可以满足上述条件，而对于其他的外加激励 U_{GS}，这两种坐标不可能相等，即图 4.3 中的两段曲线不能相交，两个模型没有相同的工作点。这与 MOSFET 的器件性质显然是不相符的，即对于任意一个外加激励 U_{GS}，都存在一条连续的 U_{DS}-I_{DS} 端口特性曲线。换言之，对于任意的 U_{GS}，两个模型都应有一个相同的工作点。

这似乎严重影响了 MOSFET 两种模型的可信任度。事实上，用第 2 章中式(2.41)所示的开关统一模型即可很圆满地解释这个问题。式(2.41)

$$I_{DS}=\begin{cases}K\left[(U_{GS}-U_T)U_{DS}-\frac{U_{DS}^2}{2}\right] & (U_{GS}-U_T)\geqslant 0,\quad U_{DS}<(U_{GS}-U_T)\\ \frac{K(U_{GS}-U_T)^2}{2} & (U_{GS}-U_T)\geqslant 0,\quad U_{DS}\geqslant(U_{GS}-U_T)\\ 0 & (U_{GS}-U_T)<0\end{cases}$$

所对应的 u-i 关系曲线如图 4.4 所示。

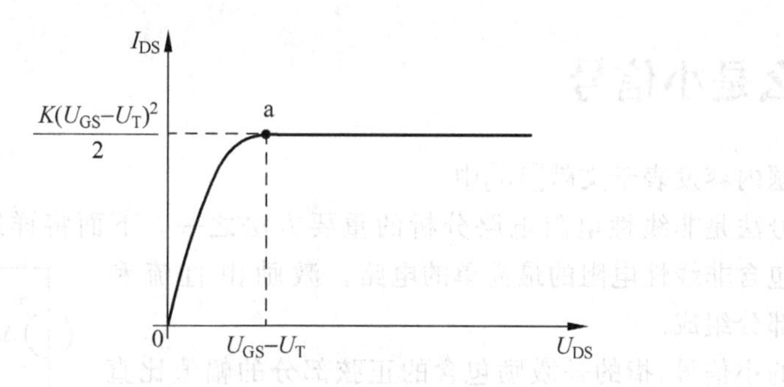

图 4.4　MOSFET 开关统一模型

在图 4.4 中两段曲线的交点 a 处，根据上文的分析，应有 $U_{DS}=(U_{GS}-U_T)$。此时，根据式(2.41)可知，

$$I_{DS}=K\left[(U_{GS}-U_T)U_{DS}-\frac{U_{DS}^2}{2}\right]=\frac{K(U_{GS}-U_T)^2}{2} \tag{4.4}$$

对于任意的 U_{GS} 成立，即对于任何外加激励 U_{GS}，交点 a 都唯一存在。当外部电路确定后，MOSFET 一定工作在其中的某一段曲线上，换言之，一定可以用 SR 和 SCS 两个模型中的一个对其进行建模、分析。

开关统一模型是完备的，但使用起来却很不简便。事实上，在数字电路中，MOSFET 的工作状态要么是 D、S 间关断(压降为 U_S)，要么是 D、S 间为小电阻(压降近似为 0)，即工作于图 4.4 中原点附近。因此，当 MOSFET 导通时，完全可以将 $I_{DS}=K\left[(U_{GS}-U_T)U_{DS}-\frac{U_{DS}^2}{2}\right]$ 在 $U_{DS}=0$ 处进行泰勒(Taylor)展开，忽略高次项，得

$$I_{DS}=K(U_{GS}-U_T)U_{DS}\quad (U_{GS}-U_T)\geqslant 0,\quad U_{DS}<(U_{GS}-U_T) \tag{4.5}$$

式(4.1)中对 MOSFET 开关-电阻模型中的 R_{ON} 就定义为 $1/[K(U_{GS}-U_T)]$，与式(4.5)的分析结果是一致的。另外，用工程观点看这个问题，虽然不同的 U_{GS} 在 $U_{DS}=0$ 附近应对应不同的 R_{ON}，但考虑到实际 MOSFET 在数字电路中的工作情况，R_L 一般都要比 MOSFET 的 D、S 间电阻大很多，因此区分不同的 U_{GS} 对应的 MOSFET 导通电阻对于分析数字电路来说没什么意义，可以用一个近似的不变电阻 R_{ON} 来代替。

至此可以得出结论：虽然用常数 R_{ON} 来表示 MOSFET 在三极管区的特性存在误差，理论分析可能会引起矛盾，但由于在数字电路中 MOSFET 一般工作于三极管区的原点附近，令 R_{ON} 为常数不会对数字电路的分析产生影响，同时考虑到用常数 R_{ON} 带来的分析上的便利，因此用开关-电阻模型是合理的。

通过这个讨论再次体现了教材中反复强调的一个观点：模型不是越精确越好，而是在能满足误差要求的前提下越简单越好。

3 什么是小信号

本论题内容发表于文献[13]中。

小信号法是非线性电阻电路分析的重要方法之一。下面将详细讨论什么是小信号。图 4.5 是包含非线性电阻的最简单的电路。激励由直流和正弦两个部分组成。

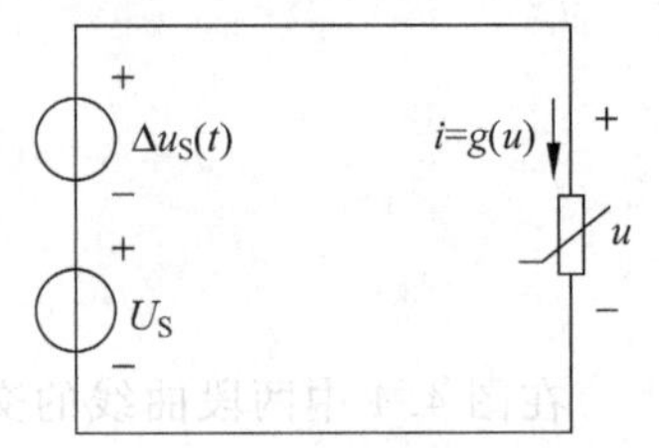

图 4.5 讨论小信号概念的含非线性电阻电路

所谓的小信号，指的是激励包含的正弦部分的幅值比直流部分的幅值小很多，即任何时刻均有

$$U_S \gg |\Delta u_S(t)| \tag{4.6}$$

在满足式(4.6)的条件下，可对非线性电阻在 U_S 点处进行泰勒级数展开，忽略其高次项[1~4]。

下面详细分析在 U_S 点进行泰勒级数展开并忽略高阶项带来的误差。U_S 确定了压控型非线性电阻的工作点为 U_S。根据泰勒中值定理，如果函数 $i=g(u)$ 在含 U_S 的某个开区间 (a,b) 内具有直到 $(n+1)$ 阶导数，那么对于 $U_S+\Delta u_S(t)\in(a,b)$，有

$$\begin{aligned} i &= g(U_S+\Delta u_S(t)) \\ &= g(U_S)+g'(U_S)\Delta u_S(t)+\frac{1}{2!}g''(U_S)\Delta u_S^2(t)+ \\ &\quad \cdots+\frac{1}{n!}g^{(n)}(U_S)\Delta u_S^n(t)+\frac{1}{(n+1)!}g^{(n+1)}(\xi)\Delta u_S^{n+1}(t) \end{aligned} \tag{4.7}$$

其中 ξ 是介于 $U_S+\Delta u_S(t)$ 与 U_S 之间的某个值。

能够忽略高次项的原因在于忽略以后引起的误差足够小。根据式(4.6)讨论忽略以后的误差比较麻烦，因此采用 2 次项与 1 次项之比的绝对值来估计忽略所引起的误差：

$$\varepsilon \approx \left|\frac{\frac{1}{2!}g''(U_S)\Delta u_S^2(t)}{g'(U_S)\Delta u_S(t)}\right| = \left|\frac{\Delta u_S(t)}{2}\cdot\frac{g''(U_S)}{g'(U_S)}\right| \tag{4.8}$$

如果这个比值足够小，就可以认为忽略高次项带来的误差足够小。下面以 3 种非线性电阻为例说明式(4.8)的应用。

第 1 种非线性电阻的 u-i 关系为 $i=\mathrm{e}^{-5u}$，根据式(4.8)可知误差为

$$\begin{aligned} \varepsilon &\approx \left|\frac{\Delta u_S(t)}{2}\cdot\frac{g''(U_S)}{g'(U_S)}\right| \\ &= \left|\frac{\Delta u_S(t)}{2}\cdot\frac{25\mathrm{e}^{-5U_S}}{-5\mathrm{e}^{-5U_S}}\right| \\ &= 2.5\,|\Delta u_S(t)| \end{aligned} \tag{4.9}$$

由式(4.9)可知，如果希望 $\varepsilon<10\%$，则 $|\Delta u_S(t)|<0.04$ 即可。也就是说，如果 $|\Delta u_S(t)|<0.04$，则在 U_S 点进行泰勒展开忽略 2 次项带来的误差小于 10%。在这种情况下，忽略 2 次项带

来的误差与 U_S 的取值没有关系。

第 2 种非线性电阻的 u-i 关系为 $i=u^2$，根据式(4.8)可知误差为

$$\begin{aligned}\varepsilon&\approx\left|\frac{\Delta u_S(t)}{2}\cdot\frac{g''(U_S)}{g'(U_S)}\right|\\&=\left|\frac{\Delta u_S(t)}{2}\cdot\frac{2}{2U_S}\right|\\&=0.5\left|\frac{\Delta u_S(t)}{U_S}\right|\end{aligned}\tag{4.10}$$

由式(4.10)可知，如果希望 $\varepsilon<10\%$，则 $|\Delta u_S(t)/U_S|<0.2$ 即可。也就是说，如果 $|\Delta u_S(t)/U_S|<0.2$，则在 U_S 点进行泰勒级数展开忽略 2 次项带来的误差小于 10%。在这种情况下，忽略 2 次项带来的误差与 U_S 的取值有关系。U_S 越大，则忽略 2 次项带来的误差越小。

第 3 种非线性电阻的 u-i 关系为 $i=\cos u$，根据式(4.8)可知误差为

$$\begin{aligned}\varepsilon&\approx\left|\frac{\Delta u_S(t)}{2}\cdot\frac{g''(U_S)}{g'(U_S)}\right|\\&=\left|\frac{\Delta u_S(t)}{2}\cdot\frac{-\cos U_S}{-\sin U_S}\right|\\&=0.5\mid\Delta u_S(t)\cdot\cot U_S\mid\end{aligned}\tag{4.11}$$

若 $U_S=10\pi$，$\Delta u_S(t)=10^{-6}\sin t$，满足式(4.6)的要求。但由式(4.11)可知，此时忽略 2 次项带来的误差是无穷大。在这种情况下，在 $U_S=10\pi$ 点进行泰勒级数展开后不能忽略 2 次项。

分析上面 3 个例子可以得到这样的结论：非线性电阻的激励信号由工作点直流激励信号和正弦激励信号组成。如果将非线性电阻在其工作点(由直流激励信号确定)附近进行泰勒级数展开时忽略其 2 次以及更高次项所造成的误差可接受，则此时的正弦激励信号可称为小信号。非线性电阻的小信号激励和小信号响应呈线性关系，该线性关系一般与直流工作点有关。是否能够用小信号来进行分析和用小信号来进行分析造成的误差有多少这两个问题的答案与非线性电阻的 u-i 性质、工作点直流信号的大小和正弦激励信号的大小有关。

值得注意的是，大多数电气工程中使用的非线性元件在电路激励比较小时能够满足其上的扰动也比较小的要求，从而使得忽略高阶项的误差比较小。上述第 3 个例子是为了说明定义的严谨性而举的。

4　小信号法是应用叠加定理吗

教材 4.5 节讨论了求解非线性电阻电路的小信号法，给出小信号法的求解步骤如下：

第 1 步，求直流激励的工作点，即求直流激励单独工作时的支路量 U_0 或 I_0；

第 2 步，构建原电路在直流工作点处的小信号电路，求小信号作用下的支路量 $\Delta u(t)$ 或 $\Delta i(t)$；

第 3 步，将第 1 步求得的 U_0 或 I_0 和第 2 步求得的 $\Delta u(t)$ 或 $\Delta i(t)$ 分别相加即得到电路的完整解 $u=U_0+\Delta u(t)$ 或 $i=I_0+\Delta i(t)$。

"这不就是应用叠加定理吗?"部分读者可能会有这样的考虑。但在教材 4.1.1 小节中已经"严正声明"了：非线性电阻的 u-i 关系不满足齐次性和可加性，因此叠加定理对非线性电阻电路不再适用。这到底是怎么回事呢?

仍以教材 4.5 节的 3 个电路图为例来说明这个问题。这里图 4.6 所示电路为教材中第 1 个电路(即原电路)。

假设要求二极管两端的电压 u。根据小信号分析方法的步骤，首先求直流激励作用下二极管两端的电压 U_0，相应的直流激励作用下的电路如图 4.7 所示。

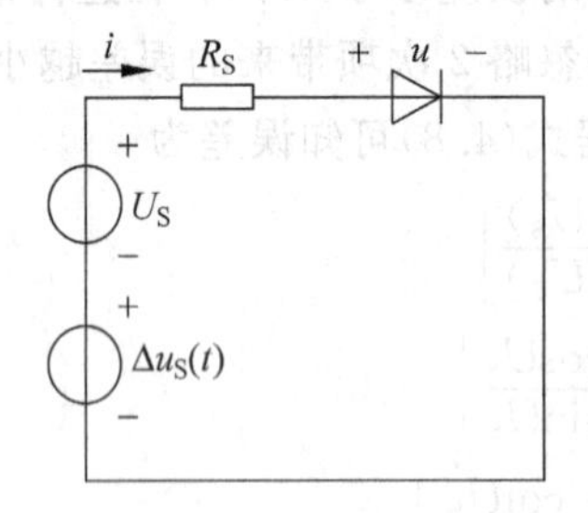

图 4.6　原电路

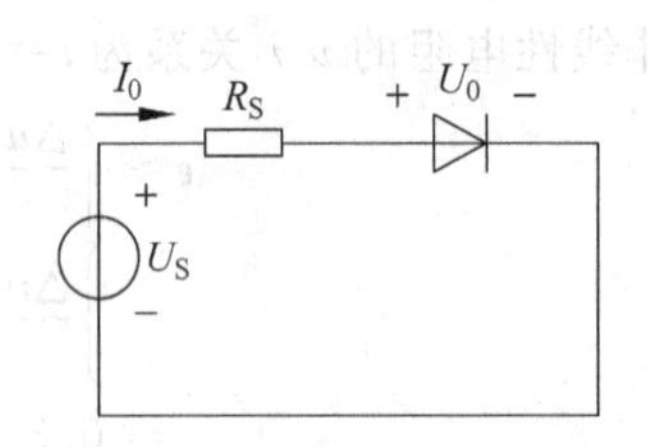

图 4.7　直流激励作用的电路

求解图 4.7 所示的直流激励作用下的非线性电阻电路并得到 U_0 后，就可以得到图 4.8 所示的在直流工作点处的小信号电路。求解图 4.8 所示电路并得到 $\Delta u(t)$ 后，应用 $u=U_0+\Delta u(t)$ 得到要求的二极管两端电压。

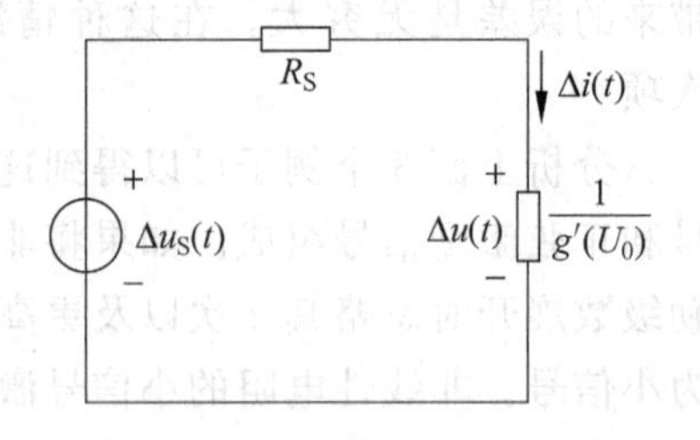

图 4.8　直流工作点处的小信号电路

注意小信号电路前的定语"直流工作点处的"，这是理解本问题的关键。直流工作点处的小信号电路是与直流激励和小信号都有关的，在该电路(即图 4.8 所示电路)中，小信号单独作用，直流激励的作用则体现在非线性电阻用工作点 (U_0, I_0) 处的动态电阻替换，工作点不同，该动态电阻也随之改变。若是应用叠加定理，小信号单独作用时，非线性电阻的工作点始终在(0,0)处。此时电路如果也能在工作点处进行泰勒展开并忽略高次项，非线性电阻则应用工作点(0,0)处的动态电阻替换，与上文所说的直流工作点处的动态电阻显然是不同的。

还可以直接从电路图上加以区别。仔细比较图 4.7 和图 4.8，发现这两个电路除激励改变之外还有一个重要区别：二极管这个非线性电阻换成了工作点处的线性电阻！正是这一点使得图 4.7 和图 4.8 两个电路除独立源外，电路其余部分虽然拓扑结构相同但元件参数不同，而叠加定理要求的是除独立源外电路其余部分均相同，包括拓扑结构和元件参数。从这一点也可以看出小信号法不是叠加定理的应用。

5　关于小信号法的两个问题

论题 4 中已经陈述了小信号分析方法的步骤，采用这样的 3 步法可以方便地进行小信号分析。但是否考虑过下面的两个问题：

(1) 3 步法是怎么想起来的？或者可以用 3 步法进行小信号分析的最根本原因是什么？

(2) 为什么在 3 步法的第 1 步和第 2 步中的电路都保持原有的拓扑结构（元件的联接关系不变），只是参数有所不同？

仍以含二极管的非线性电阻电路为例来回答这两个问题，如图 4.9 所示。

列写图 4.9 所示电路的方程：

$$U_S = R_S I + U = R_S I_S (e^{\frac{U}{U_{TH}}} - 1) + U \tag{4.12}$$

其中 U 是待求量。求解出 U，就可知 I，可以完成分析过程。式(4.12)是非线性超越方程，一般需要用数值方法求解。

现在考虑一种工程上常见的情况，即激励为直流信号上叠加了小的交变信号(可能是噪声，有可能是待放大的信号)，即 $u_S = U_S + \Delta u_S(t)$，如图 4.10 所示。

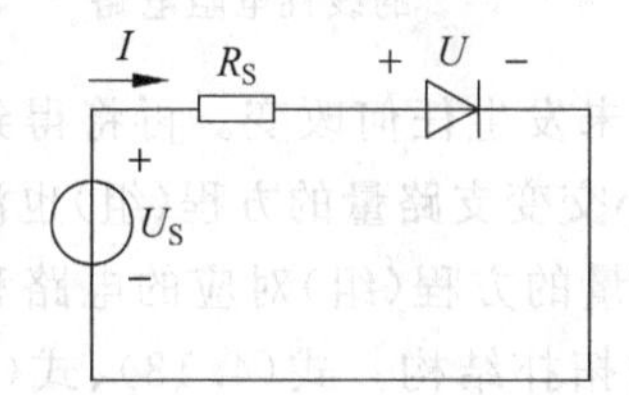

图 4.9　含二极管的非线性电阻电路

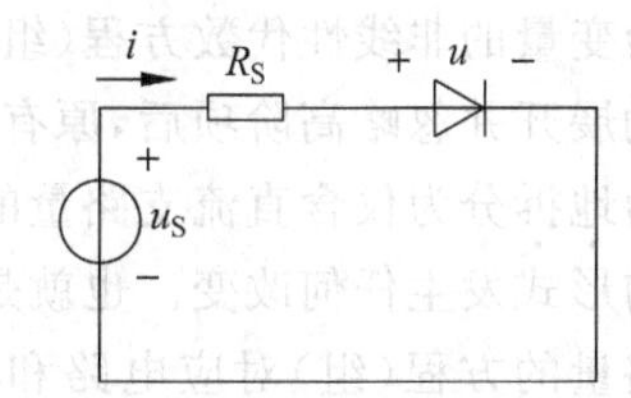

图 4.10　含二极管的非线性电阻电路
(激励为直流加小交变信号)

相对于图 4.9 所示电路，激励从 U_S 变为 $U_S + \Delta u_S(t)$，使得支路量也由 U 变为 $u = U + \Delta u(t)$（U 和 $\Delta u(t)$ 均为待求量）。重新列写方程可得

$$u_S = U_S + \Delta u_S(t) = R_S I_S (e^{\frac{U+\Delta u(t)}{U_{TH}}} - 1) + (U + \Delta u(t)) \tag{4.13}$$

对于非线性函数 $y = f(x)$，在 X_0 点进行泰勒展开并忽略高阶项可得

$$y = Y_0 + \Delta y = f(X_0 + \Delta x) \approx f(X_0) + \left.\frac{\mathrm{d}f}{\mathrm{d}x}\right|_{x=X_0} \Delta x \tag{4.14}$$

因此对于式(4.13)中的非线性项 $e^{\frac{U+\Delta u(t)}{U_{TH}}}$，如果信号 $\Delta u_S(t)$ 满足小信号的条件(见论题 3)，就可以在 $u=U$ 点进行泰勒展开并忽略高阶项，近似为

$$e^{\frac{U+\Delta u(t)}{U_{TH}}} \approx e^{\frac{U}{U_{TH}}} + \frac{1}{U_{TH}} e^{\frac{U}{U_{TH}}} \Delta u(t) \tag{4.15}$$

将式(4.15)代入式(4.13)，得

$$U_S + \Delta u_S(t) = R_S I_S \left(e^{\frac{U}{U_{TH}}} + \frac{1}{U_{TH}} e^{\frac{U}{U_{TH}}} \Delta u(t) - 1 \right) + (U + \Delta u(t)) \tag{4.16}$$

观察式(4.16)，发现该式可人为地拆分为式(4.17)和式(4.18)之和：

$$U_S = R_S I_S (e^{\frac{U}{U_{TH}}} - 1) + U \tag{4.17}$$

$$\Delta u_S(t) = R_S \frac{I_S}{U_{TH}} e^{\frac{U}{U_{TH}}} \Delta u(t) + \Delta u(t) \tag{4.18}$$

观察式(4.17)和式(4.18)可以得到如下结论：

(1) 式(4.17)是关于待求量 U 的超越方程，它与式(4.12)完全一样，因此式(4.17)对应的电路就是图4.9所示直流激励下的非线性电阻电路。

(2) 根据式(4.17)求解出 U 后，式(4.18)就是关于 $\Delta u(t)$ 的线性代数方程。根据式(4.18)构造出相应的线性电路如图4.11所示。

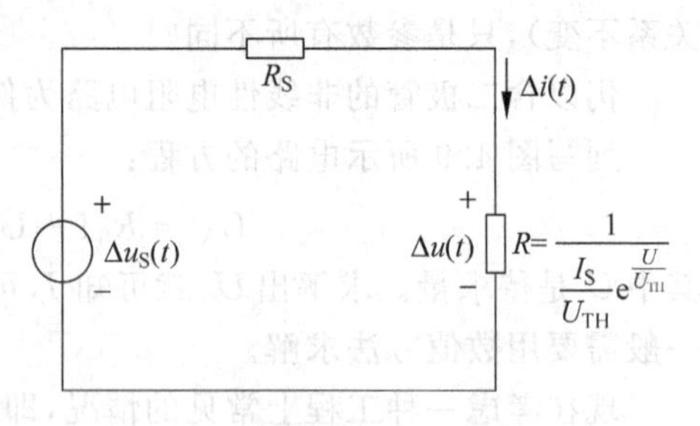

图4.11 根据式(4.18)构造出来的线性电阻电路

电路方程的形式反映了电路的拓扑结构。无论是式(4.13)、式(4.17)，还是式(4.18)，均可看做由3个元件串联而成的电路的KVL方程。这意味着如果激励是直流加小交变信号，则所有支路量也都是直流加小交变信号。将以直流加小交变信号为变量的非线性代数方程(组)在工作点处进行泰勒展开并忽略高阶项后，原有电路方程的形式并未发生任何改变。再将得到的方程(组)人为地拆分为仅含直流支路量的方程(组)和仅含小交变支路量的方程(组)也没有使电路方程的形式发生任何改变。也就是说，仅含直流支路量的方程(组)对应的电路和仅含小交变支路量的方程(组)对应电路和原电路具有相同的拓扑结构。式(4.13)、式(4.17)和式(4.18)的形式相同，但对应项的值各不相同，这意味着其反映的3个电路具有相同拓扑结构，但每个支路上的元件参数和支路量不一样。

对于一般的非线性电阻电路来说，假设用直接列方程求解法列写出的非线性方程组：

$$\boldsymbol{f}(\boldsymbol{x}) = \boldsymbol{S}_0 \tag{4.19}$$

其中 $\boldsymbol{x}$ 表示 n 个待求支路量矢量，$\boldsymbol{f}$ 表示 n 个非线性代数方程，$\boldsymbol{S}_0$ 表示电源矢量。并设式(4.19)的解为 $\boldsymbol{X}_0$。如果电源由 $\boldsymbol{S}_0$ 变为 $\boldsymbol{S}_0+\Delta\boldsymbol{s}$(其中 $\Delta\boldsymbol{s}$ 为噪声或待处理的小信号矢量)，则待求支路量矢量也变为 $\boldsymbol{X}_0+\Delta\boldsymbol{x}$(其中 $\Delta\boldsymbol{x}$ 为待求支路量的小信号矢量)，方程变为

$$\boldsymbol{f}(\boldsymbol{X}_0 + \Delta\boldsymbol{x}) = \boldsymbol{S}_0 + \Delta\boldsymbol{s} \tag{4.20}$$

将式(4.20)在 $\boldsymbol{X}_0$ 进行泰勒展开并忽略高阶项得到

$$\boldsymbol{f}(\boldsymbol{X}_0) + \boldsymbol{f}'(\boldsymbol{X}_0)\Delta\boldsymbol{x} = \boldsymbol{S}_0 + \Delta\boldsymbol{s} \tag{4.21}$$

人为地把式(4.21)拆分为式(4.22)和式(4.23)之和：

$$\boldsymbol{f}(\boldsymbol{X}_0) = \boldsymbol{S}_0 \tag{4.22}$$

$$\boldsymbol{f}'(\boldsymbol{X}_0)\Delta\boldsymbol{x} = \Delta\boldsymbol{s} \tag{4.23}$$

其中，式(4.22)是非线性代数方程组，式(4.23)是线性代数方程组。式(4.20)、式(4.22)、式(4.23)具有相同的形式，但求解变量不同，各项的系数也可能不同。

通过前面的讨论可知：

(1) 先分析直流工作点电路，再分析小信号电路，最后将前两个结果相加得到全响应的这种 3 步法的缘起在于：可以人为地把以待求支路量(直流量加小交变信号)为变量的非线性代数方程(组)拆分为求解直流工作点的非线性方程(组)和求解小信号的线性方程(组)。

(2) 由于拆分前后得到的 3 个方程(组)均具有相同的形式，但求解变量不同，各项系数可能发生变化，因此这 3 个方程(组)对应着 3 个拓扑结构相同、支路量不同、元件参数可能不同的电路。

6　小信号放大电路的输入和输出电阻

第 2 章论题 7 讨论了信号处理电路的输入电阻和输出电阻，并且得出结论：电压信号处理电路的输入电阻越大，则对前一级电路影响越小；输出电阻越小，则带载能力越强。下面讨论小信号放大电路的输入和输出电阻。

这里首先要明确一点，分析小信号放大电路的输入和输出电阻，顾名思义应该以小信号电路为研究对象，而不是以原电路为研究对象。原因很简单，直流偏置所起的作用不过是给具有信号处理功能的元件设置合理的工作点，从而能够以预想的方式处理信号。因此分析信号处理电路的输入电阻和输出电阻时应该分析相应的小信号电路(虽然有时并不明确说出来)。

以教材中讨论过的 MOSFET 共源放大器为例讨论它的输入电阻。教材例 4.6.2 给出了完整的 MOSFET 共源放大器放大倍数的分析过程，为方便起见，以图 4.12(即教材图 4.6.5)所示电路为例分析其输入输出电阻。

第 2 章论题 7 中已经说明了求输入输出电阻的方法。在图 4.12 中，由于 G 极始终与电路其他部分断开，因此易知 $R_i=\infty$。欲求图 4.12 所示含受控源电路的输出电阻，可采用加压求流法(即在信号输出端加一电压源，求相应的端口电流)，得到电路如图 4.13 所示。

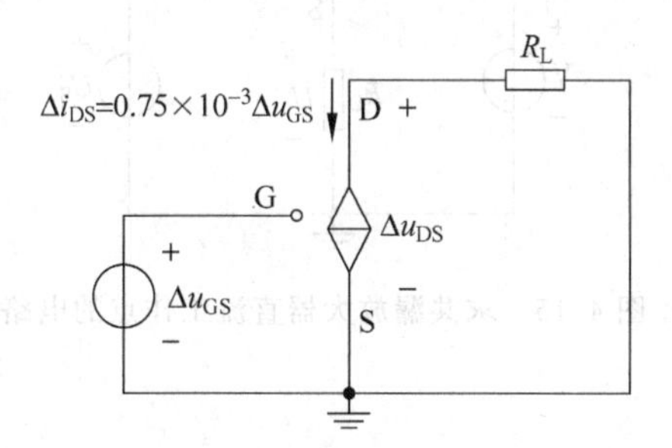

图 4.12　共源放大器的小信号电路

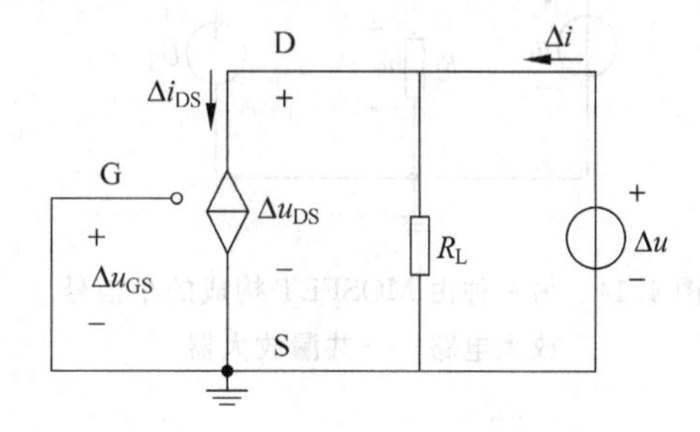

图 4.13　求共源放大器的输出电阻

由于此时压控电流源的控制量为 0，因此 $\Delta i_{DS}=0$，受控电流源相当于开路。从图 4.13 中即可看出 $R_o=R_L$。

MOSFET 共源放大器具有很大的输入电阻 $R_i=\infty$，对前一级影响小，原因在于 MOSFET

的栅极绝缘。该放大器的输出电阻等于负载电阻 R_L。一般来说，这不是一个很小的数值，教材例 4.6.2 给出的一个典型值是 10kΩ，因此其带载能力一般。

用输入电阻的概念还可以解释第 2 章论题 4 中压控电源控制端口设为开路的原因。把压控电源也可以看成一个信号处理电路，此处"处理"的意思就是采样，由于不希望采样电路影响控制电压原来的值，因此应将采样电路的输入电阻设计为无穷大，即控制端口相当于开路。类似的分析可以解释为什么流控电源的控制端口应设计为短路，请自行分析。

7 MOSFET 跟随器

上一个论题讨论了小信号放大电路的输入输出电阻，得出的结论是：MOSFET 共源放大器的输入电阻是非常令人满意的，基本上对前一级没有影响；但它的输出电阻却不够理想，带载能力不强。实际使用时常常需要用若干级放大器级联来实现更大的放大倍数，带载能力不强就意味着参与级联的放大器级数不能过多。可以用什么办法改善 MOSFET 共源放大器的这一性能呢？下面的例子提供了一种解决方法。

电路如图 4.14 所示。$U_S=5\text{V}$，$K=0.5\text{mA/V}^2$，$U_T=1\text{V}$，$R_L=1\text{k}\Omega$。输入为 $u_i=5\text{V}+5\sin10^3t\text{mV}$，求该电路的小信号放大倍数和输入、输出电阻。

图 4.14 所示电路与教材中图 4.6.2 所示的共源放大器有很大的不同，这里 u_i 不再是 u_{GS} 了，给分析带来了不少麻烦。

仍然用小信号分析方法求该电路的小信号放大倍数。首先画出求直流工作点的电路，如图 4.15 所示。

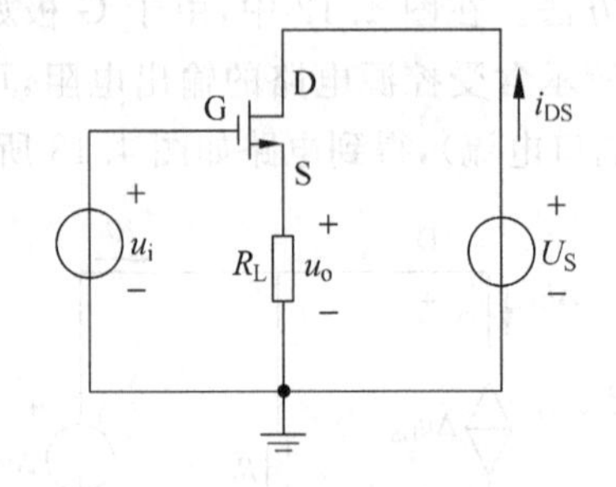

图 4.14 另一种由 MOSFET 构成的小信号放大电路——共漏放大器

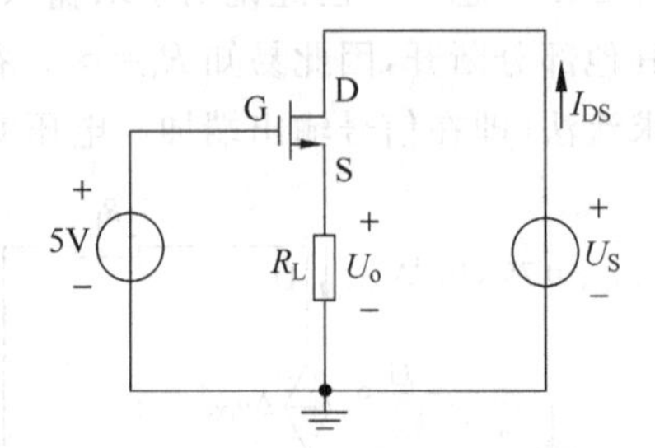

图 4.15 求共漏放大器直流工作点的电路

MOSFET 仍然应该工作在饱和区，即应用 SCS 模型对其进行建模。由图 4.15 可知

$$U_{GS}+I_{DS}R_L=U_i\Rightarrow U_{GS}+10^3I_{DS}=5(\text{V}) \tag{4.24}$$

$$I_{DS}=\frac{K(U_{GS}-U_T)^2}{2}=0.25(U_{GS}-1)^2(\text{mA}) \tag{4.25}$$

将式(4.24)、式(4.25)联立求解，得

$$U_{GS} = 3.472\text{V}, \quad I_{DS} = 1.528\text{mA}$$

又

$$U_{DS} + I_{DS}R_L = U_S \tag{4.26}$$

因此 U_{DS}＝3.472V。

根据求得的 U_{GS} 和 U_{DS} 的值，满足

$$\begin{aligned}(U_{GS} - U_T) &> 0 \\ U_{DS} &> (U_{GS} - U_T)\end{aligned} \tag{4.27}$$

因此，MOSFET 确实工作于饱和区，上面的计算过程中采用 SCS 模型是正确的。

接下来，画出图 4.14 所示电路的小信号等效电路，如图 4.16 所示。

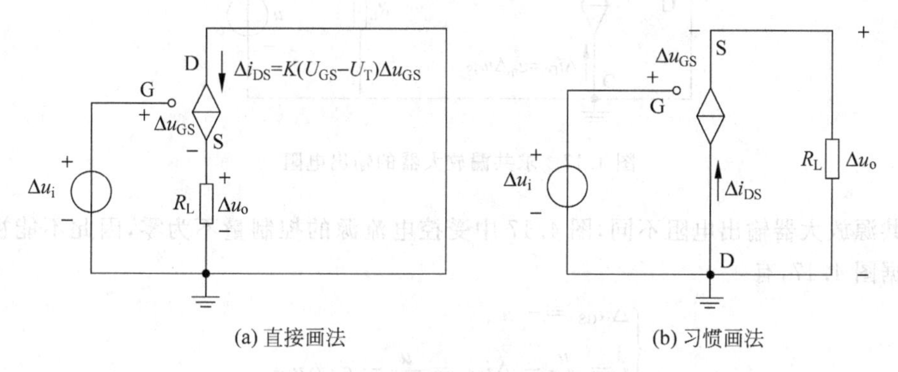

(a) 直接画法　　(b) 习惯画法

图 4.16　共漏放大器小信号电路

图 4.16(a)是直接根据图 4.14 电路的拓扑画出的对应小信号电路，将它改画成图 4.16(b)只是为了看起来更直观，二者是完全一样的。此时小信号的输入和输出在 D 极共地，因此该电路被称为共漏放大器。下面用图 4.16(b)进行分析。

定义跨导

$$g_m = K(U_{GS} - U_T) = \frac{(U_{GS} - 1)}{2} = 1.236\text{mS} \tag{4.28}$$

g_m 体现了控制量 Δu_{GS} 和被控制量 Δi_{DS} 之间的关系，一是因为它具有电导的量纲，二是因为它表示的是不同端口上电压、电流之间的关系，因此称为跨导，实际也就是转移电导。

对 Δu_i，G、S 和 R_L 回路，有

$$\begin{aligned}\Delta u_i &= \Delta u_{GS} + \Delta i_{DS}R_L \\ &= \Delta u_{GS} + g_m \Delta u_{GS} R_L \\ &= \Delta u_{GS}(1 + g_m R_L) = 2.236\Delta u_{GS}\end{aligned} \tag{4.29}$$

对 Δu_o 和 D、S 回路，有

$$\Delta u_o = R_L \Delta i_{DS} = g_m R_L \Delta u_{GS} = 1.236\Delta u_{GS} \tag{4.30}$$

由式(4.29)和(4.30)可知小信号放大倍数为

$$\frac{\Delta u_{\mathrm{o}}}{\Delta u_{\mathrm{i}}}=\frac{g_{\mathrm{m}}R_{\mathrm{L}}}{1+g_{\mathrm{m}}R_{\mathrm{L}}}=\frac{R_{\mathrm{L}}}{\dfrac{1}{g_{\mathrm{m}}}+R_{\mathrm{L}}}=0.55 \tag{4.31}$$

显然,这个小信号放大器的放大倍数是不能令人满意的。

再分析图 4.16(b)所示电路的输入输出电阻。由于 MOSFET 的 G 极开路,因此与 MOSFET 共源放大器一样,MOSFET 共漏放大器的输入电阻也是无穷大,可以认为对上级电路基本没有影响。再采用加压求流法分析它的输出电阻,得到的电路如图 4.17 所示。

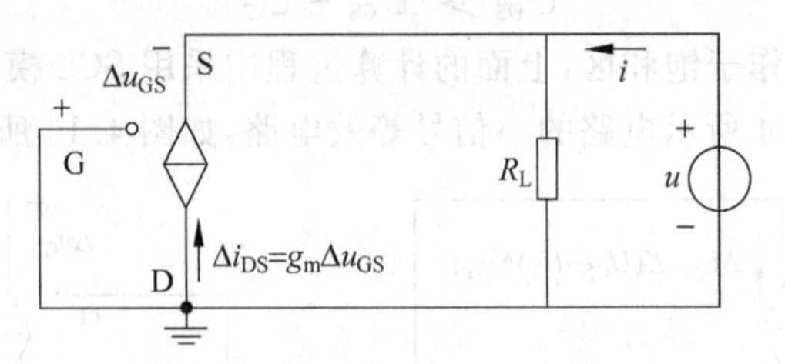

图 4.17 求共漏放大器的输出电阻

与共源放大器输出电阻不同,图 4.17 中受控电流源的控制量不为零,因此不能视为开路。根据图 4.17,有

$$\begin{cases}\Delta u_{\mathrm{GS}}=-u\\ i=\dfrac{u}{R_{\mathrm{L}}}-\Delta i_{\mathrm{DS}}=\dfrac{u}{R_{\mathrm{L}}}-g_{\mathrm{m}}\Delta u_{\mathrm{GS}}\end{cases}$$

其输出电阻为

$$R_{\mathrm{o}}=\frac{u}{i}=\frac{1}{\dfrac{1}{R_{\mathrm{L}}}+g_{\mathrm{m}}}=447\Omega \tag{4.32}$$

该数值小于图 4.13 中共源放大器的输出电阻 R_{L}。而且由式(4.31)和式(4.32)可知,跨导 g_{m} 越大,小信号放大倍数越接近 1,同时输出电阻越接近 0。当然,g_{m} 也不能随意设置,还需要满足式(4.27)使 MOSFET 工作于饱和区。这样的一个放大倍数小于 1,但输出电阻比较小的信号处理单元适合放在整个信号处理电路的最后一级,以增强整个电路的带载能力。

此外,由于图 4.14 所示电路的输出在 MOSFET 的源极,同时在 g_{m} 较大的情况下输入和输出基本相同(输出能够跟随输入),因此该电路也被称为源极跟随器。

*8 MOSFET 差分放大电路

第 2 章论题 5 指出,差分放大功能能够有效抑制噪声,但教材中讨论的 MOSFET 共源放大器和本章问题 7 讨论的共漏放大器均只能提供单端信号的放大功能。为了实现差分放大,必须有两个 MOSFET 共同工作。

能够实现两个信号差分放大的电路有很多,下面以图 4.18 所示电路进行讨论。

图 4.18 中两个 MOSFET 的参数完全相同，输入分别为 u_{i1} 和 u_{i2}，输出为 u_o。I_S 为直流电流源，R_S 为该电流源的内阻，V_{DD} 和 $-V_{CC}$ 分别是正、负供电电压。图 4.18 所示电路应满足以下几点要求：

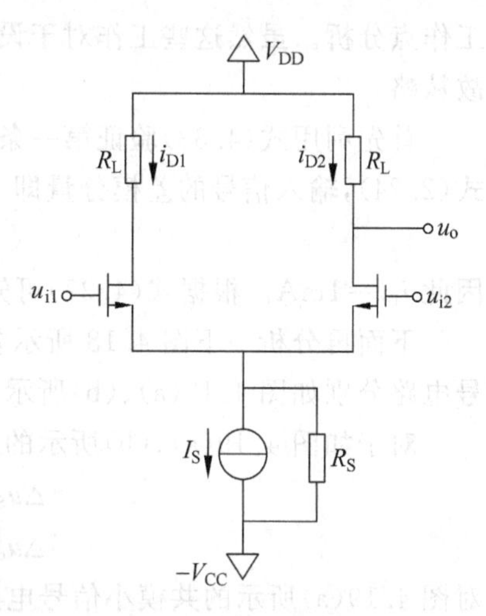

图 4.18　单端输出的差分放大器

(1) 输入信号的差模分量为 0 时，输出应该为 0。这对应着没有待放大输入时也不应该有输出。

(2) 输入信号通常从信号源直接获得，没有主动施加直流偏置，因此图 4.18 所示电路应该在输入信号没有直流偏置的情况下能够正确将两个 MOSFET 的工作点设置在饱和区。

(3) 实际工作中，输入信号往往带有共模分量(可看作线路上没有完全被抵消掉的噪声)。图 4.18 所示电路在共模分量不太大的情况下依然能够保证两个 MOSFET 工作在饱和区。

(4) 输入信号对共模分量的放大倍数应该尽量小，对差模分量的放大倍数应该尽量大。

根据上述 4 条原则设计差分放大器参数的过程是比较复杂的，这不是这门课程关注的重点，因此不做讨论。下面用一组典型参数来验证图 4.18 所示电路的正确性。图 4.18 所示电路中，$U_{DD}=10\text{V}$，$I_S=2\text{mA}$，$K=1\text{mA/V}^2$，$U_T=1\text{V}$，$R_L=10\text{k}\Omega$。

假设两个 MOSFET 均工作于饱和区，则有

$$i_{D1}=\frac{K}{2}(u_{GS1}-U_T)^2 \tag{4.33}$$

$$i_{D2}=\frac{K}{2}(u_{GS2}-U_T)^2 \tag{4.34}$$

由于电流源的内阻 R_S 很大，在直流工作点分析时可忽略流过 R_S 的电流，根据 KCL，有

$$I_S=i_{D1}+i_{D2} \tag{4.35}$$

根据 KVL，有

$$-u_{i1}+u_{GS1}-u_{GS2}+u_{i2}=0 \tag{4.36}$$

$$u_o=-R_L i_{D2}+U_{DD} \tag{4.37}$$

先将式(4.33)代入式(4.35)以消去 i_{D1}，再将式(4.36)表示为 $u_{GS1}=u_{GS2}+u_{i1}-u_{i2}$ 并代入得到的式中以消去 u_{GS1}，然后将式(4.34)表示为 $u_{GS2}-U_T=\sqrt{\frac{2i_{D2}}{K}}$ 并代入得到的式子以消去($u_{GS2}-U_T$)，最后得到

$$I_S=i_{D2}+\frac{K}{2}\left(\sqrt{\frac{2i_{D2}}{K}}+(u_{i1}-u_{i2})\right)^2 \tag{4.38}$$

式(4.38)是关于 i_{D2} 的二次方程，可据此解出 i_{D2}，然后代入式(4.37)即可求出 u_o，完成直流

工作点分析。虽然这些工作对于设计差分放大器来说很重要，但这不是本问题讨论的重点，故从略。

首先利用式(4.38)验证第一条要求，即输入信号的差模分量为0时，输出也为0。根据式(2.24)，输入信号的差模分量即 $u_{i1}-u_{i2}$。在式(4.38)中，若 $u_{i1}-u_{i2}=0$，则

$$I_S=2i_{D2}$$

因此 $i_{D2}=1\text{mA}$。根据式(4.37)可知 $u_o=0\text{V}$。

下面再分析一下图4.18所示差分放大电路的小信号电路。共模输入和差模输入小信号电路分别如图4.19(a)、(b)所示(参考图2.12)。

对于如图4.19(a)、(b)所示的两个小信号电路，均有

$$\Delta u_S=g_m(\Delta u_{GS1}+\Delta u_{GS2})R_S \tag{4.39}$$

$$\Delta u_o=-g_m\Delta u_{GS2}R_L \tag{4.40}$$

对图4.19(a)所示的共模小信号电路，有

$$\Delta u_{GS1}=\Delta u_{CM}-\Delta u_S=\Delta u_{GS2} \tag{4.41}$$

联立式(4.39)和式(4.41)可求得

$$\Delta u_S=\frac{2g_mR_S}{1+2g_mR_S}\Delta u_{CM} \tag{4.42}$$

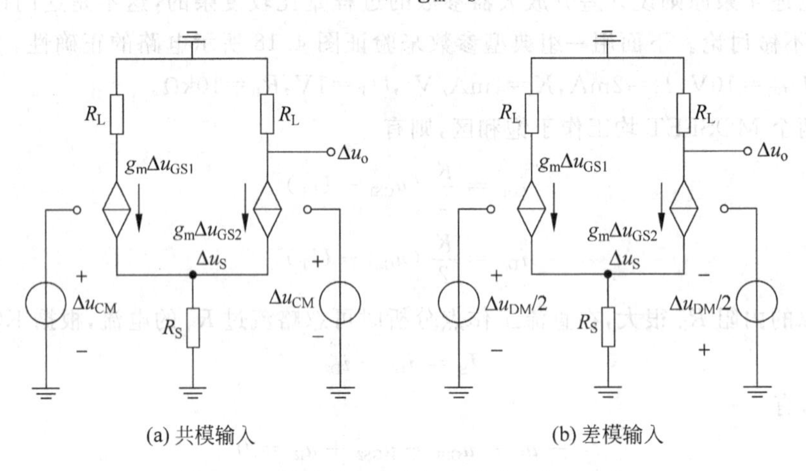

图4.19 单端输出差分放大器的小信号电路

将式(4.42)代入式(4.41)可求得

$$\Delta u_{GS2}=\frac{1}{1+2g_mR_S}\Delta u_{CM} \tag{4.43}$$

将式(4.43)代入式(4.40)可求出共模放大倍数为

$$A_{CM}=\frac{\Delta u_o}{\Delta u_{CM}}=-\frac{g_mR_L}{1+2g_mR_S} \tag{4.44}$$

对图4.19(b)所示的差模小信号电路，有

$$\Delta u_{GS1} = \frac{\Delta u_{DM}}{2} - \Delta u_S$$

$$\Delta u_{GS2} = -\frac{\Delta u_{DM}}{2} - \Delta u_S \tag{4.45}$$

联立式(4.39)和式(4.45)可求得

$$\Delta u_S = 0 \tag{4.46}$$

将式(4.46)代入式(4.45)可求得

$$\Delta u_{GS2} = -\frac{\Delta u_{DM}}{2} \tag{4.47}$$

将式(4.47)代入式(4.40)可求出共模放大倍数为

$$A_{DM} = \frac{\Delta u_o}{\Delta u_{DM}} = \frac{g_m R_L}{2} \tag{4.48}$$

根据式(2.25)、式(4.44)和式(4.48)可知，该差分放大器的共模抑制比为

$$\text{CMRR} = \left|\frac{A_{DM}}{A_{CM}}\right| = \frac{1 + 2g_m R_S}{2} \approx g_m R_S \tag{4.49}$$

式(4.49)表明，MOSFET 的跨导越大，电流源内阻越大，则共模抑制比越大。

最后再分析一下图 4.19 所示电路的输入、输出电阻。根据 MOSFET 的栅极绝缘性质可知，差分放大器的输入电阻为无穷大，对上级电路影响小。求输出电阻的电路如图 4.20 所示。

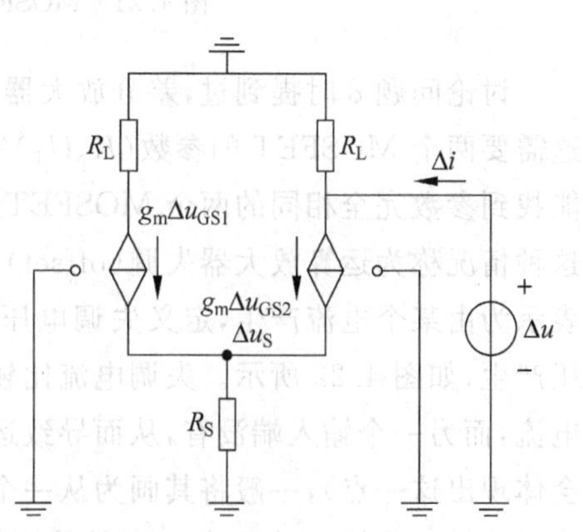

图 4.20　单端输出差分放大器的输出电阻

图 4.20 中，根据 KCL 和 KVL 可知

$$\Delta u_{GS1} = \Delta u_{GS2} = -R_S g_m(\Delta u_{GS1} + \Delta u_{GS2}) \tag{4.50}$$

由式(4.50)容易解出

$$\Delta u_{GS1} = \Delta u_{GS2} = 0$$

因此两个压控电流源中电流均为零(开路)，输出电阻为 R_L。

以上是对 MOSFET 差分放大器的简单介绍，进一步的学习可阅读参考文献[5]～[9]。

9　运算放大器的构成和若干参数

本论题内容改编自参考文献[10]和[11]。

讨论到这里有必要说说运算放大器的构成。对于一个实用的运算放大器来说，至少需要满足以下几点要求：

(1) 差分输入。

(2) 共模抑制比大。

(3) 差模放大倍数大。

(4) 输入电阻大。

(5) 输出电阻小。

但在已经分析过的基于 MOSFET 的共源放大器、共漏放大器和差分放大器中，没有一个能够同时满足这些要求。一种可能的方法是将差分输入先接到差分放大器，以实现差分输入和大共模抑制比，再接若干级共源放大器以实现大差模放大倍数，最后接共漏放大器以实现小输出电阻，就可以组合成一个满足需求的运算放大器，如图 4.21 所示。实际的运算放大器就是根据这种思想设计出来的。当然，MOSFET 不是构成运算放大器的唯一有源元件，另一种被称为双极型晶体管(BJT)的器件也是构成模拟系统的重要单元。有时会利用 MOSFET 的高输入电阻特性和 BJT 的高跨导特性来共同构成运算放大器。

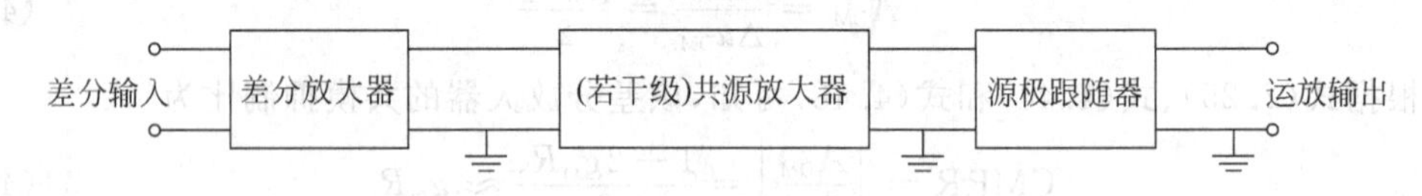

图 4.21　MOSFET 运算放大器的一种构成框图

讨论问题 8 时提到过，差分放大器的设计要使得输入的差模分量为 0 时，输出也为 0。这需要两个 MOSFET 的参数(K、U_T)完全相同才有可能做到。但对于实际元件来说，不可能找到参数完全相同的两个 MOSFET，因此势必存在输入差模分量为 0 时有输出的情况。这种情况称为运算放大器失调(offset)，并定义失调电流(I_{OS})来定量地把失调引起的误差表示为由某个电流产生，定义失调电压(U_{OS})来定量地把失调引起的误差表示为由某个电压产生，如图 4.22 所示。失调电流比较直观地表示似乎应该是在运放的某个输入端有流入电流，而另一个输入端没有，从而导致运放输出产生误差。为了分析方便起见(稍后的分析会体现出这一点)，一般将其画为从一个输入端流入一半(图 4.22 表示从同相输入端流入一半)，从另一个输入端流出一半的情况。不同运放的这两个参数不尽相同，一种典型值是 $I_{OS}=20\text{nA}$，$U_{OS}=1\text{mV}$。需要指出，失调电压和失调电流均可能为正或为负。图 4.22 并不表示运算放大器输入端开路，而是表示在输入端接入实际电路时始终联接的引起误差的等效独立源。图 4.22 虚线框中即为考虑了失调电流和失调电压的运算放大器。

此外，虽然 MOSFET 的栅极电阻非常大，但如果精确考虑，也存在流入栅极的电流。BJT 流入基极的电流更不可忽略。总之，从运算放大器差分输入端流入的直流偏置电流也会引起一定的误差。定义偏置电流(I_{BS})来定量表示失调引起的误差，如图 4.23 所示。偏置电流是流入两个差分放大元件栅极(或基极)的电流，因此表示为图 4.23 所示形式。不同运放的偏置电流不尽相同，一种典型值是 $I_{BS}=80\text{nA}$。图 4.23 虚线框中表示考虑了偏置电流的运算放大器。

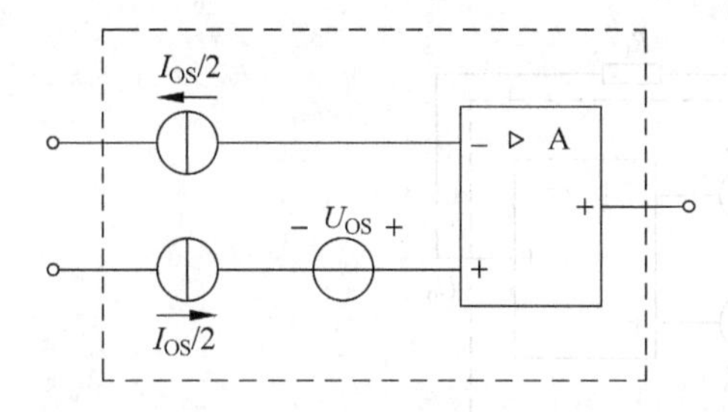

图 4.22 运算放大器的失调电压和失调电流

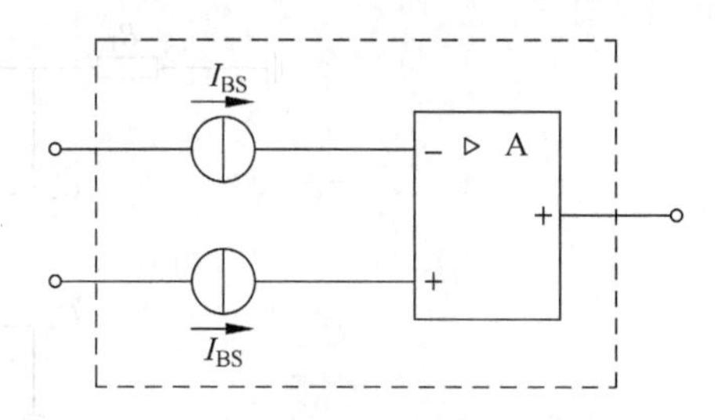

图 4.23 运算放大器的偏置电流

下面先仔细考察一下失调电流和偏置电流(暂时忽略失调电压),图 4.24 表示同相输入端和反相输入端均有误差电流的运算放大器。在图 4.24 所示电路中,输入为 0,从运放同相输入端流入的引起误差的电流为 I_P,从反相输入端流入的引起误差的电流为 I_N。这两个引起误差的电流都是由失调电流和偏置电流共同构成的。

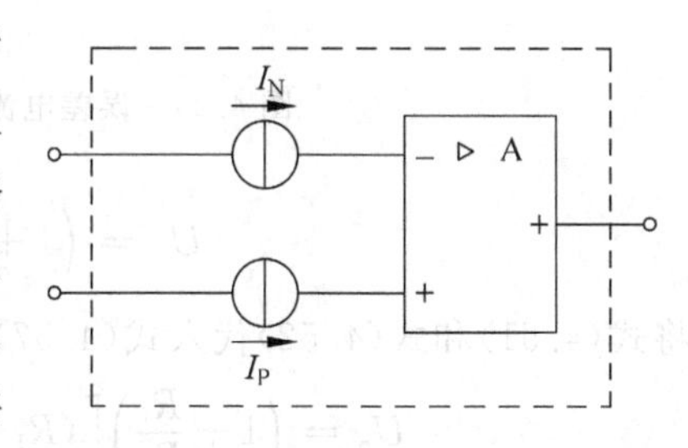

图 4.24 引起运算放大器误差的电流

观察图 4.22~图 4.24 可知,

$$I_N = I_{BS} - \frac{I_{OS}}{2} \tag{4.51}$$

$$I_P = I_{BS} + \frac{I_{OS}}{2} \tag{4.52}$$

由式(4.51)、式(4.52)可知

$$I_{BS} = \frac{I_P + I_N}{2} \tag{4.53}$$

$$I_{OS} = I_P - I_N \tag{4.54}$$

由式(4.53)和式(4.54)可知,失调电流可以表示为误差电流的差模形式,偏置电流则可表示为其共模形式。

接下来分析考虑失调电流和偏置电流后反相比例放大器的误差,如图 4.25 所示(为使分析过程简单起见,不失一般性,假设运算放大器的差分放大倍数为无穷大)。

在图 4.25 所示电路中,根据理想运算放大器的虚短性质可知(此时考虑失调电流和偏置电流的影响,因此虚断性质不成立)

$$U_+ = U_- = -I_P R_p \tag{4.55}$$

$$\frac{U_o - U_-}{R_f} - \frac{U_-}{R_1} = I_N \tag{4.56}$$

求解式(4.55)和式(4.56)得

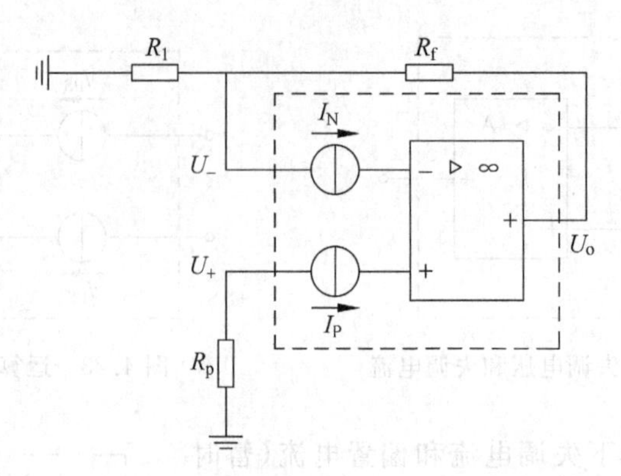

图 4.25　误差电流在反相比例放大器上引起的误差电压

$$U_o=\left(1+\frac{R_f}{R_1}\right)[(R_1 /\!/ R_f)I_N-R_pI_P] \tag{4.57}$$

将式(4.51)和式(4.52)代入式(4.57)可得

$$U_o=\left(1+\frac{R_f}{R_1}\right)\left[(R_1 /\!/ R_f-R_p)I_{BS}-(R_1 /\!/ R_f+R_p)\frac{I_{OS}}{2}\right] \tag{4.58}$$

式(4.58)给出了反相比例放大器中失调电流和偏置电流与输出电压的关系。观察式(4.58)可以发现,在反相比例放大器中若有 $R_p=R_1 /\!/ R_f$,则偏置电流 I_{BS}对输出电压的影响可被消除！这个结论很重要,而且可以推广。在大多数实际运算放大器电路中,都应使得从运放同相输入端和反相输入端向外看的电阻相同(电阻平衡),从而消除偏置电流的影响。

消除偏置电流影响后($R_p=R_1 /\!/ R_f$)得到输出电压为

$$U_o=-R_fI_{OS} \tag{4.59}$$

最后考虑失调电压。在电阻平衡的情况下,考虑失调电压影响的等效电路如图 4.26 所示。

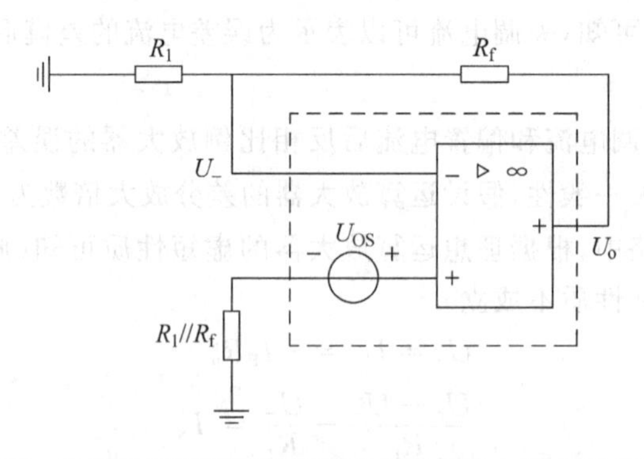

图 4.26　失调电压在电阻平衡的反相比例放大器上引起的误差

由图 4.26 易知(此时不考虑失调电流和偏置电流的影响，因此理想运算放大器有虚断性质)，

$$U_o = U_{OS}\left(1+\frac{R_f}{R_1}\right) \tag{4.60}$$

综合式(4.59)和式(4.60)可知，通过电阻平衡消除偏置电流的影响后，在图 4.22 所示失调电压和失调电流参考方向下，其影响可表示为

$$U_o = U_{OS}\left(1+\frac{R_f}{R_1}\right)-R_f I_{OS} \tag{4.61}$$

*10　MOSFET 的栅极和漏极相连有什么作用

在微电子电路中，经常将 MOSFET 的栅极 G 和漏极 D 直接相连，从而使其成为一个二端元件，如图 4.27 所示。

对于图 4.27 所示的二端元件来说，有

$$U_{GS} = U_{DS} \tag{4.62}$$

因此，只要$(U_{DS}-U_T)>0$，自然满足$U_{DS}>(U_{GS}-U_T)>0$，即 D、S 间表现为压控电流源，且

$$I_{DS} = \frac{K\,(U_{GS}-U_T)^2}{2} = \frac{K\,(U_{DS}-U_T)^2}{2} \tag{4.63}$$

式(4.63)表明，G、D 相连的 MOSFET 其实就是一个非线性电阻，用解析表达式表示 G、D 相连的 MOSFET 模型为

$$I_{DS} = \begin{cases} 0 & (U_{DS}-U_T)<0 \\ \dfrac{K\,(U_{DS}-U_T)^2}{2} & (U_{DS}-U_T)\geqslant 0 \end{cases} \tag{4.64}$$

当$(U_{DS}-U_T)>0$时，MOSFET 的小信号模型如图 4.28 所示。

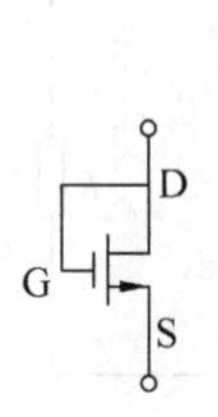

图 4.27　MOSFET 的 G、D 相连成为一个二端元件

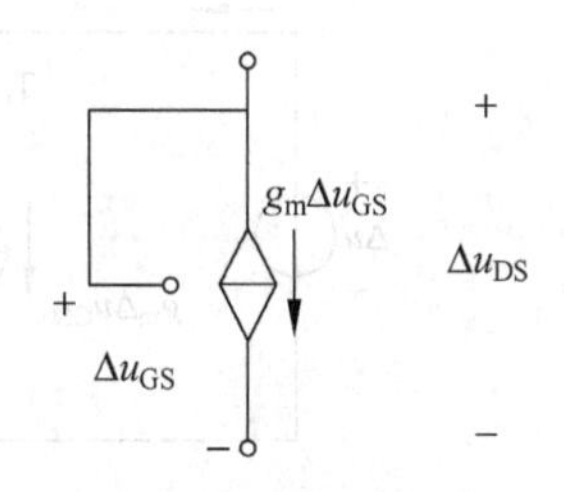

图 4.28　G、D 相连的 MOSFET 小信号模型

由图 4.28 可知，G、D 相连的 MOSFET 小信号模型就是一个线性电阻，阻值为

$$R_d = \frac{1}{g_m} \tag{4.65}$$

用这种元件构成的一种电流源电路如图 4.29 所示。在该电路中，通过前面的分析可知，T_S 肯定工作在饱和区，因此有

$$I_r = \frac{K_S (U_{GSS} - U_{TS})^2}{2} \tag{4.66}$$

$$V_{DD} + V_{CC} = U_{GSS} + I_r R \tag{4.67}$$

给定 V_{DD}、V_{CC}、R 和 T_S 参数，就可以求出 I_r 和 U_{GSS}。

如果能够确认 T_0 也工作在饱和区，则有

$$I_0 = \frac{K_0 (U_{GS0} - U_{T0})^2}{2} \tag{4.68}$$

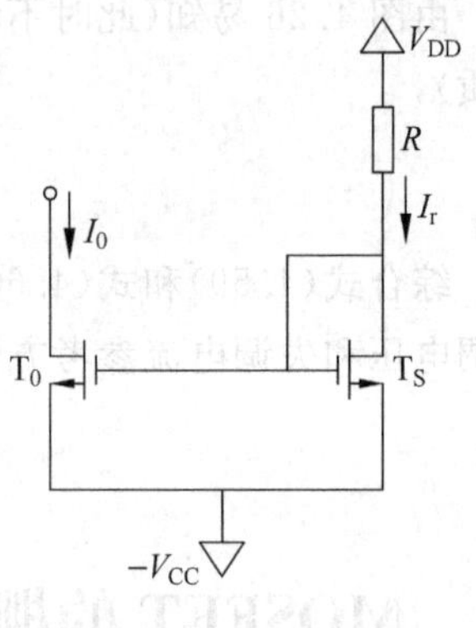

图 4.29　由 MOSFET 构成的镜像电流源

又

$$U_{GS0} = U_{GSS} \tag{4.69}$$

若 T_0 管和 T_S 管的参数相同(即 $K_S = K_0$，$U_{TS} = U_{T0}$)，则

$$I_0 = I_r \tag{4.70}$$

电流 I_r 为 T_0 的电流提供了参考值(reference)，因此它的下标记做 r。这也是图 4.29 被称为镜像电流源的原因。

在图 4.29 所示电路中，利用 G、D 相连的 MOSFET 始终处于饱和区的特点设计了一个电流源，再将这个电流以镜像的方式提供给主电路。这就是一种在微电子电路中广泛使用的电流源电路的雏形，其他电流源电路的分析请阅读参考文献[5]、[7]、[9]。

下面分析图 4.29 所示电流源的小信号电路的输入电阻，用加压(Δu)求流(Δi)法，电路如图 4.30 所示。由图可知

$$\Delta u_{GS0} = \Delta u_{GSS} = - g_m \Delta u_{GSS} R \tag{4.71}$$

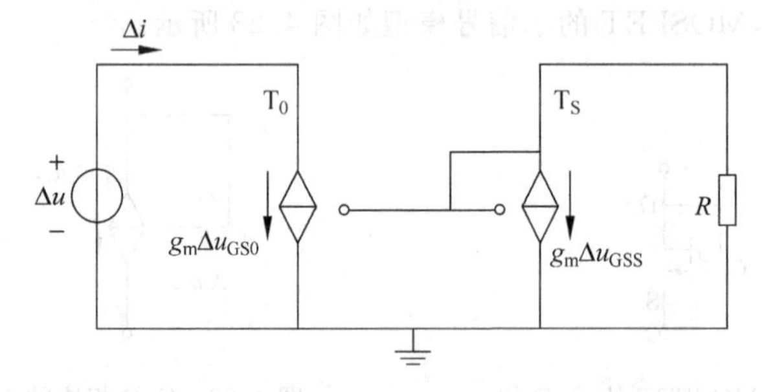

图 4.30　求 MOSFET 镜像电流源的小信号电阻

对任意的电阻 R，式(4.71)都成立，因此 $\Delta u_{GS0} = \Delta u_{GSS} = 0$，即两个压控电流源相当于开路，输入电阻无穷大。这意味着如果用图 4.30 所示的电流源替代图 4.18 中的电流源，则该差分放大电路的 R_S 是无穷大，共模抑制比为无穷大。

有时候，为了获得想要的电流值，图4.29所示电路中的R值可能需要很大。在微电子电路中，大阻值电阻所占晶片面积比较大，这是不希望发生的。因此可以用图4.31所示电路来替代。

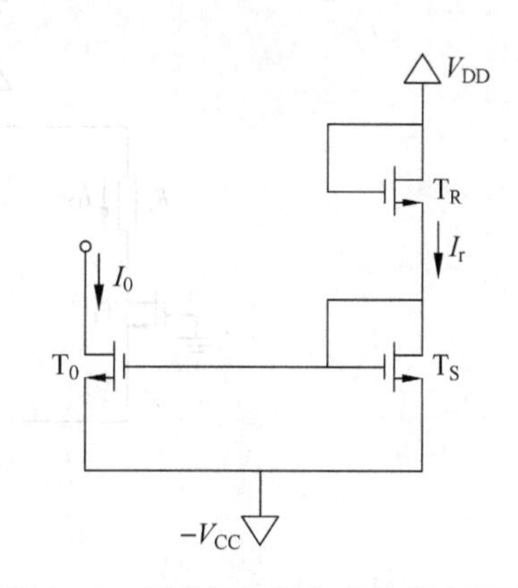

图4.31 用有源电阻构成的MOSFET镜像电流源

在图4.31所示电路中，有

$$I_r=\frac{K_S\ (U_{GSS}-U_{TS})^2}{2}=\frac{K_R\ (U_{GSR}-U_{TR})^2}{2} \quad (4.72)$$

$$U_{GSS}+U_{GSR}=V_{DD}+V_{CC} \quad (4.73)$$

如果给定V_{DD}、V_{CC}、T_R和T_S参数，就可求出I_r、U_{GSR}和U_{GSS}。在图4.31所示电路中，T_R的作用是一个非线性电阻，它影响I_r和I_0的值。

若T_R管和T_S管参数相同($K_S=K_R$，$U_{TS}=U_{TR}$)，则有

$$U_{GSS}=U_{GSR}=\frac{V_{DD}+V_{CC}}{2} \quad (4.74)$$

$$I_r=\frac{K_S\left(\dfrac{V_{DD}+V_{CC}}{2}-U_{TS}\right)^2}{2} \quad (4.75)$$

进一步，若$K_S=K_0$，$U_{TS}=U_{T0}$，则

$$I_0=I_r=\frac{K_S\left(\dfrac{V_{DD}+V_{CC}}{2}-U_{TS}\right)^2}{2} \quad (4.76)$$

把图4.31所示电流源放到图4.18所示差分放大器中，如图4.32所示。根据下面给定的参数进行简单的工作点分析。给定电路参数为：$V_{DD}=10\text{V}$，$V_{CC}=20\text{V}$，$K_1=K_2=2\text{mA/V}^2$，$K_0=K_S=K_R=0.25\text{mA/V}^2$，$U_{T1}=U_{T2}=U_{T0}=U_{TS}=U_{TR}=1\text{V}$，$R_L=400\Omega$。此外，假设差分放大器的共模输入为0，即在分析工作点时T_1和T_2的栅极接地。

由于T_0、T_S和T_R参数相同，假设T_0管工作在饱和区，由式(4.76)可知

$$I_0=I_r=\frac{0.25\left(\dfrac{10+20}{2}-1\right)^2}{2}=24.5(\text{mA})$$

由于T_1和T_2参数相同，易知

$$I_{D1}=I_{D1}=\frac{I_0}{2}=12.25(\text{mA})$$

假设T_1管和T_2管也工作在饱和区，可知

$$U_{GS1}=U_{GS2}=\sqrt{\frac{2I_{D1}}{K_1}}+U_{T1}=4.5(\text{V})$$

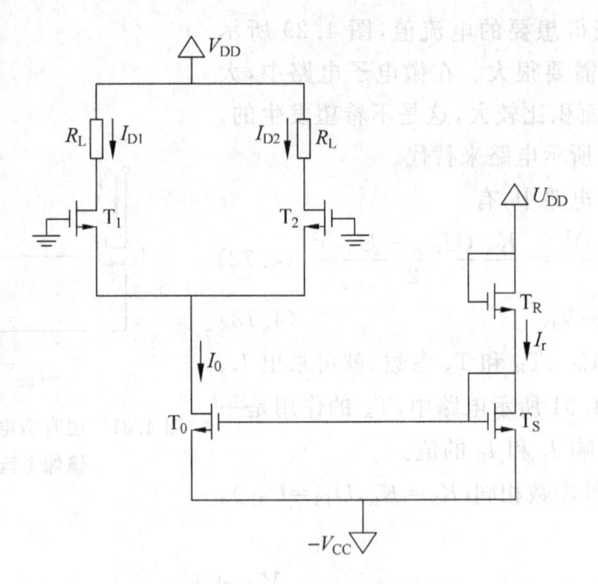

图 4.32 MOSFET 差分放大器工作点分析

由于 T_1 管和 T_2 管的栅极均接地，可求出两管的源极电位(即 T_0 管漏极电位)为

$$U_{S1}=U_{S2}=U_{D0}=-4.5(\mathrm{V})$$

对 T_1 管和 T_2 管均有

$$U_{D1}=U_{D2}=V_{DD}-I_{D1}R_L=5.1(\mathrm{V})$$

因此

$$U_{DS1}=U_{DS2}=U_{D1}-U_{S1}=9.6(\mathrm{V})$$

两管均满足 $U_{DS1}>(U_{GS1}-U_{T1})$ 和 $U_{DS2}>(U_{GS2}-U_{T2})$，因此上文假设它们均工作在饱和区是正确的。

对于 T_0 管来说，

$$U_{DS0}=U_{D0}+V_{CC}=15.5(\mathrm{V})$$

由于 T_0、T_R 和 T_S 管参数相同，因此有

$$U_{GS0}=U_{GSS}=U_{GSR}=\frac{V_{DD}+V_{CC}}{2}=15(\mathrm{V})$$

T_0 管也满足 $U_{DS0}>(U_{GS0}-U_{T0})$，因此假设 T_0 管工作在饱和区也是正确的。

11 对 4 种非线性电阻电路分析方法的总结

教材第 4 章共介绍了非线性电阻电路的 4 种分析方法，分别是：直接列方程求解法、图解法、分段线性法和小信号法。表 4.1 总结了这 4 种方法的特点。

表4.1　非线性电阻电路分析方法总结

	步　骤	优　点	缺　点
直接列方程求解法	利用线性和非线性元件的 u-i 特性、KCL和KVL列写并求解非线性电路方程(组)	(1) 普适性强，只要知道非线性电阻的 u-i 特性即可列出方程 (2) 如果非线性方程(组)存在解析解，则可得到电路的精确解	(1) 方程列写可能比较麻烦 (2) 方程求解比较困难，一般需要用数值方法，从而产生一定误差
图解法	(1) 将除非线性元件外的线性电路用戴维南等效 (2) 在同一幅图中画出戴维南等效电路和非线性元件的 u-i 特性曲线，其交点即非线性电阻的工作点电压和电流	(1) 操作简单 (2) 结果直观，物理意义清晰	(1) 精度上有牺牲 (2) 只能求解含有1个非线性电阻的电路
分段线性法	(1) 将非线性元件特性根据求解精度的需要划分为若干段，每段中用线性元件来建模，确定模型和条件 (2) 假设非线性元件位于某一段，将模型代入，求出结果，检验条件是否满足	分段线性化后，所有线性电路的定理、定律和分析方法都可以使用	(1) 精度上有牺牲 (2) 非线性元件多或分段数量多的情况下，需要求解的线性电路数量大大增加
小信号法	(1) 分析直流激励作用下的非线性电阻电路，求待求支路量的工作点值 (2) 构建原电路在直流工作点处的小信号电路，求小信号激励作用下的支路量 (3) 将第1步求得的结果和第2步求得结果相加即得到待求支路量	(1) 适用于分析信号放大、噪声作用等场合 (2) 物理概念清晰	(1) 适用范围窄 (2) 忽略高阶项，精度上有牺牲

根据各种方法的优劣及适用场合不同，在分析实际非线性电阻电路问题时应选择适当的方法。

12　用运算放大器实现更多的运算功能

利用非线性元件丰富的 u-i 特性，就可以和运算放大器一起实现除加、减、比例运算以外的更复杂的运算功能，如乘法、除法、乘方、开方、指数、对数等。下面分别进行简单介绍。

假设有一种非线性元件 X 的 u-i 关系(关联参考方向下)为

$$i = A\mathrm{e}^{Bu} \tag{4.77}$$

其中 A、B 均为元件本身的参数。利用这种元件和运算放大器构成的运算电路如图4.33所

示。图中,根据理想运放的虚短和虚断性质,有

$$\frac{u_i}{R} = A e^{B(-u_o)}$$

因此

$$u_o = -\frac{1}{B}\ln\left(\frac{u_i}{AR}\right) \tag{4.78}$$

可以将图 4.33 所示电路抽象为图 4.34 所示的功能模块。请思考如何将式(4.78)中的负号、A、B 和 R 等消掉。

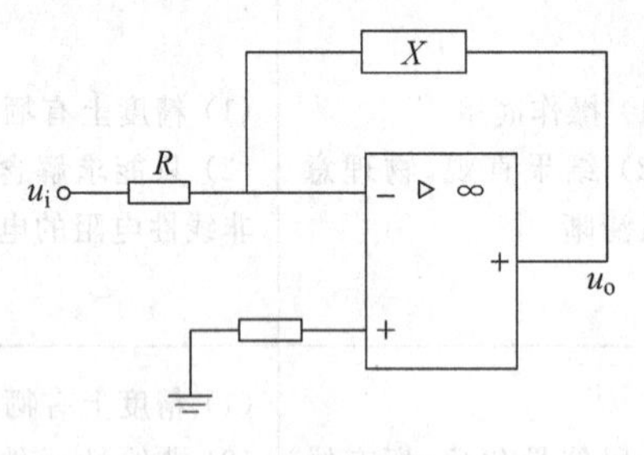

图 4.33 对数运算电路

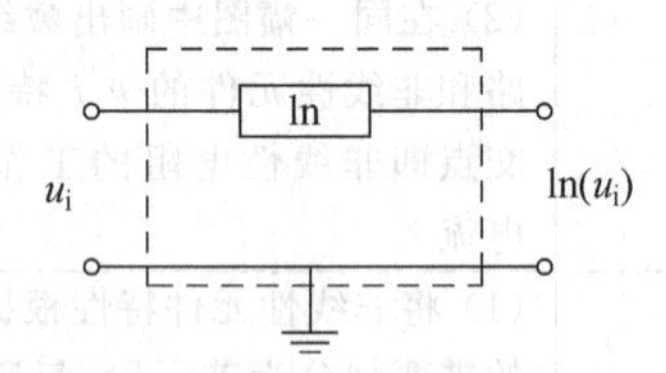

图 4.34 抽象的对数运算模块

类似地,分析可知图 4.35(a)所示电路为指数电路,同样可抽象为图 4.35(b)所示的功能模块。

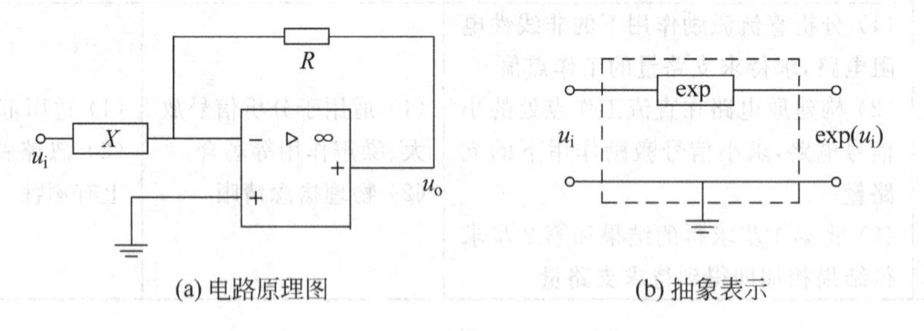

(a) 电路原理图 (b) 抽象表示

图 4.35 指数运算电路

有了指数和对数运算电路,就可以利用它们构造出乘法和除法运算电路。根据

$$xy = \exp(\ln x + \ln y)$$

用图 4.34 所示对数运算模块、图 4.35(b)所示指数运算模块和教材中介绍的加法器电路实现的乘法运算电路框图如图 4.36(a)所示,进一步抽象为图 4.36(b)所示的功能模块。

类似地,还可以构造出除法运算电路。利用

$$x/y = \exp(\ln x - \ln y)$$

用图 4.34 所示对数运算模块、图 4.35(b)所示指数运算模块和教材中介绍的减法器电路就可以实现除法运算,请自行画出结构框图。

实现除法运算的另一种方法是:既然已经研究出乘法电路,就可以很方便地利用乘法

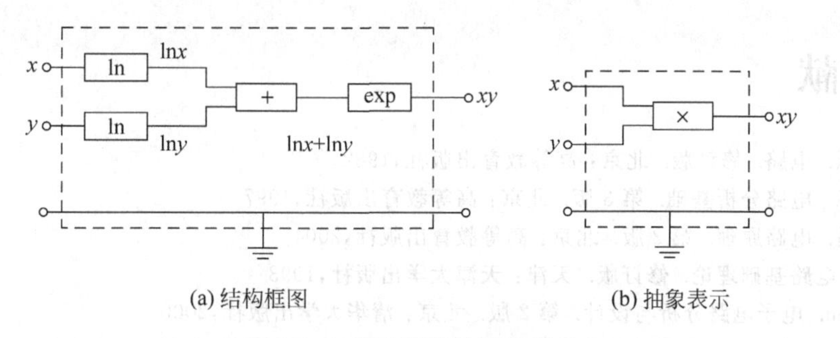

(a) 结构框图　(b) 抽象表示

图 4.36　乘法运算的抽象表示

模块来实现除法。其基本思想是

$$z = x/y \quad \Rightarrow \quad x = zy$$

结构框图如图 4.37 所示。

利用图 4.37 所示电路只能得到 $u_o = -x/y$，请自行思考如何得到 $z = x/y$。

有了乘法运算模块后，平方电路是顺理成章的(请自行思考)。下面讨论开方电路，其基本思想是

$$z = \sqrt{x} \quad \Rightarrow \quad x = z^2$$

开方电路如图 4.38 所示。该电路的分析结果是 $u_o = \sqrt{-x}$，请读者自行思考如何实现 $z = \sqrt{x}$。

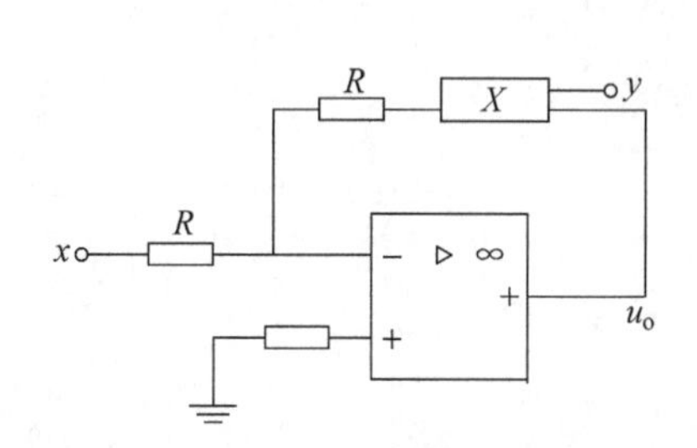

图 4.37　除法运算的结构框图

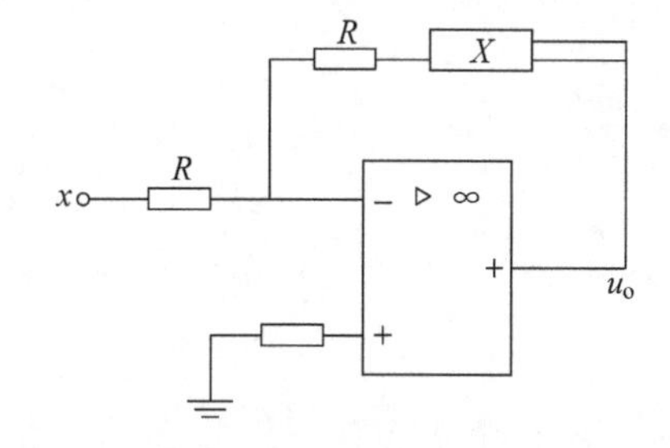

图 4.38　开方运算的结构框图

运算放大器能够实现的运算功能还有很多(绝对值、取反……)，进一步学习可阅读参考文献[10]～[12]。

利用运算放大器实现的这些代数运算电路和教材第 5 章(例 5.4.3)讨论的微分、积分电路共同构成了模拟计算机的基础。基于运算放大器的模拟计算机是 20 世纪中期电气工程领域一颗耀眼的明星。不过，随着数字计算机运算能力、存储能力的显著增强和成本的大幅度降低，单纯从计算角度出发的模拟计算机已经退出历史舞台了，但构成模拟计算机的基本单元(积分器、微分器等模块)依然在自动控制领域发挥着重要作用。

参考文献

[1] 邱关源. 电路. 修订版. 北京：高等教育出版社，1982
[2] 李瀚荪. 电路分析基础. 第3版. 北京：高等教育出版社，1997
[3] 周守昌. 电路原理. 第2版. 北京：高等教育出版社，2004
[4] 杨山. 电路基础理论. 修订版. 天津：天津大学出版社，1993
[5] Neamen. 电子电路分析与设计. 第2版. 北京：清华大学出版社，2000
[6] 高文焕，李冬梅. 电子线路基础. 第2版. 北京：高等教育出版社，2005
[7] Agarwal，Lang 著. 于歆杰等译. 模拟与数字电子电路基础. 北京：清华大学出版社，2008
[8] 张肃文. 低频电子线路. 第2版. 北京：高等教育出版社，2003
[9] 冈村迪夫著. 王玲等译. OP放大电路设计. 北京：科学出版社，2004
[10] 佛朗哥著. 刘树棠等译. 基于运算放大器和模拟集成电路的电路设计. 西安：西安交通大学出版社，2004
[11] 严楣辉，杨光璧. 集成运算放大器分析与应用. 成都：成都电讯工程学院出版社，1988
[12] 于歆杰，汪芙平，陆文娟. 什么是"小信号". 电气电子教学学报. 2005，27(6)：22～23

CHAPTER 5

第5章　动态电路的时域分析

0 组织结构图

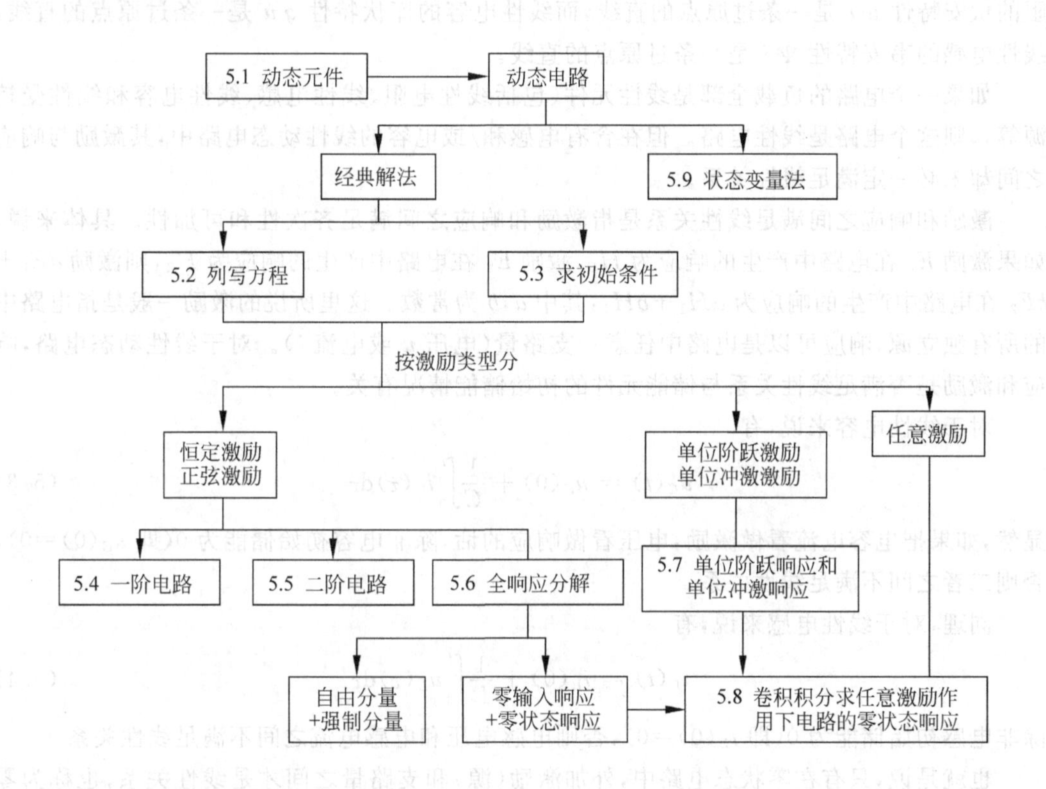

1 线性电路的基本概念

学完电容和电感元件后，有人会错误地认为：由于电容和电感上的电压、电流关系不是线性关系，因此电感和电容不是线性元件，含有电容和/或电感的电路也不再是线性电路。这个认识是错误的，详细说明如下。

电路元件可以分为两大类：源和负载。对于负载来说，其定义式如果表示为线性形式，则称为线性元件，反之亦然。比如，对于线性电容来说，定义式为

$$C=\frac{q}{u} \tag{5.1}$$

式(5.1)是电荷 q 与电压 u 之间的线性表达式,因此具有这种性质的电容是线性元件。线性电感的定义式为

$$L=\frac{\Psi}{i} \tag{5.2}$$

式(5.2)是磁链 Ψ 与电流 i 之间的线性表达式,因此具有这种性质的电感也是线性元件。这里需要指出的是,电路有4个基本量,分别是:电压 u、电流 i、电荷 q 和磁链 Ψ。一个元件是否是线性元件,并不都是根据其电压、电流关系即伏安特性来判断的。具体来说,线性电阻的伏安特性 u-i 是一条过原点的直线,而线性电容的库伏特性 q-u 是一条过原点的直线,线性电感的韦安特性 Ψ-i 是一条过原点的直线。

如果一个电路的负载全部是线性元件(包括线性电阻、线性电感、线性电容和线性受控源等),则这个电路是线性电路。但在含有电感和/或电容的线性动态电路中,其激励与响应之间却未必一定满足线性关系。

激励和响应之间满足线性关系是指激励和响应之间满足齐次性和可加性。具体来说,如果激励 E_1 在电路中产生的响应为 H_1,激励 E_2 在电路中产生的响应为 H_2,则激励 aE_1+bE_2 在电路中产生的响应为 aH_1+bH_2,其中 a,b 为常数。这里所说的激励一般是指电路中的所有独立源,响应可以是电路中任意一支路量(电压 u 或电流 i)。对于线性动态电路,响应和激励是否满足线性关系与储能元件的初始储能情况有关。

对于线性电容来说,有

$$u_C(t)=u_C(0)+\frac{1}{C}\int_0^t i_C(\tau)\mathrm{d}\tau \tag{5.3}$$

显然,如果把电容电流看做激励,电压看做响应的话,除非电容初始储能为0(即 $u_C(0)=0$),否则二者之间不满足线性关系。

同理,对于线性电感来说,有

$$i_L(t)=i_L(0)+\frac{1}{L}\int_0^t u_L(\tau)\mathrm{d}\tau \tag{5.4}$$

除非电感初始储能为0(即 $i_L(0)=0$),否则电感电压和电感电流之间不满足线性关系。

也就是说,只有在零状态电路中,外加激励(源)和支路量之间才是线性关系,也称为零状态线性。这也是卷积积分只能求任意激励下电路的零状态响应的根本原因。

类似地,在零输入电路中,元件的初始储能和响应之间也满足线性关系,称为零输入线性。

2 三要素法的4张图

教材5.4.2小节讨论了一阶动态电路的三要素法。三要素法脱胎于一阶动态电路的经典解法。当动态电路存在稳态解时(直流激励或正弦激励),用三要素法可以方便地求得一阶电路中任意支路量的动态变化过程的解析表达式,而不需要列写微分方程。

应用三要素法的过程其实就是把一阶动态电路按时间段变换为若干电阻电路(直流激励)或正弦稳态电路(正弦激励)进行求解的过程。下面以直流激励作用下的一阶 RC 电路为例详细说明三要素法的求解过程,重点是其中用到的 4 张电路图。为简单起见,暂不考虑电路初值发生跳变的情况。电路如图 5.1 所示,求电路中的电流 i_1。

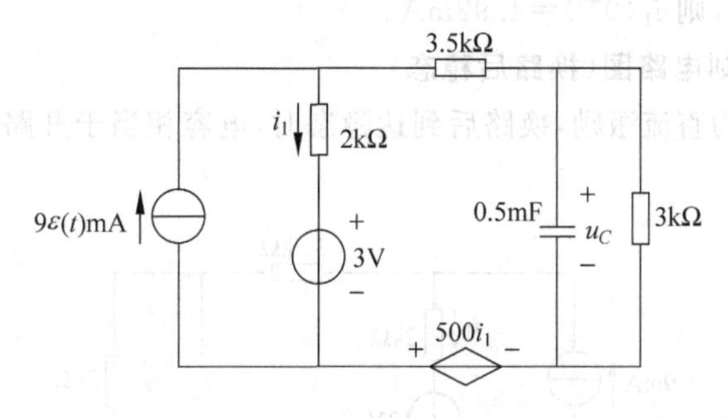

图 5.1　三要素法求解一阶电路

第 1 张图:0^- 时刻电路图(换路前瞬间)

除非特别说明,认为换路前电路已到达稳态。图 5.1 所示电路换路前瞬间电容相当于开路,电路的等效电路如图 5.2 所示。因为换路定律只保证换路前后 u_C 连续(电容中无冲激电流),需要且只需要求出 $u_C(0^-)$。

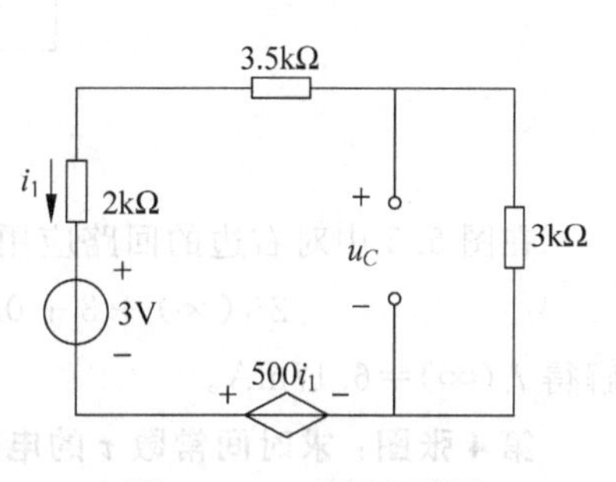

图 5.2　0^- 时刻电路图

在图 5.2 所示电路中,流过流控电压源的电流即为其控制量,因此它可以等效为 0.5kΩ 电阻,故

$$u_C(0^-) = 3 \times \frac{3}{2+3.5+3+0.5} = 1(\mathrm{V})$$

第 2 张图:0^+ 时刻电路图(换路后瞬间)

此时电容用电压源替代,电压值为 $u_C(0^+)=u_C(0^-)$,电路拓扑结构或元件参数为换路后的情形。图 5.1 所示电路对应的 0^+ 时刻的等效电路如图 5.3 所示。

图 5.3 中 3kΩ 电阻并联在 1V 理想电压源两端,对 i_1 没有影响,因此可以断开该支路,得到的电路如图 5.4 所示。

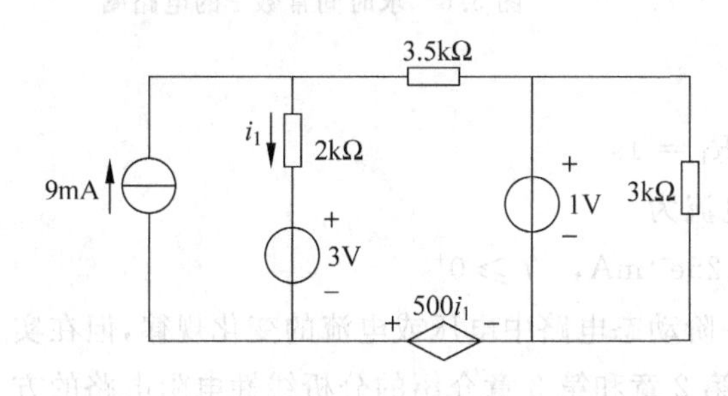

图 5.3　0^+ 时刻电路图

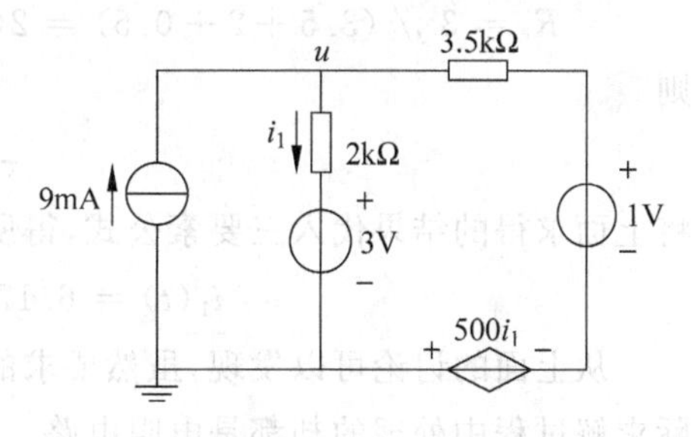

图 5.4　求 $i_1(0^+)$ 的等效电路

应用节点法,有(参考点和待求电压 u 已经标注在图 5.4 中)

$$u(0^+)\left(\frac{1}{2}+\frac{1}{3.5}\right)=9+\frac{3}{2}+\frac{1-0.5\left(\frac{u(0^+)-3}{2}\right)}{3.5}$$

解得 $u(0^+)=12.83\text{V}$,则 $i_1(0^+)=4.92\text{mA}$。

第 3 张图:∞时刻电路图(换路后稳态)

图 5.1 所示电路为直流激励,换路后到达稳态时,电容相当于开路,其等效电路如图 5.5 所示。

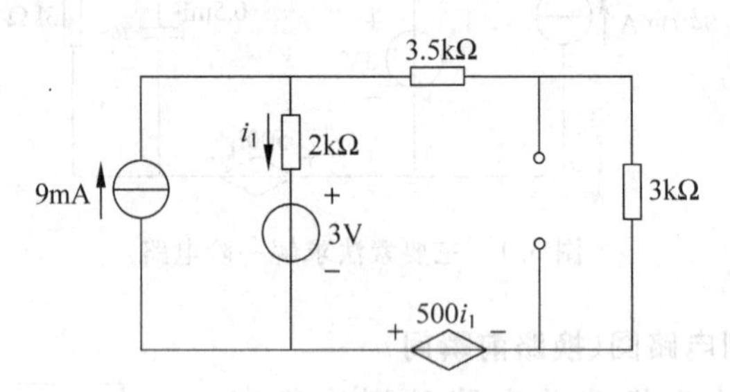

图 5.5　换路后稳态子图

在图 5.5 中对右边的回路应用 KVL,得

$$2i_1(\infty)+3+0.5i_1(\infty)=(9-i_1(\infty))\times(3.5+3)$$

解得 $i_1(\infty)=6.17\text{mA}$。

第 4 张图:求时间常数 τ 的电路图

图 5.1 所示电路是一阶 RC 电路,其时间常数为 $\tau=RC$,R 是从该储能元件两端看过去的戴维南等效电阻。因此图 5.1 所示电路求时间常数的等效电路如图 5.6 所示。

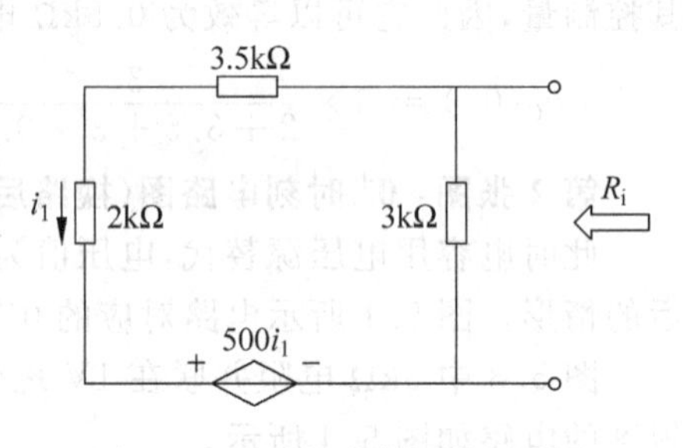

图 5.6　求时间常数 τ 的电路图

显然,图 5.6 中流控电压源可等效为 0.5kΩ 电阻,因此

$$R_i=3\ //\ (3.5+2+0.5)=2(\text{k}\Omega)$$

则

$$\tau=CR_i=1\text{s}$$

将上面求得的结果代入三要素公式,得所求电流为

$$i_1(t)=6.17-1.25\text{e}^{-t}\text{mA},\quad t\geqslant 0^+$$

从上面的讨论可以发现,虽然要求的是一阶动态电路中电压或电流的变化规律,但在实际求解过程中处理的却都是电阻电路。因此第 2 章和第 3 章介绍的分析线性电阻电路的方法和技巧对于后续章节来说是非常重要的。

下面总结一下用三要素法求解有稳态解的一阶电路的步骤。

(1) 求换路前瞬间电容电压或电感电流的值。不失一般性,设换路发生在 $t=0$ 时刻,则求 $u_C(0^-)$和 $i_L(0^-)$。若电路在换路前到达稳态,直流激励下电容相当于开路,电感相当于短路;正弦激励作用下可用解微分方程的方法或相量法(详见教材第 6 章)求解,由$\dot{U}_C$ 或 $\dot{I}_L$ 写出其瞬时值表达式,再求出 $u_C(0^-)$和 $i_L(0^-)$。

(2) 求换路后待求量的初始值 $f(0^+)$。当电容电流或电感电压不是冲激时,换路定律成立,即 $u_C(0^+)=u_C(0^-)$,$i_L(0^+)=i_L(0^-)$。画出电路在 0^+ 时刻的等效电路,电容用电压源替代,电压值为 $u_C(0^+)$;电感用电流源替代,电流值为 $i_L(0^+)$;电路拓扑结构或元件参数为换路后的情形。这是一个电阻电路,根据此电路可求各待求量的初始值。

(3) 求换路后待求量的稳态值 $f(\infty)$。直流激励作用下到达稳态时,电容相当于开路,电感相当于短路。正弦激励作用下到达稳态时则用相量法(详见教材第 6 章)求待求支路量的稳态值。当电路中有多次换路发生时,求每次换路后的稳态值时不必考虑在该次换路之后发生的换路。

(4) 求时间常数 τ。一阶 RC 电路的时间常数是 $\tau=RC$,一阶 RL 电路的时间常数是 $\tau=\dfrac{L}{R}$。一般一阶电路中只有一个储能元件[①],此时时间常数中的 R 就是从该储能元件两端看过去的戴维南等效电阻。因此,需要将原电路中的独立电压源短路,独立电流源开路,求从电容或电感两端看入的戴维南等效电阻,进而求得原电路的时间常数。

(5) 将上述步骤中求得的值,代入三要素公式

$$f(t)=f(\infty)+[f(0^+)-f(\infty)\,|_{t=0^+}]\mathrm{e}^{-\frac{t}{\tau}},\quad t\geqslant 0^+$$

即可求得表示待求量动态变化过程的解析表达式。

3　MOSFET 反相器的动态过程

教材例 5.4.1 中详细分析了由于 MOSFET 的栅极与源极之间的寄生电容 C_{GS}的影响,导致了反相器的信号传输延迟。在反相器的输入信号发生跳变(从逻辑 0 到逻辑 1 或从逻辑 1 到逻辑 0)时,教材中只给出了稳态的电路模型(教材图 5.4.9),下面将进一步详细给出在此变化过程即暂态过程中 MOSFET 反相器的电路模型。

图 5.7 所示是教材中给出的一个由两个 MOSFET 反相器构成的缓冲器电路,它的输入 u_{i1}是一理想方波。

---

① 若电路中含有多个电容或电感,除非它们之间是简单的串并联关系,进行等效化简后电路中只有一个独立的储能元件,则可以判断电路是一阶电路。否则需要列出描述电路的微分方程,再根据方程阶次判断动态电路的阶数。

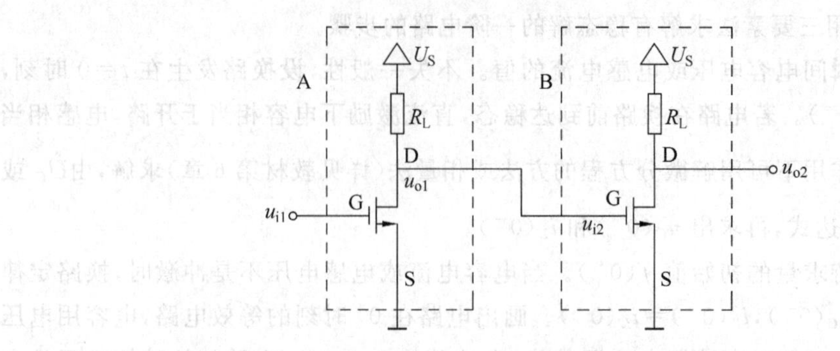

图 5.7　两个 MOSFET 构成的缓冲器门电路

当加到反相器 A 的 u_{i1} 对应逻辑 1，电路到达稳态时，反相器 A 中的 MOSFET 导通，反相器 B 中的 MOSFET 关断。当加到反相器 A 的 u_{i1} 对应逻辑 0，电路到达稳态时，反相器 A 中的 MOSFET 关断，反相器 B 中的 MOSFET 导通。对应的电路模型分别如图 5.8(a)和(b)所示。

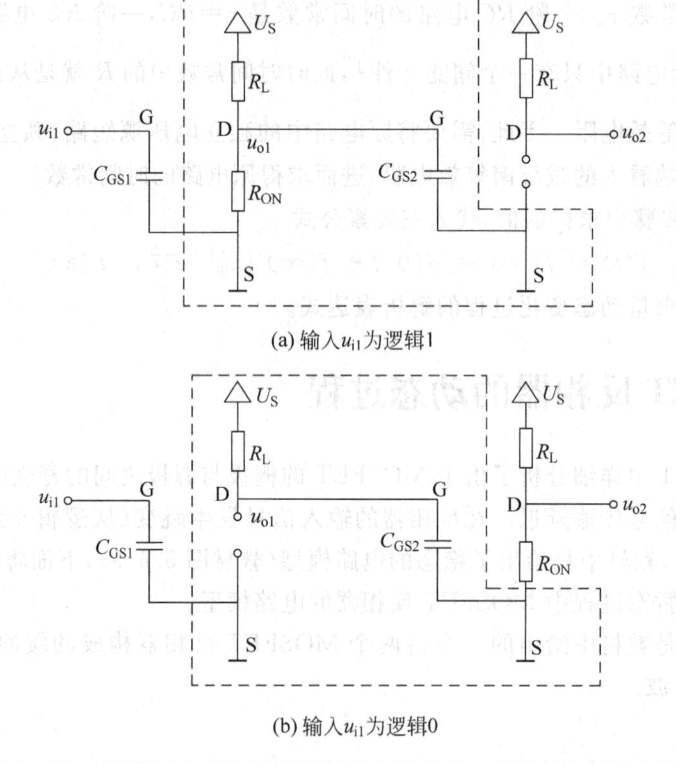

(a) 输入u_{i1}为逻辑1

(b) 输入u_{i1}为逻辑0

图 5.8　用 MOSFET 的 SRC 模型表示的缓冲器输出到达稳态时的电路模型

假设输入 u_{i1} 是一个理想的电压源(内阻很小,视为零),即 C_{GS1} 上的电压变化没有暂态过程,就等于 u_{i1}。当它从逻辑 1 跳变到逻辑 0 时,在跳变发生后瞬间,反相器 A 中的 MOSFET 关断;但由于 C_{GS2} 的存在,反相器 B 的端口电压 u_{GS2} 不能突变,需要一段时间才能上升至阈值电压 U_{IH}(U_{IH} 是能够被反相器视为逻辑 1 的最小电压值)。因此在这段时间内,反相器 B 中的 MOSFET 仍处于关断状态,缓冲器的电路模型如图 5.9 所示。

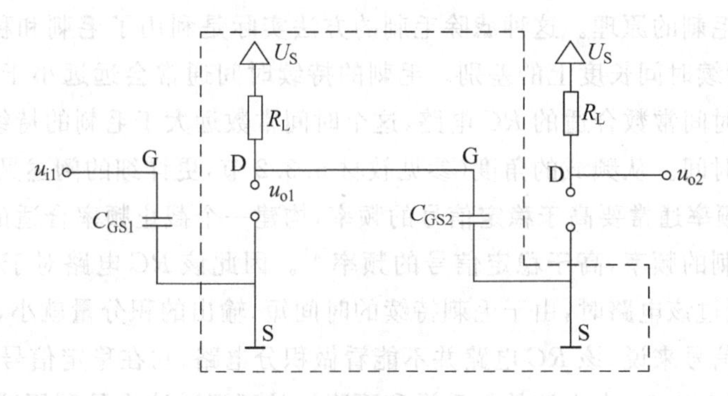

图 5.9　输入 u_{i1} 刚刚从逻辑 1 跳变到逻辑 0 后瞬间缓冲器的电路模型

在图 5.9 所示电路中,U_S 通过 R_L 对 C_{GS2} 充电,C_{GS2} 上的电压即第 2 个反相器的输入 u_{GS2} 从 0 开始上升,当该电压超过 MOSFET 的阈值电压 U_{IH} 时,第 2 个反相器导通,缓冲器的电路模型就变为图 5.8(b)所示电路。

类似地,当输入 u_{i1} 从逻辑 0 跳变到逻辑 1 时,在跳变发生后瞬间,缓冲器的电路模型如图 5.10 所示。

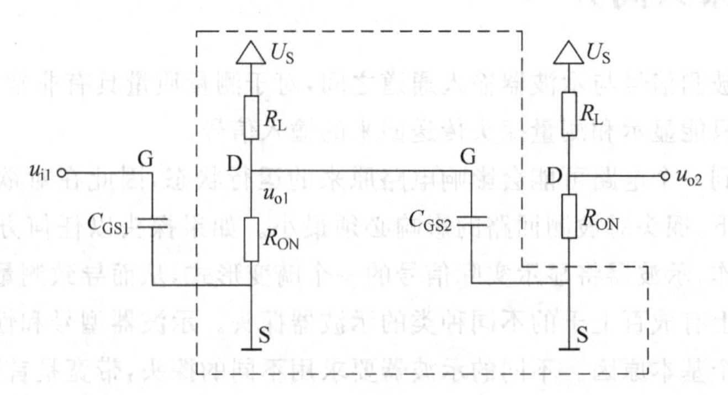

图 5.10　输入 u_{i1} 刚刚从逻辑 0 跳变到逻辑 1 后缓冲器的电路模型

在图 5.10 所示电路中,C_{GS2} 通过第 1 个反相器的 R_{ON} 以及 R_L、U_S 放电,C_{GS2} 上的电压即第 2 个反相器的输入从逻辑 1 开始下降,当该电压小于 MOSFET 的阈值电压 U_{IL}(U_{IL} 是能够被反相器视为逻辑 0 的最大电压值)时,第 2 个反相器关断,缓冲器的电路模型就变为图 5.8(a)所示电路。

具体的延迟计算见教材，此处不再赘述。

4 利用积分电路抑制干扰的进一步说明

教材例 5.4.2 介绍了 *RC* 微分电路与积分电路，并用教材中图 5.4.14 形象地解释了利用积分电路消除毛刺的原理。这种滤除毛刺的方法实际是利用了毛刺和稳定信号(教材中为方波脉冲)在持续时间长度上的差别。毛刺的持续时间通常会远远小于稳定信号的持续时间。构建一个时间常数合适的 *RC* 电路，这个时间常数远大于毛刺的持续时间，尽量小于稳定信号的持续时间。从频域的角度(参见教材 6.3.2 节，更详细的阐述见参考文献[4])可以说成：毛刺的频率通常要高于稳定信号的频率，构建一个截止频率合适的低通滤波器，该截止频率低于毛刺的频率，高于稳定信号的频率[4]。因此该 *RC* 电路对于毛刺来说就是积分电路，当毛刺通过该电路时，由于毛刺持续的时间短，输出的积分量就小，即可以把毛刺滤除。但对于稳定信号来说，该 *RC* 电路并不能看做积分电路，它在稳定信号中引入了一定的延迟(如教材中图 5.4.14 中方波的上升沿和下降沿的延迟)，这也是利用这种 *RC* 电路滤除毛刺的代价。

如果待传输的稳定信号的频率很高，或者毛刺持续的时间足够长，这种 *RC* 电路的滤波效果其实是很有限的。工程中实际采用的滤波器结构要比这个电路复杂得多，但原理是一样的。

5 示波器探头简介

探头连接于被测信号与示波器输入通道之间，对于测量质量具有非常关键的作用，因为归根结底示波器只能显示和测量探头传送回来的输入信号。

把探头连结到一个电路可能会影响电路原来的运行状态，因此在对欲测量信号保证足够保真度的前提下，探头对被测回路的影响必须最小。如果探头以任何方式改变信号或改变一个电路的动作，示波器将显示实际信号的一个畸变形式，从而导致测量出错。

目前在市场上有成百上千的不同种类的示波器探头。示波器型号和性能的多样性是有如此多探头的一个基本原因。不同的示波器要求用不同的探头，带宽是首要的考虑，所选探头通常应该在任何情况下都匹配示波器的带宽(带宽的概念见教材第 6 章 6.3.3 节)。除此之外，各种各样的示波器还有不同的接头类型和不同的输入阻抗。典型的示波器输入电阻是 50Ω 或 1MΩ。为了合适的信号转换和保真度，探头应和示波器匹配，这一点是非常重要的。

按照探头敏感的电量类型分，探头可以分为电压探头和电流探头。按照探头中是否含有有源器件分，又可以分为有源探头和无源探头。下面就以应用最为广泛的无源电压探头为例说明探头补偿原理。

决定所用探头类型的最基本依据在于被测量电压的电压范围。毫伏、伏及千伏测量时，为了保证测量精度，要求探头有不同的探头衰减因子(1×，10×，100×)。无源电压探头最常使用的是 10×探头，目前已作为示波器的一个代表性的标准附件。对于信号幅值是 1V 或小于 1V 的峰峰值的应用，一个 1×探头是更适当或者说更必要的。下面以 10×无源衰减探头为例进行讨论。

图 5.11 给出了一个 10×无源衰减探头和示波器的结构示意图。图中，R_S 是示波器的输入电阻，假设为典型值 1MΩ；C_S 是示波器本身的等效电容，不同的示波器这个电容值也不同，典型值在 15～25pF 之间。探头电缆的类型和长度的不同使得电缆电容也不同。从图 5.11 中可以看出，由于探头电缆的外皮一般接地，因此电缆电容和示波器本身的电容是并联的，它们合起来称为示波器的输入电容，一般可达 35～100pF 以上。

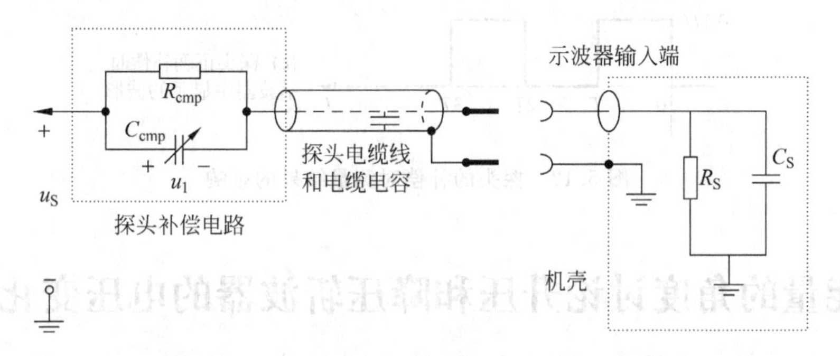

图 5.11　无源衰减示波器探头的结构示意图

当输入信号为直流信号时，探头中的补偿电阻 R_{cmp} 和示波器输入电阻 R_S 构成了一个分压器。若是 10×衰减探头，则 $R_{cmp}:R_S=9:1$，即 $R_{cmp}=9\text{M}\Omega$。

当输入信号频率很高时，示波器的输入电容就不容忽略，容性负载效应也变得非常明显，有可能导致探头在高频下无法使用。这时需要加入并调节补偿电容 C_{cmp}，使得探头和示波器相匹配，从而保证能够正确检测信号。这种调整称为探头校正。

一个实际的 10×探头具有几个可调的电容和电阻，这些可调元件大多数都是在制造探头时由工厂调好，只有一个微调电容留给用户去调节。这个电容称为低频补偿电容，应当通过调节这个电容使得探头和与相配用的示波器匹配。使用示波器前面板上的信号输出可以很容易地进行这项调节工作。示波器的这个输出端标有探头调节、校准器、CAL 或探头校准等标志，并能输出一个方波电压。当补偿电容调节正确时，就能在示波器屏幕上再现方波信号。教材中例 5.4.8 给出了示波器探头过补偿、欠补偿和正确补偿时测得的方波波形，即如图 5.12 所示。

具体分析过程见教材，这里不再赘述。

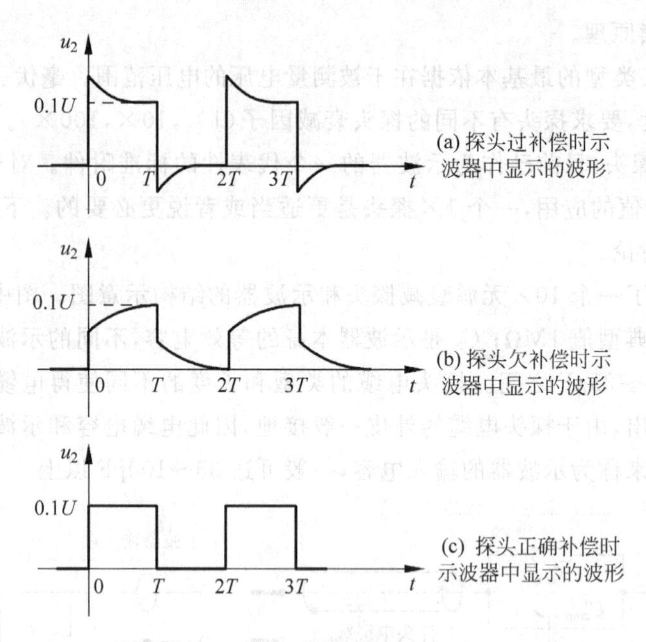

图 5.12　探头的补偿对测量结果的影响

6　从能量的角度讨论升压和降压斩波器的电压变化

教材例 5.4.9 中讨论了降压斩波器(Buck 斩波器)的工作原理。顾名思义,降压斩波器的输出电压应小于输入电压,从教材给出的解析结果也可以看出这一点。这里从能量的角度可以更加简单、直观地说明这一点。降压斩波器的电路如图 5.13 所示,它的充电和放电等效电路如图 5.14 所示。

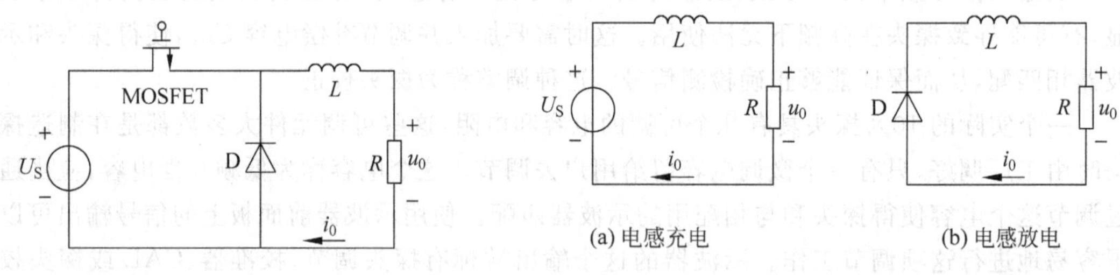

图 5.13　降压斩波器电路　　图 5.14　降压斩波器在不同时段的电路模型

当电感足够大时,输出电流的脉动非常小,可以近似认为是一个常数 I,则输出电压也为常数,设为 U_0。根据能量守恒,每个周期内电感在充电时间段内吸收的能量 P_1 应该等于它在放电时间段内发出的能量 P_2。设输入信号是一个大小为 U_S 的直流电压源,一个开关

周期 T 内开关导通时间即电感充电时间为 t_1，开关关断时间即电感放电时间为 $t_2=T-t_1$，则

$$P_1=(U_S-U_0)\times I\times t_1$$
$$P_2=U_0\times I\times t_2$$

由 $P_1=P_2$，得

$$U_0=U_S\frac{t_1}{t_1+t_2}$$

显然，$U_0<U_S$，输出电压的确比输入电压下降了。

还有一种斩波器称为升压斩波器(Boost 斩波器)，电路如图 5.15 所示。同样可以从能量的角度说明升压斩波器的输出电压与输入电压之间的大小关系。当开关导通和关断时，等效电路如图 5.16 所示。

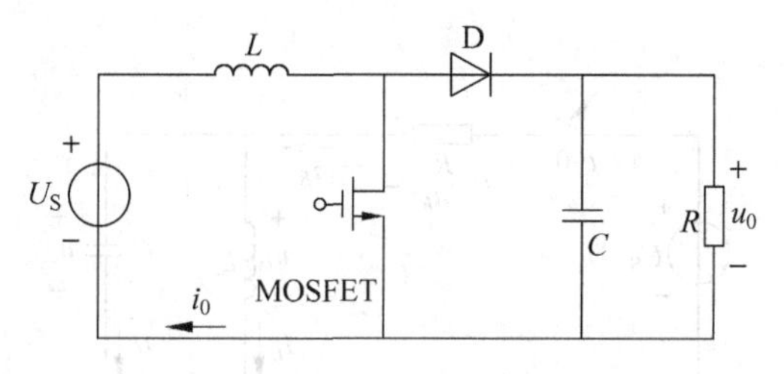

图 5.15　升压斩波器电路

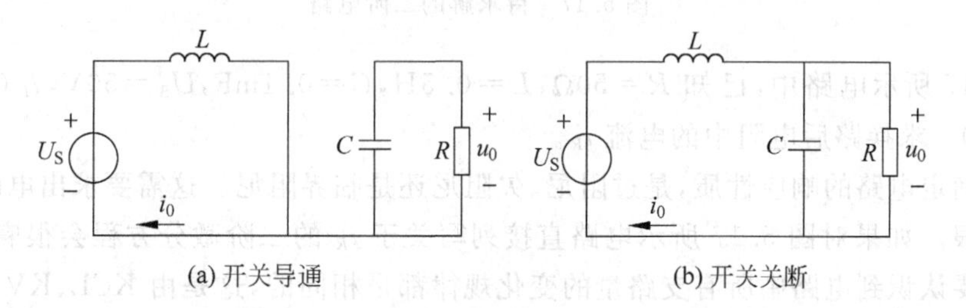

图 5.16　升压斩波器在不同时段的电路模型

当电感、电容足够大时，输出电压的脉动非常小，在一个开关周期内可以近似认为是一个常数 U_0，电流 i_0 也可认为不变，设为 I_0。由图 5.16 可以看出，开关导通时，电感充电；开关关断时，电感放电。根据能量守恒，每个周期内电感在充电时间段内吸收的能量 P_1 应该等于它在放电时间段内发出的能量 P_2。设输入信号是一个大小为 U_S 的直流电压源，一个开关周期 T 内开关导通时间即电感充电时间为 t_1，开关关断时间即电感放电时间为 $t_2=T-t_1$，则

$$P_1=U_S\times I_0\times t_1$$
$$P_2=(U_0-U_S)\times I_0\times t_2$$

由 $P_1=P_2$，得

$$U_0=U_S\frac{t_1+t_2}{t_2}$$

显然,$U_0>U_S$,输出电压比输入电压升高了。若从电容在一个周期内的能量守恒考虑,也可以得出同样的结论,请自行推导。对升压斩波器中各变量随时间变化的解析分析可以利用二阶电路的知识进行求解,此处不再赘述。

7 二阶电路的直觉解法

教材5.5.2节详细阐述了求解二阶动态电路的直觉方法,即只需求出待求量及其一阶导数的初始值和稳态值,再根据电路的响应性质,就可以定性地画出待求量的响应曲线。事实上利用这种方法也可以快速地求出待求量的解析表达式,下面以图5.17所示电路为例来介绍这种方法。

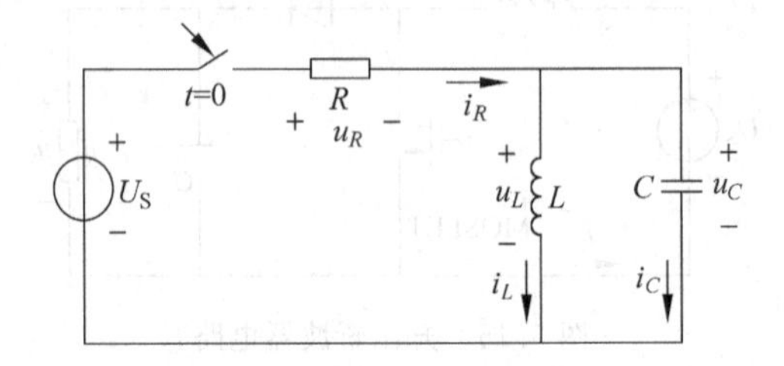

图5.17 待求解的二阶电路

图5.17所示电路中,已知 $R=50\Omega, L=0.5\text{H}, C=0.1\text{mF}, U_S=50\text{V}, i_L(0^-)=2\text{A}$, $u_C(0^-)=0$。求换路后电阻中的电流 i_R。

首先确定电路的响应性质,是过阻尼、欠阻尼还是临界阻尼。这需要求出电路的特征方程和特征根。如果对图5.17所示电路直接列写关于 i_R 的二阶微分方程会很麻烦,简化的关键在于要认识到电路中所有支路量的变化规律都是相同的,这是由KCL、KVL约束决定的。从列方程的角度看,以电路中任一支路量列写微分方程,对应的特征方程都是一样的,当然特征根(即系统的自然频率)也是相同的。而且所有支路量的性质都是由电路本身的结构和元件参数决定的,与外加激励无关。因此,只需列写出电路在零输入(电压源开路、电流源短路)情况下以电容电压或电感电流为变量的二阶微分方程(一般来说,以这两个变量列写方程要相对容易一些),再根据其特征方程即可求出系统的自然频率。

在简化求解之前,有两个简单二阶电路的特征方程是大家应该熟悉的,即 RLC 串联电路和 RLC 并联电路。RLC 串联电路如图5.18所示。

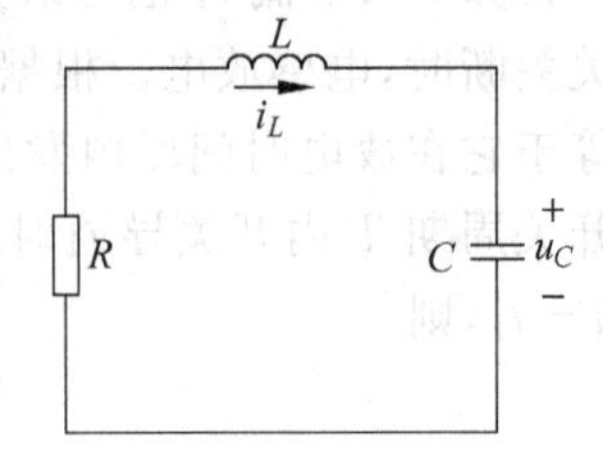

图5.18 RLC 串联电路

易知,RLC 串联电路的常微分方程为

$$\frac{\mathrm{d}^2 u_C}{\mathrm{d}t^2}+\frac{R}{L}\frac{\mathrm{d}u_C}{\mathrm{d}t}+\frac{1}{LC}u_C=0 \tag{5.5}$$

对应的特征方程为

$$p^2+\frac{R}{L}p+\frac{1}{LC}=0 \tag{5.6}$$

根据对偶原理(教材 3.9 节)可知,RLC 并联电路的特征方程为

$$p^2+\frac{1}{CR}p+\frac{1}{LC}=0 \tag{5.7}$$

由于 RLC 串联电路和并联电路在电气工程中有非常广泛的应用,因此建议熟记式(5.6)。

再看图 5.17 所示电路。将其中的独立源置零,就变成了一个 RLC 并联电路,其特征方程如式(5.7)所示。代入参数可知特征根为 $-100\pm \mathrm{j}100$,这是一个欠阻尼电路。

接下来求待求量的稳态值。画图 5.17 所示电路稳态时的等效电路如图 5.19 所示。

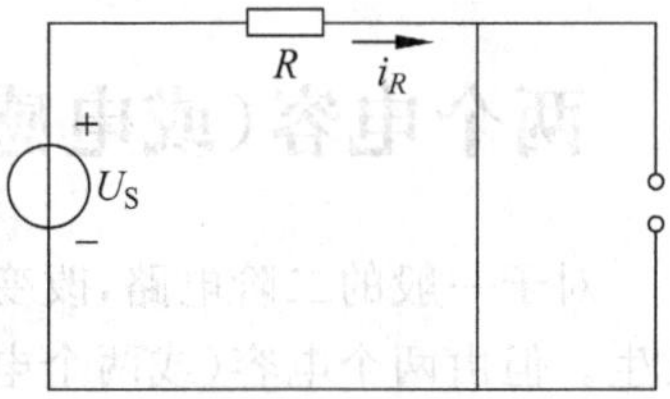

图 5.19　图 5.17 所示电路稳态时的等效电路

易知 $i_R(\infty)=1\mathrm{A}$。至此,可以写出 i_R 的通解为

$$i_R(t)=1+K\mathrm{e}^{-100t}\sin(100t+\theta) \tag{5.8}$$

其中 K 和 θ 为待定系数。

为了确定式(5.8)中的待定系数,需要求 $i_R(0^+)$ 和 $\left.\frac{\mathrm{d}i_R}{\mathrm{d}t}\right|_{t=0^+}$。图 5.17 所示电路的 0^+ 时刻等效电路如图 5.20 所示。

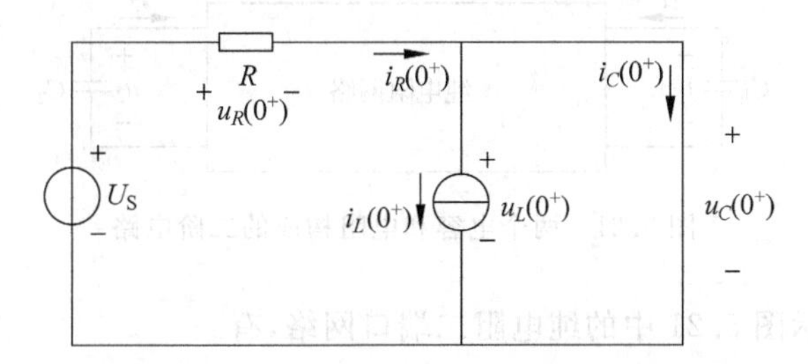

图 5.20　图 5.17 所示电路在 0^+ 时刻的等效电路

由图 5.20 可知

$$i_R(0^+)=\frac{U_S}{R}=1(\mathrm{A}) \tag{5.9}$$

还要求 $\left.\frac{\mathrm{d}i_R}{\mathrm{d}t}\right|_{t=0^+}$,根据 KCL 得

$$i_R=i_L+i_C=i_L+C\frac{\mathrm{d}(U_S-Ri_R)}{\mathrm{d}t}=i_L-RC\frac{\mathrm{d}i_R}{\mathrm{d}t}$$

因此

$$\left.\frac{\mathrm{d}i_R}{\mathrm{d}t}\right|_{t=0^+}=\frac{i_L(0^+)-i_R(0^+)}{RC}=200(\mathrm{A/s}) \tag{5.10}$$

利用式(5.8)～式(5.10)即可求出

$$i_R(t)=1+2\mathrm{e}^{-100t}\sin 100t\mathrm{A},\quad t\geqslant 0^+$$

总结上述解题过程，直觉法求解二阶电路可以分为4步：

(1) 用零输入电路对应的二阶微分方程或状态方程求特征根；

(2) 求待求量的稳态解，写出其通解表达式；

(3) 求待求量及其一阶导数的初值(换路定理＋KCL＋KVL)；

(4) 利用初值确定通解中的待定系数。

8　两个电容(或电感)和电阻构成的二阶电路一定过阻尼

对于一般的二阶电路，改变其元件参数，过阻尼、欠阻尼和临界阻尼三种情况都有可能发生。但由两个电容(或两个电感)和电阻构成的二阶电路，无论元件参数怎样设置，电路的响应都不可能产生振荡，换言之，两个电容(或两个电感)之间不会有能量交换，电路一定处于过阻尼状态。下面利用二端口的知识对这一结论做详细的讨论和证明。

由于外加激励与电路的响应性质无关，为简单起见，这里只讨论零输入响应。将电路中除两个电容以外的其他部分用一个纯电阻二端口网络①表示。假设两个电容分别位于端口1和端口2，如图5.21所示。

图5.21　两个电容和电阻构成的二阶电路

用T参数来表示图5.21中的纯电阻二端口网络，有

$$\left.\begin{aligned}u_1&=T_{11}u_2-T_{12}i_2\\ i_1&=T_{21}u_2-T_{22}i_2\end{aligned}\right\} \tag{5.11}$$

对于端口1和端口2有

$$\left.\begin{aligned}i_1&=-C_1\frac{\mathrm{d}u_1}{\mathrm{d}t}\\ i_2&=-C_2\frac{\mathrm{d}u_2}{\mathrm{d}t}\end{aligned}\right\} \tag{5.12}$$

① 如果电路中含有受控源，问题就比较复杂。最典型的一个特例是若电路中含有一个回转器(流控电压源)，它可以将电容“回转”成电感，那么这里的结论就不成立了。

将式(5.12)代入式(5.11)，整理得

$$T_{12}C_1C_2\frac{\mathrm{d}^2u_2}{\mathrm{d}t^2}+(T_{11}C_1+T_{22}C_2)\frac{\mathrm{d}u_2}{\mathrm{d}t}+T_{21}u_2=0$$

其特征方程为

$$T_{12}C_1C_2p^2+(T_{11}C_1+T_{22}C_2)p+T_{21}=0 \tag{5.13}$$

此二次方程的根的判别式为

$$\Delta=(T_{11}C_1+T_{22}C_2)^2-4T_{12}T_{21}C_1C_2 \tag{5.14}$$

由于纯电阻二端口网络一定是互易的，因此

$$T_{12}T_{21}=T_{11}T_{22}-1 \tag{5.15}$$

将式(5.15)代入式(5.14)可知

$$\Delta=(T_{11}C_1-T_{22}C_2)^2+4C_1C_2>0$$

因此特征根是两个不相等的实根，即由两个电容和电阻构成的二阶电路一定是过阻尼。这个结论对于由两个电感和电阻构成的二阶电路同样成立。

9　冲激激励作用下电路初始值的简便求解

教材 5.7.2 小节介绍了两种单位冲激响应的求解方法：一是分 $0^-\to0^+$ 和 $0^+\to\infty$ 两个时间段分别求解，二是对单位阶跃响应求导得到单位冲激响应。在第一种方法中，$0^+\to\infty$ 时间段电路的响应就是零输入响应，因此关键是求 $0^-\to0^+$ 时间段电感电流或电容电压的跳变，即冲激激励作用后电路的初始值。教材中介绍的方法是：列方程，分析方程中哪一项可能是冲激，然后对方程左右两边从 0^- 到 0^+ 积分，求出电感电流或电容电压的初始值即 0^+ 时刻的值。这里介绍一种更简便的求冲激激励作用下电感电流或电容电压初始值的方法，首先讨论电路初始储能为零即零状态的情况。

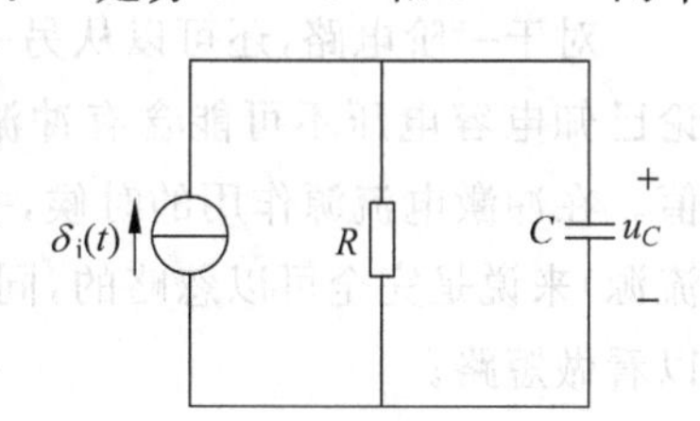

图 5.22　一阶单位冲激响应例题

以图 5.22(教材图 5.7.8)所示电路为例。

列写以 u_C 为变量的微分方程，得

$$C\frac{\mathrm{d}u_C}{\mathrm{d}t}+\frac{u_C}{R}=\delta_{\mathrm{i}}(t) \tag{5.16}$$

观察式(5.16)可知，如果电容电压中含有冲激成分，则方程的左边就会出现冲激的导数，方程左右两边就不可能相等。因此电容电压中不可能含有冲激电压成分。对式(5.16)从 0^- 到 0^+ 积分，得

$$C\int_{0^-}^{0^+}\frac{\mathrm{d}u_C}{\mathrm{d}t}\mathrm{d}t+\int_{0^-}^{0^+}\frac{u_C}{R}\mathrm{d}t=\int_{0^-}^{0^+}\delta_{\mathrm{i}}(t)\mathrm{d}t \tag{5.17}$$

由于电容电压中不可能含有冲激电压成分，因此式(5.17)中方程左边第二项$\int_{0^-}^{0^+}\frac{u_C}{R}\mathrm{d}t$为0，则

$$C\int_{0^-}^{0^+}\frac{\mathrm{d}u_C}{\mathrm{d}t}\mathrm{d}t=\int_{0^-}^{0^+}\delta_{\mathrm{i}}(t)\mathrm{d}t \tag{5.18}$$

对式(5.18)进行微分得到$C\frac{\mathrm{d}u_C}{\mathrm{d}t}=\delta_{\mathrm{i}}(t)$，这说明冲激电流全部流入了电容。

由上面的讨论可知，在分析单位冲激响应时，可以在冲激源起作用的时间内($0^-\sim0^+$)把电容看做短路。对于图5.22所示电路来说，此时的等效电路如图5.23所示。需要指出，这个结论虽然是由一阶RC电路得到的，但对于高阶电路也成立，对含电感L的电路也成立(不过要把电感看做开路)。

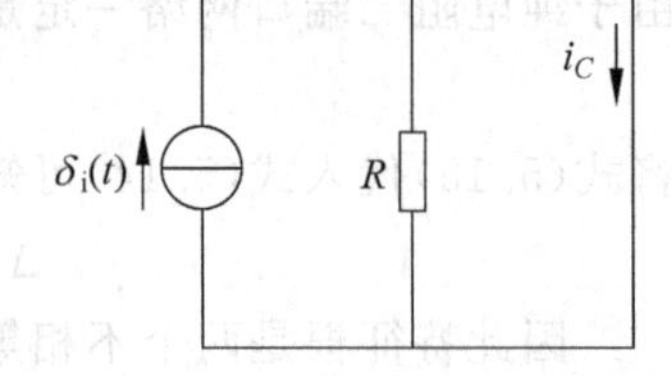

图5.23 图5.22所示电路在$0^-\sim0^+$的等效电路

图5.23是一个电阻电路。容易知道，$i_C=\delta_{\mathrm{i}}(t)$，再根据电容的$u$-$i$关系

$$u_C(0^+)=u_C(0^-)+\frac{1}{C}\int_{0^-}^{0^+}i_C(\tau)\mathrm{d}\tau \tag{5.19}$$

容易求出$u_C(0^+)=\frac{1}{C}$。接下来就是求电路的零输入响应了，不再赘述。

对于一阶电路，还可以从另一个角度来考虑。以图5.22所示电路为例，根据前面的讨论已知电容电压不可能含有冲激，是一个有限值，那么电阻电压以及电阻电流就都是有限值。在冲激电流源作用的时候，一个有限大的电流(电阻支路)相对于一个无限大的电流(电流源)来说是完全可以忽略的，同样可以得出“冲激电流全部流入电容”的结论，电容支路可以看做短路。

将这种求冲激激励作用下电路初始值的方法的步骤总结如下：

(1) 将电容看做短路，电感看做开路，电源为冲激源，得到一个电阻电路；

(2) 求该电阻电路中流过电容短路线的电流和(或)电感开路端钮的电压；

(3) 利用电感、电容积分形式的元件特性

$$\left.\begin{aligned}u_C(0^+)&=u_C(0^-)+\frac{1}{C}\int_{0^-}^{0^+}i_C(\tau)\mathrm{d}\tau\\ i_L(0^+)&=i_L(0^-)+\frac{1}{L}\int_{0^-}^{0^+}u_L(\tau)\mathrm{d}\tau\end{aligned}\right\} \tag{5.20}$$

求出$u_C(0^+)$和(或)$i_L(0^+)$；根据$u_C(0^+)$和(或)$i_L(0^+)$，就可以求出电路中其他支路量在0^+时刻的值$y(0^+)$。0^+时刻以后电路的响应就是零输入响应，对一阶电路来说有

$$y(t)=y(0^+)\mathrm{e}^{-\tau/t},\quad t\geqslant0^+$$

支路量若在$t=0$时刻发生跳变，可以用$\varepsilon(t)$表示出来。

下面用这种方法来分析一个二阶电路。以图 5.24(教材中图 5.7.10)所示电路为例,电路无初始储能,$u_S=\delta(t)V$,$R=125\Omega$,$L=0.25\text{H}$,$C=100\mu\text{F}$。求 $u_C(0^+)$、$i(0^+)$和 $u_L(0^+)$。

根据前面讨论的步骤,先画出在 $0^-\sim0^+$ 时间段的等效电路如图 5.25 所示。

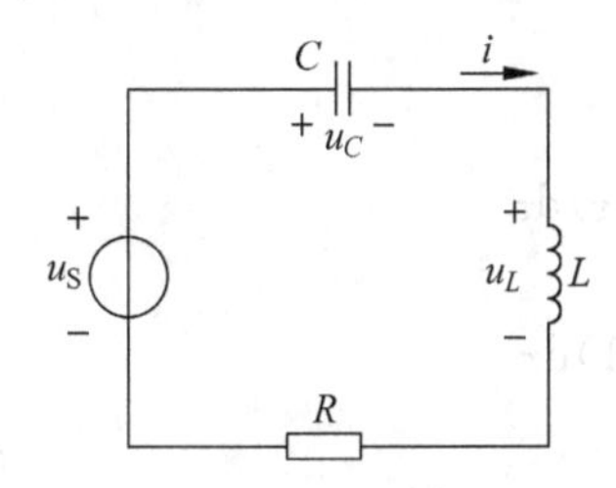

图 5.24　二阶电路的单位冲激响应

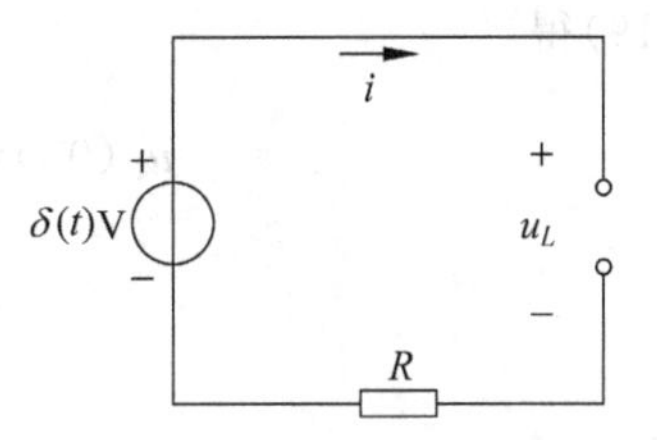

图 5.25　图 5.24 所示电路在 $0^-\sim0^+$ 的等效电路

由图 5.25 所示电路易知,在 $0^-\sim0^+$ 阶段,$i=0$,$u_L=\delta(t)$。根据式(5.20)可知

$$u_C(0^+)=u_C(0^-)+\frac{1}{C}\int_{0^-}^{0^+}i(\tau)\mathrm{d}\tau=0(\text{V})$$

$$i_L(0^+)=i_L(0^-)+\frac{1}{L}\int_{0^-}^{0^+}u_L(\tau)\mathrm{d}\tau=4(\text{A})$$

0^+ 时刻的等效电路如图 5.26 所示。

由图 5.26 可知,

$$u_L(0^+)=-4R=-500(\text{V})$$

若要求 0^+ 时刻以后电路的响应,可以采用本章论题 8 中介绍的直觉方法进行求解,此处不再赘述。

下面讨论电路的初始储能不为零时,冲激激励作用下初始值的求解方法。图 5.27 所示电路中,电容已充电至 2V,$u_S=3\delta(t)\text{V}$,求 u_C。

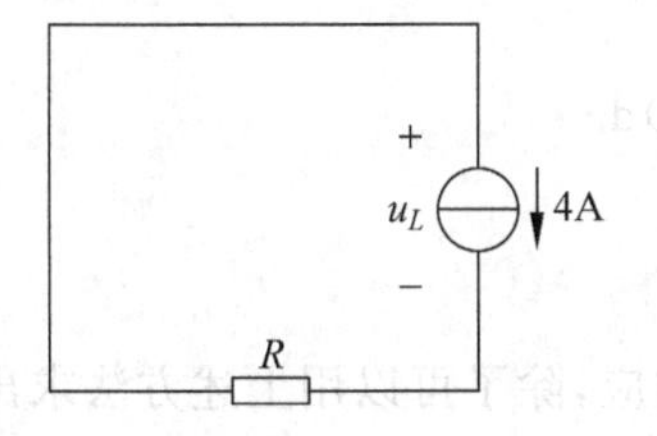

图 5.26　图 5.24 所示电路在 0^+ 时刻的等效电路

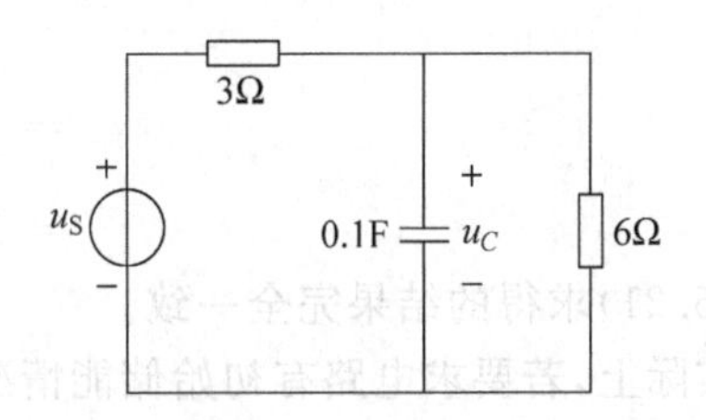

图 5.27　电容有初始值情况下的冲激响应

用上文介绍的简便方法来求解图 5.27 所示电路。疑问在于在 $0^-\sim0^+$ 时间段,电容是看做短路呢,还是看做 2V 电压源呢?乍一想,似乎应该看做 2V 电压源,因为上文中将电容看做短路的前提条件是电路初始状态为零。接下来的分析表明,无论看做什么对求解结果都没有影响。

假设将电容看做 2V 电压源,则图 5.27 所示电路在 $0^-\sim0^+$ 时间段的等效电路如

图 5.28 所示。

现在要求图 5.28 所示电阻电路中的 i_C。由叠加定理可得

$$i_C=\frac{3\delta(t)}{3}-\frac{2}{3\,/\!/\,6}=\delta(t)-1$$

由式(5.19)得

$$\begin{aligned}u_C(0^+)&=u_C(0^-)+\frac{1}{C}\int_{0^-}^{0^+}i_C(\tau)\mathrm{d}\tau\\&=2+10\int_{0^-}^{0^+}(\delta(\tau)-1)\mathrm{d}\tau\\&=12(\mathrm{V})\end{aligned}\tag{5.21}$$

接下来的零输入响应求解过程略去。

观察式(5.21)的求解过程可以发现：把电容看做 2V 电压源作用产生的 −1A 电流在 $0^-\sim0^+$ 的积分结果为 0！这就意味着完全可以用图 5.29 所示电路来求解 $0^-\sim0^+$ 时间段的 i_C。

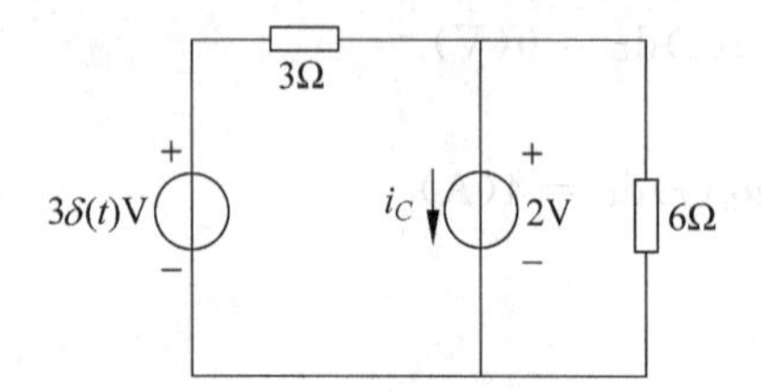

图 5.28　图 5.27 所示电路在 $0^-\sim0^+$ 的等效电路(电容看做 2V 电压源)

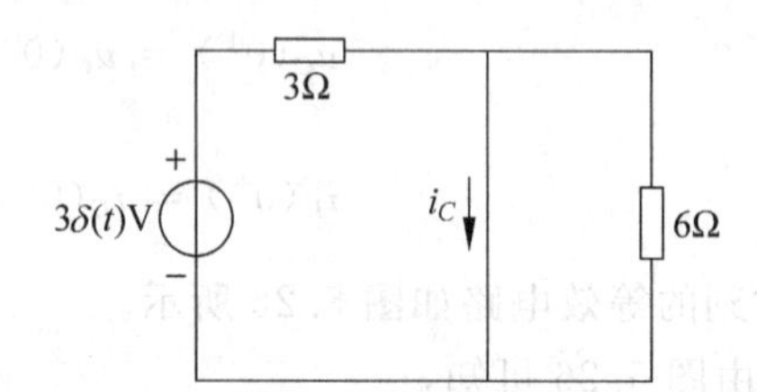

图 5.29　图 5.27 所示电路在 $0^-\sim0^+$ 的等效电路(电容看做短路)

易知，$i_C=\delta(t)$，由式(5.19)得

$$\begin{aligned}u_C(0^+)&=u_C(0^-)+\frac{1}{C}\int_{0^-}^{0^+}i_C(\tau)\mathrm{d}\tau\\&=2+10\int_{0^-}^{0^+}\delta(\tau)\mathrm{d}\tau\\&=12(\mathrm{V})\end{aligned}\tag{5.22}$$

与式(5.21)求得的结果完全一致。

实际上，若要求电路有初始储能情况下的冲激响应，除了可以用上述方法求出冲激激励作用下待求量的初始值，再求出全响应这种方法外，还可以分别求电路的零输入响应和零状态响应，再把二者相加得到全响应。

10　$f(t)\varepsilon(t)$ 和 $f(t)(t\geqslant0)$ 的区别

在动态电路求解过程中，对所求出的响应一般来说需要在其数学表达式后面加上表示响应存在的时间段，例如 $t\geqslant0$，更严格地说，应该是 $t\geqslant0^+$（假设换路在 $t=0$ 时刻发生）。这

在发生多次换路的过渡过程中显得尤其重要和必需。这种表达方式对于变量在换路前即 $t<0$ 时的情形没有明确表示，因为绝大多数情况下不关心换路前的电路状态。

另一种表示方法，$f(t)\varepsilon(t)$，在 $t\geqslant 0^+$ 时与 $f(t)(t\geqslant 0^+)$ 表示的结果是一致的，但它明确给出了支路量在 $t<0$ 时的值为零，因为 $\varepsilon(t)=0(t<0)$，这一点与 $f(t)(t\geqslant 0^+)$ 这种表示方法是截然不同的。另外，用 $f(t)\varepsilon(t)$ 还可以表示 $f(t)$ 在 $t=0$ 时刻的跳变，这一点在利用单位阶跃响应的导数求单位冲激响应时体现得尤为重要。下面以图 5.30 所示电路为例说明这一点。

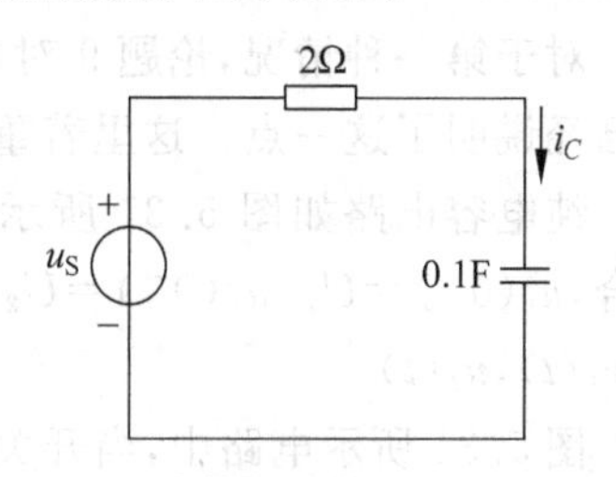

图 5.30　冲激激励作用下的 RC 电路

图 5.30 所示电路无初始储能，$u_S=\delta(t)$，求电容电流 $i_C(t)$。一种方法就是先求图示电路的单位阶跃响应，再对该响应求导，就得到所要求的单位冲激响应。

利用三要素法，很容易求出图 5.30 所示电路中电容电流的单位阶跃响应，这时有两种表示方法，分别是

$$i_C(t)=0.5\mathrm{e}^{-5t},\quad t\geqslant 0^+ \tag{5.23}$$

$$i_C(t)=0.5\mathrm{e}^{-5t}\varepsilon(t) \tag{5.24}$$

现在若对式(5.23)和式(5.24)求导，求电容电流的单位冲激响应，就得到两个不同的结果：

$$i_C(t)=-2.5\mathrm{e}^{-5t},\quad t\geqslant 0^+ \tag{5.25}$$

$$i_C(t)=0.5\delta(t)-2.5\mathrm{e}^{-5t}\varepsilon(t) \tag{5.26}$$

显然式(5.25)表示的结果是不正确的，至少是不全面的，它不能体现在 $t=0$ 时刻电容电流中出现的冲激，原因就在于它的单位阶跃响应表达式(即式(5.23))不是涵盖全时间域的，没有体现出在 $t=0$ 时刻电容电流的跳变。因此在用这种方法求电路的冲激响应时，阶跃响应表达式必须对 $t\in(-\infty,+\infty)$ 都有明确表示，尤其是要利用 $\varepsilon(t)$ 及其延迟表示出支路量在某一时刻的跳变。

在对电容电压求导求电容电流或对电感电流求导求电感电压时也存在同样的问题，即必须给出电容电压或电感电流在 $t\in(-\infty,+\infty)$ 的表达式，尤其是在电容电压或电感电流有跳变时。否则对其求导就不能得出电容电流或电感电压中的冲激。当然，如果能够定性判断出电容电流和电感电压中无冲击，则两种表达式得到的结果都是正确的。

11　电容电压的跳变

换路定律的使用是有条件的，即电容电流或电感电压必须为有限值。当不满足这个条件时，电容电压和电感电流就会发生跳变。本论题和下一个论题分别讨论电容电压和电感电流不能使用换路定律的几种特殊情况。

电容电压可能发生跳变有两种情况：

(1) 冲激激励作用；

(2) 电路中出现了由纯电容或电容和电压源构成的回路。

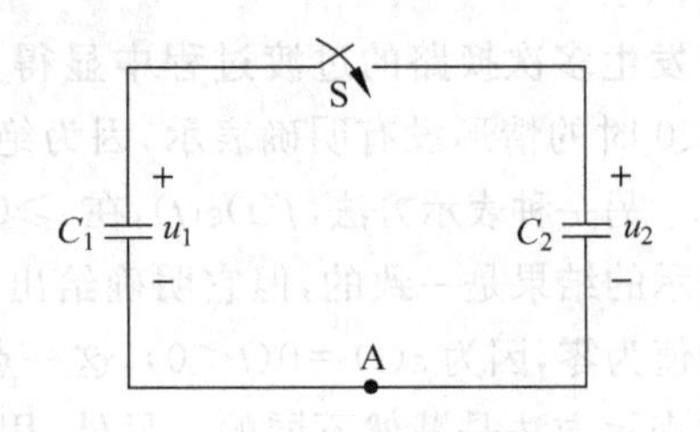

图 5.31　两个电容构成的纯电容回路

对于第一种情况，论题 9 对电路的冲激响应的讨论已经说明了这一点。这里着重讨论第二种情况。

纯电容电路如图 5.31 所示。开关 S 在 $t=0$ 时闭合，$u_1(0^-)=U_1$，$u_2(0^-)=U_2$，$U_1\neq U_2$。求电容电压 $u_1(t)$，$u_2(t)$。

图 5.31 所示电路中，当开关闭合后，根据 KVL 必然有 $u_1(0^+)=u_2(0^+)$，又因为两个电容在换路前的电压不相等，因此在换路瞬间两个电容的电压必然发生跳变。

对图 5.31 所示电路中的节点 A 应用 KCL，有

$$C_1\frac{\mathrm{d}u_1}{\mathrm{d}t}+C_2\frac{\mathrm{d}u_2}{\mathrm{d}t}=0$$

又 $q_1=C_1u_1$，$q_2=C_2u_2$，其中 q_1、q_2 分别是电容 C_1、C_2 上储存的电荷，因此

$$\frac{\mathrm{d}q_1}{\mathrm{d}t}+\frac{\mathrm{d}q_2}{\mathrm{d}t}=0\quad\Rightarrow\quad\frac{\mathrm{d}}{\mathrm{d}t}(q_1+q_2)=0\tag{5.27}$$

式(5.27)表明：在换路过程中节点 A 的电荷是守恒的。

设 $u_1(0^+)=u_2(0^+)=U$，则

$$C_1u_1(0^+)+C_2u_2(0^+)=C_1u_1(0^-)+C_2u_2(0^-)$$

$$(C_1+C_2)U=C_1u_1(0^-)+C_2u_2(0^-)$$

$$U=\frac{C_1U_1+C_2U_2}{C_1+C_2}\tag{5.28}$$

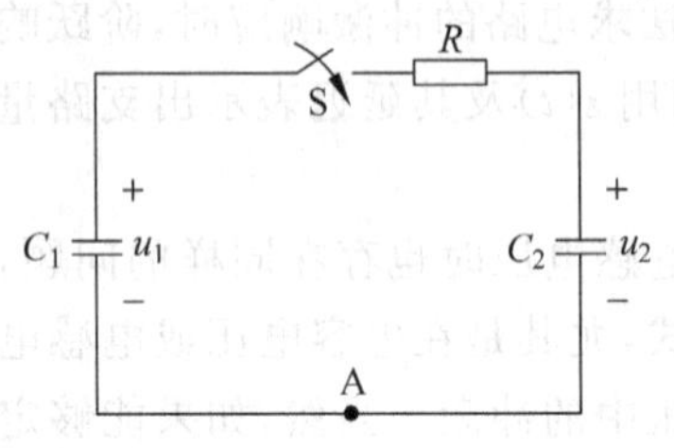

图 5.32　两个电容和电阻构成的回路

由式(5.28)可以看出：两个电容上的电压在换路前后确实发生了跳变。

若在图 5.31 所示电路中串入一个电阻，如图 5.32 所示，两个电容的电压会如何变化呢？

根据上文的分析，在换路瞬间节点 A 的电荷仍然是守恒的。但换路前后，$u_1(0^+)=u_1(0^-)=U_1$，$u_2(0^+)=u_2(0^-)=U_2$，两个电容的电压都不会发生跳变。若电容电压发生跳变，电容电流中必然含有冲激，则电阻电压也将含有冲激，对于换路后形成的这个回路，KVL 就不成立了。换言之，由于电阻的限流作用，电容中的电流不可能含有冲激成分，因此电容电压也不会发生跳变。

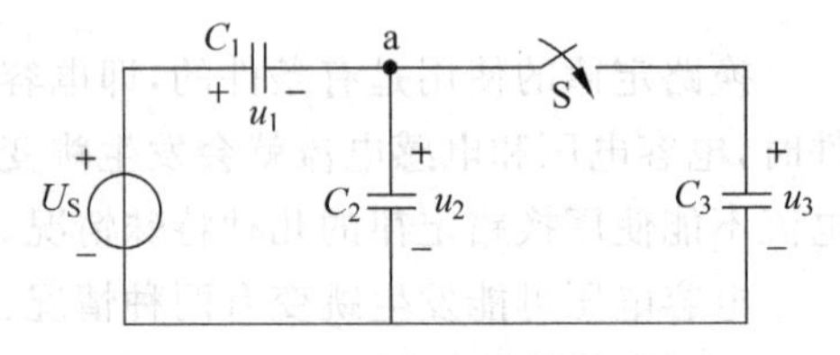

图 5.33　电压源和电容构成的回路

对于由电压源和电容构成的回路，电容电压的变化可以做类似的分析。图 5.33 所示电路中，开关 S 在 $t=0$ 时闭合，换路前电路已到达稳态。$u_3(0^-)=U_3$，求换路后三个电容上的电压。

不失一般性，可以认为负无穷时刻节点 a 的电荷为零。根据节点电荷守恒，换路前到达稳态时，节点 a 的电荷即 C_1 的负极板和 C_2 的正极板上电荷的代数和应该为零，即 $-C_1u_1(t)+C_2u_2(t)=0$。对 U_S、C_1、C_2 回路应用 KVL，有 $u_1(0^-)+u_2(0^-)=U_S$，因此

$$\begin{cases}-C_1u_1(0^-)+C_2u_2(0^-)=0\\ u_1(0^-)+u_2(0^-)=U_S\end{cases}\Rightarrow\begin{cases}u_1(0^-)=\dfrac{C_2}{C_1+C_2}U_S=U_1\\ u_2(0^-)=\dfrac{C_1}{C_1+C_2}U_S=U_2\end{cases}\tag{5.29}$$

换路发生后，仍对图 5.33 所示电路中节点 a 应用 KCL，有

$$-C_1\frac{\mathrm{d}u_1}{\mathrm{d}t}+C_2\frac{\mathrm{d}u_2}{\mathrm{d}t}+C_3\frac{\mathrm{d}u_3}{\mathrm{d}t}=0$$

$$\frac{\mathrm{d}}{\mathrm{d}t}(-q_1+q_2+q_3)=0\tag{5.30}$$

式(5.30)中电荷 q_1 前的负号可以这样理解：由于在图 5.33 所示参考方向下，电容 C_1 与节点 a 相连的是负极板，其上储存的是负电荷；电容 C_2 和 C_3 则是正极板，其上储存的是正电荷，因此 $-q_1+q_2+q_3$ 仍然表示三个极板上的电荷之和。若改变电容 C_1 上电压的参考方向，就可以得到 $q_1+q_2+q_3$。因此，式(5.30)表明在换路前后节点 a 的电荷是守恒的。

不考虑 $u_3(0^-)=u_2(0^-)$ 的特殊情况，换路后，根据节点 a 电荷守恒和 KVL 有

$$\begin{cases}-C_1u_1(0^+)+C_2u_2(0^+)+C_3u_3(0^+)=-C_1u_1(0^-)+C_2u_2(0^-)+C_3u_3(0^-)\\ u_2(0^+)=u_3(0^+)\\ u_1(0^+)+u_2(0^+)=U_S\end{cases}$$

解得

$$u_1(0^+)=\frac{(C_2+C_3)U_S-C_3U_3}{C_1+C_2+C_3}$$

$$u_2(0^+)=u_3(0^+)=\frac{C_1U_S+C_3U_3}{C_1+C_2+C_3}$$

三个电容电压都发生了跳变。

12　电感电流的跳变

由于电感—电容、电压—电流分别是两对对偶量[8]，因此对于电感电流的跳变完全可以参照论题 11 中对电容电压跳变的分析来进行。

电感电流可能发生跳变有两种情况：

(1) 冲激激励作用；

(2) 电路中出现了由纯电感或电感和电流源构成的割集[8]。

对于第一种情况，前面对电路的冲激响应的讨论已经说明了这一点。这里着重讨论第二种情况。

纯电感电路如图 5.34 所示。开关 S 在 $t=0$ 时打开，$i_1(0^-)=I_1$，$i_2(0^-)=I_2$，$I_1\neq I_2$。

求电感电流$i_1(t)$,$i_2(t)$。

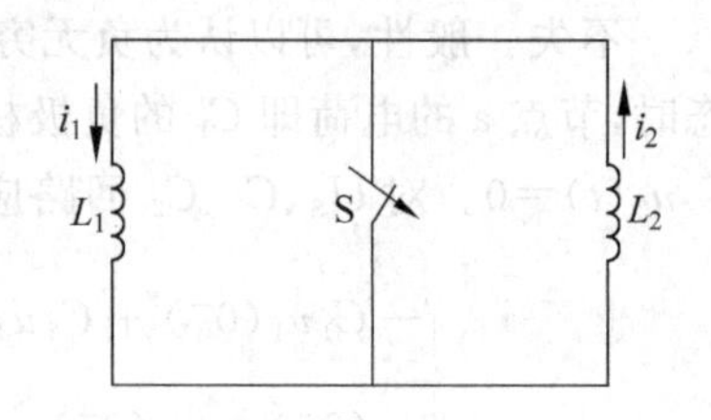

图 5.34　只有两条电感支路的割集

图 5.34 所示电路中,当开关打开后,根据 KCL 必然有 $i_1(0^+)=i_2(0^+)$,又因为两个电感在换路前的电流不相等,因此在换路的瞬间两个电感的电流必然发生跳变。

对图 5.34 所示电路中由 L_1、L_2 形成的回路应用 KVL,有

$$L_1\frac{\mathrm{d}i_1}{\mathrm{d}t}+L_2\frac{\mathrm{d}i_2}{\mathrm{d}t}=0$$

又 $\Psi_1=L_1i_1$,$\Psi_2=L_2i_2$,其中 Ψ_1、Ψ_2 分别是电感 L_1、L_2 链接的磁链,因此

$$\frac{\mathrm{d}\Psi_1}{\mathrm{d}t}+\frac{\mathrm{d}\Psi_2}{\mathrm{d}t}=0\quad\Rightarrow\quad\frac{\mathrm{d}}{\mathrm{d}t}(\Psi_1+\Psi_2)=0\tag{5.31}$$

式(5.31)表明:在换路前后回路的磁链是守恒的。

设 $i_1(0^+)=i_2(0^+)=I$,在图 5.34 中按逆时针方向求回路磁链,有

$$L_1i_1(0^+)+L_2i_2(0^+)=L_1i_1(0^-)+L_2i_2(0^-)$$

$$(L_1+L_2)I=L_1i_1(0^-)+L_2i_2(0^-)$$

$$I=\frac{L_1I_1+L_2I_2}{L_1+L_2}\tag{5.32}$$

由式(5.32)可以看出:两个电感的电流在换路前后确实发生了跳变。

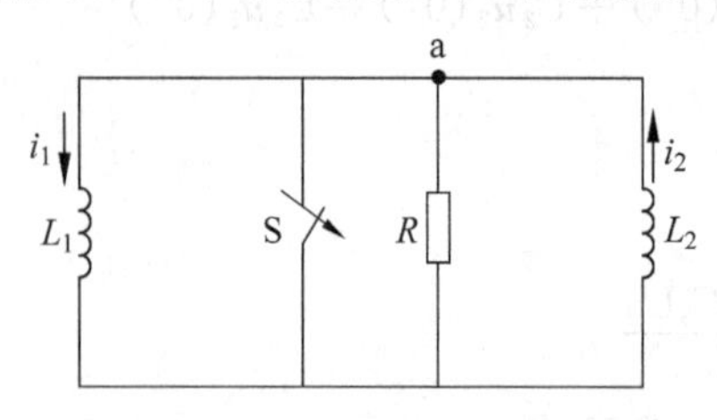

图 5.35　两个电感和电阻构成的割集(节点)

若在图 5.34 所示电路中并联一个电阻,如图 5.35 所示,两个电感的电流会如何变化呢?

根据上文的分析,在换路前后,回路的磁链仍然是守恒的。但换路后,$i_1(0^+)\neq i_2(0^+)$。若电感电流发生跳变,电感电压中必然含有冲激,则电阻电流也将含有冲激,对于换路后的节点 a,KCL 就不成立了。因此,在图 5.35 所示电路中,电感电流不会发生跳变,换路定律成立,即

$$i_1(0^+)=i_1(0^-)=I_1$$

$$i_2(0^+)=i_2(0^-)=I_2$$

对于由电流源和电感支路构成的割集可以参照由电压源和电容构成的回路的分析过程进行,此处不再赘述。

13　单位冲激函数与任意函数的卷积

设任意函数 $f(t)$在 $t=0$ 时连续,则它和单位冲激函数的卷积为

$$f(t)*\delta(t)=\delta(t)*f(t)=\int_{-\infty}^{+\infty}f(\tau)\delta(t-\tau)\mathrm{d}\tau$$

$$=\int_{-\infty}^{+\infty}f(t)\delta(t-\tau)\mathrm{d}\tau$$

$$= f(t)\int_{-\infty}^{+\infty}\delta(t-\tau)\mathrm{d}\tau = f(t) \tag{5.33}$$

上式表明：任何在 $t=0$ 时连续的函数和单位冲激函数的卷积等于它本身。在式(5.33)的推导过程中应用了 $f(t)\delta(t)=f(0)\delta(t)$。

对式(5.33)所述结论，可以用图 5.36 解释如下。

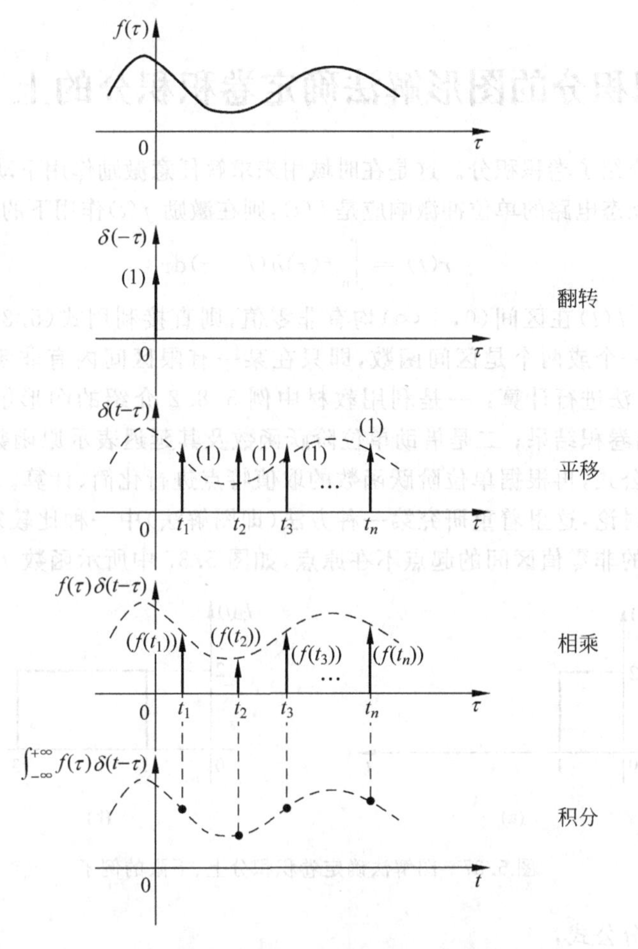

图 5.36　单位冲激函数与任意函数卷积的图形解释

在图 5.36 中，根据任意两个函数卷积的图形解法的步骤，将其中一个函数以纵轴为对称轴翻转、平移、相乘、积分，不妨就将冲激函数进行翻转，利用冲激函数的偶函数性质和筛分性质，不难得出式(5.33)的结论。

类似地，若函数 $f(t)$ 在 $t=t_0$ 时连续，则它与延迟的单位冲激函数的卷积为

$$f(t) * \delta(t-t_0) = \delta(t-t_0) * f(t) = \int_{-\infty}^{+\infty}\delta(\tau-t_0)f(t-\tau)\mathrm{d}\tau$$

$$= \int_{-\infty}^{+\infty} \delta(\tau - t_0) f(t - t_0) \mathrm{d}\tau$$

$$= f(t - t_0) \int_{-\infty}^{+\infty} \delta(\tau - t_0) \mathrm{d}\tau = f(t - t_0) \tag{5.34}$$

上式表明：任意在 $t=t_0$ 时连续的函数与延迟了 t_0 的单位冲激函数卷积相当于将原函数延迟了 t_0。

14　用卷积积分的图形解法确定卷积积分的上下限

教材 5.8 节介绍了卷积积分。这是在时域用来求解任意激励作用下动态电路零状态响应的有效方法。设动态电路的单位冲激响应是 $h(t)$，则在激励 $f(t)$ 作用下的零状态响应 $r(t)$ 为

$$r(t) = \int_{0}^{t} f(\tau) h(t - \tau) \mathrm{d}\tau \tag{5.35}$$

如果 $h(t)$ 和 $f(t)$ 在区间 $(0,+\infty)$ 均有非零值，则直接利用式(5.35)即可进行卷积计算。但如果其中一个或两个是区间函数，即只在某一有限区间内有非零值，其他时刻都为零，此时有两种方法进行计算：一是利用教材中例 5.8.2 介绍的图形解法确定积分上、下限，从而分段求出卷积结果；二是借助单位阶跃函数及其延迟表示原函数，将函数表达式直接代入卷积积分公式，再根据单位阶跃函数的取值特点进行化简、计算。第二种方法将在下一个论题中详细讨论，这里着重研究第一种方法(即图解法)中一种比较复杂的情况，即一个函数或两个函数的非零值区间的起点不在原点，如图 5.37 中所示函数 $f_2(t)$。

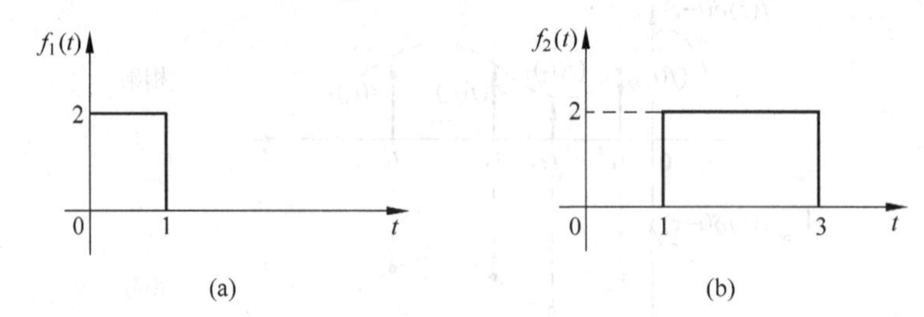

图 5.37　图解法确定卷积积分上、下限的例子

根据卷积积分公式，

$$f_1(t) * f_2(t) = \int_{0}^{t} f_1(\tau) f_2(t - \tau) \mathrm{d}\tau \tag{5.36}$$

其中，τ 是积分变量，t 是参变量，即观察响应的时刻。

卷积积分的图解过程分为 4 个步骤，即翻转、平移、相乘、积分。需要说明的是，由于卷积积分满足交换律，因此翻转两个函数中的任意一个都可以。但是翻转不同的函数，对应的求解难度不一样。下面处理比较复杂的一种情况，即翻转非零值区间的起点不在原点的那个函数。另一种情况这里不做分析。

欲求卷积 $f_1(t) * f_2(t)$。对其中一个被积函数 $f_1(t)$ 进行变量置换得 $f_1(\tau)$，如图 5.38(a)

所示；对另一个函数 $f_2(t)$ 先进行变量置换得 $f_2(\tau)$，再按照纵轴对称进行翻转（$f_2(\tau)\rightarrow f_2(-\tau)$）后，如图5.38(b)所示。可以看到：由于原函数的非零区间的起点不在原点，因此翻转后参变量 t 的零点与积分变量 τ 的原点不重合。在卷积积分公式中，积分变量是 τ，因此积分上、下限应在 τ 轴上取值。当参变量 t 与积分变量 τ 的坐标原点不重合时，这个关系在卷积积分公式中的具体体现就是 τ 的取值区间由参变量 t 来表示。换言之，卷积积分的上、下限是用参变量 t 表示的积分变量 τ 的取值范围。由图5.38(c)可以看出：响应时刻 t 对应到 τ 轴上的坐标应为 $(t-1)$，因此 $f_2(t-\tau)$ 的脉冲前沿在 τ 轴上对应的坐标为 $(t-1)$，脉冲后沿在 τ 轴上对应的坐标为 $(t-3)$。

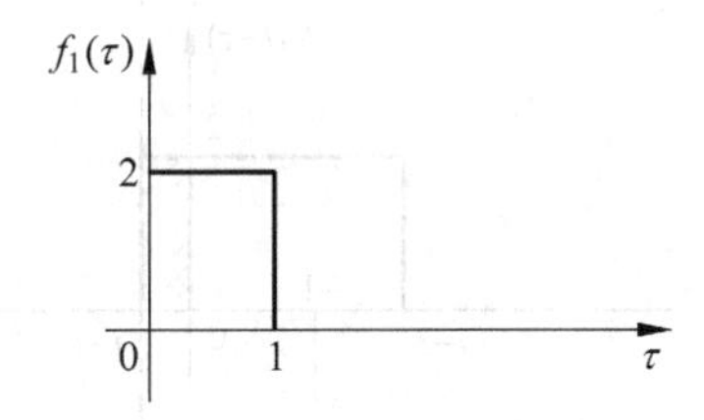

(a) 一个被积函数变量改为积分变量 τ

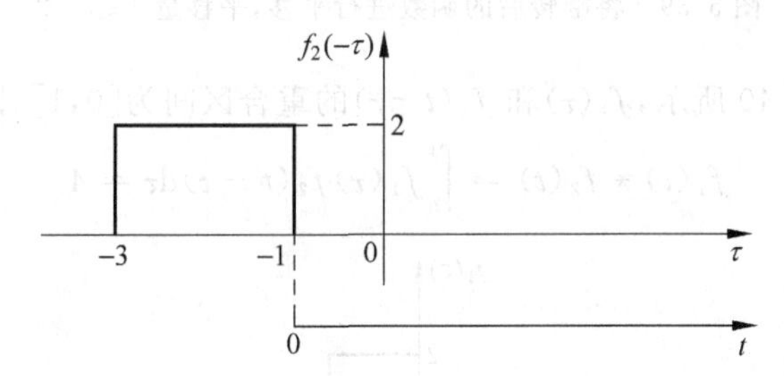

(b) 另一个被积函数变量改为积分变量 τ 并进行翻转

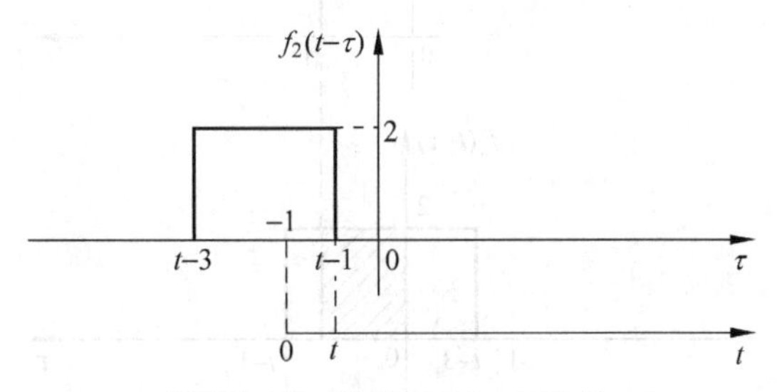

(c) 将翻转后的函数进行平移，平移量 $t<1$

图5.38　用卷积积分表示卷积过程中的翻转和平移

如图5.38(c)所示，当平移量（对应响应时刻）$t<1$ 时，$f_1(\tau)$ 和 $f_2(t-\tau)$ 没有重合部分，由式(5.36)得

$$f_1(t)*f_2(t)=0$$

当 $1\leqslant t<2$ 时，如图 5.39 所示，$f_1(\tau)$ 和 $f_2(t-\tau)$ 的重合区间为 $[0,t-1]$，因此

$$f_1(t)*f_2(t)=\int_0^{t-1}f_1(\tau)f_2(t-\tau)\mathrm{d}\tau=4(t-1)$$

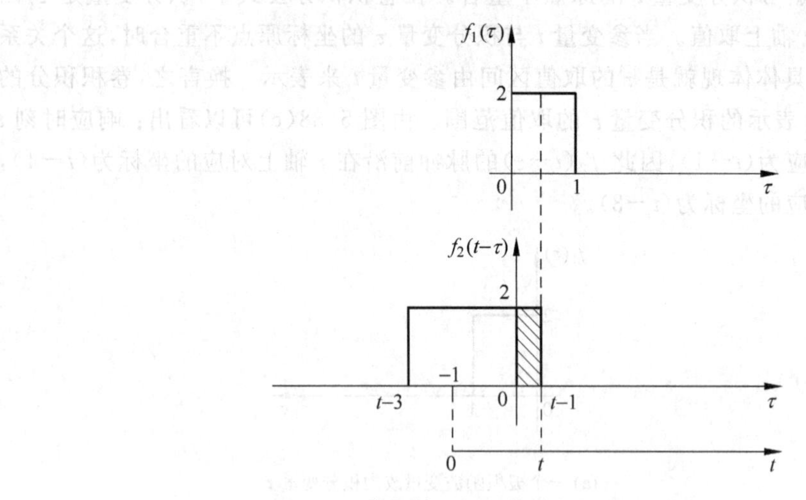

图 5.39　将翻转后的函数进行平移，平移量 $1\leqslant t<2$

当 $2\leqslant t<3$ 时，如图 5.40 所示，$f_1(\tau)$ 和 $f_2(t-\tau)$ 的重合区间为 $[0,1]$，因此

$$f_1(t)*f_2(t)=\int_0^{1}f_1(\tau)f_2(t-\tau)\mathrm{d}\tau=4$$

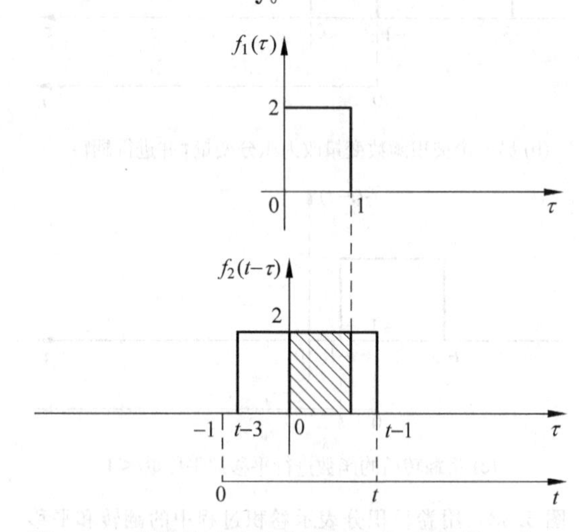

图 5.40　将翻转后的函数进行平移，平移量 $2\leqslant t<3$

当 $3\leqslant t<4$ 时，如图 5.41 所示，$f_1(\tau)$ 和 $f_2(t-\tau)$ 的重合区间为 $[t-3,1]$，因此

$$f_1(t)*f_2(t)=\int_{t-3}^{1}f_1(\tau)f_2(t-\tau)\mathrm{d}\tau=4(4-t)$$

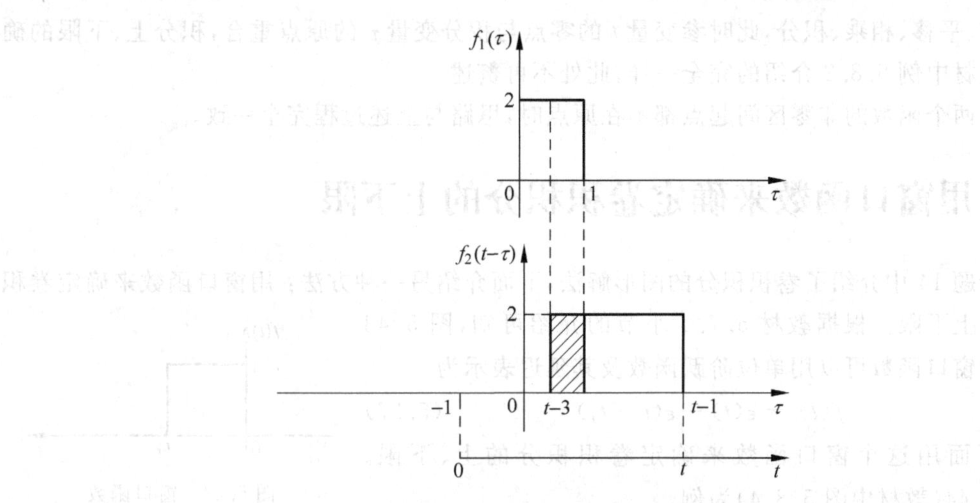

图 5.41　将翻转后的函数进行平移，平移量 $3\leqslant t<4$

当 $t\geqslant 4$ 时，如图 5.42 所示，$f_1(\tau)$和 $f_2(t-\tau)$没有重合部分，因此

$$f_1(t)*f_2(t)=0$$

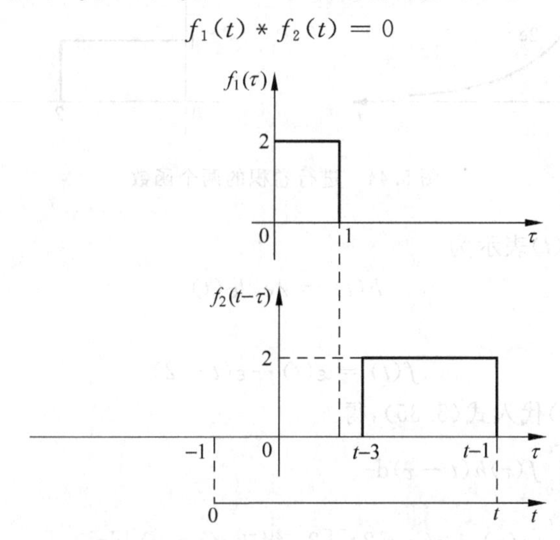

图 5.42　将翻转后的函数进行平移，平移量 $t\geqslant 4$

综上所述，$f_1(t)*f_2(t)$的结果可表示为

$$f_1(t)*f_2(t)=\begin{cases}0, & t\leqslant 1 \text{ 或 } t\geqslant 4\\ 4(t-1), & 1\leqslant t<2\\ 4, & 2\leqslant t<3\\ 4(4-t), & 3\leqslant t<4\end{cases}$$

实际上，完全可以根据卷积积分的交换律，即 $f_1(t)*f_2(t)=f_2(t)*f_1(t)$，将 $f_1(t)$进

行翻转、平移、相乘、积分，此时参变量 t 的零点与积分变量 τ 的原点重合，积分上、下限的确定与教材中例 5.8.2 介绍的完全一样，此处不再赘述。

当两个函数的非零区间起点都不在原点时，思路与上述过程完全一致。

15 用窗口函数来确定卷积积分的上下限

论题 14 中介绍了卷积积分的图形解法，下面介绍另一种方法：用窗口函数来确定卷积积分的上下限。根据教材 5.7.1 小节的介绍可知，图 5.43 所示的窗口函数可以用单位阶跃函数及其延迟表示为

$$f(t)=\varepsilon(t)-\varepsilon(t-t_0) \tag{5.37}$$

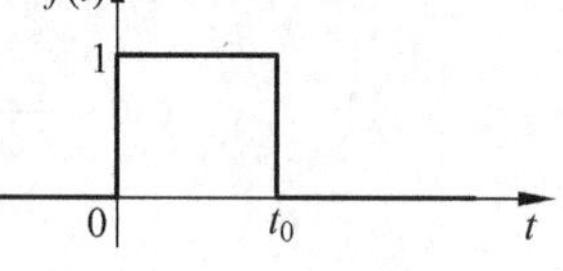

图 5.43 窗口函数

下面用这个窗口函数来确定卷积积分的上、下限。以图 5.44(教材中图 5.8.4)为例。

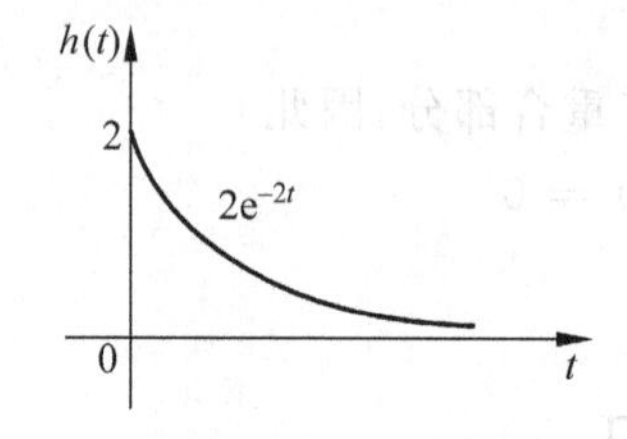

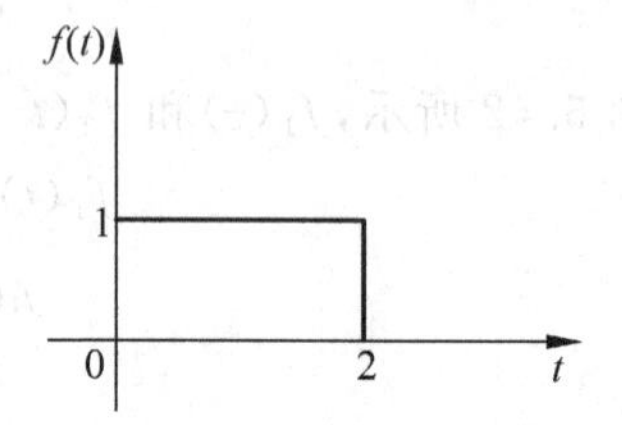

图 5.44 进行卷积的两个函数

将图 5.44 中的 $h(t)$ 表示为

$$h(t)=2\mathrm{e}^{-2t}\varepsilon(t) \tag{5.38}$$

$f(t)$ 表示为

$$f(t)=\varepsilon(t)-\varepsilon(t-2) \tag{5.39}$$

将式(5.38)和式(5.39)代入式(5.35)，得

$$\begin{aligned} r(t) &= \int_0^t f(\tau)h(t-\tau)\mathrm{d}\tau \\ &= \int_0^t [\varepsilon(\tau)-\varepsilon(\tau-2)][2\mathrm{e}^{-2(t-\tau)}\varepsilon(t-\tau)]\mathrm{d}\tau \\ &= \int_0^t 2\mathrm{e}^{-2(t-\tau)}\varepsilon(\tau)\varepsilon(t-\tau)\mathrm{d}\tau-\int_0^t 2\mathrm{e}^{-2(t-\tau)}\varepsilon(t-\tau)\varepsilon(\tau-2)\mathrm{d}\tau \end{aligned} \tag{5.40}$$

式(5.40)结果的第一项中的两个阶跃函数如图 5.45 所示。

由图 5.45 可以看出，$\varepsilon(\tau)$与 $\varepsilon(t-\tau)$取值均不为零的区间为图中阴影部分，此时积分上下限为$[0,t]$。在此区间内，积分项 $2\mathrm{e}^{-2(t-\tau)}\varepsilon(\tau)\varepsilon(t-\tau)=2\mathrm{e}^{-2(t-\tau)}$，积分得

$$\int_0^t 2\mathrm{e}^{-2(t-\tau)}\mathrm{d}\tau=1-\mathrm{e}^{-2t} \tag{5.41}$$

注意：只要 $t>0$，这一项就存在。

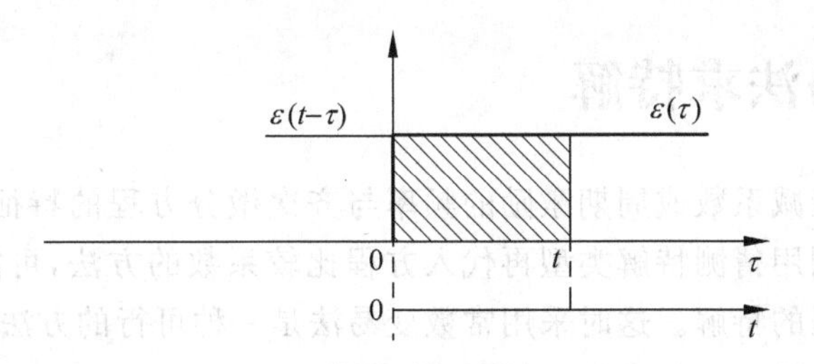

图 5.45　ε(τ)与 ε(t−τ)的关系

式(5.40)结果的第二项中的两个阶跃函数如图 5.46 所示。

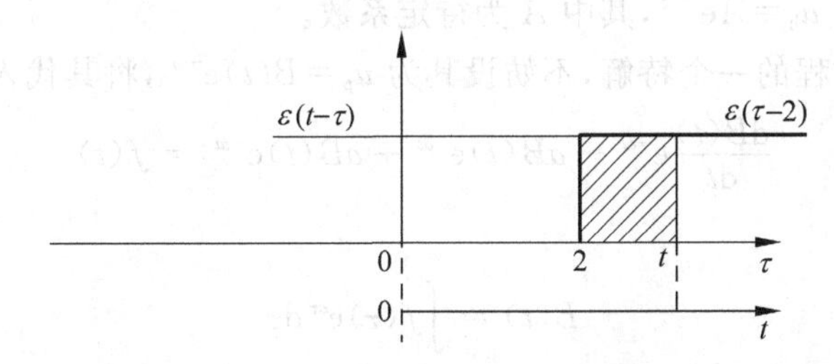

图 5.46　ε(τ−2)与 ε(t−τ)的关系

由图 5.46 可以看出，当 $t<2$ 时，ε(τ−2)与 ε(t−τ)取值不为零的区间没有重叠；当 $t\geqslant 2$ 时，ε(τ−2)与 ε(t−τ)取值均不为零的区间为图中阴影部分，此时积分上下限为[2,t]。在此区间内，积分结果为

$$\int_0^t 2\mathrm{e}^{-2(t-\tau)}\varepsilon(t-\tau)\varepsilon(\tau-2)\mathrm{d}\tau=\int_2^t 2\mathrm{e}^{-2(t-\tau)}\mathrm{d}\tau=1-\mathrm{e}^4\mathrm{e}^{-2t}=1-54.6\mathrm{e}^{-2t}\quad(5.42)$$

注意：只有当 $t\geqslant 2$ 时，这一项才存在。

将式(5.41)和式(5.42)代入式(5.40)得

$$\begin{aligned}r(t)&=\int_0^t 2\mathrm{e}^{-2(t-\tau)}\varepsilon(\tau)\mathrm{d}\tau-\int_0^t 2\mathrm{e}^{-2(t-\tau)}\varepsilon(\tau)\varepsilon(\tau-2)\mathrm{d}\tau\\&=(1-\mathrm{e}^{-2t})\varepsilon(t)-(1-54.6\mathrm{e}^{-2t})\varepsilon(t-2)\end{aligned}\quad(5.43)$$

比较式(5.43)和教材中给出的结果就会发现，二者表示的响应是完全相同的。

在结束关于卷积积分的讨论之前，需要重申一下求任意激励作用下电路的全响应的步骤为：

(1) 求电路的零输入响应；

(2) 求电路的单位冲激响应；

(3) 用单位冲激响应和激励的卷积积分求电路的零状态响应；

(4) 全响应＝零输入响应＋零状态响应。

16　常数变易法求特解

当指数激励的衰减系数或周期激励的频率与齐次微分方程的特征根(即其表征系统的自然频率)相同时,利用猜测特解类型再代入方程比较系数的方法,可能无法得到常系数非齐次线性常微分方程的特解。这时采用常数变易法是一种可行的方法。

首先讨论一阶方程。一般来说,对于一阶方程

$$\frac{\mathrm{d}u}{\mathrm{d}t}+au=f(t) \tag{5.44}$$

其齐次方程的通解为 $u_{\mathrm{h}}=A\mathrm{e}^{-at}$,其中 A 为待定系数。

为求得非齐次方程的一个特解,不妨设其为 $u_{\mathrm{p}}=B(t)\mathrm{e}^{-at}$,将其代入式(5.44)得到

$$\frac{\mathrm{d}B(t)}{\mathrm{d}t}\mathrm{e}^{-at}-aB(t)\mathrm{e}^{-at}+aB(t)\mathrm{e}^{-at}=f(t)$$

因此

$$B(t)=\int f(\tau)\mathrm{e}^{a\tau}\mathrm{d}\tau \tag{5.45}$$

下面以图 5.47 所示的零状态一阶电路为例进行说明。

列 KVL 方程

$$\frac{\mathrm{d}u}{\mathrm{d}t}+u=\mathrm{e}^{-t} \tag{5.46}$$

齐次解为

$$u_{\mathrm{h}}=A\mathrm{e}^{-t}$$

其中 A 为待定系数。

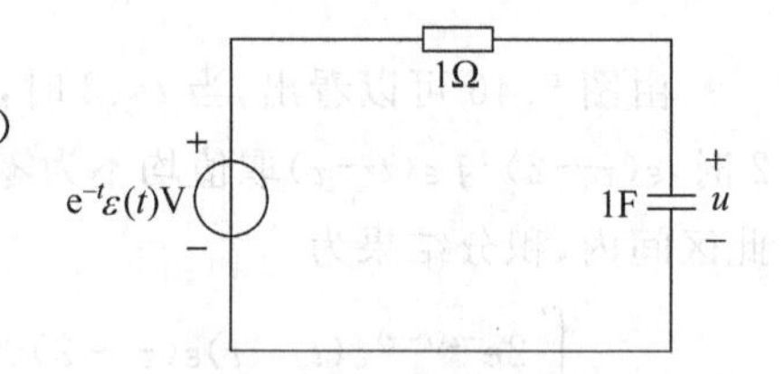

图 5.47　应用常数变易法求零状态一阶电路特解

非齐次方程的特解应与激励具有相同的形式,若仍设特解为 $u_{\mathrm{p}}=B\mathrm{e}^{-t}$,其中 B 为常数,代入式(5.46),得

$$-B\mathrm{e}^{-t}+B\mathrm{e}^{-t}=\mathrm{e}^{-t}$$

上式是一个矛盾方程,说明假设的特解不满足式(5.46),原因在于此时激励是一个指数函数,且该函数的衰减系数就等于系统的自然频率。

考虑采用常数变易法。设非齐次方程的特解为 $u=B(t)\mathrm{e}^{-t}$,由式(5.45)得

$$B(t)=\int \mathrm{e}^{-\tau}\mathrm{e}^{\tau}\mathrm{d}\tau=t$$

因此该非齐次方程的一个特解为

$$u_{\mathrm{p}}=t\mathrm{e}^{-t}$$

该方程的特解中出现了 t 乘因子。

其次讨论二阶方程。求下面二阶方程的一个特解:

$$\frac{\mathrm{d}^2u}{\mathrm{d}t^2}+a_1\frac{\mathrm{d}u}{\mathrm{d}t}+a_2u=f(t) \tag{5.47}$$

为简单起见,假设齐次方程有两个不相等的实根,分别为 p_1 和 p_2。如果激励为 $f(t)=e^{p_1 t}$或 $f(t)=e^{p_2 t}$,则容易看出,无法用假设特解为 $u(t)=Ae^{p_1 t}$或 $u(t)=Ae^{p_2 t}$的方法求出常数系数 A。用常数变易法,设特解为

$$u_p(t)=A(t)e^{p_1 t}+B(t)e^{p_2 t} \tag{5.48}$$

则它的一阶导数为

$$u_p'(t)=A'(t)e^{p_1 t}+p_1A(t)e^{p_1 t}+B'(t)e^{p_2 t}+p_2B(t)e^{p_2 t}$$

求解目标是求出满足式(5.47)的 $A(t)$和 $B(t)$。为此,不妨假设

$$A'(t)e^{p_1 t}+B'(t)e^{p_2 t}=0 \tag{5.49}$$

这样做有一定技巧性,但是无可厚非的。因为只要能够凑出满足式(5.47)的 $A(t)$和 $B(t)$即可。因此

$$u_p'(t)=p_1A(t)e^{p_1 t}+p_2B(t)e^{p_2 t} \tag{5.50}$$

再次求导可得

$$u''_p=p_1A'(t)e^{p_1 t}+p_1^2A(t)e^{p_1 t}+p_2B'(t)e^{p_2 t}+p_2^2B(t)e^{p_2 t} \tag{5.51}$$

将式(5.48)、式(5.50)、式(5.51)代入式(5.47),并且利用齐次方程特征根的性质

$$p_1^2e^{p_1 t}+a_1p_1e^{p_1 t}+a_2e^{p_1 t}=0$$

$$p_2^2e^{p_2 t}+a_1p_2e^{p_2 t}+a_2e^{p_2 t}=0$$

化简可得

$$p_1A'(t)e^{p_1 t}+p_2B'(t)e^{p_2 t}=f(t) \tag{5.52}$$

由于 $p_1\neq p_2$,因此式(5.49)和式(5.52)是关于 $A'(t)$和 $B'(t)$的线性代数方程组,且有唯一解。联立求解得出 $A'(t)$和 $B'(t)$,进而求出 $A(t)$和 $B(t)$,最终得到特解 $u_p(t)=A(t)e^{p_1 t}+B(t)e^{p_2 t}$。

对于重根和共轭复根的情况,可采用相似的处理方法。下面举一个共轭虚根的例子。

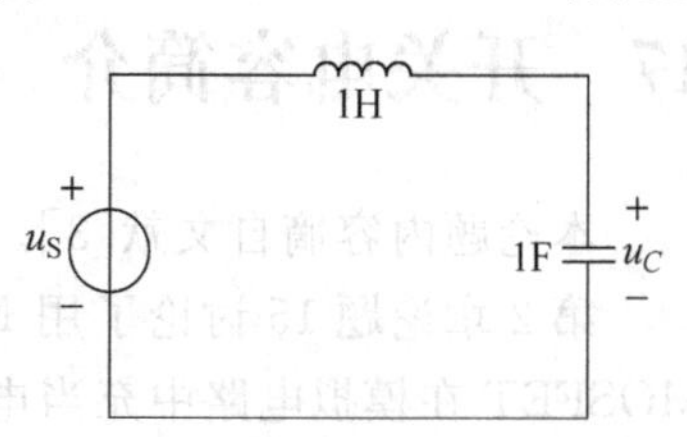

图 5.48　常数变易法求零状态二阶电路的特解

对于图 5.48 所示零状态二阶电路来说,$u_S(t)=\sin t\varepsilon(t)$,求 $u_C(t)$。

列写方程,得

$$\frac{d^2u_C}{dt^2}+u_C=\sin t \tag{5.53}$$

其特征根为两个共轭虚根 $p_{1,2}=\pm j1$。响应的阻尼振荡角频率(本例中 $R=0$,为无阻尼振荡)与正弦激励的频率相同。若设特解为 $u_C=A\sin t$,其中 A 为常数,代入式(5.53)将得到矛盾的结果。

用常数变易法。设式(5.53)的一个特解为

$$u_{Cp}(t)=A(t)\sin t+B(t)\cos t \tag{5.54}$$

仿照上文的思路,并假设

$$A'\sin t + B'\cos t = 0 \tag{5.55}$$

对式(5.54)两次求导得到 u'',与式(5.54)一起代入式(5.53),可得

$$A'\cos t - B'\sin t = \sin t \tag{5.56}$$

联立求解式(5.55)和式(5.56),得

$$A' = \sin t\cos t$$

$$B' = -\sin^2 t$$

对其进行积分,并忽略过程中的常数项(请思考为什么可以忽略常数项),得

$$A = -\frac{1}{4}\cos 2t$$

$$B = \frac{1}{4}\sin 2t - \frac{1}{2}t$$

代入式(5.54)并化简可得到

$$u_{C_p}(t) = \frac{1}{4}\sin t - \frac{1}{2}t\cos t$$

代入式(5.53)可验证其为该方程的一个特解。

该方程的特解中也出现了 t 乘因子。

对于非常系数的非齐次线性常微分方程来说,也可用常数变易法来求其特解,思路与前面非常类似。进一步的学习可阅读参考文献[1]、[2]。

17 开关电容简介

本论题内容摘自文献[3]。

第 2 章论题 15 讨论了用 MOSFET 做数字电路的上拉电阻,第 4 章论题 9 讨论了用 MOSFET 在模拟电路中充当电阻。这里再讨论一下如何用 MOSFET 作为开关与电容一起构成电阻。

根据第 2 章论题 14 的介绍可知,微电子电路中可以在衬底上添加氧化物以构成电容(教材第 5 章和第 6 章中讨论的 C_{GS}就是这么形成的,当然这个电容是寄生的)。一般而言,用 MOS 技术可做出 0.1～100pF 的电容。

下面来观察图 5.49 所示电路。其中 U 和 $\overline{U}$ 为互补的数字触发信号(如图 5.49(b)所示),其电压值确保能够使得两个 MOSFET 分别工作在可变电阻区和截止区。为简单起见,设 MOSFET 的导通电阻为零。

设图 5.49(a)所示电路中 U 为逻辑 1(即高电平)。此时 T_1 导通,T_2 关断,到达稳态后,$U_C=U_A$,C 上存储的电荷为 $q=CU_A$。经过 $T/2$ 后,T_1 关断,T_2 导通,到达新的稳态后,$U_C=U_B$,C 上存储的电荷为 $q=CU_B$。在一个周期 T 内,通过电容 C 从 A 侧传送到 B 侧的电荷为

$$\Delta q = C(U_A - U_B) \tag{5.57}$$

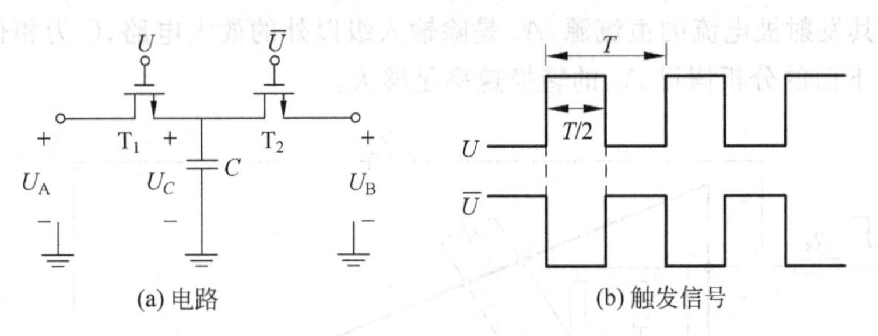

图 5.49　开关电容

根据电流的定义，在时间 T 内，从 A 侧流到 B 侧的平均电流为

$$\overline{I}=\frac{\Delta q}{T}=\frac{C}{T}(U_{\mathrm{A}}-U_{\mathrm{B}}) \tag{5.58}$$

式(5.58)说明，A、B 之间可看做一个电阻，其阻值为

$$R=\frac{U_{\mathrm{A}}-U_{\mathrm{B}}}{\overline{I}}=\frac{T}{C}=\frac{1}{Cf} \tag{5.59}$$

该电阻值与电容值和开关频率均成反比。由于图 5.49(a)是用两个开关和一个电容实现的电阻，因此这种电路称为开关电容电路。

设开关脉冲的频率为 100kHz，电容 $C=1\mathrm{pF}$，则根据式(5.59)可知等效电阻为 10MΩ。在微电子电路中制造一个真正的 10MΩ 电阻所需的晶片面积比一个 1pF 电容和两个 MOSFET 要大得多。故开关电容在微电子电路中得到广泛应用。

18　运算放大器的转换速率

本论题内容摘自文献[5]～[7]。

在用运算放大器处理快速上升的脉冲和大振幅的高频率输出时，运算放大器的转换速率(SR，slewing rate)(也称压摆率)和频率响应特性将起着非常显著的作用。有关运算放大器频响特性的内容请参考文献[5]～[7]。

转换速率的大小体现了运放输出端对输入端信号变化的跟随能力。在大信号条件下，把阶跃输入(即输入信号电压的最小值向最大值阶跃变化)施加于运放的同相和反相输入端之间，该运放的输出电压随时间的最大变化率称为转换速率。通常转换速率的单位为 V/μs。通用型运放的转换速率规定在 5V/μs 以下(μA741 的额定转换速率为 0.7V/μs)，而转换速率在 5V/μs 以上者即为高性能运放。目前最新制造工艺可实现的超高速运放的转换速率可达 2000V/μs。

回顾本书第 4 章论题 8 和论题 9 的讨论，就会对决定运算放大器转换速率的因素有所了解。实际运算放大器的输入端都由一个差动放大器构成，图 5.50 是一个由两个 BJT 构成的差动放大器作为输入级的运算放大器示意图。其中，Q_1 和 Q_2 构成差动放大器，Q_3 和

D_Z 构成吸收其发射极电流的恒流源，A_2 是除输入级以外的放大电路，C 为相位补偿电容①。为简便起见，下面的分析假设 A_2 的转换速率足够大。

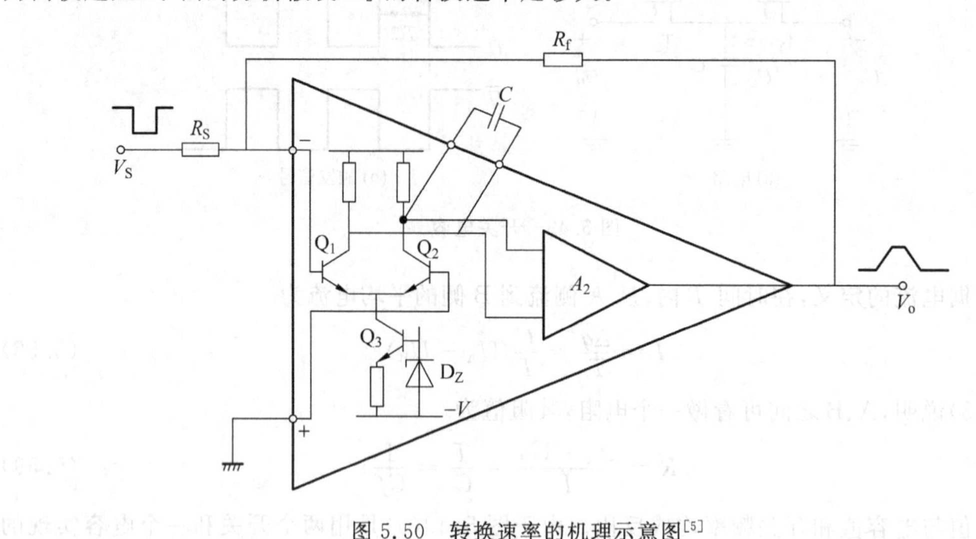

图 5.50 转换速率的机理示意图[5]

稳态时，通常 Q_1、Q_2 中流过的基本是同样大小的集电极电流，二者之和是恒流源 Q_3 的输出，设为 $2I_C$。当输入 V_S 由高电平快速跳变至低电平时，Q_1 关断，$2I_C$ 完全流向 Q_2 一侧，原来处于平衡状态、没有电流流过的电容 C 由 $2I_C$ 进行充电，并且使得输出 V_o 尽早地由低电平向高电平变化，从而保证反相输入端平衡在零电位，与同相输入端之间保持虚短。当输入电压的变化速度大于输出电压的变化速度时，输出电压通过反馈电阻 R_f 使反相输入端的上升滞后，此时由于输入电压向低电平变化，反向输入端的电压也就向低电平变化了。换言之，当输出变化无法跟随输入变化时，运算放大器输入级的虚短性质就不存在了。

由上面的分析可知，在 A_2 的转换速率足够大的条件下，输出电压的变化速率取决于 Q_2 集电极电压 V_C 的变化速率和 A_2 的放大倍数，定量地表示为

$$\mathrm{SR} = \frac{\mathrm{d}V_C}{\mathrm{d}t}A_2 = \frac{2I_C}{C}A_2 \tag{5.60}$$

式(5.60)表明，增大运算放大器输入级差分放大器的集电极电流、减小相位补偿电容，以及增大运算放大器第二级以后电路的放大倍数都可以改善运算放大器的转换速率。但集电极电流同时又影响着运算放大器的偏置电流，相位补偿电容过小有可能会导致振荡，因此在运算放大器设计时需综合考虑。

但是，不要误以为转换速率越高，运算放大器的高速性就越好。事实上，稳定时间(setting time)的长短更能直接体现运算放大器的高速性能。有关运算放大器稳定时间的

① 大部分的运算放大器为了保证不振荡，取得稳定的特性，都必须在此处内嵌或者外接电容，详细内容请参阅参考文献[5]～[7]。

内容请参考文献[5]～[7]，此处不再展开介绍。选择一个适当的相位补偿电容既可以有效改善运算放大器的稳定时间，又可以改善其转换速率，是提升其高速性能的关键。

下面以一个单纯的电压比较器电路为例，说明转换速率对实际运算放大器电路设计的影响，运算放大器采用常见的 μA741，电路如图 5.51 所示。

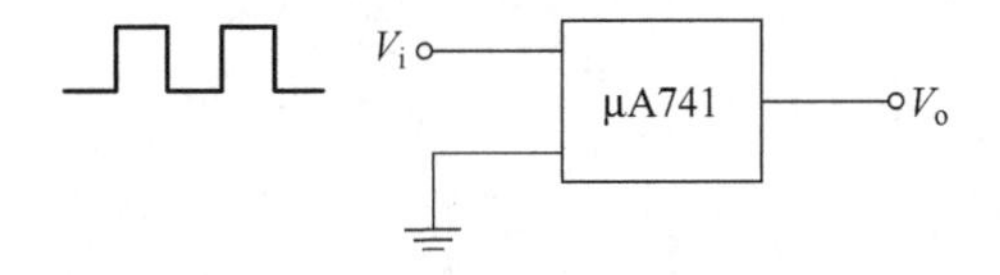

图 5.51　电压比较器

图 5.51 所示电压比较器中，当输入电压为很小值时，输出就会达到饱和。μA741 的工作电压是±15V，输出饱和电压是±14V。由于 μA741 的转换速率是 0.7V/μs，因此输出电压从－14V 变化到＋14V（或从＋14V 变化到－14V）所需时间为

$$\frac{28\text{V}}{0.7\text{V}/\mu\text{s}} = 40\mu\text{s}$$

如果电压比较器的输入信号是图 5.51 所示的方波，输出是 28V 的全振幅信号，那么输入信号停留在高、低电平的时间均不能少于 40μs。换言之，若输入信号的占空比为 50%，则输入信号的频率不能大于 $\frac{1}{2\times 40\mu\text{s}}$，即 12.5kHz。而且，在该频率时，输出是一个幅值勉强达到 28V 的三角波。此时，若期望输出方波信号，必须选用转换速率更高的运算放大器。

参考文献

[1]　王高雄．常微分方程．第 2 版．北京：高等教育出版社，1983
[2]　居余马，葛严麟．高等数学(第 II 卷)．北京：清华大学出版社，1996
[3]　李兰友．开关电容网络．北京：电子工业出版社，1985
[4]　朱桂萍，于歆杰，陆文娟．一阶 *RC* 电路时域分析与频域分析的对比．电气电子教学学报，2007，19(3)：29～33
[5]　冈村迪夫著．王玲等译．OP 放大电路设计．北京：科学出版社，2004
[6]　佛朗哥著．刘树棠等译．基于运算放大器和模拟集成电路的电路设计．西安：西安交通大学出版社，2004
[7]　蔡锦福．运算放大器原理与应用．北京：科学出版社，2005
[8]　江缉光，刘秀成．电路原理．第 2 版．北京：清华大学出版社，2007

CHAPTER 6

第 6 章 正弦激励下动态电路的稳态分析

0 组织结构图

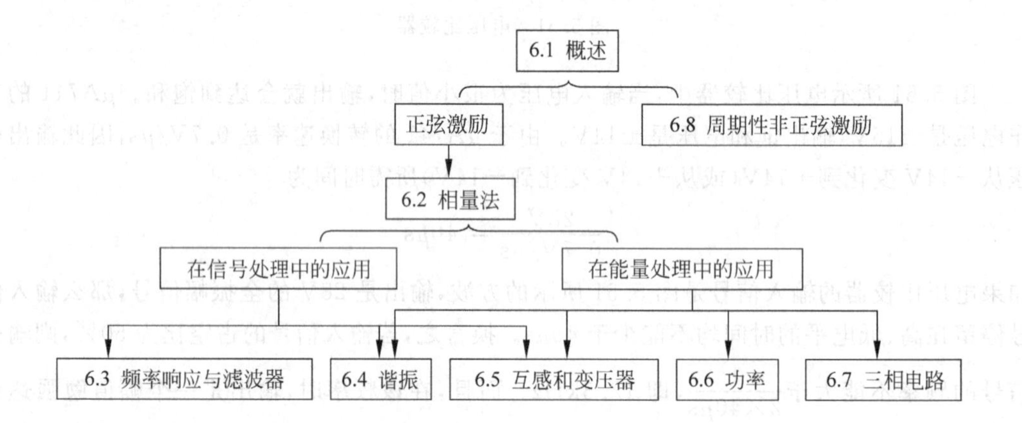

1 滤波器中大电容和大电感的实现方法

教材 6.3 节介绍了滤波器的基本概念。在实际应用中,很多滤波器是高阶的,其中所用电容和电感的值也可能比较大,使得体积、成本等约束难以满足。以图 6.1 所示的七阶高通滤波器[5]为例,用分立元件实现这样的电容和电感是非常困难的。

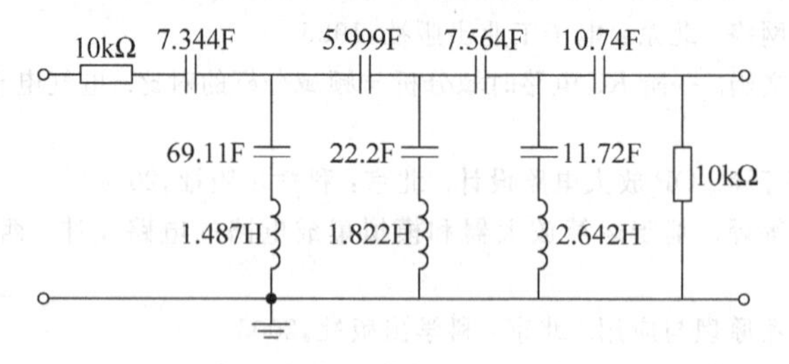

图 6.1 七阶高通滤波器

为了获得这些大电感和大电容,可以借助一些特殊功能的电路,将小电感和小电容进行放大。图 6.2 为用运算放大器实现的电容倍增器。利用理想运放的虚断和虚短特性,分析图 6.2 所示电路,有

$$\frac{\dot{U}}{\dot{I}} = \frac{1}{\mathrm{j}\omega\left(1+\dfrac{R_2}{R_1}\right)C} \tag{6.1}$$

即电容变为原来的$\left(1+\dfrac{R_2}{R_1}\right)$倍。

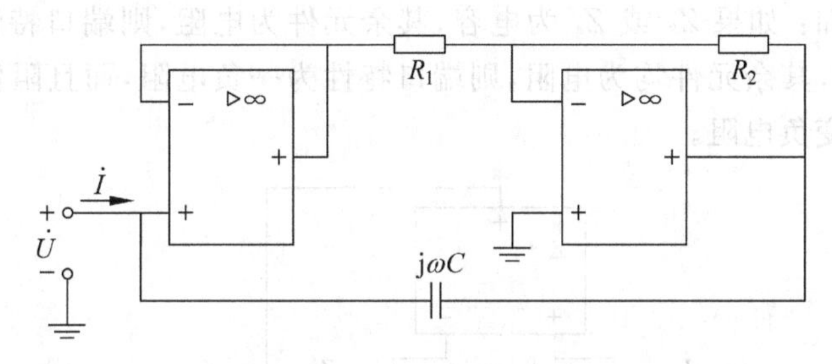

图 6.2　电容倍增器

教材例 6.2.10 讨论了回转器，即可利用 RC 运算放大器网络将一个较小的电容回转成一个较大的电感。这里再介绍另一种利用负电阻来实现大电感的方法。图 6.3 中第 3 部分(Ⅲ)用运算放大器实现了一个负电阻(见教材图 2.6.15)，图中，Z_1、Z_2、Z_3 分别是从图示位置向右看过去的一端口入端等效阻抗。

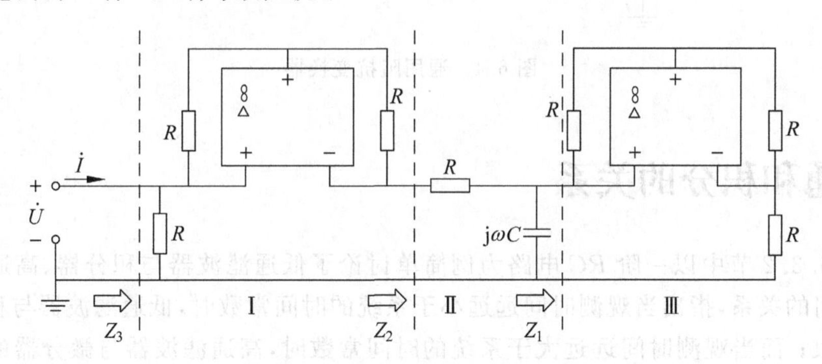

图 6.3　利用负电阻实现大电感

根据教材例 2.6.8 的分析结果，可知

$$Z_1 = -R$$

因此有

$$Z_2 = R + Z_1 \,/\!/\left(-\mathrm{j}\,\frac{1}{\omega C}\right) = \frac{\omega CR^2}{\omega CR + \mathrm{j}}$$

进而

$$Z_3 = R \,/\!/\, (-Z_2) = \mathrm{j}\omega CR^2 \tag{6.2}$$

即端口特性呈电感性，电感值为 CR^2。

参考文献[6]给出了通用阻抗变换器，可以实现各种阻抗变换，如图 6.4 所示。

在图 6.4 所示通用阻抗变换器中,根据理想运放的虚短、虚断特性可分析出(这里省略推导过程)

$$\frac{\dot{U}}{\dot{I}}=\frac{Z_1Z_3Z_5}{Z_2Z_4} \tag{6.3}$$

由式(6.3)可知:如果 Z_2 或 Z_4 为电容,其余元件为电阻,则端口特性为一电感;如果 Z_1 和 Z_5 均为电容,其余元件均为电阻,则端口特性为一负电阻,而且阻值与频率的平方成正比,因此称为频变负电阻。

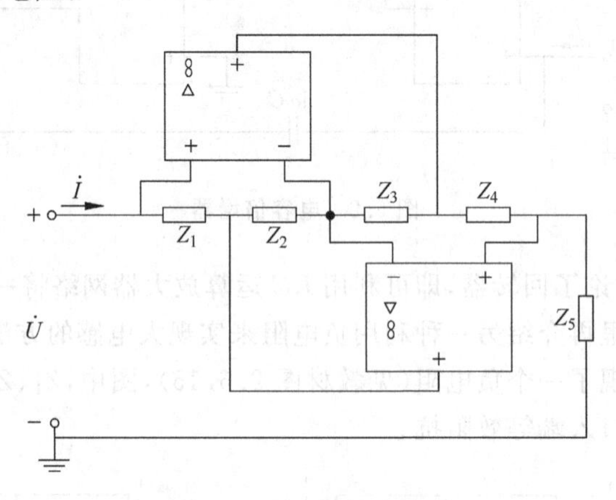

图 6.4 通用阻抗变换器

2 低通和积分的关系

教材 6.3.2 节中以一阶 RC 电路为例简单讨论了低通滤波器与积分器、高通滤波器与微分器之间的关系,指出当观测时间远远小于系统的时间常数时,低通滤波器与积分器的性能基本一致;而当观测时间远远大于系统的时间常数时,高通滤波器与微分器的性能基本一致。这一结论对于分析控制、通信系统非常重要,同时也指出了同一个电路的时域特性和频域特性之间的联系[8]。

教材中只是从信号处理的角度对这一结论进行了定性分析,下面给出必要的解析推导,并且证明对于高阶系统这一结论依然成立。

(1) 一阶 RC 积分与一阶 RC 低通的关系

图 6.5 中分别给出了一阶 RC 电路的时域模型和相量模型。教材中已经给出了以电容电压为响应时网络函数的幅频特性曲线,证明了该电路的低通特性,此处不再赘述。下面从时域的角度说明该电路的积分特性。

用三要素法很容易得出电容电压的单位阶跃响应为

$$u_C=(1-\mathrm{e}^{-\frac{t}{\tau}})\varepsilon(t) \tag{6.4}$$

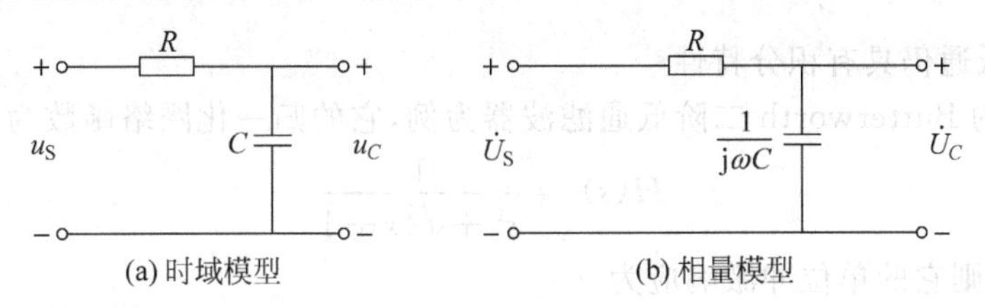

图 6.5 一阶 RC 电路

定性画出激励和电容电压响应的曲线,如图 6.6 所示。

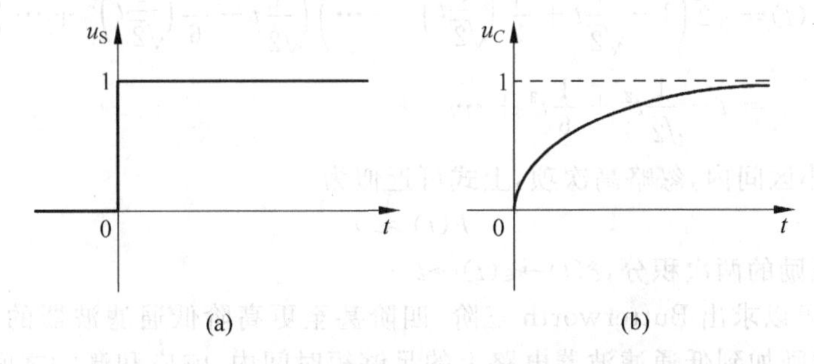

图 6.6 单位阶跃激励(a)和电容电压的单位阶跃响应(b)

由图 6.6 可以看出：当电路的时间常数足够大时,在 $t>0$ 的很小区间内,电容电压的曲线可近似为单位斜升函数,即单位阶跃函数的积分。

还可以用电容电压的单位冲激响应加以说明。电容电压的单位冲激响应为

$$u_C = \frac{1}{RC}\mathrm{e}^{-\frac{t}{\tau}}\varepsilon(t) \tag{6.5}$$

定性画出激励和电容电压响应的曲线如图 6.7 所示。

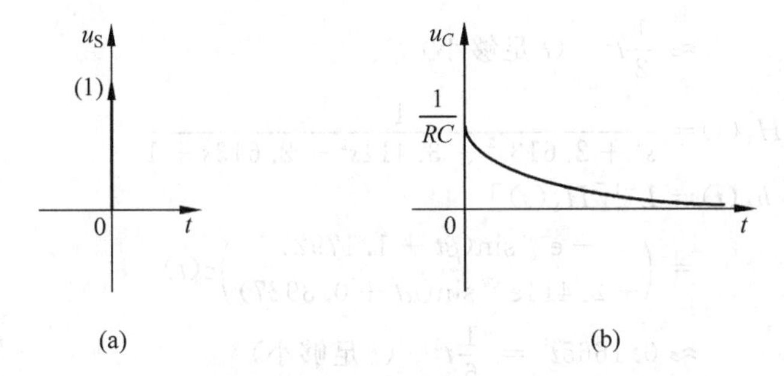

图 6.7 单位冲激激励(a)和电容电压的单位冲激响应(b)

由图 6.7 可以看出：当时间常数足够大时,在 $t>0$ 的很小区间内,电容电压的曲线可近似为单位阶跃函数,即单位冲激函数的积分。在此必须强调：只有在换路发生后足够短的时间内观测响应,响应和激励之间才近似具有积分关系。如果观测时间太长,响应和激励的关系就不能近似为积分了,这一点从图 6.6 和图 6.7 都可以很明显地看出来。

(2) 高阶低通仍具有积分特性

以最常见的 Butterworth 二阶低通滤波器为例,它的归一化网络函数为

$$H(s)=\frac{1}{s^2+\sqrt{2}s+1}$$

若激励为 $\delta(t)$,则它的单位冲激响应为

$$h(t)=L^{-1}[H(s)]=\sqrt{2}\,\mathrm{e}^{-0.707t}\sin(0.707t)\varepsilon(t)$$

在 $t=0$ 处将上式进行 Taylor 展开,得

$$\begin{aligned}h(t)&=\sqrt{2}\left(1-\frac{1}{\sqrt{2}}t+\frac{1}{2}\left(\frac{1}{\sqrt{2}}t\right)^2-\cdots\right)\left(\frac{1}{\sqrt{2}}t-\frac{1}{6}\left(\frac{1}{\sqrt{2}}t\right)^3+\cdots\right)\\&=t-\frac{1}{\sqrt{2}}t^2+\frac{1}{6}t^3+\cdots\end{aligned}$$

在 $t>0$ 的足够小区间内,忽略高次项,上式可近似为

$$h(t)\approx t \tag{6.6}$$

即响应近似为激励的两次积分,$\delta(t)\to\varepsilon(t)\to t$。

类似地,还可以求出 Butterworth 三阶、四阶甚至更高阶低通滤波器的单位冲激响应,均可证明:在激励加到低通滤波器电路上的足够短时间内,响应和激励之间具有近似的积分关系。下面给出了 Butterworth 三阶、四阶低通滤波器的归一化网络函数、单位冲激响应及其在$t=0$ 处的 Taylor 展开式(具体过程省略)。

$$H_3(s)=\frac{1}{s^3+2s^2+2s+1} \tag{6.7}$$

$$\begin{aligned}h_3(t)&=L^{-1}[H_3(s)]=\mathrm{e}^{-t}+\frac{2}{\sqrt{3}}\mathrm{e}^{-0.5t}\sin\left(\frac{\sqrt{3}}{2}t-\frac{\pi}{3}\right)\varepsilon(t)\\&=1-t+\frac{1}{2}t^2-\frac{1}{6}t^3+\cdots+(-1+t+0+\cdots)\\&\approx\frac{1}{2}t^2\quad(t\text{ 足够小})\end{aligned} \tag{6.8}$$

$$H_4(s)=\frac{1}{s^4+2.613s^3+3.414s^2+2.613s+1} \tag{6.9}$$

$$\begin{aligned}h_4(t)&=L^{-1}[H_4(s)]\\&=\begin{pmatrix}-\mathrm{e}^{-\alpha t}\sin(\beta t+1.1792)\\+2.414\mathrm{e}^{-\beta t}\sin(\alpha t+0.3927)\end{pmatrix}\varepsilon(t)\\&\approx 0.1665t^3=\frac{1}{6}t^3\quad(t\text{ 足够小})\end{aligned} \tag{6.10}$$

式(6.7)～式(6.10)中,下标表示低通滤波器的阶数,$\alpha=0.3827$,$\beta=0.9239$。

由式(6.8)和式(6.10)可以看出:在激励加上后的很短时间内,三阶低通滤波器相当于将激励积分 3 次,$\delta(t)\to\varepsilon(t)\to t\to\frac{1}{2}t^2$,四阶低通滤波器相当于将激励积分 4 次,$\delta(t)\to\varepsilon(t)\to t\to\frac{1}{2}t^2\to\frac{1}{6}t^3$。

需要特别指出的是，理想低通和理想积分是两个完全不同的概念，二者之间并没有对应关系。理想积分器是一个低通滤波器，但它的性能从频域看并不理想。理想低通滤波器的截止频率 $\omega_C \ll 1$ $\left(对应一阶 RC 电路的时间常数 RC=\frac{1}{\omega_C}\gg 1\right)$ 时，若观测时间足够短，可近似看做积分器。

3　高通和微分的关系

仍然以一阶 RC 电路讨论高通和微分之间的关系。图 6.8 中给出了一阶 RC 电路的时域模型和相量模型。教材中已经给出了以电阻电压为响应时网络函数的幅频特性曲线，证明了该电路的高通特性，此处不再赘述。下面从时域的角度说明该电路的微分特性。

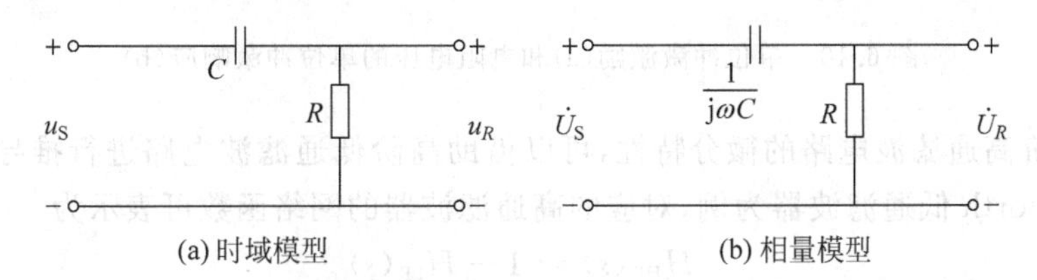

图 6.8　一阶 RC 高通电路

用三要素法很容易得出电阻电压的单位阶跃响应为

$$u_R = e^{-\frac{t}{\tau}}\varepsilon(t) \tag{6.11}$$

定性画出激励和电阻电压的曲线如图 6.9 所示。

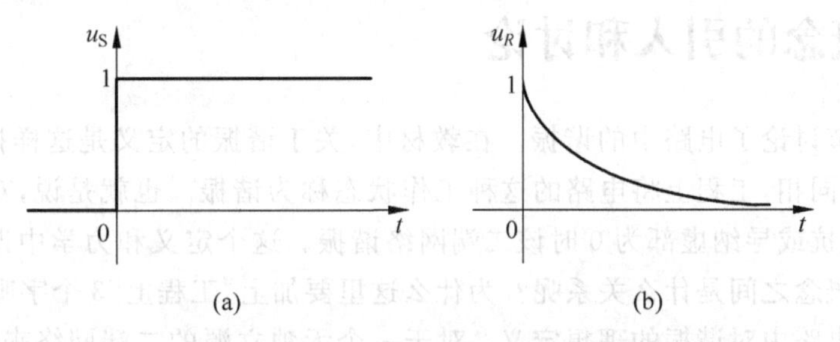

图 6.9　单位阶跃激励(a)和电阻电压的单位阶跃响应(b)

电路的时间常数 RC 越小，响应的过渡过程时间就越短。由图 6.9 可以看出：当时间常数 RC 足够小时，在 $t>0$ 的很小区间内，电阻电压的响应就可近似为单位冲激函数，即单位阶跃函数的微分。

还可以用电阻电压的单位冲激响应加以说明。电阻电压的单位冲激响应为

$$u_R = \delta(t) - \frac{1}{RC}e^{-\frac{t}{\tau}}\varepsilon(t) \tag{6.12}$$

定性画出激励和电阻电压的曲线如图 6.10 所示。

由图 6.10 可以看出：当时间常数足够小时，在 $t>0$ 的很小区间内，电阻电压的曲线在 $t=0$ 时刻向下的那个跳变也可以近似看成是一个冲激。换言之，在 $t>0$ 的很小区间内，电阻电压的响应可近似为冲激偶，即单位冲激的微分。

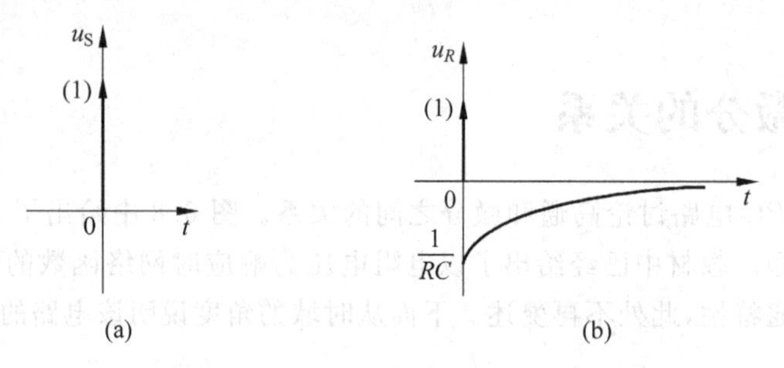

图 6.10 单位冲激激励(a)和电阻电压的单位冲激响应(b)

对于高阶高通滤波电路的微分特性，可以借助高阶低通滤波电路进行推导。仍以归一化的 Butterworth 低通滤波器为例，对应的高通滤波器的网络函数可表示为

$$H_{HP}(s) = 1 - H_{LP}(s) \tag{6.13}$$

推导方法及过程与论题 2 类似，只是为了更清楚地看出 n 阶高通电路的微分特性，宜选择形式为 t^n 的激励。详细过程此处从略。

同样需要特别指出的是，理想高通和理想微分是两个完全不同的概念，二者之间并没有对应关系。

4 谐振概念的引入和讨论

教材 6.4 节讨论了电路中的谐振。在教材中，关于谐振的定义是这样描述的：此时端口的电压、电流同相，工程上将电路的这种工作状态称为谐振。也就是说，对于一个二端网络来说，入端阻抗或导纳虚部为 0 时该二端网络谐振。这个定义和力学中谐振的定义以及常识中共振的概念之间是什么关系呢？为什么这里要加上“工程上”3 个字呢？

首先讨论电路中对谐振的理想定义：对于一个无独立源的二端网络来说，规定其端口电压或电流为激励，端口电流或电压为响应。如果激励频率等于某个频率时(这个频率就是该二端网络的无阻尼振荡角频率)，激励和响应保持同相位(谐)，并且响应被不断放大(振)，此时称该无独立源的二端网络发生谐振。

这个定义是符合普通物理概念的。美国传统字典中对谐振(resonance)的定义是：The increase in amplitude of oscillation of an electric or mechanical system exposed to a periodic force whose frequency is equal or very close to the natural undamped frequency of the system。中文意思为：电气或机械系统中外接周期激励的频率与系统无阻尼自然频率相同

或相近时发生的振幅增大的现象。这个定义更接近力学中对谐振的直觉认识，它强调系统谐振时的表现是振幅不断增大。而激励和响应同相位则是电路发生谐振时的另一个表现，这两个表现在谐振的理想定义中是一致的，即它们发生在同一个频率点。

以图 6.11 所示纯电抗电路为例。

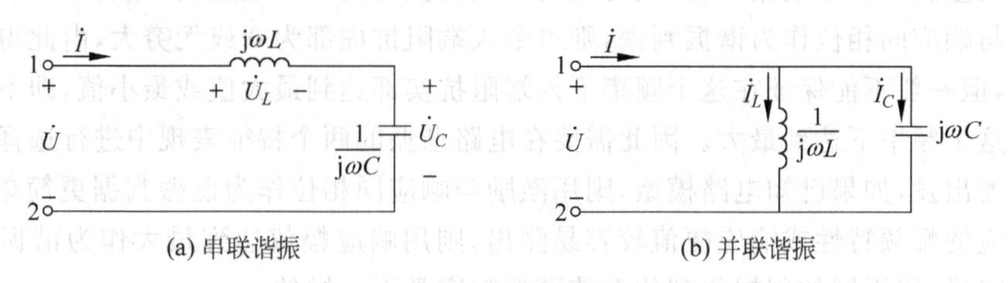

图 6.11　纯电抗电路中的理想谐振

在图 6.11(a)所示电路中，激励为端口电压$\dot{U}$，响应为端口电流$\dot{I}$。激励角频率为$1/\sqrt{LC}$时，激励与响应同相位，LC 串联相当于短路，理论上电流可以被放大至无穷大。

类似地，在图 6.11(b)所示电路中，激励为端口电流$\dot{I}$，响应为端口电压$\dot{U}$。激励角频率为$1/\sqrt{LC}$时，激励与响应同相位，LC 并联相当于开路，理论上电压可以被放大至无穷大。

列写图 6.11(a)、(b)所示电路的时域微分方程$\left(激励用 \sin\left(\frac{1}{\sqrt{LC}}t\right)\right)$可以得出特解具有$At\sin\left(\frac{1}{\sqrt{LC}}t+\varphi\right)$的形式(其中 A、φ 为系数)，因此当 $t\to\infty$时，响应将被放大至无穷大。

显然，只有在纯 LC 电路中才能出现理想谐振。实际电感线圈和实际电容器中一定存在电阻(即阻尼)，不会出现无穷大的响应。因此需要将谐振的理想定义进行修正：激励的频率等于某个频率时激励和响应同相位，同时响应达到最大值。在该定义中，仍然认为激励和响应同相位以及响应幅值达到最大值这两种表现出现在同一频率处。将这一定义称为电路谐振的**严格定义**。

满足谐振严格定义的二端网络如图 6.12 所示。

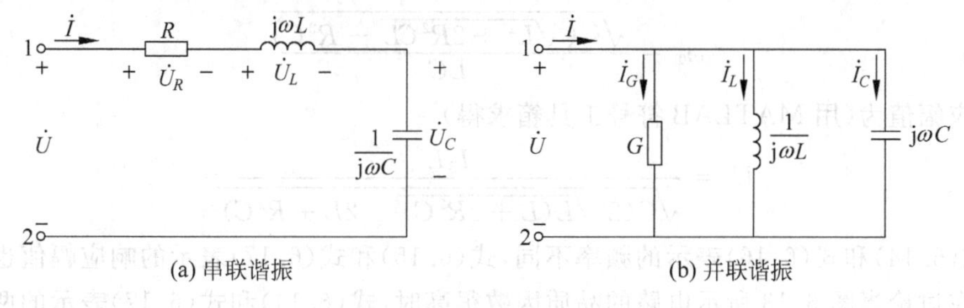

图 6.12　实际电路中的谐振

容易验证，对于图 6.12 所示的两个电路来说，激励角频率为 $1/\sqrt{LC}$ 时，响应(图 6.12(a)的响应为端口电流，图 6.12(b)的响应为端口电压)幅值达到最大，同时激励和响应同相位。

对于大量实际二端电路，对其进行阻抗等效变换得到的入端阻抗一般都是频率的函数。若以激励与响应同相位作为谐振判据，则可令入端阻抗虚部为 0 或无穷大，由此得到一个对应的频率，但一般不能保证在这个频率下入端阻抗实部达到最大值或最小值，即不能保证响应幅值在这个频率下达到最大。因此需要在电路谐振的两个特征表现中进行选择。从判断方便的角度出发，如果已知电路模型，则用激励与响应同相位作为谐振判据更简单一些；如果已知响应的幅频特性或响应幅值较容易测出，则用响应幅值达到最大作为谐振判据更方便。一般来说，用不同的判据得到的系统谐振频率是不一样的。

基于上面的分析，采用以下两个判据作为谐振的工程定义均可。激励频率等于某个频率时，激励与响应同相位；或某个频率的激励使得响应幅值获得最大。对于同一个电路，采用不同的定义方法求得的谐振频率可能不同，甚至对是否发生谐振的判断也可能是不同的。

实际上对于品质因数(Q值)很高的电路(工程实际中需要避免和需要利用的电路通常都具有这一特征)，用这两种方法得到的谐振频率彼此是很接近的。下面以图 6.13 所示电路为例说明这一点。

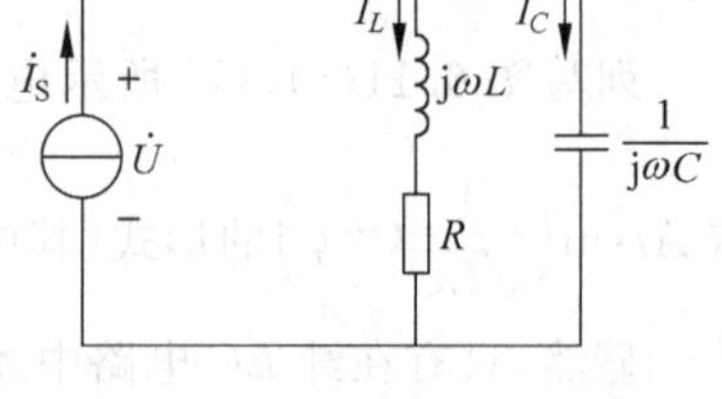

图 6.13　电感线圈与电容并联

首先以激励与响应同相位为谐振判据，则图 6.13 的谐振频率为

$$\omega_0=\frac{1}{\sqrt{LC}}\sqrt{1-\frac{CR^2}{L}}\tag{6.14}$$

此时的响应即端口电压的幅值为

$$U=\frac{I_S L}{RC}\tag{6.15}$$

再以响应的幅值最大为谐振判据，则图 6.13 的谐振频率为(用 MATLAB 符号工具箱求得)

$$\omega_0=\frac{\sqrt{C(\sqrt{L^2+2R^2CL}-R^2C)}}{LC}\tag{6.16}$$

此时响应幅值为(用 MATLAB 符号工具箱求得)

$$U=\frac{I_S L}{\sqrt{C(2\sqrt{L(L+2R^2C)}-2L+R^2C)}}\tag{6.17}$$

显然，式(6.14)和式(6.16)表示的频率不同，式(6.15)和式(6.17)表示的响应幅值也不同。

现在讨论当图 6.13 所示电路的品质因数很高时，式(6.14)和式(6.17)表示的两个频率之间的关系。教材 6.4.2 节给出了 3 种可相互推导的品质因数的定义，分别从支路量测量、能量和频率特性的角度给出，适用于不同场合。对图 6.13 所示电路，从能量角度定义的品

质因数为

$$Q=2\pi\frac{w_{L\max}}{w_R}=2\pi\frac{\frac{1}{2}L\left(\sqrt{2}I_L\right)^2}{RI_L^2T}=\frac{\omega_0 L}{R}\tag{6.18}$$

将式(6.14)代入式(6.18)得

$$Q=\sqrt{\frac{L}{CR^2}-1}\tag{6.19}$$

当 Q 值很大时，有 $\frac{L}{CR^2}\gg 1$，上式可近似为

$$Q\approx\sqrt{\frac{L}{CR^2}}\tag{6.20}$$

此时式(6.14)和式(6.16)均可近似为

$$\omega_0\approx\frac{1}{\sqrt{LC}}\tag{6.21}$$

式(6.17)可近似为式(6.15)，即

$$U=\frac{I_S L}{RC}\tag{6.22}$$

下面用一个数值仿真例子更直观地说明这一点。图 6.14 给出了 EWB 仿真环境下具有高品质因数 Q 的电感线圈与电容并联的仿真电路，即图 6.13 所示电路。

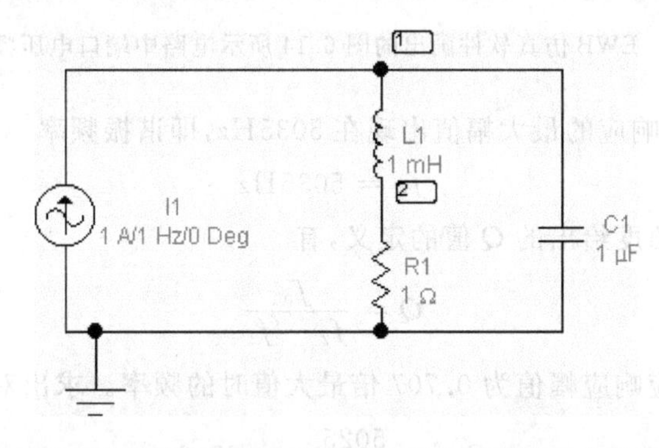

图 6.14　EWB 仿真环境下高品质因数 Q 的电感线圈与电容的并联电路

首先以激励与响应同相位为谐振判据，应用式(6.21)和式(6.20)分别计算出谐振频率和品质因数为

$$f_0=\frac{\omega_0}{2\pi}=5.035\text{kHz}\tag{6.23}$$

$$Q=31.6\tag{6.24}$$

与用式(6.14)和式(6.19)求出的结果基本相同。

其次以响应的幅值最大为谐振判据求谐振频率和品质因数。画出图 6.14 所示电路中

端口电压的幅频特性如图 6.15 所示。

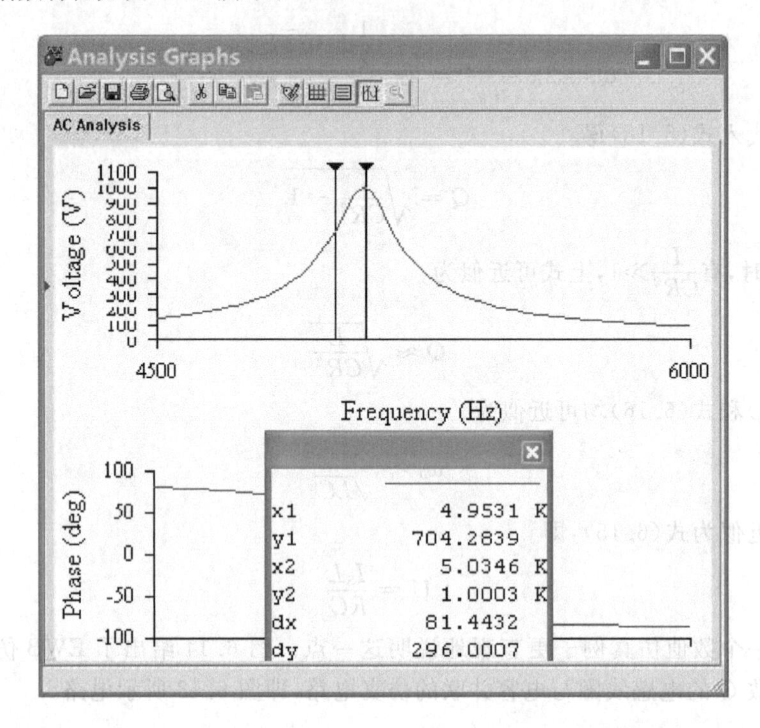

图 6.15　EWB 仿真软件画出的图 6.14 所示电路中端口电压频率特性

从图 6.15 可看出响应的最大幅值出现在 5035Hz,即谐振频率

$$f_0 = 5035\text{Hz}$$

根据从频率特性角度给出的 Q 值的定义,有

$$Q = \frac{f_0}{f_2 - f_1} \tag{6.25}$$

其中 f_2 和 f_1 分别对应响应幅值为 0.707 倍最大值时的频率。求出对应的 Q 值为

$$Q \approx \frac{5025}{2 \times 81.4} = 30.9$$

与式(6.23)、式(6.24)的结果都基本吻合。这表明在高 Q 值谐振电路中,无论用哪种判据来求谐振频率和品质因数都是可行的。

但对于图 6.16 所示电路,情况就不一样了。

如果用激励与响应同相位作为谐振判据,这个电路根本不能发生谐振($CR^2 > L$)。用式(6.14)和式(6.19)也无法求出谐振频率和品质因数。

若以响应的幅值最大为判据,画出上述电路的端口电压的幅频特性如图 6.17 所示。由图 6.17 可知,该电路是谐振的,仿真测得的谐振频率为 3394Hz。

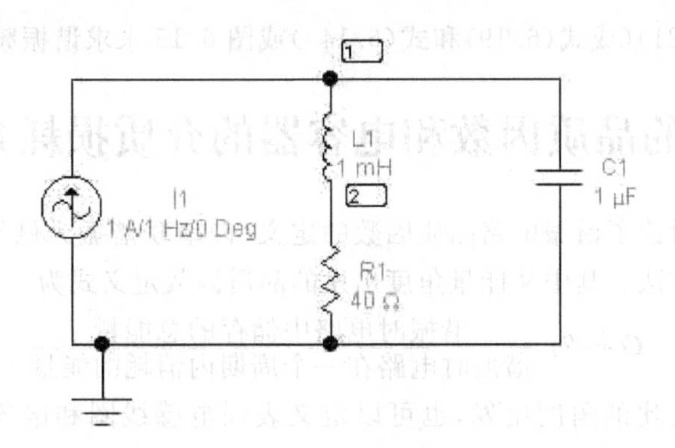

图 6.16　EWB 仿真环境下 $CR^2>L$ 时电感线圈与电容并联的仿真电路图

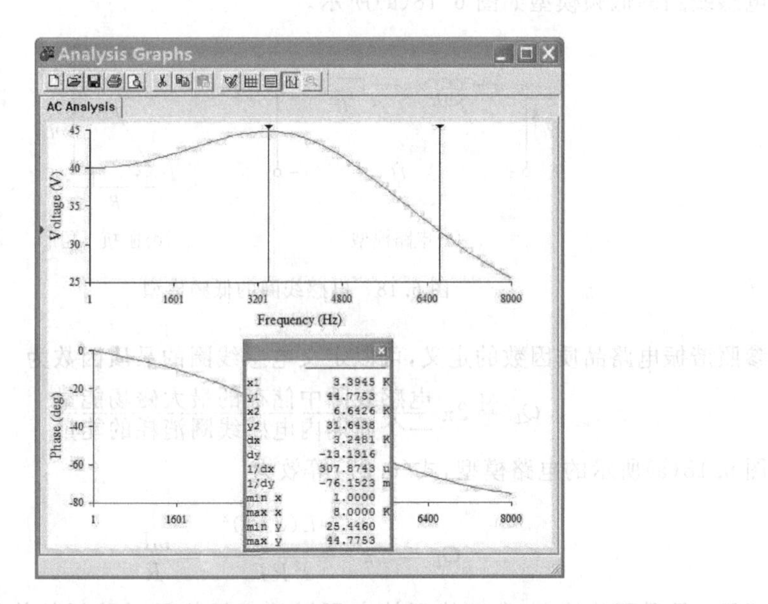

图 6.17　EWB 仿真软件画出的图 6.16 所示电路电压频率特性

由图 6.17 还可以看出：电容电压最大值为 44.7753V。由于直流情况下端口电压为 40V，大于电容电压最大值的 0.707 倍，因此无法找到下半功率点①。也就是说，根据图 6.16 也无法测量 Q 值。

对图 6.14 和图 6.16 两个电路的分析过程说明，当电路的品质因数较大时（电气工程中应用谐振和避免谐振的一些最常见的电路基本都具有这种特征），由谐振频率的两种定义（基于激励与响应同相位的定义和基于响应幅值最大的定义）求得的结果差别不大，因此可

① 在幅频特性曲线中，幅值等于最大值的 0.707 倍的点也称为半功率点。在谐振曲线中，一般有两个半功率点，对应频率大于最大值对应频率的称为上半功率点；而对应频率小于最大值对应频率的就称为下半功率点。

用式(6.20)和式(6.21)(或式(6.19)和式(6.14))或图 6.15 来求谐振频率和品质因数。

5 电感线圈的品质因数和电容器的介质损耗角

教材 6.4.2 节讨论了谐振电路品质因数的定义,以串联谐振为例给出了 3 种相互等价的品质因数的定义方法。其中从能量角度出发的品质因数定义式为

$$Q \overset{\text{def}}{=} 2\pi \frac{\text{谐振时电路中储存的总能量}}{\text{谐振时电路在一个周期内消耗的能量}} \tag{6.26}$$

同样从储能与耗能之比的角度出发,也可以定义表征电感线圈和电容器性能的两个重要参数。

电感线圈的低频模型如图 6.18(a)所示。

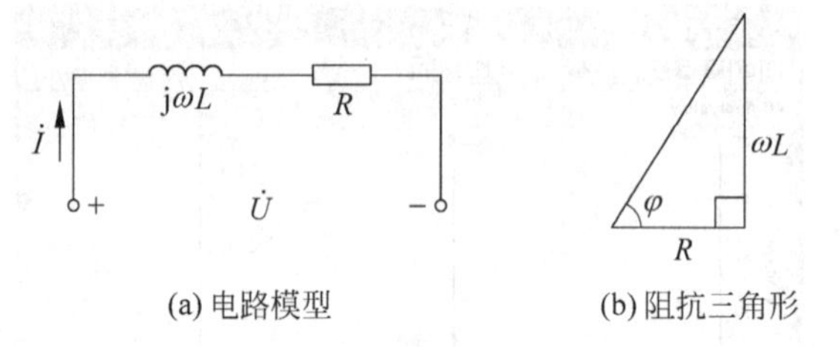

(a) 电路模型　　(b) 阻抗三角形

图 6.18　电感线圈的低频模型

参照谐振电路品质因数的定义,可以定义电感线圈的品质因数为

$$Q_L \overset{\text{def}}{=} 2\pi \frac{\text{电感线圈中储存的最大磁场能量}}{\text{一个周期内电感线圈消耗的能量}} \tag{6.27}$$

根据图 6.18(a)所示的电路模型,式(6.27)等效为

$$Q_L = 2\pi \frac{\frac{1}{2}L(\sqrt{2}I)^2}{I^2RT} = \frac{\omega L}{R} \tag{6.28}$$

由此可见:品质因数越大,电感线圈储存同样的磁场能量时消耗的能量越少,电感线圈的“品质”越好。式(6.28)中电感线圈品质因数即为图 6.18(b)所示 RL 串联电路的阻抗三角形中角 φ 的正切。

对于一个实际的电感线圈,经常用 Q 值而不是电阻值来表示其耗能效果。原因有两方面:一是由于 Q 值的测量很容易用 Q 表完成,而工作在高频下的电感线圈的电阻值不易测量;二是由于高频下电流的集肤效应,电感线圈的电阻值将随着频率的增高而增大,而 Q 值在一定的范围内变化不大。

电容器的低频模型如图 6.19(a)所示。

类似地,可以定义电容器的介质损耗角为

$$\tan\delta = \frac{1}{Q_C} \overset{\text{def}}{=} \frac{1}{2\pi} \frac{\text{一个周期内电容器消耗的能量}}{\text{电容器中储存的最大电场能量}} \tag{6.29}$$

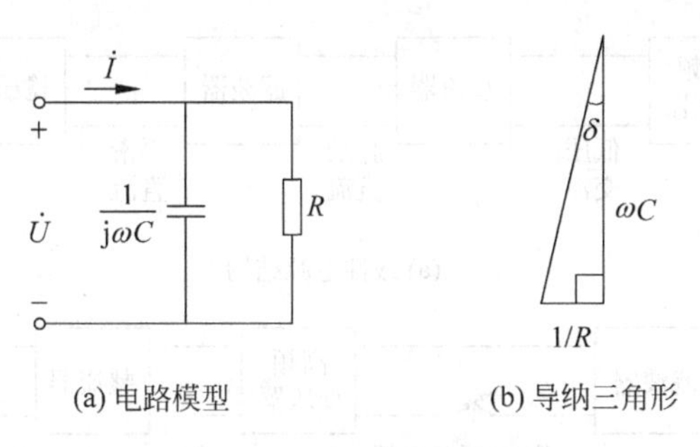

图 6.19　电容器的低频模型

其中,Q_C 为电容器的品质因数。

根据图 6.19(a)所示的电路模型,式(6.29)等效为

$$\tan\delta=\frac{1}{2\pi}\frac{\frac{U^2}{R}T}{\frac{1}{2}C(\sqrt{2}U)^2}=\frac{1}{\omega CR} \tag{6.30}$$

上式表明:介质损耗角越小,电容器储存同样的电场能量时消耗的能量越少,电容器的"品质"越高。式(6.30)中电容器介质损耗角即为图 6.19(b)所示 RC 并联电路的导纳三角形中角 δ 的正切。

由于低频时电感线圈的耗能是由流过它的电流决定的,因此电感线圈的低频模型用 LR 串联来表示(而不是并联)。而低频时电容器的耗能则是由加在其两端的电压决定的,因此电容器的低频模型用 RC 并联来表示(而不是串联)。

最后要注意区分电感线圈或电容器的 Q 值和谐振电路的 Q 值。储能器件的 Q 值只是用来说明器件的最大储能与损耗之间的关系,与电路是否谐振无关,并且器件的 Q 值可以定义在任一工作频率上。而谐振电路的 Q 值是表示谐振时电路的最大储能与电路的耗能之间的关系,它是定义在谐振频率点上的,只有在谐振时,电路的 Q 值才有意义。

*6　变压器在信号处理领域的应用——开关电源

变压器不仅在高电压、大功率的能量传输领域有着广泛的应用,在低电压、小功率的信号处理领域同样不可或缺。在电子线路中广泛使用的低压直流电源(±15V,±12V,±5V 等)就是一个典型的例子。

目前市场上销售的直流电源主要有两种类型:线性电源和开关电源。线性电源的基本结构如图 6.20(a)所示,开关电源的基本结构如图 6.20(b)所示。

图 6.20(a)中的变压器在教材 6.5 节讨论,整流器在教材 4.7.1 节讨论,滤波器基本原理就是利用大电容维持电压的能力和大电感维持电流的能力滤除附加在直流上的脉动,通过学习教材第 5 章和第 6 章就可以掌握。

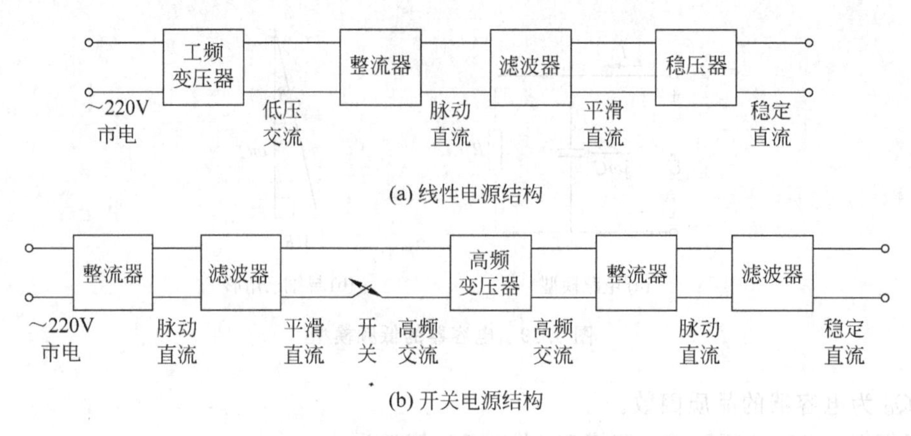

图 6.20 直流电源的两种结构

线性电源的稳压器主要利用双极型晶体管(BJT)来实现，具体细节将在模拟电子线路课程中讨论。这里指出线性电源的一些特点。由于线性电源实现稳压的过程需要 BJT 始终工作于线性放大区(这是图 6.20(a)所示电路称为线性电源的主要原因)，功耗较大，因此线性电源的效率比较低。线性电源中的工频变压器体积较大，会产生音频噪声。线性电源整流输出的谐波基频为 50Hz，需要较大的电容进行滤波。线性电源结构比较简单，适用于小功率场合。

为了解决线性电源难以应用于中大功率场合的问题，人们巧妙地利用功率 MOSFET 等开关元件关断时无电流流通、开通时 R_{ON} 很小的特点，在电路中引入这类开关元件，用来对能量进行有效控制(这是称图 6.20(b)所示电路为开关电源的主要原因)。从图 6.20(b)可以看出，现代开关电源一般都包括了 AC—DC—AC—DC 的 3 次变流环节，采用这样看似繁复的结构基于以下一些原因：

(1) 利用开关元件控制能量传输，功耗低，效率高。

(2) 高频变压器工作在几十或几百 kHz，体积小，噪音低。

(3) 整流后谐波的基频为几十或几百 kHz，滤波效率大大提高。

(4) 开关电源的核心部分(即直—交—直变换电路)拓扑结构丰富，选择余地大。

不过，由于引入了开关元件，对电网造成一定的谐波污染，同时电路比线性电源更为复杂，这些因素也制约着开关电源的应用。

直—交—直变换电路可以有多种分类方法[2,4]，这里仅介绍得到广泛应用的正激变换和反激变换的基本原理。在接下来的分析过程中，采用了若干工程上常用的简化方法，从中可以体会到工程近似的强大作用。

正激(forward)变换器的原理如图 6.21 所示。

图 6.21 中的 C 和 L 分别用于滤除高频的电压和电流谐波。为了简化分析，假设 C 足够大，可以近似认为 U_C 保持不变。

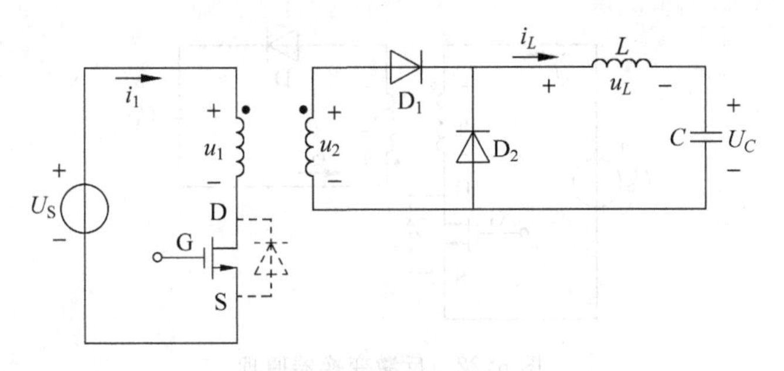

图 6.21　正激变换器原理

功率 MOSFET 的控制信号是方波，当其从 0 突然跃升至 $U_{GS}(U_{GS}>U_T)$ 时，功率 MOSFET 突然导通，高频变压器原边电压 u_1 突然变为 U_S，由于变压器的作用，副边电压突然变为

$$u_2=\frac{N_2}{N_1}U_S \tag{6.31}$$

其中 N_1、N_2 分别是原、副边线圈的匝数。实际应用中一般要求 $N_1>N_2$，且越大越好，这样可以使得 L 折算到原边的电感量较大，从而使得 i_1 较小，电源需要提供的功率就较小。

设 $u_2>U_C$，则 D_1 导通，D_2 关断。则流过电感的电流 i_L 满足

$$L\frac{di_L}{dt}=u_L=u_2-U_C=\frac{N_2}{N_1}U_S-U_C>0 \tag{6.32}$$

电感电流线性增加，设这个阶段持续时间为 t_{ON}。

当功率 MOSFET 的控制信号从 $U_{GS}(U_{GS}>U_T)$ 变为 0 时，MOSFET 关断，原边电流 i_1 减小至 0，则 $u_1=0$，$u_2=0$，D_1 关断，D_2 导通，给 L 续流，电感电流 i_L 满足

$$L\frac{di_L}{dt}=u_L=-U_C<0 \tag{6.33}$$

电感电流线性减少，设这个阶段持续时间为 t_{OFF}。

若电感电流连续，则当电路处于稳态时，t_{ON} 时段内增加的电流值等于 t_{OFF} 时段内减少的电流值，有

$$\left(\frac{N_2}{N_1}U_S-U_C\right)t_{ON}=U_Ct_{OFF} \tag{6.34}$$

解之得

$$U_C=\frac{t_{ON}}{t_{ON}+t_{OFF}}\frac{N_2}{N_1}U_S \tag{6.35}$$

可见正激变换器是降压斩波器，输出电压取决于变压器匝数比、触发信号占空比和直流电压。

反激(flyback)变换器的原理如图 6.22 所示。

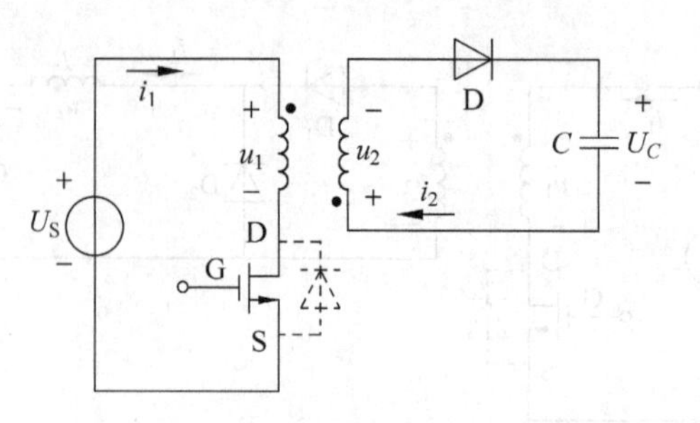

图 6.22 反激变换器原理

图中的 C 用于滤除高频的电压谐波。为了简化分析，假设 C 足够大，可以近似认为 U_C 保持不变。

功率 MOSFET 的控制信号是方波，当其从 0 突然跃升至 $U_{GS}(U_{GS}>U_T)$ 时，根据同名端可以判断出此时 $u_2>0$，D 关断。变压器等效为原边电感 L_1，直流电源给 L_1 充电，有

$$L_1\frac{\mathrm{d}i_1}{\mathrm{d}t}=U_S>0 \tag{6.36}$$

电感电流线性增加，设这个阶段持续时间为 t_{ON}，结束前达到最大电流

$$i_{1\max}=\frac{U_S}{L_1}t_{ON} \tag{6.37}$$

此时在铁心中存储的磁场能量为

$$W_{\text{magnetic}}=\frac{1}{2}L_1 i_{1\max}^2=\frac{(U_S t_{ON})^2}{2L_1} \tag{6.38}$$

当功率 MOSFET 的控制信号从 $U_{GS}(U_{GS}>U_T)$ 变为 0 时，MOSFET 关断，i_1 快速变为 0。由于能量是不能突变的，因此副边电流 i_2 必须满足

$$\frac{1}{2}L_2 i_{2\text{initial}}^2=W_{\text{magnetic}}=\frac{(U_S t_{ON})^2}{2L_1} \tag{6.39}$$

i_2 的方向可通过同名端确定。由式(6.39)解得

$$i_{2\text{initial}}=\frac{U_S t_{ON}}{\sqrt{L_1L_2}}>0 \tag{6.40}$$

此时 D 导通。变压器等效为副边电感 L_2，其上的 u-i 关系为

$$L_2\frac{\mathrm{d}i_2}{\mathrm{d}i_2}=-U_C<0 \tag{6.41}$$

电感电流线性减少，这个阶段持续时间为 t_{OFF}。

设电感电流刚好于 t_{OFF} 时段结束时下降为 0，则有

$$i_{2\text{initial}}=\frac{U_S t_{ON}}{\sqrt{L_1L_2}}=\frac{U_C}{L_2}t_{OFF} \tag{6.42}$$

整理得

$$U_C=\sqrt{\frac{L_2}{L_1}}\frac{t_{\mathrm{ON}}}{t_{\mathrm{OFF}}}U_{\mathrm{S}}=\frac{N_2}{N_1}\frac{t_{\mathrm{ON}}}{t_{\mathrm{OFF}}}U_{\mathrm{S}} \tag{6.43}$$

可见反激变换器是升降压斩波器，输出电压取决于变压器匝数比、触发信号占空比和直流电压。

需要指出，这里只讨论了副边电流在 t_{OFF} 时段结束时下降为 0 的情况，其他情况还包括副边电流连续和副边电流在 t_{OFF} 时段结束之前下降为 0 两种，进一步的学习请感兴趣的读者阅读参考文献[2]～[4]。

此外，正激变换器和反激变换器中变压器的原边只流过单向电流，容易造成铁心饱和，需要采取相应的措施。感兴趣的读者可阅读参考文献[1]～[4]。

7　最大功率传输问题的进一步讨论

在测量、信号处理等应用中的一些小功率电路，经常会遇到要求负载获得最大平均功率的问题。在电阻电路分析部分已经讨论过这种问题，方法是用戴维南定理进行求解。在正弦稳态电路中，该问题的处理思路与电阻电路完全一致。研究的问题具体来说就是：在电压有效值和内阻抗保持不变的电源两端接入怎样的负载，才能使负载获得最大的平均功率。更一般的情况是已知含独立源的线性网络，改变负载 Z_{L}，来讨论获得最大功率的条件（如图 6.23 所示）。仿照电阻电路的分析方法，将图 6.23 中线性网络作戴维南等效，得到如图 6.24 所示的等效电路，再由负载有功功率的表达式得到负载获得最大功率的条件。

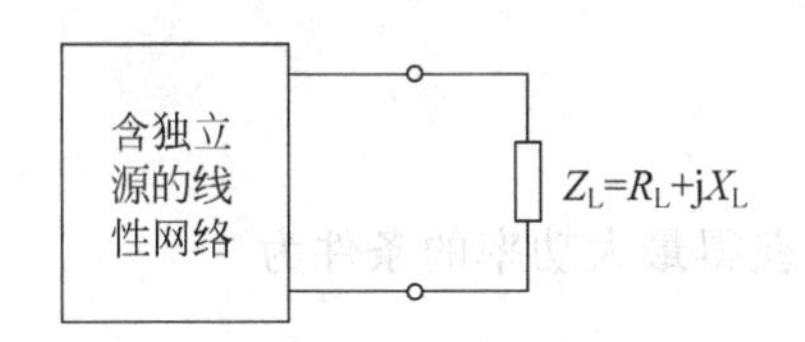

图 6.23　最大功率传输定理说明电路

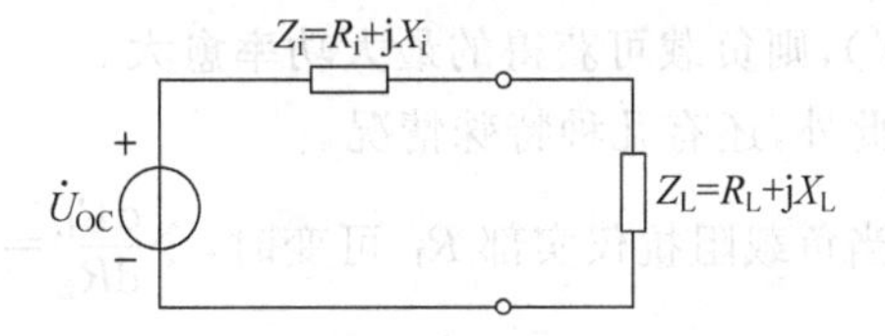

图 6.24　图 6.23 的戴维南等效电路

因含独立源的线性网络已知不变，所以戴维南等效电路中的等效电压 $\dot{U}_{\mathrm{OC}}$ 和等效内阻抗 Z_{i} 也已知不变。由图 6.24 可得负载获得的有功功率表达式为

$$P_{\mathrm{L}}=\frac{U_{\mathrm{OC}}^2}{(R_{\mathrm{i}}+R_{\mathrm{L}})^2+(X_{\mathrm{i}}+X_{\mathrm{L}})^2}R_{\mathrm{L}} \tag{6.44}$$

P_{L} 是关于 R_{L} 和 X_{L} 的函数。

(1) 负载可变

一种情况是负载阻抗任意可变。负载阻抗任意可变是指负载阻抗的实部 R_{L} 和虚部 X_{L} 均可变，此时 R_{L} 和 X_{L} 是变量，P_{L} 是关于 R_{L} 和 X_{L} 的二元函数。根据二元函数求极值的方法，P_{L} 分别对 R_{L} 和 X_{L} 求偏导数，并令 $\frac{\partial P}{\partial R_{\mathrm{L}}}=0$ 和 $\frac{\partial P}{\partial X_{\mathrm{L}}}=0$，得到 P_{L} 获得最大值的条

件为

$$Z_L = Z_i^* \quad (即\ R_L = R_i, X_L = -X_i) \tag{6.45}$$

式(6.45)称为最佳匹配条件,也称为共轭匹配。此时负载获得的最大功率为

$$P_{Lmax} = \frac{U_{OC}^2}{4R_i} \tag{6.46}$$

式(6.45)是负载获得最大平均功率的条件。此条件说明,当内阻抗为感性时,负载应为容性;当内阻抗为容性时,负载应为感性,才能获得最大功率。

另一种情况是负载阻抗的实部和虚部均可变,但比值 R_L/X_L 不变。将负载阻抗表示成极坐标形式 $Z_L=|Z_L|\angle\varphi_L$。由于负载阻抗的实部和虚部均可变,但比值 R_L/X_L 不变(即负载阻抗的模 $|Z_L|$ 可变,阻抗角 φ_L 不变),则此时负载所获得的有功功率表达式为

$$P_L = \frac{U_{OC}^2 \mid Z_L \mid \cos\varphi_L}{(R_i + \mid Z_L \mid \cos\varphi_L)^2 + (X_i + \mid Z_L \mid \sin\varphi_L)^2} \tag{6.47}$$

式中 $|Z_L|$ 是变量,P_L 是关于 $|Z_L|$ 的一元函数。求 $\frac{dP_L}{d|Z_L|}$,并令 $\frac{dP_L}{d|Z_L|}=0$,得

$$\mid Z_L \mid = \mid Z_i \mid \tag{6.48}$$

式(6.48)就是此时负载获得最大功率的条件,这一条件称为共模匹配。此时负载获得的最大功率为

$$P_{Lmax} = \frac{U_{OC}^2 \cos\varphi_L}{2 \mid Z_i \mid + 2(R_i\cos\varphi_L + X_i\sin\varphi_L)} = \frac{U_{OC}^2 \cos\varphi_L}{2 \mid Z_i \mid [1+\cos(\varphi_L - \varphi_i)]} \tag{6.49}$$

式中 φ_i 是 Z_i 的阻抗角。式(6.49)说明,负载阻抗 Z_L 与内阻抗 Z_i 的阻抗角之差愈大(愈接近 90°),则负载可获得的最大功率愈大。

此外,还有几种特殊情况。

当负载阻抗仅实部 R_L 可变时,令 $\frac{dP_L}{dR_L}=0$,负载获得最大功率的条件为

$$R_L = \sqrt{R_i^2 + (X_i + X_L)^2} \tag{6.50}$$

最大功率为

$$P_{Lmax} = \frac{U_{OC}^2}{2(R_i + \sqrt{R_i^2 + (X_i + X_L)^2})} \tag{6.51}$$

若负载为纯电阻,即 $Z_L=R_L$,且 R_L 可变,这种情况是负载仅实部可变的特例,由式(6.50)和式(6.51)可得此时负载获得最大功率的条件和获得的最大功率分别为

$$R_L = \sqrt{R_i^2 + X_i^2} \tag{6.52}$$

$$P_{Lmax} = \frac{U_{OC}^2}{2(R_i + \sqrt{R_i^2 + X_i^2})} \tag{6.53}$$

这种情况下应注意,负载获得最大功率的条件不是 $R_L=R_i$。

当负载仅虚部 X_L 可变时,令 $\frac{dP_L}{dX_L}=0$,可得负载获得最大功率的条件和获得的最大功

率分别为

$$X_L = -X_i \tag{6.54}$$

$$P_L = \frac{U_{OC}^2 R_L}{(R_i + R_L)^2} \tag{6.55}$$

(2) 电源和负载均不可变,用理想变压器实现阻抗匹配

在实际问题中还会遇到电源和内阻抗或含独立源的二端网络与负载均不可变,而希望负载获得最大功率的情况,此时解决问题的方法之一是在电源和负载之间插入一理想变压器(理想变压器的变比可调),如图 6.25 所示。

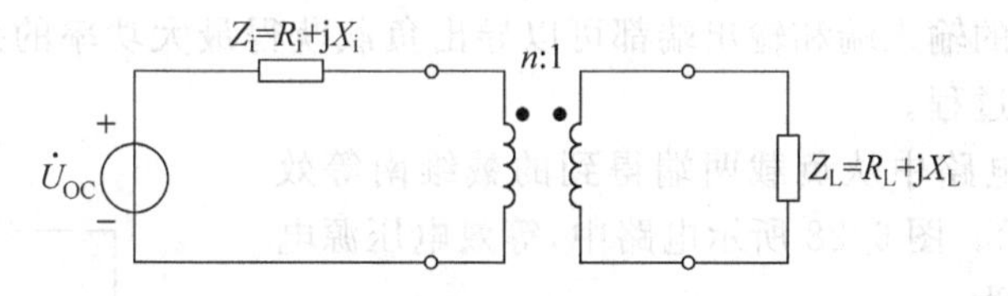

图 6.25　用理想变压器实现负载匹配

将图 6.25 中的负载阻抗折算至原边则为 $n^2 Z_L = n^2 R_L + \mathrm{j}\, n^2 X_L$,如图 6.26 所示。由于这种情况下仅变比 n 可变,所以等效阻抗仅模可变,相当于上文中负载可变的第二种情况,此时的匹配条件应为共模匹配,所得结果与式(6.43)和式(6.44)类似,这里不再赘述。

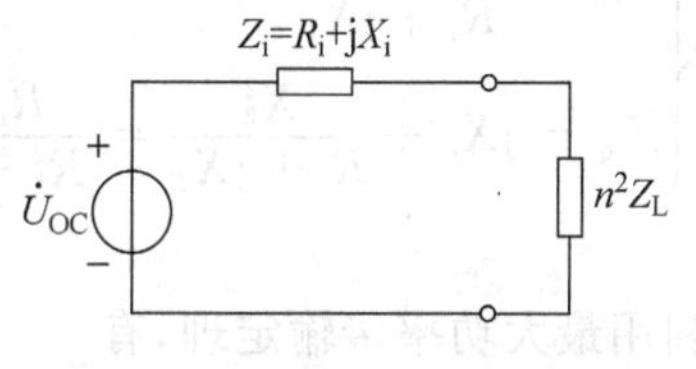

图 6.26　将图 6.25 负载阻抗等效至原边的等效电路

(3) 电源和负载均不可变,在电源和负载之间插入无损 LC 网络实现阻抗匹配

对于电源和负载均不可变,而希望负载获得最大功率的情况,除了可以用上文所说的理想变压器实现阻抗匹配的方法外,还可以在电源和负载之间插入一无损 LC 网络,实现阻抗匹配,使负载获得最大功率。此时若仍采用戴维南等效的方法,则等效电路中的$\dot{U}_{OC}$和 Z_i 均是待设计电路(即匹配网络)参数的函数,若直接应用负载可变而电源或含独立源网络不变情况下的最大功率传输条件,结果是否正确?下面给出详细讨论。

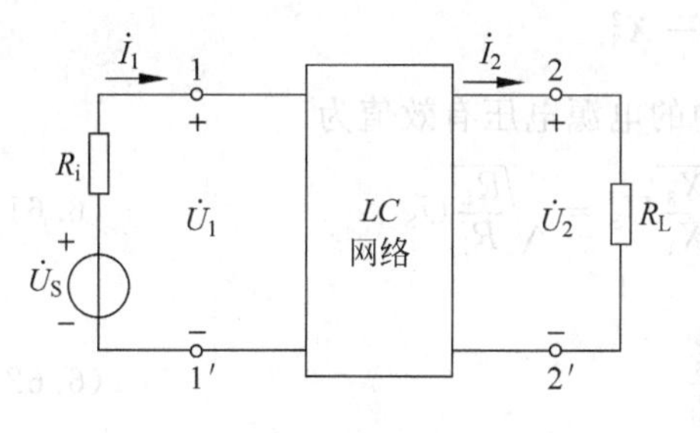

图 6.27　用 LC 网络实现阻抗匹配和最大功率传输

首先讨论一种简单情况,即电源内阻抗和负载均为纯电阻的情况。电路如图 6.27 所示,图中电源电压$\dot{U}_S$ 已知,电源内阻抗为纯电阻 R_i;负载为纯电阻 R_L。设计无损的 LC 网络中各元件的参数,使负载获得最大功率。

图 6.27 中 LC 网络为一互易的二端口,设其阻抗参数为

$$\boldsymbol{Z}=\begin{bmatrix}Z_{11} & Z_{12}\\ Z_{21} & Z_{22}\end{bmatrix}=\begin{bmatrix}\mathrm{j}X_1 & \mathrm{j}X_2\\ \mathrm{j}X_2 & \mathrm{j}X_3\end{bmatrix} \tag{6.56}$$

列 KVL 方程：

$$\begin{cases}\dot{U}_1=\mathrm{j}X_1\dot{I}_1+\mathrm{j}X_2(-\dot{I}_2)\\ \dot{U}_2=\mathrm{j}X_2\dot{I}_1+\mathrm{j}X_3(-\dot{I}_2)\\ \dot{U}_1=\dot{U}_{\mathrm{S}}-R_{\mathrm{i}}\dot{I}_1\\ \dot{U}_2=R_{\mathrm{L}}\dot{I}_2\end{cases} \tag{6.57}$$

从二端口网络的输入端和输出端都可以导出负载获得最大功率的条件，下面仅给出从输出端讨论的具体过程。

图 6.27 所示电路中从负载两端得到的戴维南等效电路如图 6.28 所示。图 6.28 所示电路中，等效电压源电压和等效阻抗分别为

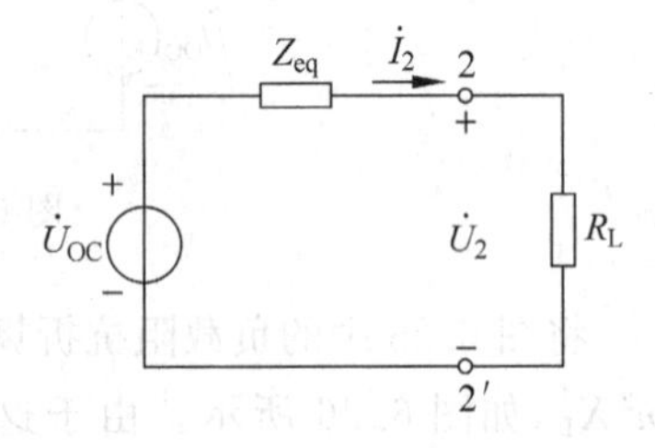

图 6.28　图 6.27 的戴维南等效电路

$$\begin{cases}\dot{U}_{\mathrm{OC}}=\dfrac{\mathrm{j}X_2}{R_{\mathrm{i}}+\mathrm{j}X_1}\dot{U}_{\mathrm{S}}\\ Z_{\mathrm{eq}}=\mathrm{j}X_3+\dfrac{X_2^2}{R_{\mathrm{i}}+\mathrm{j}X_1}=\dfrac{R_{\mathrm{i}}X_2^2}{R_{\mathrm{i}}^2+X_1^2}+\mathrm{j}\left(X_3-\dfrac{X_1X_2^2}{R_{\mathrm{i}}^2+X_1^2}\right)\end{cases} \tag{6.58}$$

利用最大功率传输定理，有

$$\begin{cases}\dfrac{R_{\mathrm{i}}X_2^2}{R_{\mathrm{i}}^2+X_1^2}=R_{\mathrm{L}}\\ X_3-\dfrac{X_1X_2^2}{R_{\mathrm{i}}^2+X_1^2}=0\end{cases} \tag{6.59}$$

由式(6.59)可解得

$$\begin{cases}R_{\mathrm{i}}=\sqrt{\dfrac{X_1X_2^2}{X_3}-X_1^2}\\ R_{\mathrm{L}}=\sqrt{\dfrac{X_2^2X_3}{X_1}-X_3^2}\end{cases} \tag{6.60}$$

由式(6.58)和式(6.60)可得戴维南等效电路中的电源电压有效值为

$$U_{\mathrm{OC}}=\sqrt{\frac{X_2^2}{R_{\mathrm{i}}^2+X_1^2}}U_{\mathrm{S}}=\sqrt{\frac{X_3}{X_1}}U_{\mathrm{S}}=\sqrt{\frac{R_{\mathrm{L}}}{R_{\mathrm{i}}}}U_{\mathrm{S}} \tag{6.61}$$

此时可求得负载获得的最大功率为

$$P_{\mathrm{Lmax}}=\frac{U_{\mathrm{S}}^2}{4R_{\mathrm{i}}} \tag{6.62}$$

现在的问题是在输出端得到戴维南等效电路后，直接利用最大功率传输定理是否正确？下面的推导证明在上述情况下直接利用最大功率传输定理所得到的结论是正确的。

由图 6.28 及式(6.58)可求得负载中的电流为

$$\dot{I}_2=\frac{\dot{U}_{\mathrm{OC}}}{R_{\mathrm{L}}+Z_{\mathrm{eq}}}=\frac{1}{R_{\mathrm{L}}+\mathrm{j}X_3+\dfrac{X_2^2}{R_{\mathrm{i}}+\mathrm{j}X_1}}\frac{\mathrm{j}X_2}{R_{\mathrm{i}}+\mathrm{j}X_1}\dot{U}_{\mathrm{S}}$$

$$=\frac{\mathrm{j}\dot{U}_{\mathrm{S}}}{\dfrac{R_{\mathrm{i}}R_{\mathrm{L}}-X_1X_3+X_2^2}{X_2}+\mathrm{j}\dfrac{R_{\mathrm{i}}X_3+R_{\mathrm{L}}X_1}{X_2}} \tag{6.63}$$

若要使负载获得最大功率，只需电流 I_2 达到最大值，即式(6.63)中分母所表示的复数的模最小。令

$$f(X_1,X_2,X_3)=\frac{(R_{\mathrm{i}}R_{\mathrm{L}}-X_1X_3+X_2^2)^2}{X_2^2}+\frac{(R_{\mathrm{i}}X_3+R_{\mathrm{L}}X_1)^2}{X_2^2} \tag{6.64}$$

式(6.64)中，$f(X_1,X_2,X_3)$为式(6.63)中分母所表示的复数模的平方，X_1、X_2 和 X_3 是变量。将 $f(X_1,X_2,X_3)$分别对 X_1、X_2 和 X_3 求偏导数，并令

$$\frac{\partial f(X_1,X_2,X_3)}{\partial X_1}=0,\frac{\partial f(X_1,X_2,X_3)}{\partial X_2}=0\text{ 和 }\frac{\partial f(X_1,X_2,X_3)}{\partial X_3}=0$$

得到三个表达式。但三个表达式只有两个自由度，可得到与式(6.60)同样的约束。由此可求得 $f(X_1,X_2,X_3)$的最小值为

$$(f(X_1,X_2,X_3))_{\min}=4R_{\mathrm{i}}R_{\mathrm{L}} \tag{6.65}$$

因此

$$I_{2\max}=\frac{U_{\mathrm{S}}}{2\sqrt{R_{\mathrm{i}}R_{\mathrm{L}}}} \tag{6.66}$$

负载获得的最大功率为

$$P_{\mathrm{Lmax}}=I_{2\max}^2R_{\mathrm{L}}=\frac{U_{\mathrm{S}}^2}{4R_{\mathrm{i}}} \tag{6.67}$$

上述推导过程证明了在负载可变情况下得到的最大功率传输的结论适用于电源支路和负载电阻均不可变，而通过设计 LC 匹配网络实现最大功率传输的情况。

上述分析是针对电源内阻抗和负载均为纯电阻的情况。但分析方法可推广到如图 6.29 所示的电源内阻抗和负载均为复阻抗的一般情况。

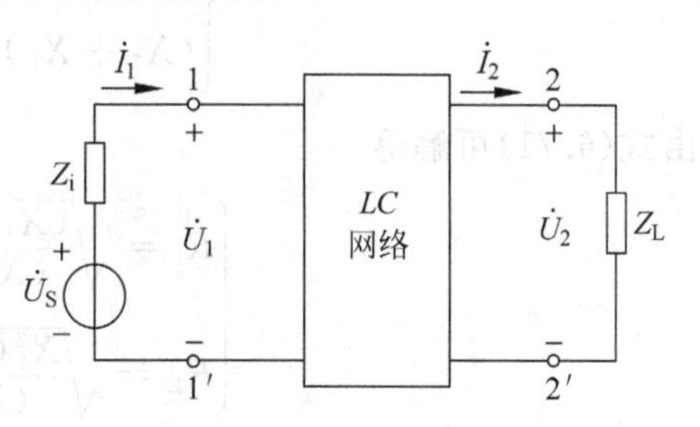

图 6.29　LC 匹配网络设计的一般电路

设电源内阻抗为 $Z_{\mathrm{i}}=R_{\mathrm{i}}+\mathrm{j}X_{\mathrm{i}}$，负载阻抗为 $Z_{\mathrm{L}}=R_{\mathrm{L}}+\mathrm{j}X_{\mathrm{L}}$。为利用前面电源内阻抗和负载均为纯电阻情况下所得到的结果，将图 6.29 变换为图 6.30 所示电路，显然图 6.30 对求负载的功率来说，与图 6.27 的形式是相同的。

设图 6.30 中的 LC 二端口网络的 Z 参数仍为

$$\boldsymbol{Z}=\begin{bmatrix}\mathrm{j}X_1 & \mathrm{j}X_2\\ \mathrm{j}X_2 & \mathrm{j}X_3\end{bmatrix} \tag{6.68}$$

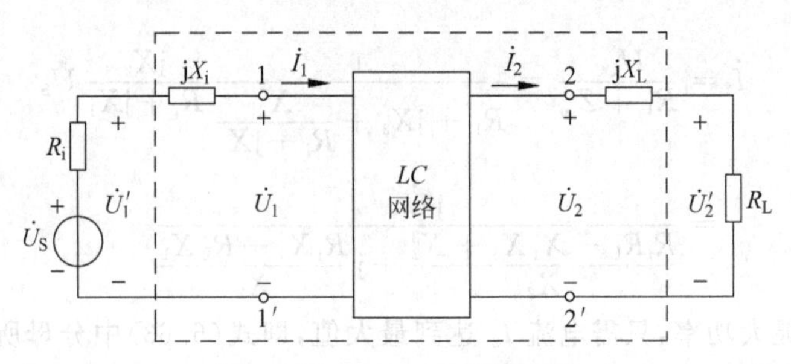

图 6.30 图 6.29 的等效电路

图 6.30 虚线框内的二端口的 Z 参数为

$$\boldsymbol{Z}'=\begin{bmatrix}\mathrm{j}(X_1+X_\mathrm{i}) & \mathrm{j}X_2\\ \mathrm{j}X_2 & \mathrm{j}(X_3+X_\mathrm{L})\end{bmatrix} \tag{6.69}$$

可见,图 6.30 虚线框内所示的二端口网络也是一个无损 LC 网络。其负载获得最大功率的条件显然也与图 6.27 类似。只需将图 6.27 导出的各结果中的 X_1 换作 X_1+X_i,X_3 换作 X_3+X_L,便可得到图 6.30 电路中负载获得最大功率的条件和所获得的最大功率,也就是图 6.29 所示电路的结果。图 6.29 所示电路的戴维南等效电路仍如图 6.28 所示,其中等效参数分别为

$$\begin{cases}\dot{U}_\mathrm{OC}=\dfrac{\mathrm{j}X_2}{R_\mathrm{i}+\mathrm{j}(X_1+X_\mathrm{i})}\dot{U}_\mathrm{S}\\ Z_\mathrm{eq}=\mathrm{j}(X_3+X_\mathrm{L})+\dfrac{X_2^2}{R_\mathrm{i}+\mathrm{j}(X_1+X_\mathrm{i})}=\dfrac{R_\mathrm{i}X_2^2}{R_\mathrm{i}^2+(X_1+X_\mathrm{i})^2}+\mathrm{j}\left(X_3-\dfrac{(X_1+X_\mathrm{i})X_2^2}{R_\mathrm{i}^2+(X_1+X_\mathrm{i})^2}\right)\end{cases} \tag{6.70}$$

利用最大功率传输定理,有

$$\begin{cases}\dfrac{R_iX_2^2}{R_\mathrm{i}^2+(X_1+X_\mathrm{i})^2}=R_\mathrm{L}\\ (X_3+X_\mathrm{L})-\dfrac{(X_1+X_\mathrm{i})X_2^2}{R_\mathrm{i}^2+(X_1+X_\mathrm{i})^2}=0\end{cases} \tag{6.71}$$

由式(6.71)可解得

$$\begin{cases}R_\mathrm{i}=\sqrt{\dfrac{(X_1+X_\mathrm{i})X_2^2}{(X_3+X_\mathrm{L})}-(X_1+X_\mathrm{i})^2}\\ R_\mathrm{L}=\sqrt{\dfrac{X_2^2(X_3+X_\mathrm{L})}{(X_1+X_\mathrm{i})}-(X_3+X_\mathrm{L})^2}\end{cases} \tag{6.72}$$

式(6.72)即实现最大功率传输所需匹配网络的参数应满足的条件。

由式(6.70)和式(6.72)可得戴维南等效电路中的电源电压有效值为

$$U_\mathrm{OC}=\sqrt{\frac{X_2^2}{R_\mathrm{i}^2+(X_1+X_\mathrm{i})^2}}U_\mathrm{S}=\sqrt{\frac{X_3+X_\mathrm{L}}{X_1+X_\mathrm{i}}}U_\mathrm{S}=\sqrt{\frac{R_\mathrm{L}}{R_\mathrm{i}}}U_\mathrm{S} \tag{6.73}$$

此时可求得负载获得的最大功率为

$$P_{\text{Lmax}}=\frac{U_{\text{S}}^2}{4R_{\text{i}}} \tag{6.74}$$

上述推导还可推广应用到电源为一含独立源线性二端网络的情况。此时只需先将该复杂网络作戴维南等效,便可得到与图 6.29 相似的等效电路,再利用上述结论即可。

由上述推导过程可以得到如下结论。

① 在电源支路(或含独立源线性二端网络)与负载之间插入一无损 LC 网络可实现最佳匹配,使负载获得最大功率。

② 通过插入无损 LC 网络实现最大功率传输的问题,虽与一般教材中给定电源支路、改变负载的情况不同,但最大功率传输定理的结论仍然是相同的,即当网络的戴维南等效电路中等效阻抗等于负载阻抗的共轭复数时,负载获得最大功率。

8　三绕组理想变压器的分析(安匝平衡)

具有两个以上绕组的变压器统称多绕组变压器,现在已经广泛地应用于输电和配电系统中。它们通常采用同心式绕组,各绕组的相对位置取决于变压器的运行状态。多绕组变压器主要应用在下列场合:

(1) 联结不同电压等级的电力系统;

(2) 利用联结到一个绕组端子上的同步补偿器调节系统电压和无功功率;

(3) 利用细分的绕组使短路功率能够调节。

从根本的电磁关系上讲,多绕组变压器和双绕组变压器没有不同,因此完全可以用教材 6.5.3 中介绍的基于互感电压的分析方法求出其 u-i 关系。为了利用已有知识更顺利地得到理想三绕组变压器的 u-i 关系,下面首先以空心变压器为基础,进一步假设所有线圈无损耗、无漏磁,即三绕组全耦合变压器的 u-i 关系,如图 6.31 所示。它们的匝数分别为 N_1、N_2 和 N_3,匝数比 $n_1=N_1/N_2$,$n_2=N_1/N_3$。

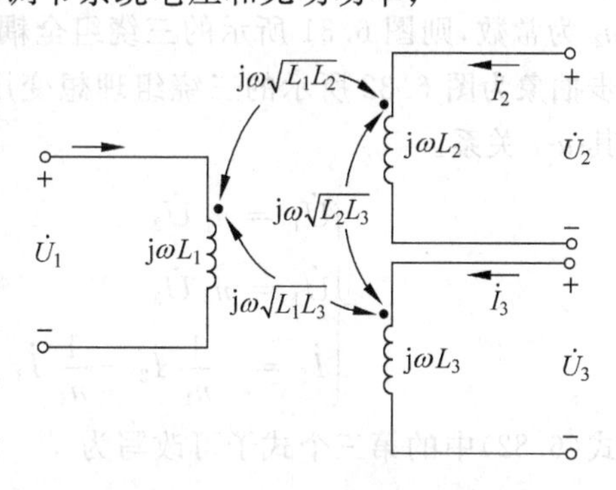

图 6.31　三绕组全耦合变压器

图 6.31 所示的三绕组全耦合变压器是一个三端口网络。首先需要考虑的问题是对这样一个网络能够列写出多少个独立的 u-i 关系式。答案是 3 个。对图 6.31 中的 3 个端口分别应用 KVL,并根据互感电压的定义可得:

$$\dot{U}_1=\text{j}\omega L_1\dot{I}_1+\text{j}\omega\sqrt{L_1L_2}\,\dot{I}_2+\text{j}\omega\sqrt{L_1L_3}\,\dot{I}_3 \tag{6.75}$$

$$\dot{U}_2=\text{j}\omega\sqrt{L_1L_2}\,\dot{I}_1+\text{j}\omega L_2\dot{I}_2+\text{j}\omega\sqrt{L_2L_3}\,\dot{I}_3 \tag{6.76}$$

$$\dot{U}_3=\text{j}\omega\sqrt{L_1L_3}\,\dot{I}_1+\text{j}\omega\sqrt{L_2L_3}\,\dot{I}_2+\text{j}\omega L_3\dot{I}_3 \tag{6.77}$$

由式(6.75)得

$$\dot{I}_1=\frac{\dot{U}_1}{\mathrm{j}\omega L_1}-\sqrt{\frac{L_2}{L_1}}\,\dot{I}_2-\sqrt{\frac{L_3}{L_1}}\,\dot{I}_3 \tag{6.78}$$

将式(6.78)分别代入式(6.76)和式(6.77)得到

$$\dot{U}_2=\sqrt{\frac{L_2}{L_1}}\,\dot{U}_1=\frac{N_2}{N_1}\dot{U}_1 \tag{6.79}$$

$$\dot{U}_3=\sqrt{\frac{L_3}{L_1}}\,\dot{U}_1=\frac{N_3}{N_1}\dot{U}_1 \tag{6.80}$$

因为 $n_1=\frac{N_1}{N_2}$,$n_2=\frac{N_1}{N_3}$,由式(6.78)、式(6.79)和式(6.80)得三绕组全耦合变压器的 u-i 关系:

$$\begin{cases}\dot{U}_1=n_1\dot{U}_2\\ \dot{U}_1=n_2\dot{U}_3\\ \dot{I}_1=\dfrac{\dot{U}_1}{\mathrm{j}\omega L_1}-\dfrac{1}{n_1}\dot{I}_2-\dfrac{1}{n_2}\dot{I}_3\end{cases} \tag{6.81}$$

类似于双绕组理想变压器的讨论,不妨进一步假设 L_1、L_2、L_3 均为无穷大,且保持 $\sqrt{L_1/L_2}=n_1$ 和 $\sqrt{L_1/L_3}=n_2$ 为常数,则图 6.31 所示的三绕组全耦合变压器就进一步抽象为图 6.32 所示的三绕组理想变压器,式(6.82)为其 u-i 关系。

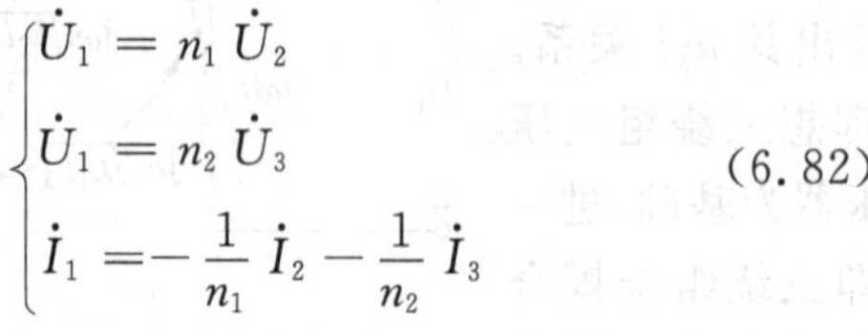

$$\begin{cases}\dot{U}_1=n_1\dot{U}_2\\ \dot{U}_1=n_2\dot{U}_3\\ \dot{I}_1=-\dfrac{1}{n_1}\dot{I}_2-\dfrac{1}{n_2}\dot{I}_3\end{cases} \tag{6.82}$$

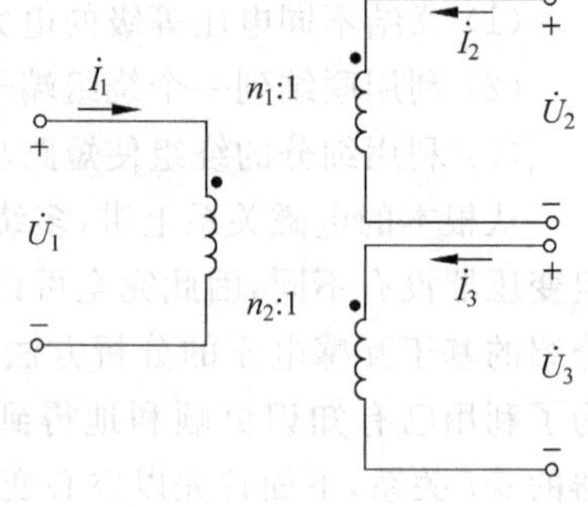

图 6.32　三绕组理想变压器

式(6.82)中的第三个式子可改写为

$$N_1\dot{I}_1+N_2\dot{I}_2+N_3\dot{I}_3=0 \tag{6.83}$$

根据电磁场的安培环路定理可知,在均匀介质恒定电流的磁场中,磁感应强度 $\boldsymbol{B}$ 沿任何闭合路径 $\boldsymbol{l}$ 的线积分为

$$\oint_L \boldsymbol{B}\cdot\mathrm{d}\boldsymbol{l}=\mu_0\mu_r\sum i_{\mathrm{int}} \tag{6.84}$$

由式(6.83)和式(6.84)可知,对于三绕组理想变压器来说,可以认为其三个绕组的电流产生的磁场处于一种平衡状态,它们在磁通路中相互抵消,从而使得磁通路中没有磁场。这种状态称为安匝平衡。安匝平衡反映了大型变压器各绕组电流产生的磁场相互抵消的物理现象,在分析大型变压器时经常用到。当然,实际变压器的磁通路中不可能没有磁场,否则

就不可能根据法拉第电磁感应定律得到电压。式(6.83)所示的安匝平衡不过是对式(6.78)抽象、近似得到的结果。换言之，在变压器铁心磁导率非常大的情况下(对应于 L_1、L_2、L_3 非常大)，如果没有漏磁，则只需很小的磁场即可完成电磁能量转换，这时可认为变压器安匝平衡带来的误差是可忽略的。

图 6.33 为一含三绕组理想变压器的电路，可对该电路列方程求解。电路方程为

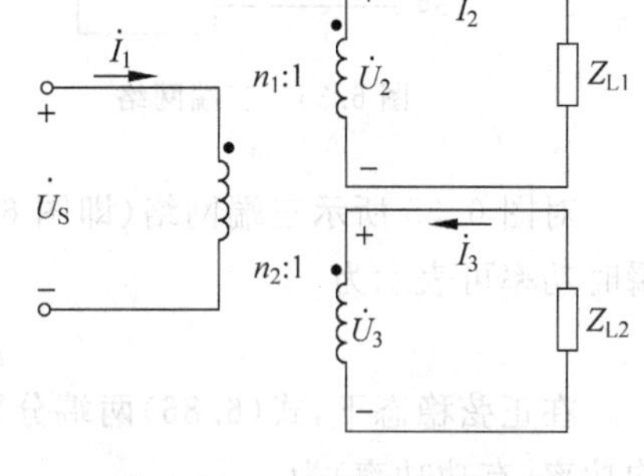

图 6.33　三绕组变压器电路

$$\begin{cases}\dot{U}_2 = Z_{L1}\dot{I}_2 \\ \dot{U}_3 = Z_{L2}\dot{I}_3 \\ \dot{U}_S = n_1\dot{U}_2 \\ \dot{U}_S = n_2\dot{U}_3 \\ \dot{I}_1 + \dfrac{1}{n_1}\dot{I}_2 + \dfrac{1}{n_2}\dot{I}_3 = 0\end{cases} \tag{6.85}$$

其中，前两个方程为负载特性方程，后三个方程为理想变压器的 u-i 关系(请注意参考方向)。根据式(6.85)可求解出含三绕组理想变压器电路的各支路量。

由式(6.85)可解得原边电流为

$$\dot{I}_1 = \frac{\dot{U}_S}{n_1^2 Z_{L1}} + \frac{\dot{U}_S}{n_2^2 Z_{L2}}$$

因此三绕组变压器的原边等效电路如图 6.34 所示。

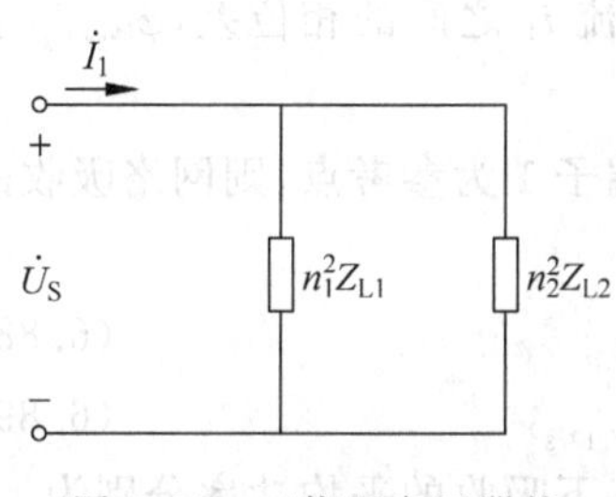

图 6.34　三绕组变压器的原边等效电路

其他类型的多绕组变压器可以采用类似的方法进行分析。

9　从二端口的角度分析三相功率的测量方法

下面从二端口网络的角度来分析三相电路的功率的测量与接线方法，将有助于更深刻地理解三相电路功率测量时两表法和三表法的接线问题。

(1) 三端网络与三相三线制电路的关系

教材 2.7 节关于二端口网络的内容曾说明，一个具有公共端的 $n+1$ 端网络可看做 n 端口网络。图 6.35 所示为一三端网络，可任意选定一个端子为电压参考点，将三端网络看做一个二端口网络。例如以端子 3 为参考端，则等效的二端口网络如图 6.36 所示。根据 KCL 有 $i_1+i_2+i_3=0$，即

$$i_3 = -i_1 - i_2$$

两个端口分别为 1,3 端口和 2,3 端口。

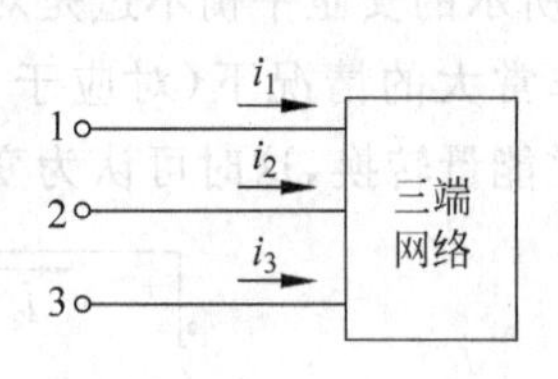

图 6.35　三端网络

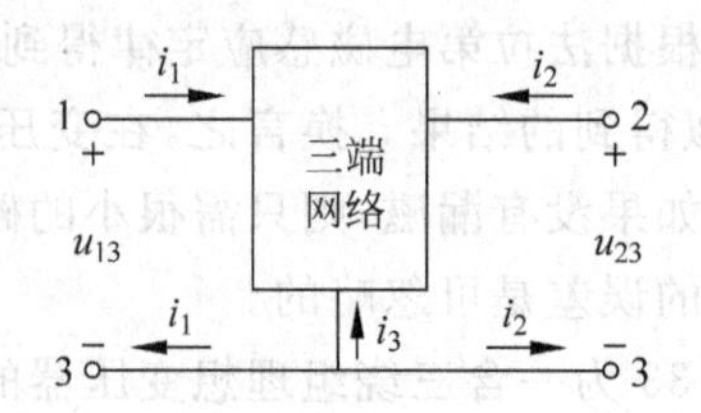

图 6.36　图 6.35 的等效二端口网络

对图 6.35 所示三端网络(即图 6.36 所示二端口网络),以端子 3 为参考点,网络吸收的瞬时功率可表示为

$$p_{12}=u_{13}i_1+u_{23}i_2 \tag{6.86}$$

在正弦稳态下,式(6.86)两端分别在一个周期内取平均值,即得到该三端网络吸收的平均功率(有功功率)为

$$P_{12}=U_{13}I_1\cos\varphi_{\langle u_{13},i_1\rangle}+U_{23}I_2\cos\varphi_{\langle u_{23},i_2\rangle} \tag{6.87}$$

式(6.87)中,电压、电流均为有效值,$\varphi_{\langle u_{13},i_1\rangle}$表示电压 u_{13} 与电流 i_1 之间的相位差,$\varphi_{\langle u_{23},i_2\rangle}$表示电压 u_{23} 与电流 i_2 之间的相位差。

图 6.35 所示三端网络的电压参考点可任意选择。若以端子 1 为参考点,则网络吸收的瞬时功率和正弦稳态下吸收的平均功率分别为

$$p_{23}=u_{21}i_2+u_{31}i_3 \tag{6.88}$$

$$P_{23}=U_{21}I_2\cos\varphi_{\langle u_{21},i_2\rangle}+U_{31}I_3\cos\varphi_{\langle u_{31},i_3\rangle} \tag{6.89}$$

同样若以端子 2 为参考点,则网络吸收的瞬时功率和正弦稳态下吸收的平均功率分别为

$$p_{31}=u_{32}i_3+u_{12}i_1 \tag{6.90}$$

$$P_{31}=U_{32}I_3\cos\varphi_{\langle u_{32},i_3\rangle}+U_{12}I_1\cos\varphi_{\langle u_{12},i_1\rangle} \tag{6.91}$$

式(6.89)、式(6.91)中各电压、电流和相位差符号的意义与式(6.87)中类似。

由上述结果可知,若用功率表测量该三端网络的功率,可用两个功率表,即两表法。按参考点的不同可有三种接线方式(即分别以端子 3、1、2 为参考点),接线图分别如图 6.37 所示。

一般情况下,按上述测量三端网络功率的接线方法给出的是网络吸收的总平均功率,显然,单个功率表读数没有明确的物理意义。

上述的三端网络是任意的,可以是线性的网络,也可以是非线性的网络;可以是无独立源的网络,也可以是含独立源的网络。一个三相三线制的网络只不过是一个特殊的三端网络,因此一般三端网络的功率测量方法完全适用这种情况。将三端网络中端子 1、2、3 分别用三相电路的三相端子 A、B、C 代替,相应电压、电流变量的下标也作相同的替换,便得到测量三相三线制电路功率的接线图如图 6.38 所示,显然就是教材 6.7.3 中所说的共 A 接法、共 B 接法和共 C 接法。此时测量三相总功率只能用两表法,两表读数的代数和等于三相负载吸收的总平均功率,而单个功率表的读数没有直接的物理意义。共 A 接法中两个功率表

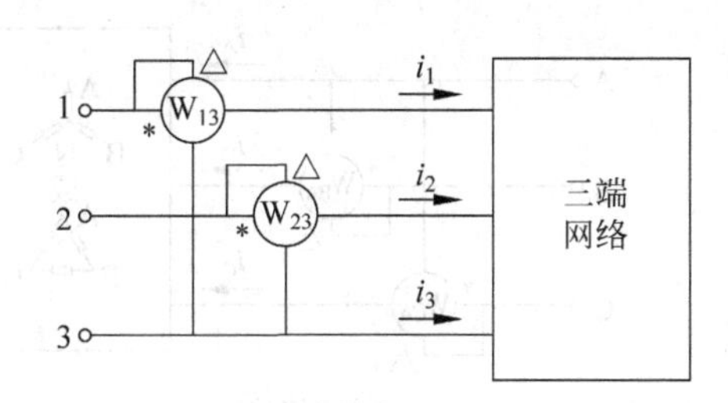

(a) 以端子3为参考点

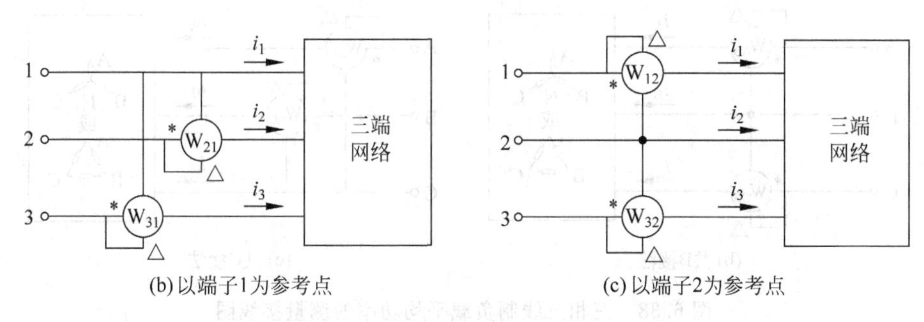

(b) 以端子1为参考点　　(c) 以端子2为参考点

图 6.37　三端网络平均功率的测量接线图

W_{BA}、W_{CA}的读数分别为

$$\begin{cases}P_{BA}=U_{BA}I_{B}\cos\varphi_{\langle u_{BA},i_{B}\rangle}\\P_{CA}=U_{CA}I_{A}\cos\varphi_{\langle u_{CA},i_{C}\rangle}\end{cases}\tag{6.92}$$

共 B 接法中两个功率表 W_{AB}、W_{CB}的读数分别为

$$\begin{cases}P_{AB}=U_{AB}I_{A}\cos\varphi_{\langle u_{AB},i_{A}\rangle}\\P_{CB}=U_{CB}I_{C}\cos\varphi_{\langle u_{CB},i_{C}\rangle}\end{cases}\tag{6.93}$$

共 C 接法中两个功率表 W_{AC}、W_{BC}的读数分别为

$$\begin{cases}P_{AC}=U_{AC}I_{A}\cos\varphi_{\langle u_{AC},i_{A}\rangle}\\P_{BC}=U_{BC}I_{B}\cos\varphi_{\langle u_{BC},i_{B}\rangle}\end{cases}\tag{6.94}$$

若三相网络是对称三相电路，则可作出电压与线电流的相量图，如图 6.39 所示。图中，φ 为负载的阻抗角(感性)，N 为Y接三相负载的中点，或△接三相负载等效为Y接负载时的等效中点。此时，式(6.92)～式(6.94)功率表读数的表达式可以简化。

由相量图 6.39 可见，线电压$\dot{U}_{AC}$领先线电流$\dot{I}_{A}$的角度为$-\varphi_1=-(30°-\varphi)$，线电压$\dot{U}_{BC}$领先线电流$\dot{I}_{B}$的角度为$\varphi_2=30°+\varphi$。由于对称，可令线电压的有效值为$U_l$，线电流的有效值为$I_l$。因此共 C 接法的两个功率表的读数的表达式可简化为

$$\begin{cases}P_1=P_{AC}=U_lI_l\cos(30°-\varphi)\\P_2=P_{BC}=U_lI_l\cos(30°+\varphi)\end{cases}\tag{6.95}$$

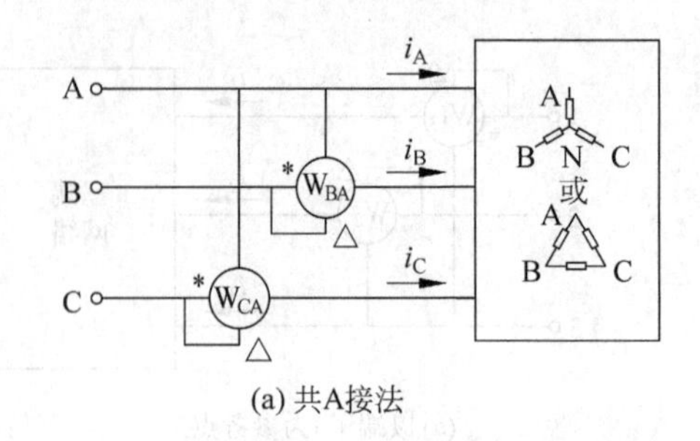

(a) 共A接法

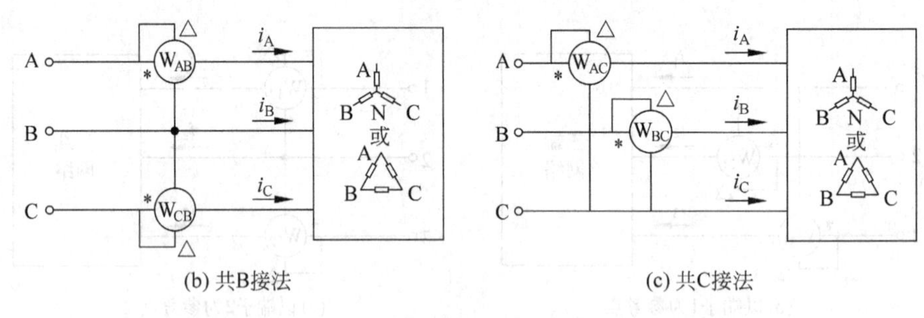

(b) 共B接法　　(c) 共C接法

图 6.38　三相三线制负载平均功率的测量接线图

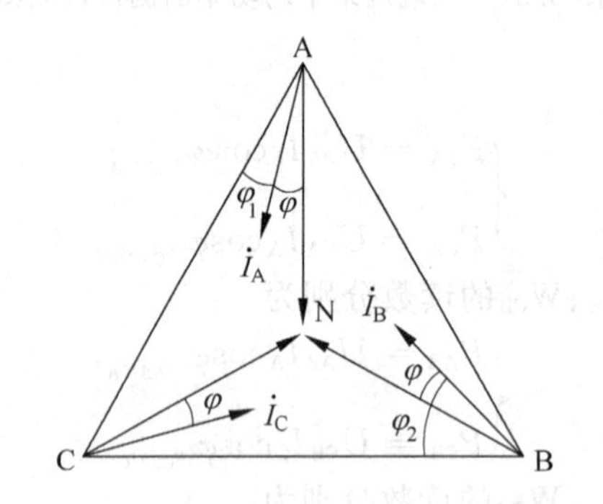

图 6.39　对称三相负载的电压、电流相量图

因为三相电路是循环对称的，所以此时共 A 接法中两个功率表的读数应为

$$\begin{cases} P_1 = P_{BA} = U_l I_l \cos(30^\circ - \varphi) \\ P_2 = P_{CA} = U_l I_l \cos(30^\circ + \varphi) \end{cases} \tag{6.96}$$

共 B 接法中两个功率表的读数应为

$$\begin{cases} P_1 = P_{CB} = U_l I_l \cos(30^\circ - \varphi) \\ P_2 = P_{AB} = U_l I_l \cos(30^\circ + \varphi) \end{cases} \tag{6.97}$$

由式(6.95)、式(6.96)和式(6.97)可以看出：三相负载对称时，用两表法测三相负载总功率，无论采用哪种接线方法，都不影响两块功率表的读数；负载不同，两个功率表的读数 P_1、P_2 可能为正，可能为负，也可能为零。对应情况见表 6.1。

表 6.1　不同的对称三相负载情况下两功率表的读数

负载阻抗角	负载性质	P_1	P_2	P_1+P_2
$\varphi=0°$	纯电阻	$\frac{\sqrt{3}}{2}U_lI_l$	$\frac{\sqrt{3}}{2}U_lI_l$	$\sqrt{3}U_lI_l$
$\varphi=60°$	感性	$\frac{\sqrt{3}}{2}U_lI_l$	0	$\frac{\sqrt{3}}{2}U_lI_l$
$60°<\varphi<90°$	感性	正值	负值	$P_1+P_2>0$
$\varphi=90°$	纯感性	$\frac{1}{2}U_lI_l$	$-\frac{1}{2}U_lI_l$	0
$\varphi=-60°$	容性	0	$\frac{\sqrt{3}}{2}U_lI_l$	$\frac{\sqrt{3}}{2}U_lI_l$
$-90°<\varphi<-60°$	容性	负值	正值	$P_1+P_2>0$
$\varphi=-90°$	纯容性	$-\frac{1}{2}U_lI_l$	$\frac{1}{2}U_lI_l$	0

需要说明的是，待测的三端网络不一定是负载，也可以是含独立源的网络。如图 6.40 所示电路为两个三端网络之间功率交换的测量电路，图中两个功率表的读数之和为网络 2 所吸收的功率或网络 1 发出的功率。当然，网络 1 发出的功率值或网络 2 吸收的功率值不一定大于零。

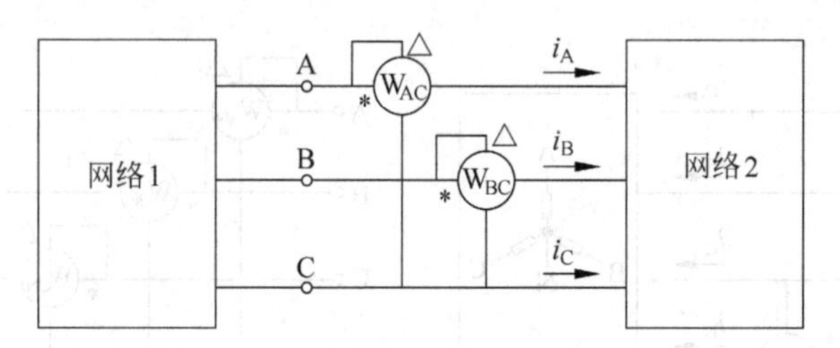

图 6.40　两个三端网络之间功率的测量

(2) 四端网络与三相四线制电路的关系

与三端网络类似，一个四端网络（如图 6.41 所示）可选任一个端子作电压的参考端，将其划分为三个端口，则其吸收的瞬时功率可表示为

$$\begin{cases} p_{234} = u_{21}i_2 + u_{31}i_3 + u_{41}i_4 & (1\ 为参考端) \\ p_{134} = u_{12}i_1 + u_{32}i_3 + u_{12}i_4 & (2\ 为参考端) \\ p_{124} = u_{13}i_1 + u_{23}i_2 + u_{43}i_4 & (3\ 为参考端) \\ p_{123} = u_{14}i_1 + u_{24}i_2 + u_{34}i_3 & (4\ 为参考端) \end{cases} \tag{6.98}$$

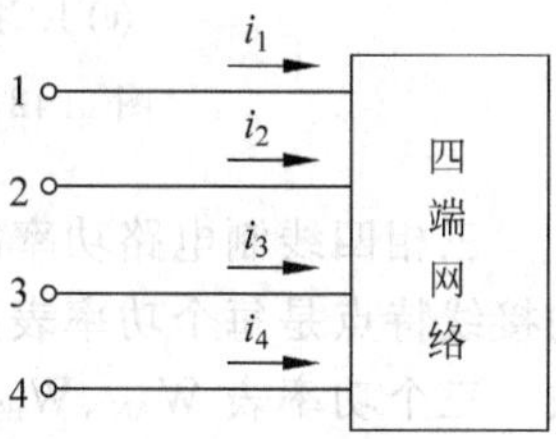

图 6.41　四端网络

在正弦稳态情况下，式(6.98)中各瞬时功率在一个周期内取平均值，得

$$
\begin{cases}
P_{234}=U_{21}I_2\cos\varphi_{\langle u_{21},i_2\rangle}+U_{31}I_3\cos\varphi_{\langle u_{31},i_3\rangle}+U_{41}I_4\cos\varphi_{\langle u_{41},i_4\rangle} & (1\text{ 为参考端})\\
P_{134}=U_{12}I_1\cos\varphi_{\langle u_{12},i_1\rangle}+U_{32}I_3\cos\varphi_{\langle u_{32},i_3\rangle}+U_{42}I_4\cos\varphi_{\langle u_{42},i_4\rangle} & (2\text{ 为参考端})\\
P_{124}=U_{13}I_1\cos\varphi_{\langle u_{13},i_1\rangle}+U_{23}I_2\cos\varphi_{\langle u_{23},i_2\rangle}+U_{43}I_4\cos\varphi_{\langle u_{43},i_4\rangle} & (3\text{ 为参考端})\\
P_{123}=U_{14}I_1\cos\varphi_{\langle u_{14},i_1\rangle}+U_{24}I_2\cos\varphi_{\langle u_{24},i_2\rangle}+U_{34}I_3\cos\varphi_{\langle u_{34},i_3\rangle} & (4\text{ 为参考端})
\end{cases}
\tag{6.99}
$$

上述分析表明，若用功率表测该四端网络的功率，需用三个功率表，即三表法。按电压参考端子的不同，共有四种接线方式，即分别以端子 1、2、3、4 为参考端子。

三相四线制电路是四端网络的一个特例。因为是三相四线制系统，故负载一定为星形接法且有中线。端子 1、2、3、4 分别对应 A、B、C、N，则式(6.99)中各表达式对应的四种测量三相功率的接线图，如图 6.42 所示。

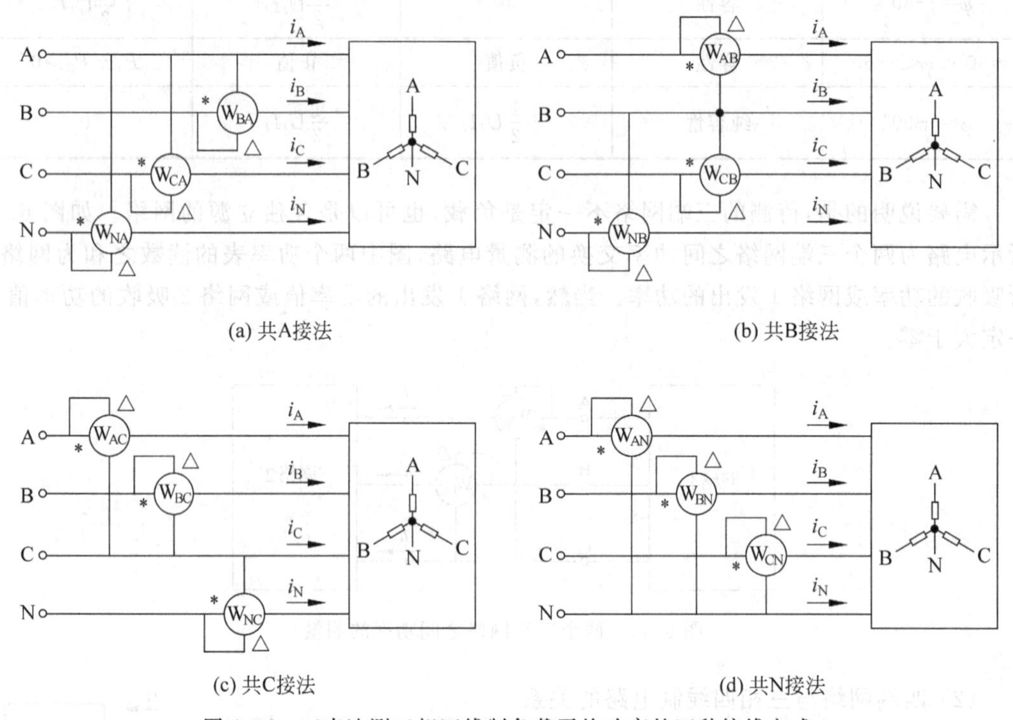

(a) 共A接法　(b) 共B接法

(c) 共C接法　(d) 共N接法

图 6.42　三表法测三相四线制负载平均功率的四种接线方式

三相四线制电路功率的测量，一般教材中给出的都是图 6.42(d)所示的接线方式。它的接线特点是每个功率表所接的电压均是以中线 N 为参考点，这就是传统意义上的三表法。三个功率表 W_{AN}、W_{BN} 和 W_{CN} 的读数分别为 P_{AN}、P_{BN} 和 P_{CN}，分别为 A、B、C 三相负载各自所吸收的平均功率，表达式为

$$
\begin{cases}
P_{AN}=U_{AN}I_A\cos\varphi_{\langle u_{AN},i_A\rangle}\\
P_{BN}=U_{BN}I_B\cos\varphi_{\langle u_{BN},i_B\rangle}\\
P_{CN}=U_{CN}I_C\cos\varphi_{\langle u_{CN},i_C\rangle}
\end{cases}
\tag{6.100}
$$

式中，$\varphi_{\langle u_{AN},i_A\rangle}$，$\varphi_{\langle u_{BN},i_B\rangle}$，$\varphi_{\langle u_{CN},i_C\rangle}$分别表示下标电压、电流之间的相位差。三相负载吸收的总平均功率为 $P=P_{AN}+P_{BN}+P_{CN}$。

实际上，三表法测三相功率还有图 6.42(a)、(b)、(c)所示的三种接线方式，可分别称作共 A，共 B 和共 C 接法（与此相对应，图 6.42(d)中的接法可称作共中线 N 接法）。每一种接线方式中三个表读数的代数和均表示该四端网络吸收的总平均功率，即三相负载吸收的总平均功率。

以图 6.42(c)所示共 C 接线为例，三个功率表 W_{AC}、W_{BC}、W_{NC}的读数分别为

$$\begin{cases} P_{AC} = U_{AC}I_A\cos\varphi_{\langle u_{AC},i_A\rangle} \\ P_{BC} = U_{BC}I_B\cos\varphi_{\langle u_{BC},i_B\rangle} \\ P_{NC} = U_{NC}I_N\cos\varphi_{\langle u_{NC},i_N\rangle} \end{cases} \tag{6.101}$$

式(6.101)中的三个功率的读数 P_{AC}、P_{BC}和 P_{NC}的代数和也表示三相负载吸收的平均功率（证明从略）。

图 6.42(a)和(b)中的三个功率表读数的代数和同样是三相电路的总平均功率。但图 6.42(a)、(b)、(c)所示的三种三表法接线中，单个功率表的读数无明确物理意义，这一点与三相三线制中的两表法是类似的。这时单个功率表的读数同样可能出现负值。在一般的教材中，均未给出这三种三表法的接线方式，工程上也较少采用，但知道这样的结果对正确理解三相功率的测量是有帮助的。

若三相四线制网络的负载对称，则上述三表法的测量结果有如下结论。

(1) 对于共 N 接法，每个功率表的读数是相同的，这时可只测一相的读数，再乘以 3 倍即可得到三相总功率。

(2) 对于共 A、共 B 和共 C 接法，因为总有一个功率表的电流要用到中线电流 i_N，而对于对称三相电路，中线电流 $i_N=0$，所以图 6.42(a)、(b)和(c)中串接在中线中的功率表 W_{NA}、W_{NB}和 W_{NC}的读数必为零，在测量时可不接，此时的三表法便可简化为两表法。这意味着此时可不计中线，三相四线制等效为三相三线制，可用两表法测三相的总功率。

对于不对称三相四线制系统，由于中线电流 $i_N\neq0$，所以电流线圈串接在中线上的功率表读数一般不为零，两表法不再适用，而必须用三表法测得三相负载的总功率。

上述分析说明，一个三端网络吸收（或发出）的平均功率可用两表法测量得到，有三种接线方式；一个四端网络吸收（或发出）的平均功率可用三表法测量得到，有四种接线方式。三相三线制和三相四线制电路的功率分析和测量是三端网络和四端网络功率问题的特例。由此可进一步理解测量三相电路功率的两表法和三表法的接线方法。

10　Y接电源和△接电源的对比

对称三相交流电源通常由三相交流同步发电机产生。三相电源必须采取适当的连接方法才能发挥三相交流电的特点。三相电源常用的连接方法有星形连接（Y接）和三角形连接

(△接)两种。教材中已经明确给出了在这两种接线方式下相电压和线电压、相电流和线电流的关系。这里再对二者在实际应用中的区别做一简单比较。

(1) 当要求的系统电压相同(即线电压 U_l 相同)时,Y接三相电源的相电压为 U_{pY},△接三相电源的相电压为 $U_{p\triangle}$,则应有 $U_{pY}=U_{p\triangle}/\sqrt{3}=U_l/\sqrt{3}$。此时Y接的相电压比△接时的低,相应地对Y接电源的绝缘要求也较低,结构上易于绝缘。例如同样输出 380V 的电压,Y接时绕组电压是 220V,△接时绕组电压则为 380V。

(2) 对称三相电源的电压代数和为零,但三相电源不完全对称时,若三相电源作△接,在三相电源组成的回路中就会出现循环电流,它将引起电源中不应有的热损失,对电源的工作不利。而三相电源Y接时则不会出现这种情况。

基于以上两点考虑,三相电源,尤其是三相同步发电机的三相绕组,很少采用△接,而一般采用Y接。

(3) 采用Y接时,可引出中性线构成三相四线制供电系统,对用户可提供两种不同的电压,以适应不同的需要。而△接一般采用三相三线制,只能提供一种电压。

(4) 当电源要求输出的功率相同、系统的电压等级也相同时,电源输出的线电流 I_l 也必然相同,而此时发电机绕组分别作△接和Y接时电源内部流过的相电流是不同的。设△接时的相电流为 $I_{p\triangle}$,Y接时的相电流为 I_{pY},则有 $I_{p\triangle}=I_{pY}/\sqrt{3}=I_l/\sqrt{3}$。可见,△接时发电机绕组中的电流比Y接时的小,因此△接绕组的导线可以细一些,而Y接绕组的导线应粗一些。

(5) 对称三相电源的一相发生开路故障时,Y接电源就不能对负载正常供电,而△接电源仍然可以对负载提供对称三相电压,只不过此时另外两相电源输出的功率会增大,以弥补断开的那一相缺失的功率。

11 三相系统的接线方式对比

在三相交流电力系统中,高压输电网常采用三相三线制的接线方式,而在低压配电端则采用三相四线制的接线方式。三相电源(来自发电机或变压器)通常是对称的。对长距离高压输电网而言,输电效率和输电成本是要优先考虑的问题,三相三线制输电效率显然比三相四线制要高。而且三相三线制适宜向对称三相负载供电,虽然系统中的负载可能是单相、两相或三相的,但在分配负载时应尽可能均衡地分接到电源的三相线路上,力求使三相等效负载接近对称。这样,从系统的角度看,整个三相电路仍是对称的。

在我国的低压配电网中,除了有像三相电动机那样的三相负载以及少量的两相负载外,大量的是单相负载。图 6.43 为采用三相四线制的配电网接线示意图,其中,A、B、C 三根线称为相线(或火线),三相电源中点的引出线 N 称为中线(或零线)。若将中点接地,通常称为保护接地,这时中线又称为地线。这种供电方式可以同时满足不同负载的需要。图中分别画出了单相负载、无中线三相负载(Y接或△接)和有中线三相负载(Y_0 接)的连接方式。该系统还可以为特殊的两相负载供电。

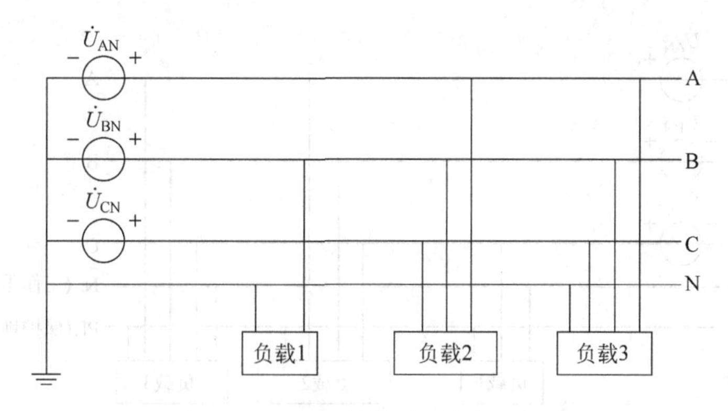

图 6.43　三相四线制系统接线示意图

在三相四线制系统中，对三相对称电源来说，由于中线的存在，可以保证每相电源独立地向单相负载供电。对于负载而言，由于单相负载的存在，三相四线制电路中，即使在设计时尽可能使单相负载均匀分配到三相中，但三相等效负载一般是不均衡的，即三相电路工作在不对称情况，中线中会有电流。图 6.43 中对单相负载而言，相当于单相两线制供电。

三相四线制供电方式在理想工况下，系统的运行不会有什么问题。但实际运行中存在一些安全隐患。首先，由于三相负载不平衡时中线有电流通过，若中线过长导致中线阻抗较大，则中线对地也会产生一定的对地电压；其次，由于环境恶化、导线老化、受潮等因素，导线的漏电流通过中线形成闭合回路，也会使中线有一定的电压。这对电网安全运行和人身安全十分不利。在非正常工况下，如在中线断路的特殊情况下，断路以后的单相设备和所有保护接零的设备都将带有危险的电压，这是不允许的。

为了解决上述问题，在民用建筑电气设计中常采用三相五线制接线方式。凡是采用保护接零的低压供电系统，均是三相五线制供电的应用范围。国家有关部门规定：凡是新建、扩建、企事业、商业、居民住宅、智能建筑、基建施工现场及临时线路，一律实行三相五线制供电方式。做到保护地线和工作零线单独敷设。对现有的三相四线制也将逐步改为三相五线制供电。

三相五线制系统接线示意图如图 6.44 所示。与三相四线制相比，它是单独敷设两根中线，即一根工作零线 N，另外用一根线专作保护地线 PE。所以三相五线制包括三根相线、一根工作零线、一根保护地线。其中负载设备金属外壳和正常不带电的金属部分与保护地线相联接。

三相五线制接线的特点是：工作零线 N 与保护地线 PE 除在电源中性点共同接地外，两线不再有任何的电气连接。不论 N 线还是 PE 线，在用户侧都要采用重复接地，以提高可靠性。但它们只能在接地点或靠近接地的位置接到一起，绝不意味着可以在任意位置特别是户内接到一起。这种接线方式同样适用于单相负载、三相无中线负载和三相有中线负载。在三相负载不对称的运行工况下，工作零线 N 是有电流通过且是带电的，而保护地线 PE 不

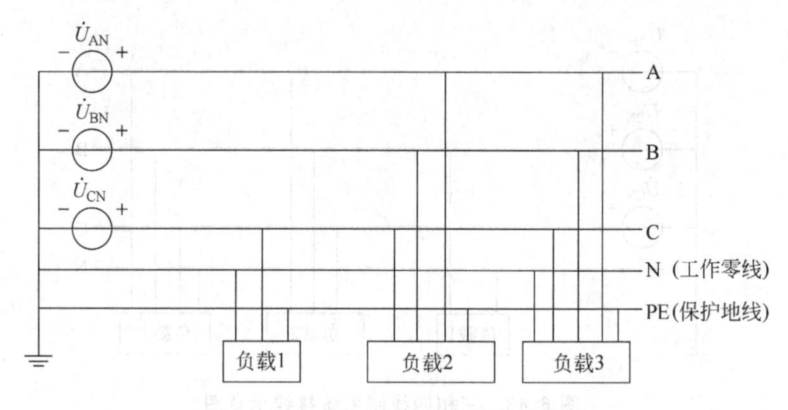

图 6.44 三相五线制系统接线示意图

带电。

在正常工况下，三相五线制与三相四线制是相同的。但在故障情况下，前者更能保证用电安全。如对于图 6.44 所示的单相三线负载，若工作零线因故断开，虽然相线的电压接到了负载上，但因为保护地线的存在，可以保证此时用电设备的外壳对地电压为零，从而保障人身安全。

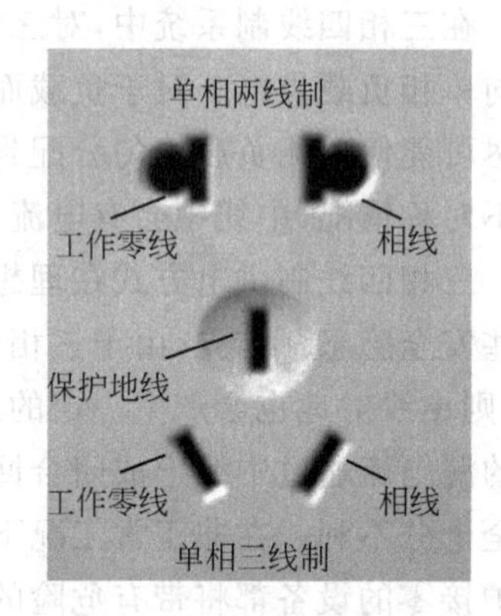

图 6.45 单相三线插座接线示意图

在三相五线制系统中，对单相负载而言，相当于单相三线制，即一根相线(火线)、一根工作零线和一根保护地线。规范单相三线制的插座如图 6.45 所示，形象地记作"左零右火中间地"。

12 单相变三相的几种方法

在实际应用中会遇到一些需要用单相电源拖动三相负载的情况，例如在比较偏远的地方，很有可能只有单相供电，若要带动三相电动机等三相负载，就必须通过一些特殊的方法或电路将单相电源变成三相电源，工程上形象地称为"裂相"。

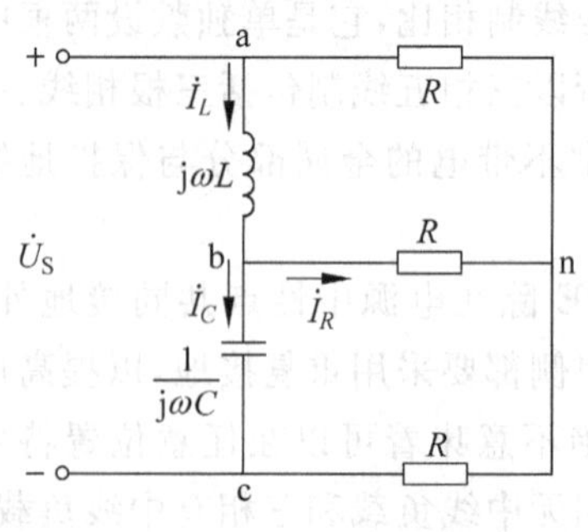

图 6.46 单相变三相电路

裂相的方法有很多种，文献[7]中给出了其中两种可能的方法。下面介绍另外一种具有实用价值(即有实际带载能力)的裂相电路，如图 6.46 所示。

图 6.46 所示电路中，Y 接的纯电阻负载 R 要求三相供电，即要求 $\dot{U}_{an}$、$\dot{U}_{bn}$、$\dot{U}_{cn}$ 是对称三相相电压。由此可以

确定用来实现裂相功能的电感 L 和电容 C 的参数。

设$\dot{U}_{ab}=U\angle 0^\circ$,对 b 点应用 KCL,得

$$\frac{\dot{U}_{ab}}{j\omega L}=j\omega C\,\dot{U}_{bc}+\frac{\dot{U}_{bn}}{R}$$

$$\frac{\sqrt{3}U\angle 30^\circ}{j\omega L}=j\omega C\times\sqrt{3}U\angle-90^\circ+\frac{U\angle-120^\circ}{R}\tag{6.102}$$

令式(6.102)等号两边实部、虚部分别相等,可解得

$$\omega L=\frac{1}{\omega C}=\sqrt{3}R\tag{6.103}$$

更一般的情况,将 R 变为阻抗 $Z=|Z|\angle\varphi$,可类似地推导出电感和电容参数:

$$\omega L=\frac{3\,|\,Z\,|}{2\sin(120^\circ+\varphi)}\tag{6.104}$$

$$\frac{1}{\omega C}=\frac{3\,|\,Z\,|}{2\sin(60^\circ+\varphi)}\tag{6.105}$$

通过上述分析可知:只要负载三相对称,通过图 6.46 所示电路,选择合适的电感、电容元件,就可以在单相电源供电的情况下使负载获得三相对称电压,从而负载可以正常工作。而且在该裂相电路中只用到了电感和电容元件,功率损耗小,因此是一个有实用价值的电路。

文献[7]中提到的第 2 种方案,如图 6.47 所示,在负载三相对称的情况下,也不失为一种可行的方法。

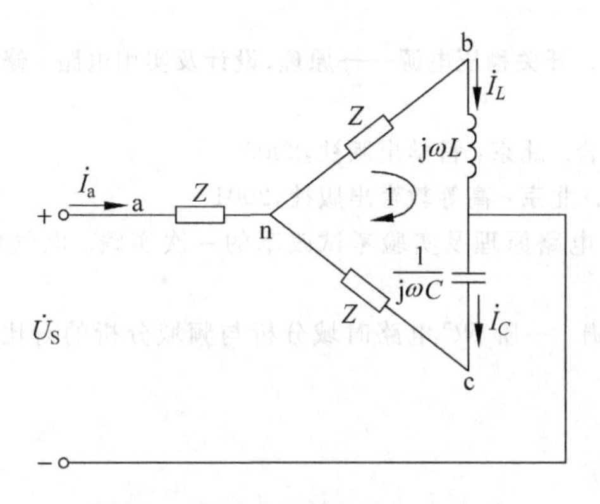

图 6.47　另一种单相变三相电路

同样设负载阻抗为 $Z=|Z|\angle\varphi$,目标是使得$\dot{U}_{an}$、$\dot{U}_{bn}$、$\dot{U}_{cn}$为对称三相电压。不妨设$\dot{U}_{an}=U\angle 0^\circ$,则对回路 1 应用 KVL,得

$$\dot{I}_L(Z+j\omega L)+\dot{I}_C\left(Z+\frac{1}{j\omega C}\right)=0\tag{6.106}$$

又

$$\dot{I}_L = -\frac{\dot{U}_{\mathrm{bn}}}{Z} = \frac{U\angle 60^\circ}{|Z|\angle\varphi}$$

$$\dot{I}_C = \frac{\dot{U}_{\mathrm{cn}}}{Z} = \frac{U\angle 120^\circ}{|Z|\angle\varphi}$$

代入式(6.106)，并令等号两边实部、虚部分别相等，可解得

$$\omega L = 2|Z|\cos(30^\circ - \varphi) \tag{6.107}$$

$$\frac{1}{\omega C} = -2|Z|\cos(150^\circ - \varphi) = 2|Z|\cos(30^\circ + \varphi) \tag{6.108}$$

对于 $Z=R$ 为纯电阻的特例，有

$$\omega L = \frac{1}{\omega C} = \sqrt{3}R \tag{6.109}$$

需要指出的是，当三相负载不对称时，直接应用图 6.46 和图 6.47 所示裂相电路，负载上不能得到对称三相电压，必须结合负载的实际情况另行设计。

参考文献

[1] 王兆安，黄俊．电力电子技术．第 4 版．北京：机械工业出版社，2003

[2] Billings 著．张占松等译．开关电源手册．第 2 版．北京：人民邮电出版社，2006

[3] 户川治朗著．高玉苹等译．实用电源电路设计——从整流电路到开关稳压器．北京：科学出版社，2006

[4] 王水平，史俊杰，田庆安．开关稳压电源——原理、设计及实用电路．修订版．西安：西安交通大学出版社，2005

[5] 吴宁．电网络分析与综合．北京：科学出版社，2003

[6] 邱关源．现代电路理论．北京：高等教育出版社，2001

[7] 周春喜，孙盾，姚缨英．电路原理及实验考试改革的一次实践．电气电子教学学报．2005，27(6)：37～41

[8] 朱桂萍，于歆杰，陆文娟．一阶 RC 电路时域分析与频域分析的对比．电气电子教学学报．2007，19(3)：29～33

附录 《电路原理》中的应用实例

在于歆杰、朱桂萍、陆文娟编著的《电路原理》教材中有很多背景鲜明、各具特色的应用实例,涉及通信、信号处理、电力等领域,其中大多为传统教材中所没有的。现整理并给出,如附表1所示,供读者参考、查阅之用。

审视附表1可以发现:

(1) 各个应用实例比较均匀地出现在教材中,表明教材对电路基本概念和基本分析方法在实际工程中应用的高度重视。

(2) MOSFET和运算放大器多处出现,表明这两种有源、多端元件已成为电路基本元件。

(3) 电路在信号处理和能量处理两方面的应用均有涉及,但更侧重信号处理。

附表1 《电路原理》教材中特色应用实例

序号	页	图号	内　容
1	15	1.4.6	无线通信系统简化框图
2	19	1.5.1	含高压直流的交流电力系统
3	36	2.3.3	MOSFET的SR模型和SCS模型
4	61	2.6.9	由理想运放构成的电压跟随器
5	62	2.6.10	由理想运放构成的反相比例放大器
6	62	2.6.11	由理想运放构成的同相比例放大器
7	63	2.6.12	由理想运放构成的反相加法器
8	63	2.6.13	由理想运放构成的减法器
9	63	2.6.14	由理想运放构成的电流源
10	63	2.6.15	由理想运放构成的负电阻
11	64	2.6.16	由理想运放构成的电压比较器
12	65	2.6.18	由理想运放构成的电流检测电路
13	66	2.6.20	由理想运放构成的滞回比较器
14	77	2.7.15	双极型晶体管的H参数模型
15	86	表2.8.3	6种逻辑门电路
16	87	2.9.1	用MOSFET构成反相器
17	89	2.9.6	用MOSFET构成与非门
18	89	2.9.9	用MOSFET构成或非门
19	97	题图2.35	由理想运放构成的模数转换电路(ADC)
20	98	题图2.42	由理想运放构成的数模转换电路(DAC)
21	105	3.2.4	MOSFET差动放大器的小信号增益

续表

序号	页	图号	内　容
22	109	3.2.10	用节点法分析含负反馈运放电路
23	119	3.4.5	DAC 电阻网络分析
24	174	4.6.2	MOSFET 构成共源小信号放大器
25	177	4.7.1	半波整流电路
26	177	4.7.3	串联限幅电路
27	178	4.7.5	并联限幅电路
28	179	4.7.7～9	脉冲序列极性转换与重排
29	179	4.7.10	二极管构成箝位电路
30	180	4.7.11	二极管构成与门
31	180	4.7.12	二极管构成或门
32	180	4.7.14	稳压二极管
33	182	4.7.16	倍频电路
34	183	4.7.17	混频电路
35	185	题图 4.9	桥式全波整流电路
36	185	题图 4.10	由理想运放构成的对数运算电路
37	185	题图 4.11	由理想运放构成的指数运算电路
38	185	题图 4.17	由 MOSFET 构成的共漏小信号放大器
39	190	5.1.5	MOSFET 的 SRC 模型
40	208	5.4.8	MOSFET 反相器的动态过程
41	211	5.4.11	RC 微分、积分电路
42	212	5.4.15	用理想运放构成的微分、积分电路
43	213	5.4.16	直线斜升信号的产生
44	217	5.4.23	脉冲序列发生器
45	218	5.4.27	示波器探头分压电路
46	221	5.4.31	由 MOSFET 构成的降压斩波器
47	223	5.4.37	含电容的桥式全波整流电路
48	234	5.5.12	二阶脉冲电源电路
49	264	题图 5.20	检波电路
50	266	题图 5.36	权电容网络
51	286	6.2.28	Maxwell 交流电桥
52	288	6.2.31	运放构成回转器
53	291	6.3.5	MOSFET 共源放大器的频率响应
54	293	6.3.7	*RC* 低通滤波器
55	294	6.3.9	*RC* 高通滤波器
56	296	6.3.13	用理想运放实现负载隔离的低通滤波器
57	297	6.3.14	*RC* 带通滤波器
58	298	6.3.16	*RC* 全通滤波器(移相器)

续表

序号	页	图号	内 容
59	304	6.4.10	石英晶体的等效电路及其频率特性
60	305	6.4.12～13	收音机 *RLC* 带通滤波器(选频电路)
61	306	6.4.14	单调谐电力滤波器
62	311	6.4.22	电感线圈与电容器构成的 *LC* 滤波器的频率特性
63	326	6.5.28	用中间抽头变压器构成全波整流器
64	327	6.5.30	用中间抽头变压器构成移相器
65	327	6.5.31	通信网用户终端二-四线转换电路
66	328	6.5.32	用理想运放构成移相器
67	339	6.7.4	家用三脚插座电源接入说明
68	345	6.7.15	相序仪电路
69	350	6.8.1	研究矩形脉冲序列经 *LC* 带通滤波器后的各次谐波的电路
70	358	题图 6.38	用功率表测量对称三相电路的无功功率

习题解答

第1章习题解答

1.1 某二端电路元件中流经的电流和端电压采用非关联参考方向，如题1.1图所示，其中电流和电压分别对应虚线和实线。求：

(1) 该元件端电压、电流的表达式；

(2) 该元件端电压、电流的平均值；

(3) 该元件端电压、流经电流的有效值；

(4) 该元件吸收的瞬时功率；

(5) 该元件发出的平均功率。

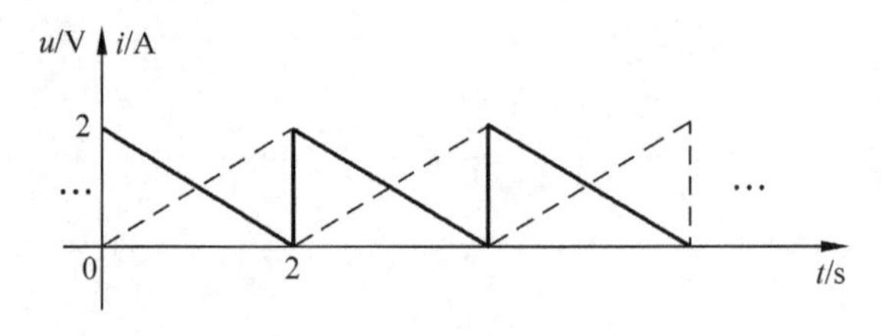

题1.1图

解 本题用于复习平均值、有效值、瞬时功率和平均功率的定义。

(1) $T=2\text{s}$

$$\begin{cases} u=(2-(t-kT))\text{V} \\ i=(t-kT)\text{A} \end{cases},\quad kT<t<(k+1)T, k=0,1,\cdots$$

(2)

$$\bar{u}=\frac{1}{2}\int_0^2(2-t)\mathrm{d}t=1\text{V}$$

$$\bar{i}=\frac{1}{2}\int_0^2 t\mathrm{d}t=1\text{A}$$

(3)

$$U=\sqrt{\frac{1}{2}\int_0^2(2-t)^2\mathrm{d}t}=1.15\text{V}$$

$$I=\sqrt{\frac{1}{2}\int_0^2 t^2\mathrm{d}t}=1.15\mathrm{A}$$

(4) $T=2\mathrm{s}$

$$p_{吸}=-ui=((t-kT)^2-2(t-kT))\mathrm{W},\quad kt<t<(k+1)T,k=0,1,\cdots$$

(5)

$$P_{发}=\frac{1}{2}\int_0^2(2t-t^2)\mathrm{d}t=0.67\mathrm{W}$$

1.2 求题 1.2 图所示电压的平均值和有效值，图中变化部分为正弦。

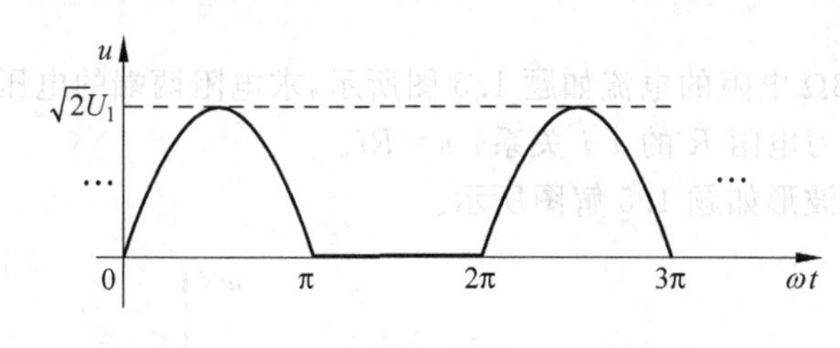

题 1.2 图

解 本题用于复习平均值和有效值的定义。

题 1.2 图所示电路为半波整流输出（教材图 4.7.2）。

$$\bar{u}=\frac{1}{T}\int_0^{\frac{T}{2}}\sqrt{2}U_1\sin\left(\frac{2\pi}{T}t\right)\mathrm{d}t=0.45U_1$$

$$U=\sqrt{\frac{1}{T}\int_0^{\frac{T}{2}}2U_1^2\sin^2\left(\frac{2\pi}{T}t\right)\mathrm{d}t}=0.707U_1$$

1.3 求题 1.3 图所示电压的平均值和有效值，图中变化部分为半波。

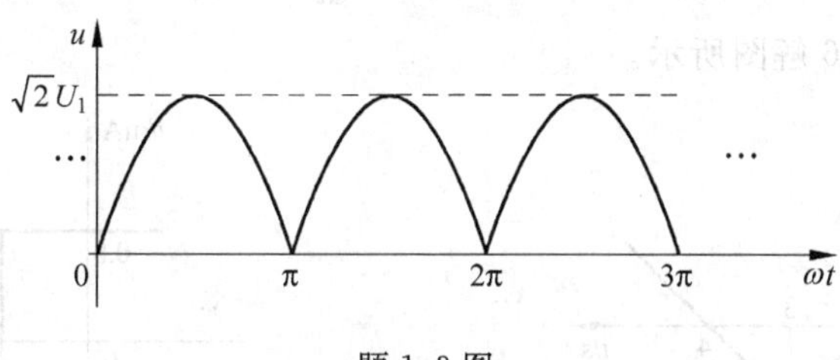

题 1.3 图

解 本题用于复习平均值和有效值的定义。

题 1.3 图所示电路为全波整流输出（教材习题 4.9）。

$$\bar{u}=\frac{2}{T}\int_0^{\frac{T}{2}}\sqrt{2}U_1\sin\left(\frac{2\pi}{T}t\right)\mathrm{d}t=0.90U_1$$

$$U=\sqrt{\frac{1}{T}\int_0^{\frac{T}{2}}2U_1^2\sin^2\left(\frac{2\pi}{T}t\right)\mathrm{d}t}=U_1$$

1.4　可以用天线延长线的方法来增加收音机的收听效果。已知天线延长线和天线共长 1.5 米，当收音机调到 103.9MHz 时，问天线延长线端部和收音机输入端的瞬时电流是否相等？

解　本题用于复习周期和频率的关系，讨论集总参数条件。

$$T=\frac{1}{f}=9.625\text{ns}$$

$$电磁波传输用时\ t=\frac{1.5}{3\times10^{8}}=5\text{ns}$$

结论：不相等。

1.5　已知流经 3Ω 电阻的电流如题 1.5 图所示，求电阻两端的电压波形。

解　本题用于复习电阻 R 的 u-i 关系：$u=Ri$。

电阻两端的电压波形如题 1.5 解图所示。

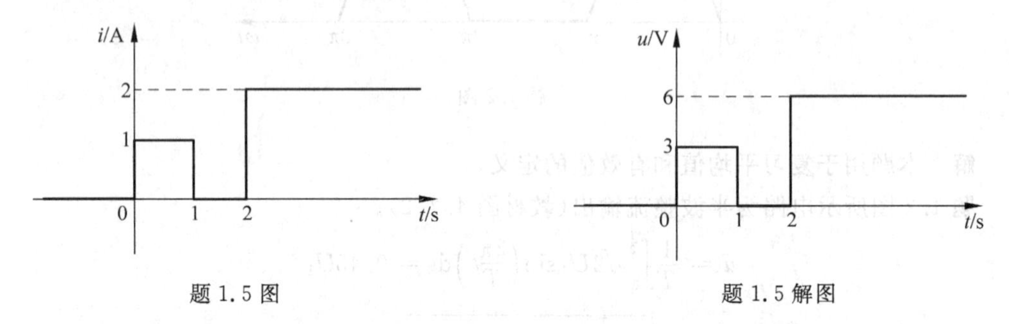

题 1.5 图　　　　题 1.5 解图

1.6　已知 0.5μF 电容两端的电压波形如题 1.6 图所示，求流经电容的电流波形。

解　本题用于复习电容 C 的 u-i 关系：$i=C\frac{\mathrm{d}u}{\mathrm{d}t}$。

电流波形如题 1.6 解图所示。

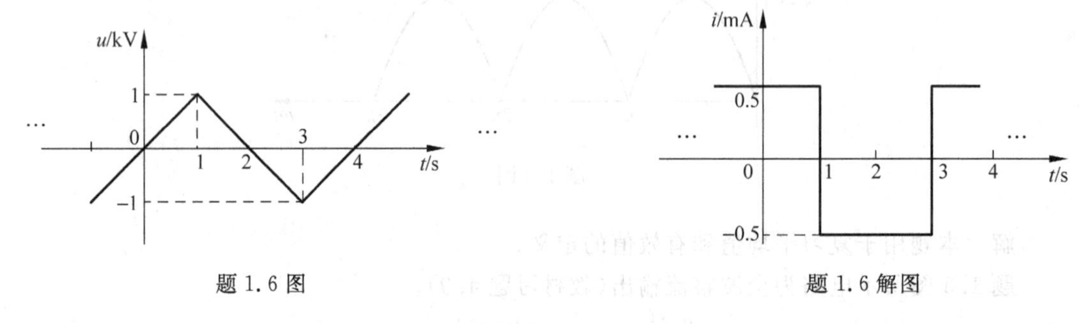

题 1.6 图　　　　题 1.6 解图

1.7　已知流经 2kΩ 电阻的电流如题 1.7 图所示，求电阻两端的电压波形，图中变化部分为正弦波。

解　本题用于复习电阻 R 的 u-i 关系：$u=Ri$。

电压波形如题 1.7 解图所示。

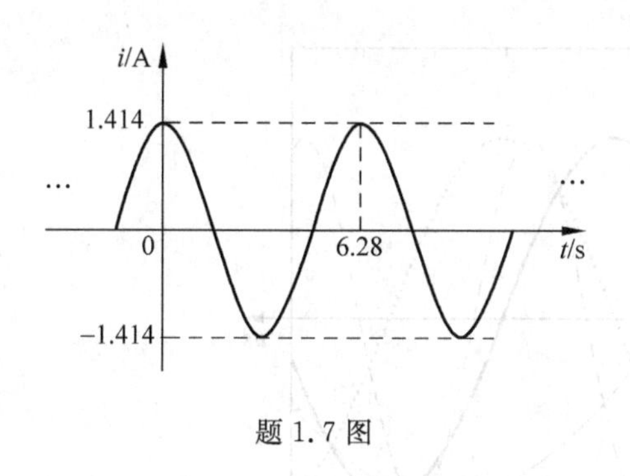

题 1.7 图

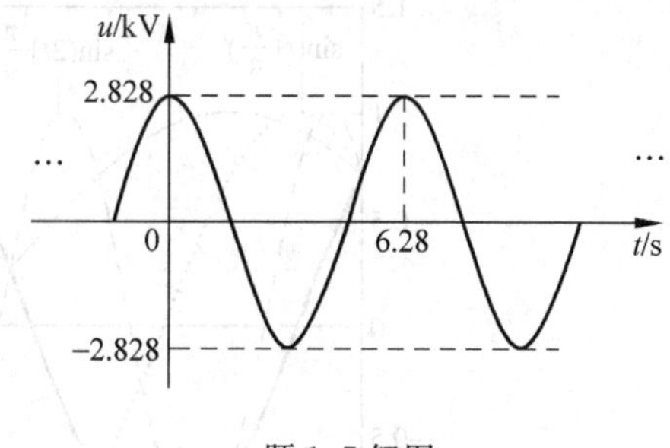

题 1.7 解图

1.8 已知流经 2mH 电感的电流如题 1.8 图所示，求电感两端的电压波形，图中变化部分为正弦波。

解 本题用于复习电感 L 的 u-i 关系：$u=L\dfrac{\mathrm{d}i}{\mathrm{d}t}$。

电压波形如题 1.8 解图所示。

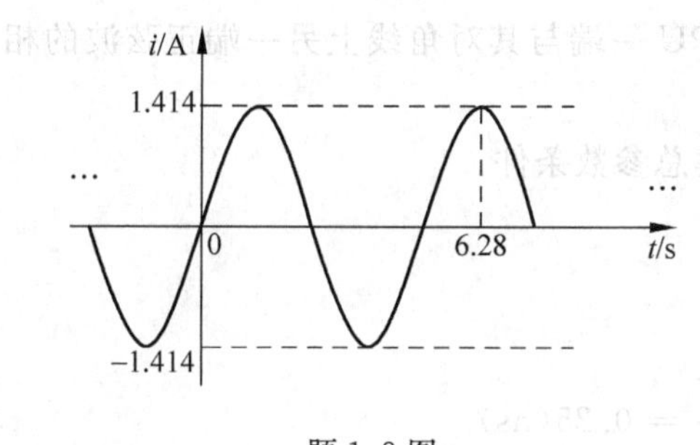

题 1.8 图

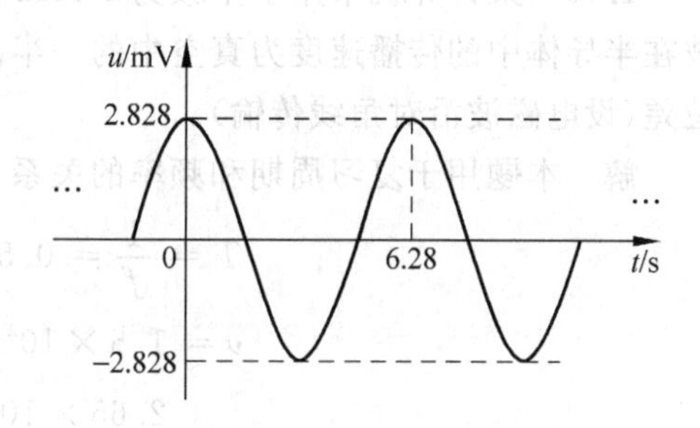

题 1.8 解图

1.9 在同一幅图中画出以下波形：

(1) $\sin\left(t+\dfrac{\pi}{4}\right)$；

(2) $\sin\left(2t+\dfrac{\pi}{4}\right)$；

(3) $\sin\left(\dfrac{1}{2}t+\dfrac{\pi}{4}\right)$；

(4) $\cos\left(t+\dfrac{\pi}{4}\right)$。

解 本题用于复习正弦函数角频率、初相位对波形的影响。

各波形如题 1.9 解图所示。

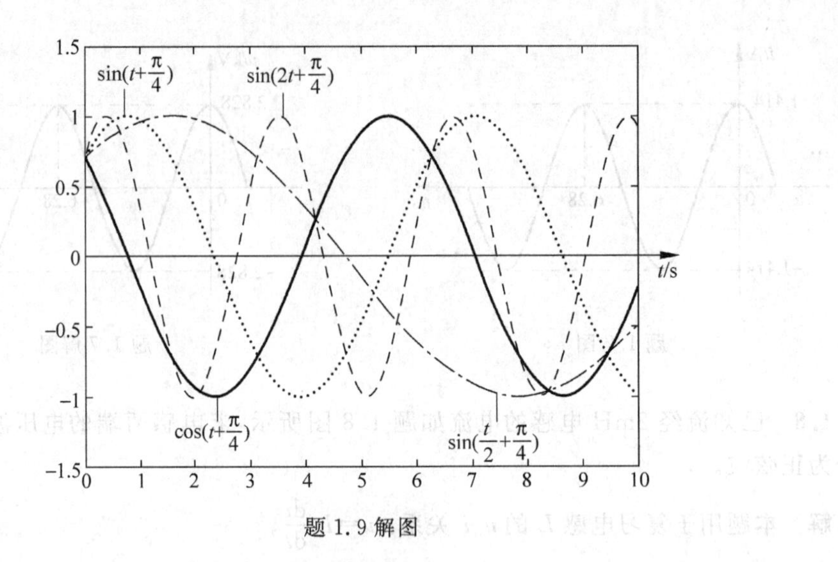

题 1.9 解图

1.10 某计算机采用了主频为 2GHz 的 CPU。CPU 为正方形，边长为 2.65cm。电磁波在半导体中的传播速度为真空中的一半。求 CPU 一端与其对角线上另一端正弦波的相位差(设电磁波沿对角线传输)。

解 本题用于复习周期和频率的关系，讨论集总参数条件。

$$T=\frac{1}{f}=0.5\text{ns}$$

$$\nu=1.5\times10^{8}\text{m/s}$$

$$t=\frac{2.65\times10^{-2}\times\sqrt{2}}{1.5\times10^{-8}}=0.25(\text{ns})$$

相位差为 180°。

第 2 章习题解答

2.1 题 2.1 图中每个方框表示 1 个二端元件。已知 $u_1=2\text{V}, u_3=3\text{V}, u_4=1\text{V}, i_1=1\text{A}, i_3=2\text{A}$。

(1) 求其他各电压、电流；

(2) 求每个元件吸收的功率；

(3) 求电路中所有元件吸收的功率之和，并对此进行解释。

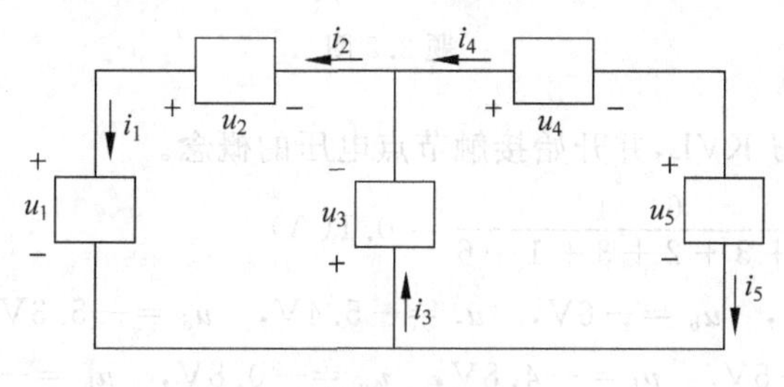

题 2.1 图

解 本题用于练习 KCL 和 KVL，并复习功率的定义，用实例验证功率守恒。

(1)

$$u_1+u_3=u_2 \quad \Rightarrow \quad u_2=5\text{V}$$

$$u_3+u_4+u_5=0 \quad \Rightarrow \quad u_5=-4\text{V}$$

$$i_2=i_1=1\text{A}$$

$$i_4+i_3=i_1 \quad \Rightarrow \quad i_4=-1\text{A}$$

$$i_5=-i_4=1\text{A}$$

(2)

$$P_{1吸}=u_1 i_1=2\text{W}$$

$$P_{2吸}=-u_2 i_2=-5\text{W}$$

$$P_{3吸}=u_3 i_3=6\text{W}$$

$$P_{4吸}=-u_4 i_4=1\text{W}$$

$$P_{5吸}=u_5 i_5=-4\text{W}$$

(3)

$$\sum_{i=1}^{5} P_{i吸}=0, \quad 功率守恒$$

2.2 求题2.2图所示电路中各点与接地点之间的电压 $u_a, u_b, u_c, u_d, u_e, u_f, u_g, u_h, u_i, u_j$。

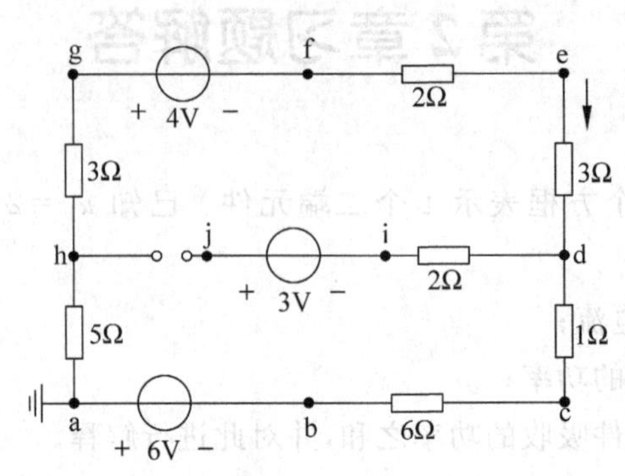

题2.2图

解 本题用于练习KVL,并开始接触节点电压的概念。

$$i = \frac{6-4}{5+3+2+3+1+6} = 0.1(\text{A})$$

$$u_a = 0,\quad u_b = -6\text{V},\quad u_c = -5.4\text{V},\quad u_d = -5.3\text{V}$$

$$u_e = -5\text{V},\quad u_f = -4.8\text{V},\quad u_g = -0.8\text{V},\quad u_h = -0.5\text{V},$$

$$u_i = u_d = -5.3\text{V},\quad u_j = -2.3\text{V}$$

2.3 分别求题2.3图所示电路中电压 U 和电流 I。

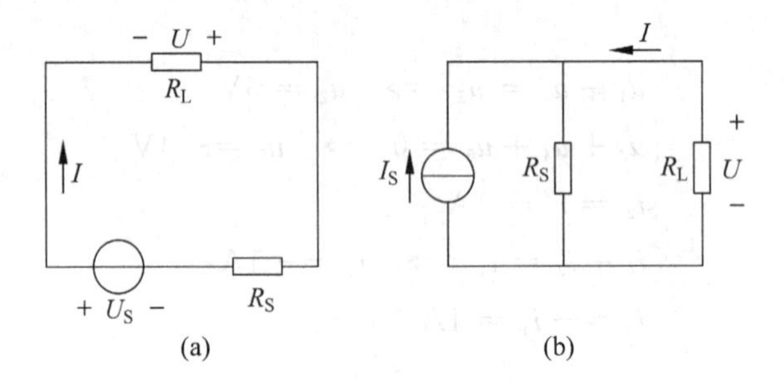

题2.3图

解 本题用于练习KCL和KVL,并复习参考方向。

(1) 对题2.3图(a)所示电路

$$I = \frac{U_S}{R_L + R_S},\quad U = -\frac{U_S R_L}{R_S + R_L}$$

(2) 对题2.3图(b)所示电路

$$U = I_S \frac{R_S R_L}{R_S + R_L},\quad I = -I_S \frac{R_S}{R_L + R_S}$$

2.4 画题 2.4 图所示电路端口的 u-i 关系图，其中 U_S、I_S、R_S 均大于零。

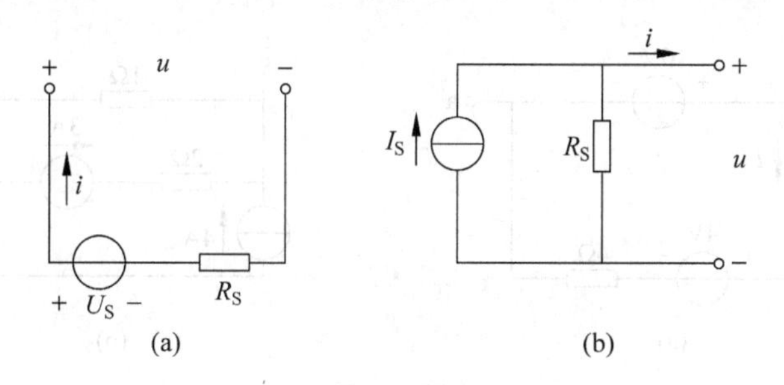

题 2.4 图

解 本题用于练习 KCL 和 KVL，并复习参考方向。

(1) 对题 2.4 图(a)所示电路

$$u = U_S - iR_S$$

(2) 对题 2.4 图(b)所示电路

$$i = I_S - u/R_S$$

题 2.4 图所示电路端口的 u-i 关系图如题 2.4 解图所示。

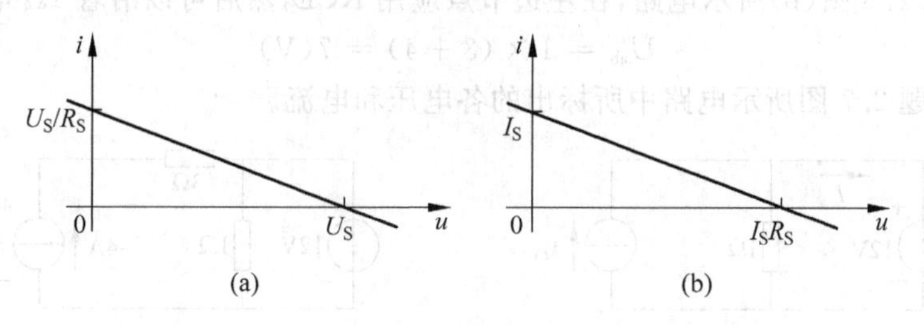

题 2.4 解图

2.5 画题 2.5 图所示电路端口的 u-i 关系图。

解 本题用于练习 KCL 和 KVL，并复习参考方向。

对图示电路中上面的节点应用 KCL，得

$$i = 4 - \frac{u-2}{2} = 5 - 0.5u$$

其 u-i 关系图如题 2.5 解图所示。

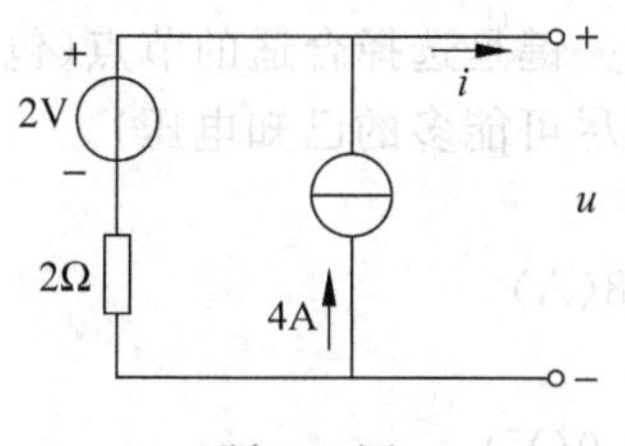

题 2.5 图

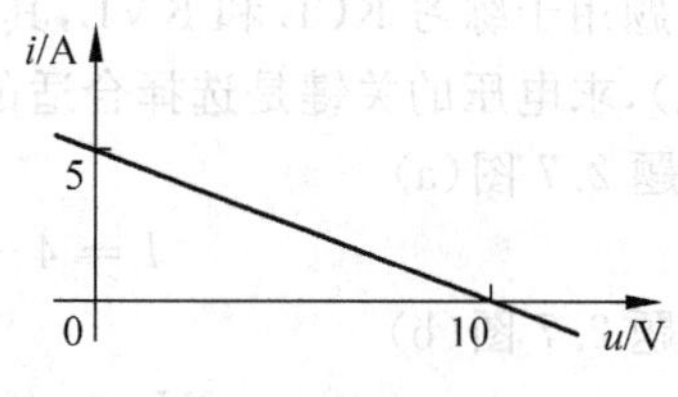

题 2.5 解图

2.6 求题2.6图所示电路中的电压U_{ab}。

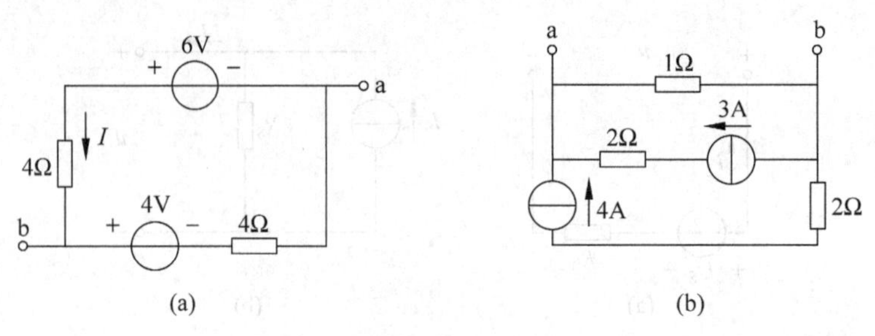

题2.6图

解 本题用于练习KCL和KVL,并复习参考方向。

(1) 对题2.6图(a)所示电路,在图中标出待求电流I的方向,求出电流I后可以从两条路径求U_{ab}。

$$I=\frac{6-4}{4+4}=0.25(\mathrm{A})$$

$$U_{ab}=-6+4\times0.25=-0.25\times4-4=-5(\mathrm{V})$$

(2) 对题2.6图(b)所示电路,在左边节点应用KCL,然后可以沿着1Ω电阻求U_{ab}。

$$U_{ab}=1\times(3+4)=7(\mathrm{V})$$

2.7 求题2.7图所示电路中所标出的各电压和电流。

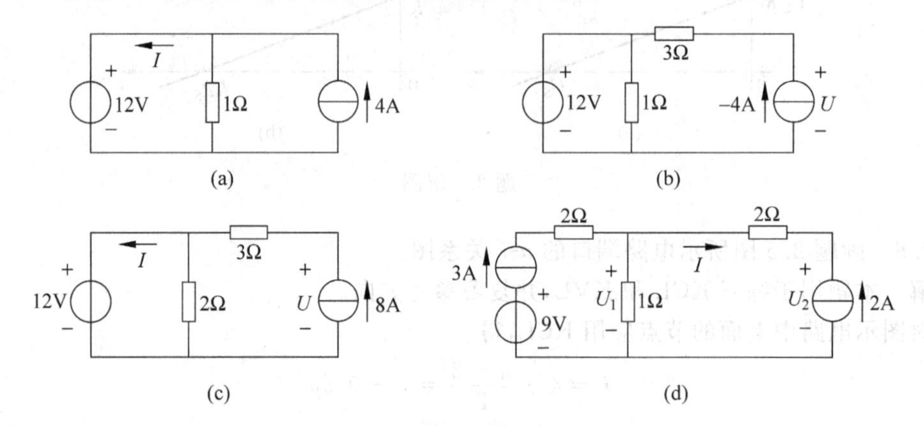

题2.7图

解 本题用于练习KCL和KVL,其中求电流的关键是选择合适的节点(包含尽可能多的已知电流),求电压的关键是选择合适的回路(包含尽可能多的已知电压)。

(1) 对题2.7图(a)

$$I=4-12/1=-8(\mathrm{A})$$

(2) 对题2.7图(b)

$$U=-4\times3+12=0(\mathrm{V})$$

(3) 对题 2.7 图(c)

$$I = 8 - 12/2 = 2(\text{A})$$
$$U = 3 \times 8 + 12 = 36(\text{V})$$

(4) 对题 2.7 图(d)

$$I = -2\text{A}$$
$$U_1 = 1 \times (3 + 2) = 5(\text{V})$$
$$U_2 = 2 \times 2 + U_1 = 9(\text{V})$$

2.8 求题 2.8 图所示电路中的电压 U 和电流 I。

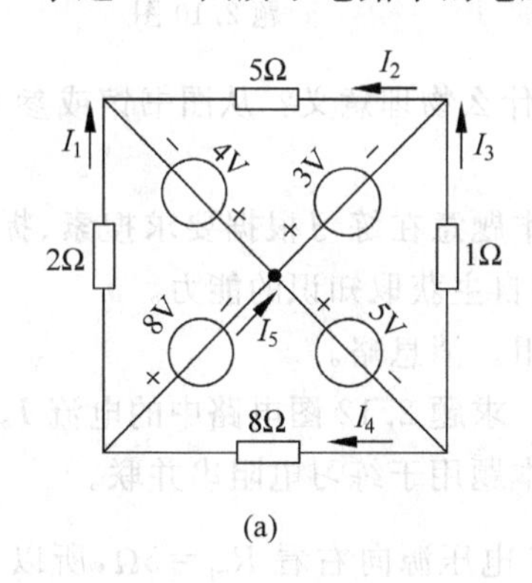

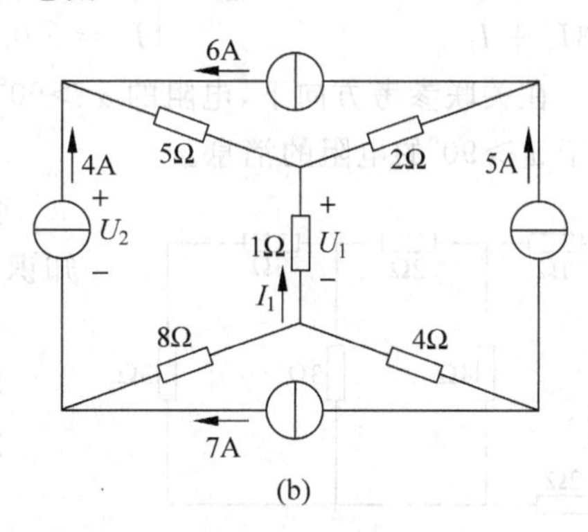

题 2.8 图

解 本题用于练习 KCL 和 KVL。求电压和电流的关键同题 2.7。

(1) 对题 2.8 图(a)

$$I_1 = (8 + 4)/2 = 6(\text{A})$$
$$I_2 = (-3 + 4)/5 = 0.2(\text{A})$$
$$I_3 = (-5 + 3)/1 = -2(\text{A})$$
$$I_4 = (-5 - 8)/8 = -1.625(\text{A})$$
$$I_5 = I_4 - I_1 = -7.625\text{A}$$

(2) 对题 2.8 图(b)

$$U_1 = 1 \times [(6 + 4) + (5 - 6)] = 9(\text{V})$$
$$U_2 = 5 \times (6 + 4) + U_1 - 8 \times (7 - 4) = 35(\text{V})$$
$$I_1 = -U_1/1 = -9(\text{A})$$

2.9 已知题 2.9 图所示电路中流过 40Ω 电阻中的电流为 2A,求电流源电流 I_S。

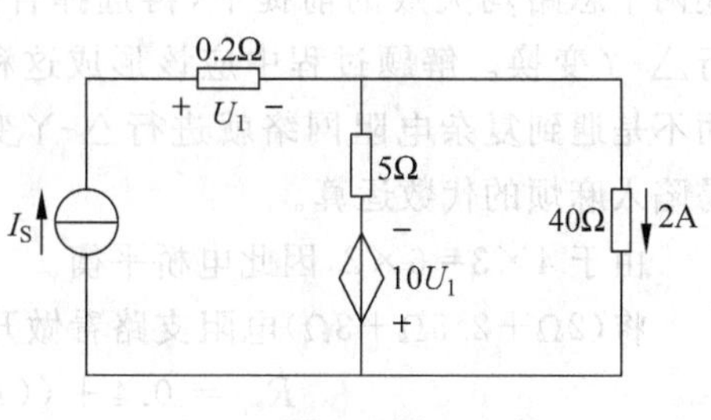

题 2.9 图

解 本题用于练习用 KCL 和 KVL 求解含受控源的电路。

用 VCVS 表示 5Ω 电阻上流过的电流,由 KCL 得

$$\frac{40 \times 2 + 10U_1}{5} + 2 = \frac{U_1}{0.2}$$

$$U_1 = 6\text{V},\quad I_S = \frac{U_1}{0.2} = 30\text{A}$$

2.10　求题2.10图所示电路中的电压 U_1 和电流 I_1。

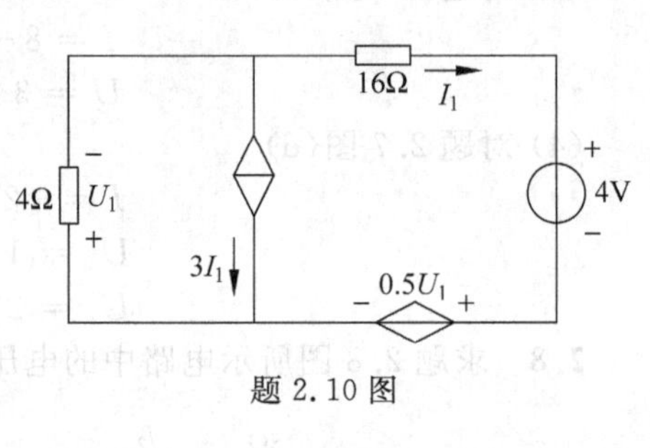

题2.10图

解　本题用于练习用KCL和KVL求解含受控源的电路。

$$\begin{cases}0.5U_1 + U_1 + 16I_1 + 4 = 0\\ U_1/4 = 3I_1 + I_1\end{cases} \Rightarrow \begin{cases}U_1 = -1.6\text{V}\\ I_1 = -0.1\text{A}\end{cases}$$

2.11　在关联参考方向下，电阻的 $\alpha > 90°$ 代表什么物理意义？从图书馆或参考书上找到3条关于 $\alpha > 90°$ 的电阻的消息。

解　本题意在练习根据要求搜索、提炼、总结知识，提高自主获取知识的能力。

负电阻。消息略。

2.12　求题2.12图电路中的电流 I。

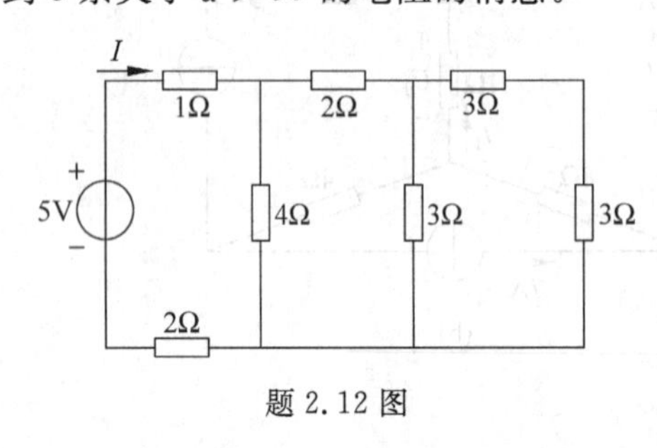

题2.12图

解　本题用于练习电阻串并联。

从5V电压源向右看 $R_{eq} = 5\Omega$，所以 $I = \frac{5}{5} = 1(\text{A})$。

2.13　求题2.13图所示电路中的节点1、2、3与地节点之间的电压 U_1, U_2, U_3。

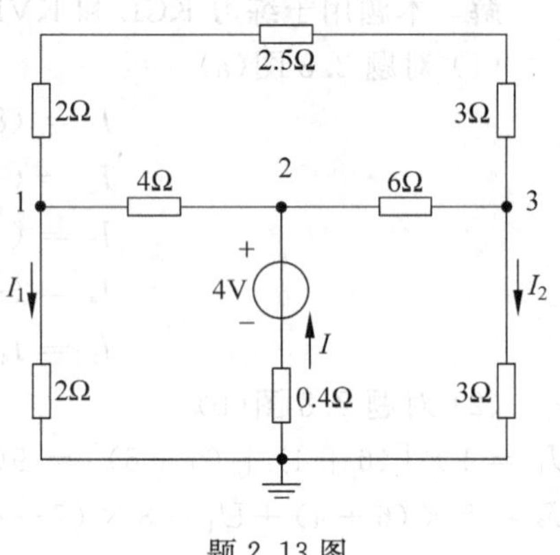

题2.13图

解　本题用于练习求解含有单个电源的电阻电路。在遇到单个电源供电和多个电阻构成的复杂网络时，首先应该想到的是电阻网络是否存在简单串并联关系，然后考虑电路中是否存在电桥平衡，在上述两个思路均失败的前提下，再选择合适的元件进行△-Y变换。解题过程中应该形成这种思维习惯，而不是遇到复杂电阻网络就进行△-Y变换，这样容易陷入麻烦的代数运算。

由于4×3=6×2，因此电桥平衡。

将(2Ω+2.5Ω+3Ω)电阻支路看做开路，则从4V电压源看出的等效电阻为

$$R_{eq} = 0.4 + ((4+2) \mathbin{/\!/} (6+3)) = 4(\Omega)$$

将上述支路看做短路，可得到相同结果。

在题2.13图上标注电流参考方向，则

$$I = \frac{4}{4} = 1\text{A}$$

根据分流关系,有

$$I_1 = 1 \times \frac{9}{15} = 0.6(\text{A}), \quad I_2 = 1 \times \frac{6}{15} = 0.4(\text{A})$$

根据欧姆定律和KVL可知

$$U_1 = 2 \times 0.6 = 1.2(\text{V}), \quad U_2 = 4 - 0.4 \times 1 = 3.6(\text{V}), \quad U_3 = 3 \times 0.4 = 1.2(\text{V})$$

2.14 求题2.14图所示电路中的电压U。

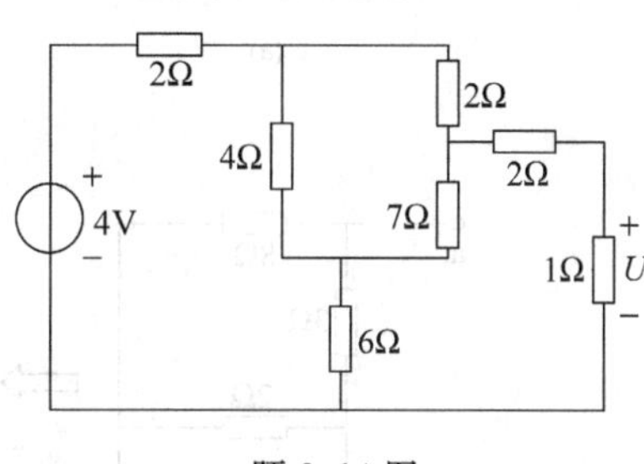

题2.14图

解 本题用于练习包含单个电源的电阻电路求解。其思路同题2.13。

由于4×3=6×2,电桥平衡。

将7Ω电阻看做开路,从4V电压源看出的等效电阻为

$$R_{eq} = 2 + ((4+6) \mathbin{/\!/} (2+2+1)) = 5.333(\Omega)$$

根据分压关系可知

$$U = 4 \times \frac{3.333}{2+3.333} \times \frac{1}{2+2+1} = 0.5(\text{V})$$

2.15 求题2.15图所示电路中的电压U_1和电流I_1。

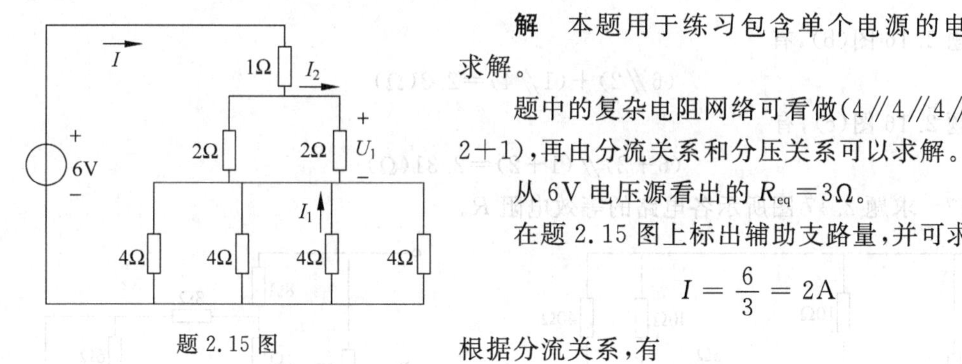

题2.15图

解 本题用于练习包含单个电源的电阻电路求解。

题中的复杂电阻网络可看做(4∥4∥4∥4+2∥2+1),再由分流关系和分压关系可以求解。

从6V电压源看出的$R_{eq}=3\Omega$。

在题2.15图上标出辅助支路量,并可求出

$$I = \frac{6}{3} = 2\text{A}$$

根据分流关系,有

$$I_2 = 2 \times \frac{2}{2+2} = 1(\text{A}), \quad U_1 = 1 \times 2 = 2(\text{V})$$

由于4个4Ω电阻构成1/4的分流器,因此

$$I_1 = -2 \times \frac{1}{4} = -0.5(\text{A})$$

2.16 求题2.16图所示各电路的入端等效电阻R_{ab}。

解 本题用于练习电阻二端网络的串并联化简。方法是先发现直接与端口串联或并联的电阻,然后将其写入式子,并在图中去掉(串联→短路,并联→开路)。这样可以一步一步简化。

以题2.16图(a)为例,这个化简过程如题2.16解图所示。

最终可得:8∥(3+6∥2)=2.88(Ω)

其余两题答案如下。

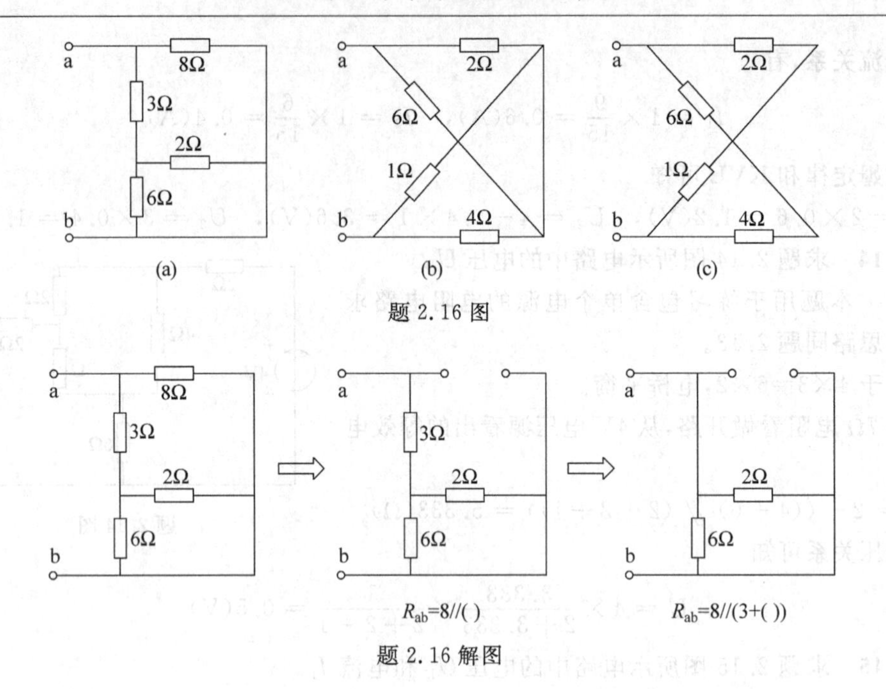

题 2.16 图

题 2.16 解图

对题 2.16 图(b)，有

$$(6/\!/2)+(1/\!/4)=2.3(\Omega)$$

对题 2.16 图(c)，有

$$(6+2)/\!/(1+2)=2.31(\Omega)$$

2.17　求题 2.17 图所示各电路的等效电阻 R。

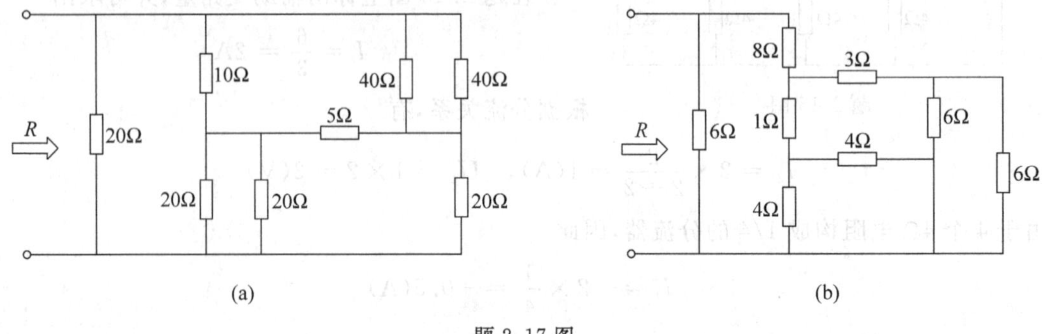

题 2.17 图

解　本题用于练习电阻二端网络的串并联化简。解题思路同题 2.13。

对题 2.17 图(a)

$R=20/\!/(20/\!/40)=8(\Omega)$　（$10\times20=(20/\!/20)\times(40/\!/40)$，电桥平衡）

对题 2.17 图(b)

$R=6/\!/(8+(1+4/\!/4)/\!/(3+6/\!/6))=3.75(\Omega)$

2.18 求题 2.18 图所示电路的入端等效电阻 R。

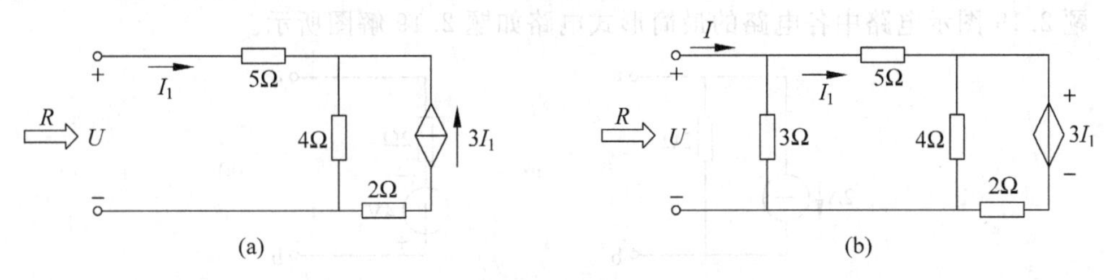

题 2.18 图

解 本题用于练习求解含受控源二端网络的等效电阻。一般采取的方法是加压求流或加流求压。搞清楚需要列写几个独立方程。

对题 2.18 图(a)来说，施加端口电压 U 后，需要求出 U/I_1 的数值，I_1 同时又是 CCCS 的控制量，因此只需列写 1 个独立方程即可。

$$U = 5I_1 + 4 \times 4I_1 = 21I_1 \quad \Rightarrow \quad R = \frac{U}{I_1} = 21\Omega$$

对题 2.18 图(b)来说，施加端口电压 U，要求 U/I 的数值，加上控制量 I_1，电路中包括 3 个未知变量，因此需要列写 2 个独立方程。

$$\begin{cases} I = \dfrac{U}{3} + I_1 \\ I_1 = \dfrac{U - 5I_1}{4} + \dfrac{U - 8I_1}{2} \end{cases} \Rightarrow \begin{cases} I = 0.453U \\ I_1 = 0.12U \end{cases} \Rightarrow \quad R = \frac{U}{I} = 2.21(\Omega)$$

2.19 将题 2.19 图所示电路中各电路化成最简单形式。

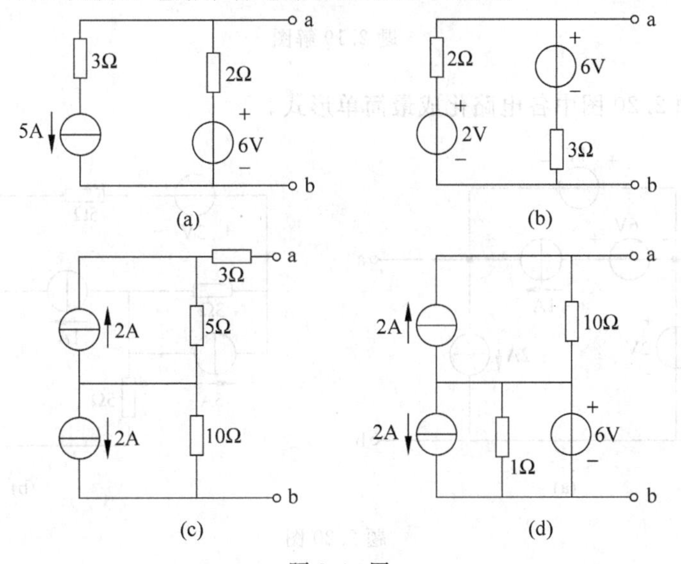

题 2.19 图

解 本题用于练习电源等效变换。请牢记教材 2.5.2 节的若干结论。

题 2.19 图示电路中各电路的最简形式电路如题 2.19 解图所示。

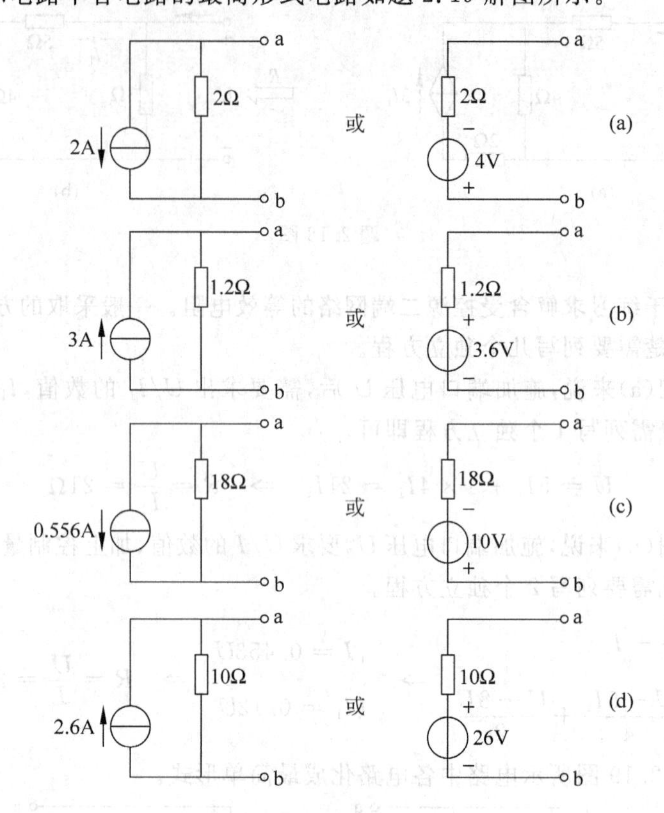

题 2.19 解图

2.20 将题 2.20 图中各电路化成最简单形式。

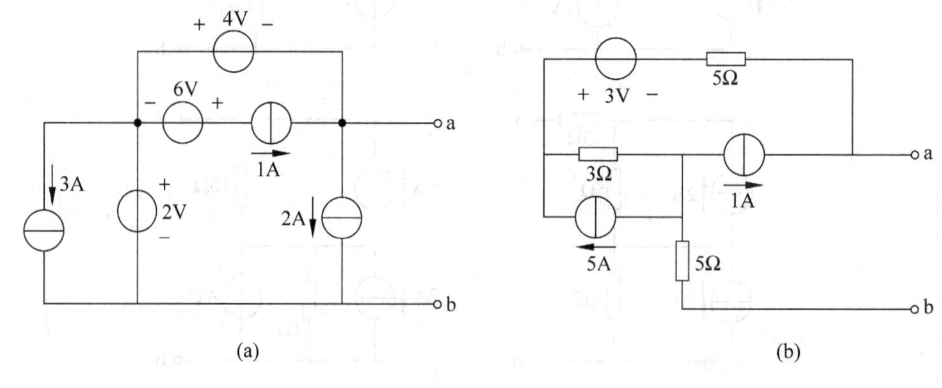

题 2.20 图

解 本题用于练习电源等效变换。请牢记教材 2.5.2 节的若干结论。

题 2.20 图示电路(a)、(b)的最简形式分别如题 2.20 解图(a)、(b)所示。

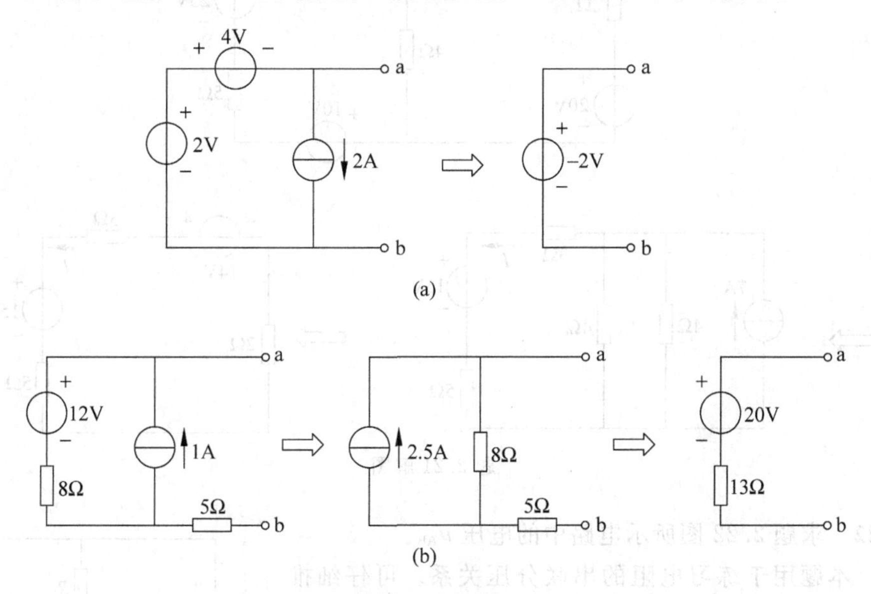

题 2.20 解图

2.21 求题 2.21 图所示电路中的电流 I。

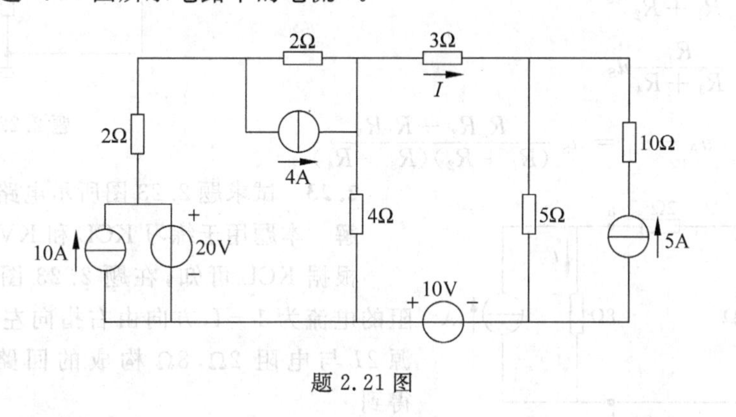

题 2.21 图

解 本题用于练习电源等效变换。请牢记教材 2.5.2 节的若干结论。

题 2.21 图示电路化简过程如题 2.21 解图所示。

从而得到

$$I=\frac{14-15}{2+3+5}=-0.1(\mathrm{A})$$

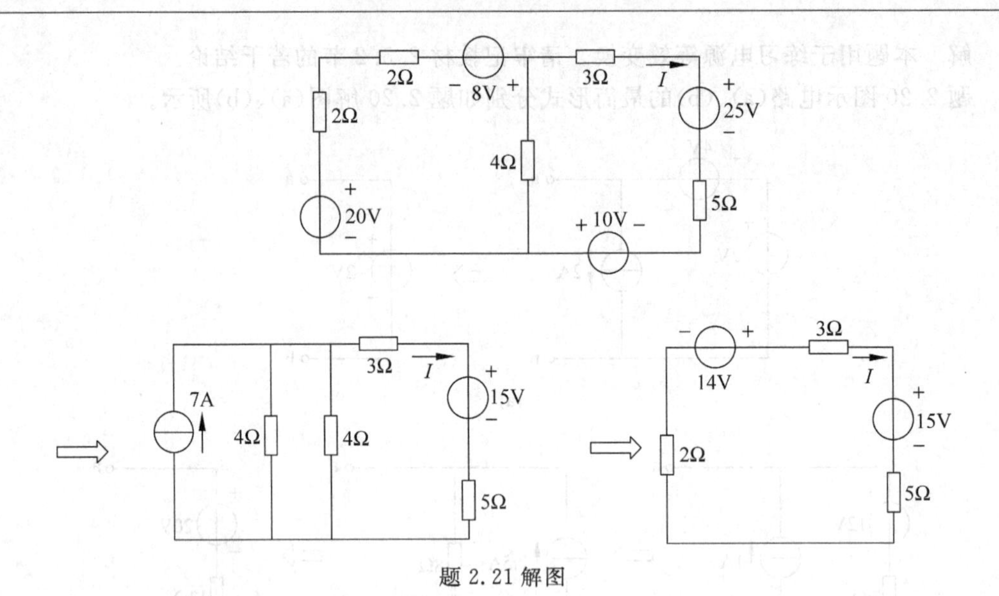

题 2.21 解图

2.22 求题 2.22 图所示电路中的电压 u_{AB}。

解 本题用于练习电阻的串联分压关系。可仔细推导能使 $u_{AB}=0$ 的条件。

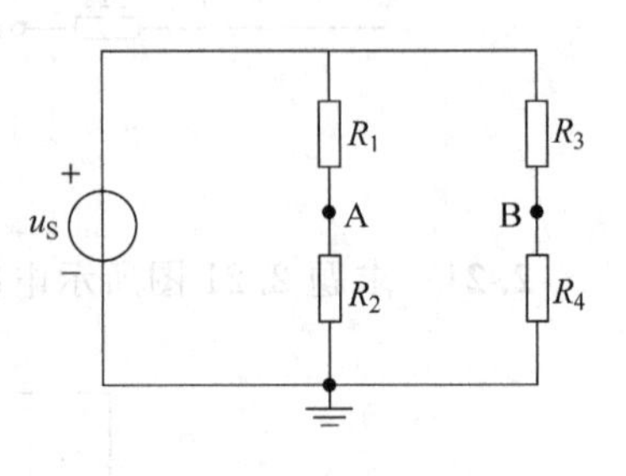

题 2.22 图

$$u_A = \frac{R_2}{R_1+R_2}u_S$$

$$u_B = \frac{R_4}{R_3+R_4}u_S$$

$$u_{AB} = u_A - u_B = u_S\,\frac{R_2R_3 - R_1R_4}{(R_1+R_2)(R_3+R_4)}$$

2.23 试求题 2.23 图所示电路中的电压 U_{ab}。

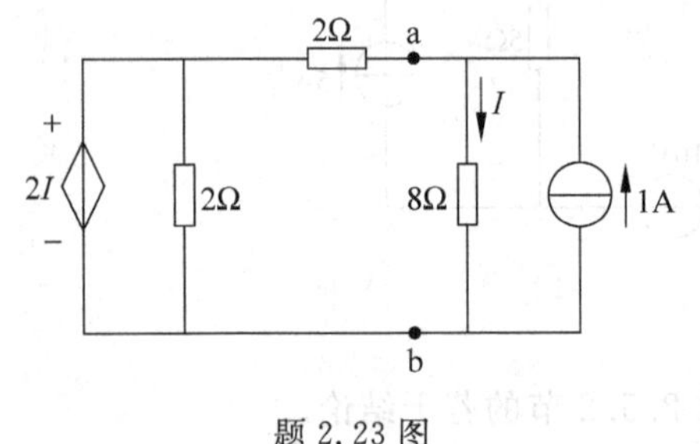

题 2.23 图

解 本题用于练习 KCL 和 KVL。

根据 KCL 可知，在题 2.23 图中水平 2Ω 电阻的电流为 $1-I$，方向由右指向左。在流控电压源 $2I$ 与电阻 2Ω，8Ω 构成的回路中应用 KVL 得到

$$8I = 2(1-I) + 2I$$

$$I = 0.25\text{A},\quad U_{ab} = 8I = 2(\text{V})$$

2.24 电路如题 2.24 图所示。试求：

(1) 电压 U, U_1；

(2) 电流源发出的功率。

解 本题用于练习二端电阻网络的串并联化简，复习分压关系。请参考题 2.13 的思路。由于$(6/\!/3)\times4=4\times2$，所以电桥平衡，5Ω 电阻开路。电路化简为题 2.24 解图所示。

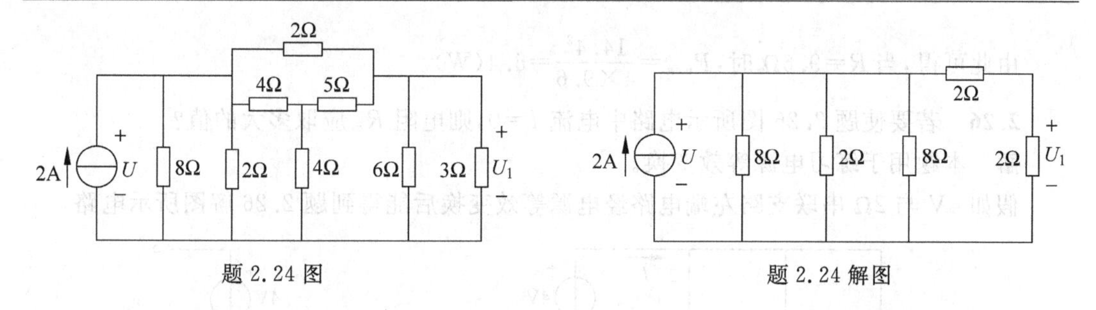

题 2.24 图　　　　题 2.24 解图

从 2A 电流源看进去，有

$$R_{eq}=\frac{1}{\frac{1}{8}+\frac{1}{2}+\frac{1}{8}+\frac{1}{4}}=1(\Omega)$$

(1) $U=2\text{V}, U_1=U\times\frac{2}{2+2}=1(\text{V})$

(2) $P_{发}=2\times2=4(\text{W})$

2.25　题 2.25 图所示电路中 R 为多少时能够获得最大功率？并求此最大功率。

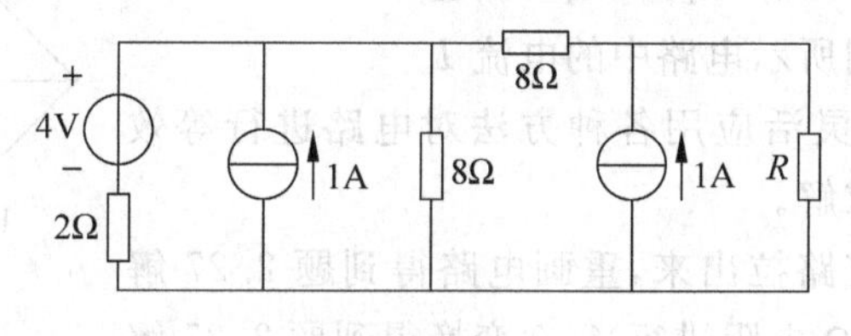

题 2.25 图

解　求解最大功率传输问题时，可直接利用教材 2.5.2 小节中的结论。其关键是得到从负载电阻两端看入的二端网络等效电阻和开路电压。

本题既可以用电源等效变换的方法来完成(不含受控源网络)，变换过程如题 2.25 解图所示。也可用第 3 章介绍的戴维南定理来完成。

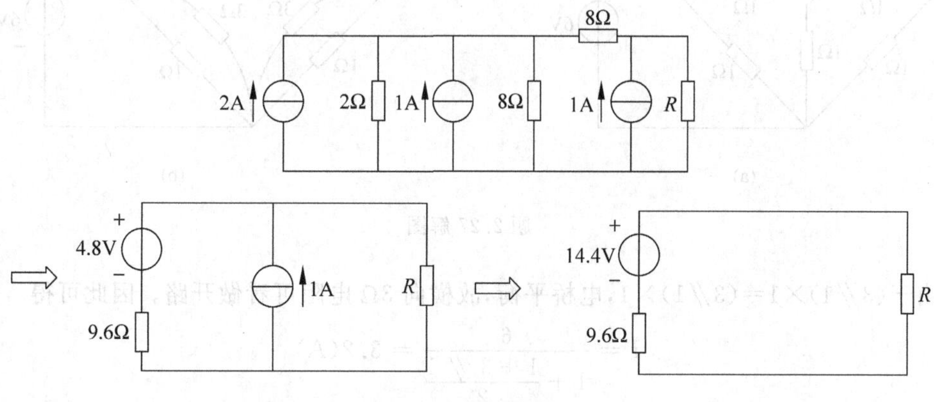

题 2.25 解图

由此可得，当 $R=9.6\Omega$ 时，$P_{\max}=\dfrac{14.4^2}{4\times 9.6}=5.4(\text{W})$。

2.26 若要使题 2.26 图所示电路中电流 $I=0$，则电阻 R_x 应取多大的值？

解 本题用于练习电源等效变换。

假如 4V 与 2Ω 串联支路左端电路经电源等效变换后能得到题 2.26 解图所示电路，

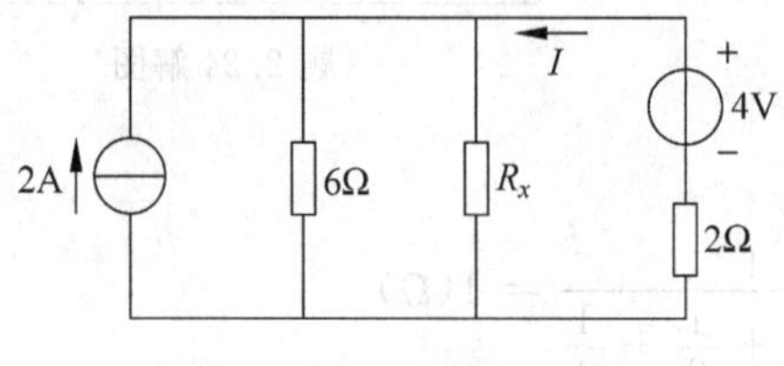

题 2.26 图

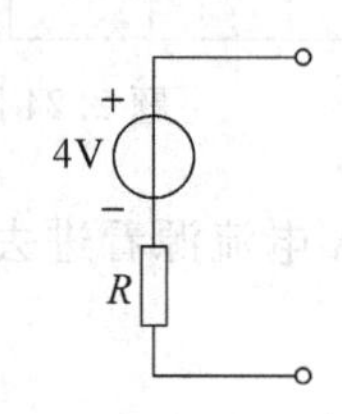

题 2.26 解图

则 $I=0$。

根据电源等效变换的关系有

$$4=2\times(6\ /\!/\ R_x)\Rightarrow R_x=3\Omega$$

2.27 求题 2.27 图所示电路中的电流 I。

解 本题用于练习灵活应用各种方法对电路进行等效化简，避免直接列方程求解。

把 6V 和 1Ω 串联支路拉出来，重画电路得到题 2.27 解图(a)。将中间的 3 个 1Ω 电阻进行Y-△变换得到题 2.27 解图(b)。

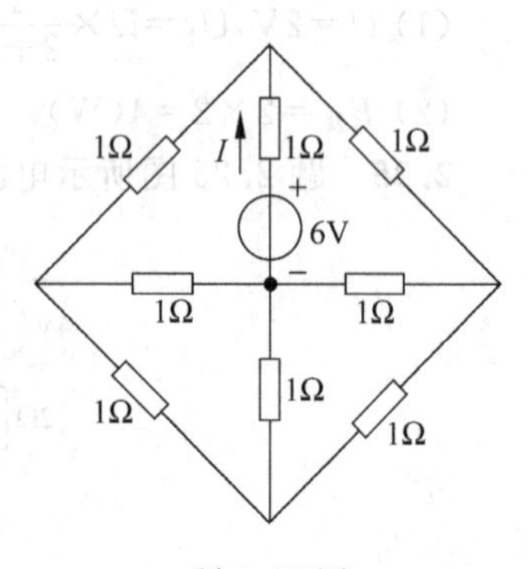

题 2.27 图

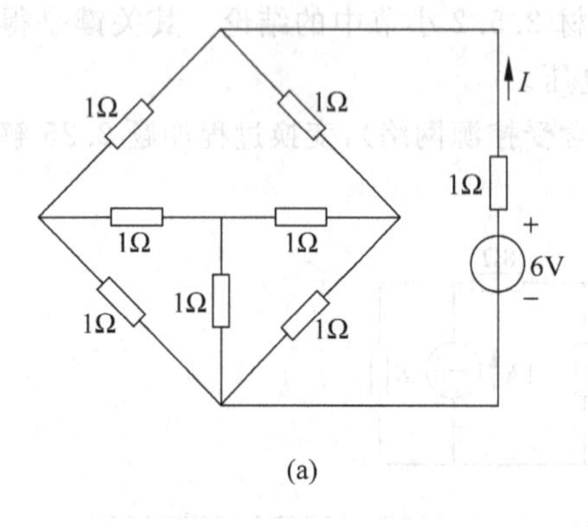

(a)

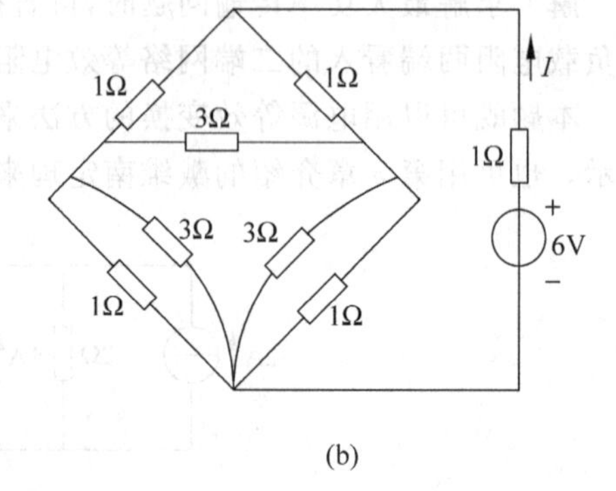

(b)

题 2.27 解图

由于$(3/\!/1)\times 1=(3/\!/1)\times 1$，电桥平衡，故横向 3Ω 电阻可看做开路。因此可得

$$I=\frac{6}{1+\dfrac{1+3\ /\!/\ 1}{2}}=3.2(\text{A})$$

2.28 如何用负反馈运算放大器电路实现放大倍数小于 1 的非反相放大？

解 本题旨在练习利用基本负反馈运算放大器电路进行电路设计的能力，在此过程中进一步加深对理想运放性质的理解和熟练掌握对负反馈运算放大器电路分析方法。

有很多种方法。其中之一为

输入信号→ 放大倍数为 −1 的反相放大 → |放大倍数|<1 的反相放大 →输出

2.29 已知题 2.29 图所示电路中，电压源 $u_S(t)=3\sin 100t$ V。求电流 $i(t)$。

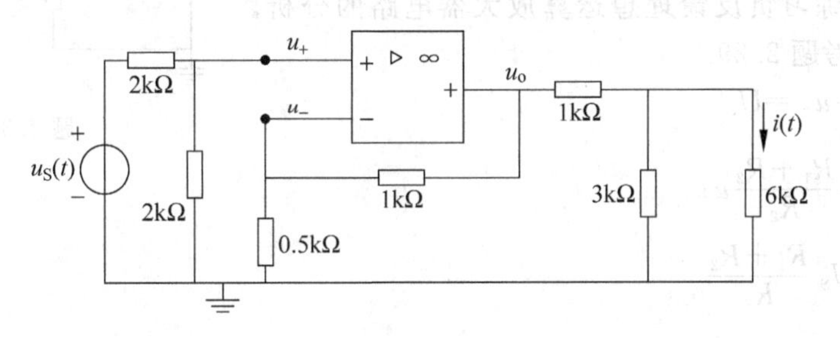

题 2.29 图

解 本题练习负反馈理想运算放大器电路的分析。应用理想运放的虚断和虚短性质即可求解。此外，需要指出，负反馈理想运算放大器电路一般不在运算放大器输出端应用 KCL，其原因在于虽然这个方程是正确且独立的，但引入了一个新的变量(运放输出电流)，对分析电路没有帮助。同时也不宜在运放的接地端应用 KCL，其原因在于运放的电路符号一般不画出运放的供电电源和接地端，因此在接地端应用 KCL 不能完整地表示实际电路接地端上的所有支路。由于运放输入端有虚断性质，因此经常应用分压关系。

$$\begin{cases} u_+ = u_- = \dfrac{1}{2}u_S \\ u_o = 3u_- \\ i = \dfrac{u_o}{1+3 /\!/ 6}\dfrac{3}{3+6} \end{cases}$$

解得

$$i = \frac{u_S}{6} = 0.5\sin 100t(\text{mA})$$

2.30 求题 2.30 图所示电路中的电流 I。

解 本题练习负反馈理想运算放大器电路的分析。其解题思路参考题 2.29。

$$\begin{cases} u_+ = u_- = U_S \\ u_o = \left(1+\dfrac{R_1}{R_2}\right)u_- \\ I = \dfrac{u_o}{R_3} \end{cases}$$

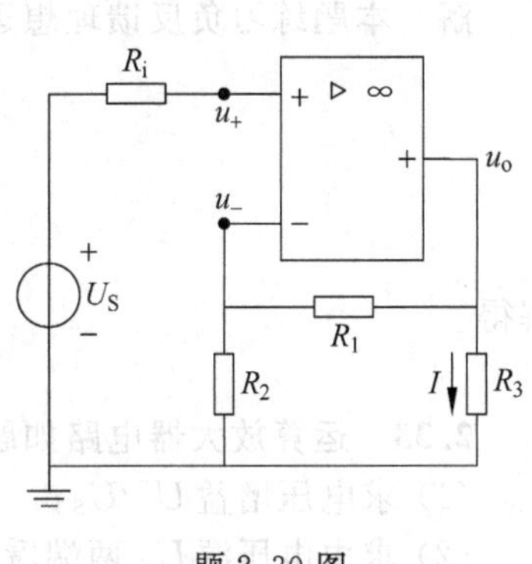

题 2.30 图

解得

$$I = U_S \frac{R_1 + R_2}{R_2 R_3}$$

2.31 已知电路如题2.31图所示。

(1) 求输出电压 U_o；

(2) 求从电压源 U_S 两端看进去的入端电阻 R_i。

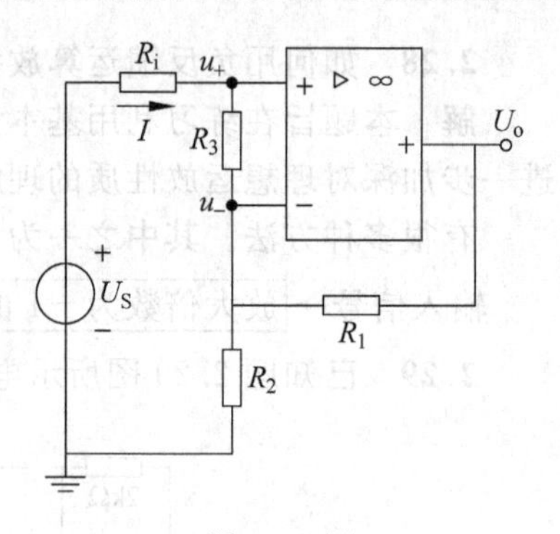

题2.31图

解 本题练习负反馈理想运算放大器电路的分析。其解题思路参考题2.29。

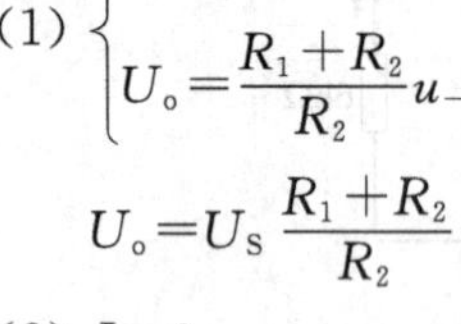

$$(1)\begin{cases} u_+ = u_- = U_S \\ U_o = \dfrac{R_1 + R_2}{R_2} u_- \end{cases}$$

$$U_o = U_S \frac{R_1 + R_2}{R_2}$$

(2) $I = 0$

$R_i = \infty$

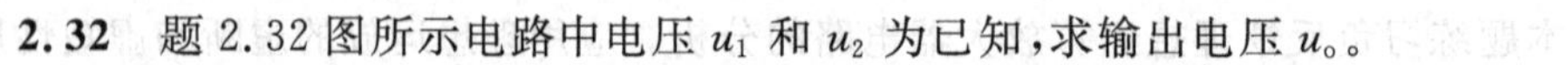

2.32 题2.32图所示电路中电压 u_1 和 u_2 为已知，求输出电压 u_o。

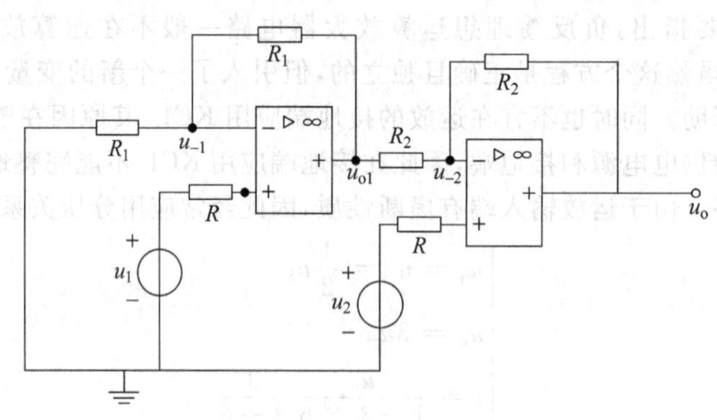

题2.32图

解 本题练习负反馈理想运算放大器电路的分析。其解题思路参考题2.29。

$$\begin{cases} u_{-1} = u_1 \Rightarrow u_{o1} = 2u_1 \\ u_2 = u_{-2} \\ \dfrac{u_{-2} - u_{o1}}{R_2} = \dfrac{u_o - u_{-2}}{R_2} \end{cases}$$

解得

$$u_o = 2(u_2 - u_1)$$

2.33 运算放大器电路如题2.33图所示。

(1) 求电压增益 U_o/U_S；

(2) 求由电压源 U_S 两端看进去的入端电阻 R_i。

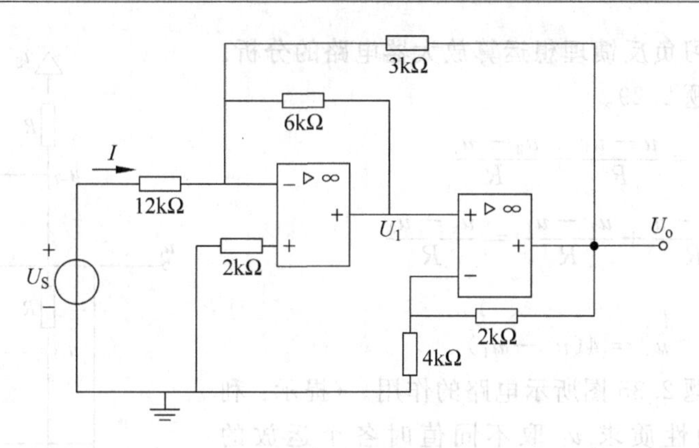

题 2.33 图

解 本题练习负反馈理想运算放大器电路的分析。其解题思路参考题 2.29。

(1)

$$\begin{cases}\dfrac{U_S-0}{12}=\dfrac{0-U_1}{6}+\dfrac{0-U_o}{3}\\ U_1=\dfrac{4}{4+2}U_o\end{cases}$$

得

$$\frac{U_o}{U_S}=-\frac{3}{16}=-0.1875$$

(2)

$$I=\frac{U_S}{12}$$

入端电阻

$$R_i=\frac{U_S}{I}=12\text{k}\Omega$$

2.34 已知题 2.34 图所示电路中电压 u_1 和 u_2，求输出电压 u_o。

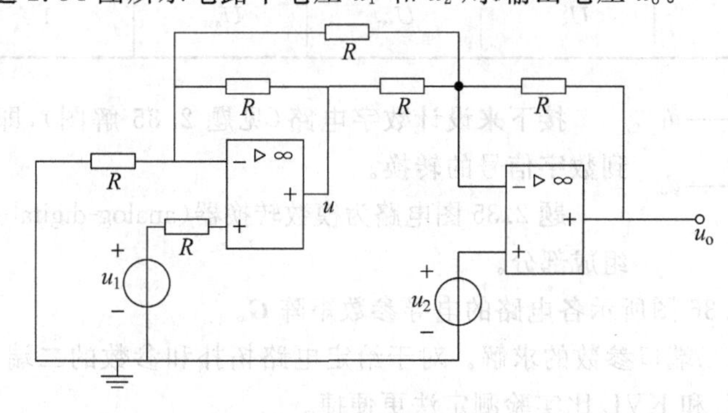

题 2.34 图

解　本题练习负反馈理想运算放大器电路的分析。其解题思路参考题 2.29。

$$\begin{cases}\dfrac{u_1}{R}=\dfrac{u-u_1}{R}+\dfrac{u_2-u_1}{R}\\ \dfrac{u_2-u}{R}+\dfrac{u_2-u_1}{R}=\dfrac{u_o-u_2}{R}\end{cases}$$

解得

$$u_o=4(u_2-u_1)$$

2.35　判断题 2.35 图所示电路的作用。(提示：利用电压比较器的性质求 u_i 取不同值时各个运放的输出。)

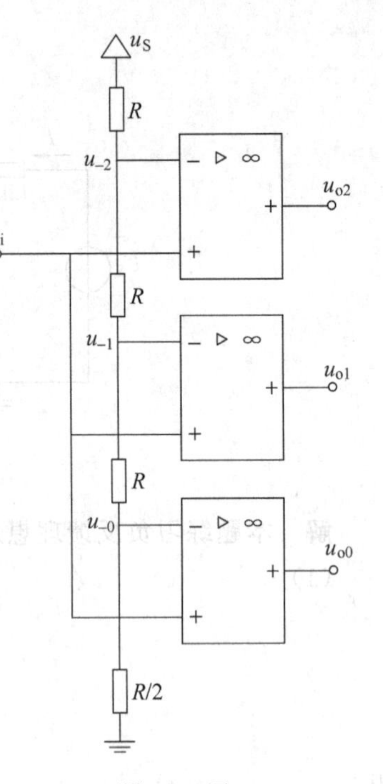

题 2.35 图

解　本题练习无反馈理想运算放大器电路的分析。这时理想运放只具有虚断的性质，只要同相输入端电压高于反相输入端，则输出饱和电压 U_{sat}，反之则输出 $-U_{sat}$。

根据理想运放的虚断性质，利用分压关系可知：

$$u_{-0}=\frac{1}{7}u_S,u_{-1}=\frac{3}{7}u_S,\quad u_{-2}=\frac{5}{7}u_S$$

制表：

u_i	u_{o0}	u_{o1}	u_{o2}	d_0	d_1
$u_i<\frac{1}{7}u_S$	$-U_{sat}$	$-U_{sat}$	$-U_{sat}$	0	0
$\frac{1}{7}u_S<u_i<\frac{3}{7}u_S$	U_{sat}	$-U_{sat}$	$-U_{sat}$	1	0
$\frac{3}{7}u_S<u_i<\frac{5}{7}u_S$	U_{sat}	U_{sat}	$-U_{sat}$	0	1
$\frac{5}{7}u_S<u_i$	U_{sat}	U_{sat}	U_{sat}	1	1

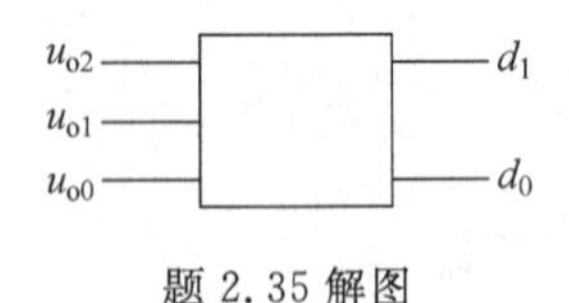

题 2.35 解图

接下来设计数字电路(见题 2.35 解图)，即完成从模拟信号到数字信号的转换。

题 2.35 图电路为模数转换器(analog-digital-converter，ADC)的组成部分。

2.36　求题 2.36 图所示各电路的电导参数矩阵 $\boldsymbol{G}$。

解　本题练习二端口参数的求解。对于给定电路拓扑和参数的二端口来说，一般直接在端口处利用 KCL 和 KVL 比实验测定法更便捷。

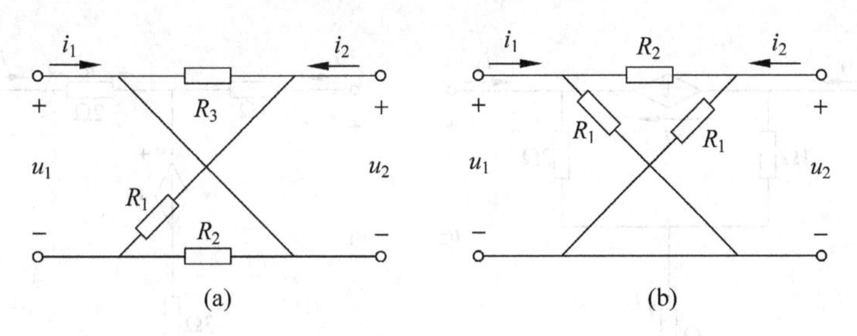

题 2.36 图

(a) 用端口电压表示电流

$$\begin{cases} i_1 = \dfrac{u_1 + u_2}{R_1} + \dfrac{u_1}{R_2} \\ i_2 = \dfrac{u_2}{R_3} + \dfrac{u_1 + u_2}{R_1} \end{cases}$$

得电导参数矩阵

$$\boldsymbol{G} = \begin{bmatrix} \dfrac{1}{R_1} + \dfrac{1}{R_2} & \dfrac{1}{R_1} \\ \dfrac{1}{R_1} & \dfrac{1}{R_1} + \dfrac{1}{R_3} \end{bmatrix}$$

(注：关于 i_1 的 KCL,在 u_1 的负号节点列写)

(b) 用端口电压表示电流

$$\begin{cases} i_1 = \dfrac{u_1 - u_2}{R_2} + \dfrac{u_1}{R_1} \\ i_2 = \dfrac{u_2}{R_1} + \dfrac{u_2 - u_1}{R_2} \end{cases}$$

得电导参数矩阵

$$\boldsymbol{G} = \begin{bmatrix} \dfrac{1}{R_1} + \dfrac{1}{R_2} & -\dfrac{1}{R_2} \\ -\dfrac{1}{R_2} & \dfrac{1}{R_1} + \dfrac{1}{R_2} \end{bmatrix}$$

2.37 求题 2.37 图所示电路的电阻参数矩阵 $\boldsymbol{R}$。

解 本题练习二端口参数的求取。思路同题 2.36。

(a) 用端口电流表示电压

$$\begin{cases} 1 \times (i_1 - 5i) + 3i = u_1 \\ 2 \times (i_2 + 5i) + 3i = u_2 \\ i_1 + i_2 = i \end{cases}$$

$$\Rightarrow \begin{cases} u_1 = -i_1 - 2i_2 \\ u_2 = 13i_1 + 15i_2 \end{cases}$$

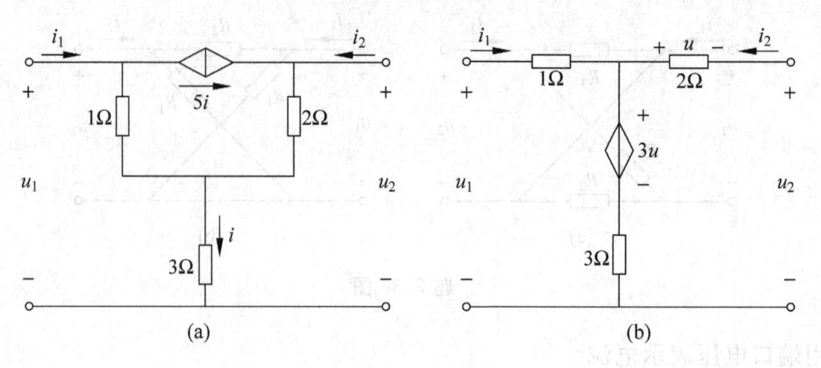

题 2.37 图

得电阻参数矩阵

$$\boldsymbol{R}=\begin{pmatrix}-1 & -2\\ 13 & 15\end{pmatrix}\Omega$$

(b) 用端口电流表示电压

$$\begin{cases}1\times i_1+3u+3\times(i_1+i_2)=u_1\\ -u+3u+3(i_1+i_2)=u_2\\ u=-2i_2\end{cases}$$

$$\Rightarrow\begin{cases}u_1=4i_1-3i_2\\ u_2=3i_1-i_2\end{cases}$$

得电阻参数矩阵

$$\boldsymbol{R}=\begin{pmatrix}4 & -3\\ 3 & -1\end{pmatrix}\Omega$$

2.38　已知题 2.38 图(a)所示电路是一个二端口网络。

(1) 求此二端口网络的传输参数矩阵 $\boldsymbol{T}$;

(2) 在此二端口网络的两端接上电源和负载,如题 2.38 图(b)所示。此时电流 $I_2=2\text{A}$。根据 T 参数计算 U_{S1} 及 I_1。

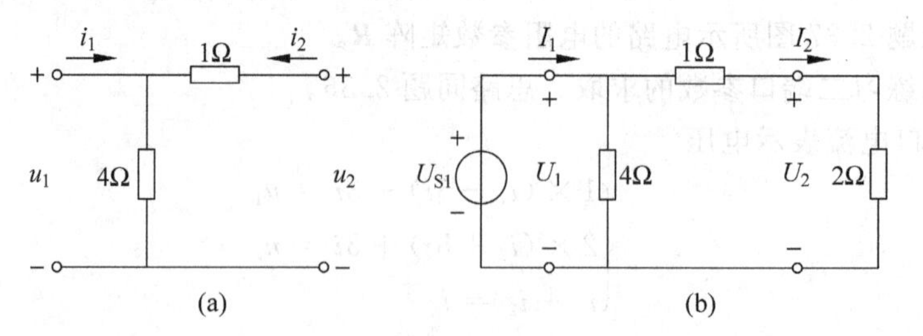

题 2.38 图

解 本题的出题意图有两个：练习二端口参数的求解，思路同 2.36 题；练习应用 T 参数进行电路分析。

如果题目给出二端口参数，一般有两种处理方法。一是将二端口等效为两个方程，然后列方程求解；二是求出该参数对应的等效电路，将其放入原电路后用各种电路分析方法求解。

(1) 用右边端口的电压、电流表示左边端口的电压、电流

$$\begin{cases} u_1 = -1 \times i_2 + u_2 \\ i_1 = -i_2 + \dfrac{u_2 - 1 \times i_2}{4} \end{cases}$$

$$\Rightarrow \begin{cases} u_1 = u_2 - i_2 \\ i_1 = 0.25u_2 - 1.25i_2 \end{cases}$$

得传输参数矩阵

$$\boldsymbol{T} = \begin{bmatrix} 1 & 1\Omega \\ 0.25\text{S} & 1.25 \end{bmatrix}$$

(2)

$$\begin{cases} U_1 = I_2 + U_2 \\ I_1 = 0.25U_2 + 1.25I_2 \\ I_2 = 2\text{A} \\ U_2 = 2I_2 = 4\text{V} \end{cases}$$

得

$$\begin{cases} U_{\text{S1}} = U_1 = 6\text{V} \\ I_1 = 2\text{A} \end{cases}$$

2.39 (1) 用一个受控源和若干电阻实现电导参数矩阵 $\boldsymbol{G}=\begin{bmatrix} G_{11} & G_{12} \\ G_{21} & G_{22} \end{bmatrix}$ 的等效电路，并证明该等效电路的端口方程就是电导参数矩阵方程。

(2) 用一个受控源和若干电阻实现电阻参数矩阵 $\boldsymbol{R}=\begin{bmatrix} R_{11} & R_{12} \\ R_{21} & R_{22} \end{bmatrix}$ 的等效电路，并证明该等效电路的端口方程就是电阻参数矩阵方程。

解 本题属于电路综合的问题。与电路分析的问题不同，已知参数设计电路的方法和答案都不唯一。

(1) 用一个受控源实现电导参数矩阵的等效电路如题 2.39 解图(a)所示。

$$\begin{cases} i_1 = (G_{11} + G_{12})u_1 + (u_1 - u_2)(-G_{12}) = G_{11}u_1 + G_{12}u_2 \\ i_2 = (G_{21} - G_{12})u_1 + (u_2 - u_1)(-G_{12}) + u_2(G_{22} + G_{12}) = G_{21}u_1 + G_{22}u_2 \end{cases}$$

(2) 用一个受控源实现电阻参数矩阵的等效电路如题 2.39 解图(b)所示。

$$\begin{cases} u_1 = (R_{11} - R_{12})i_1 + (i_1 + i_2)R_{12} = R_{11}i_1 + R_{12}i_2 \\ u_2 = (R_{21} - R_{12})i_1 + (i_1 + i_2)R_{12} + i_2(R_{22} - R_{12}) = R_{21}u_1 + R_{22}u_2 \end{cases}$$

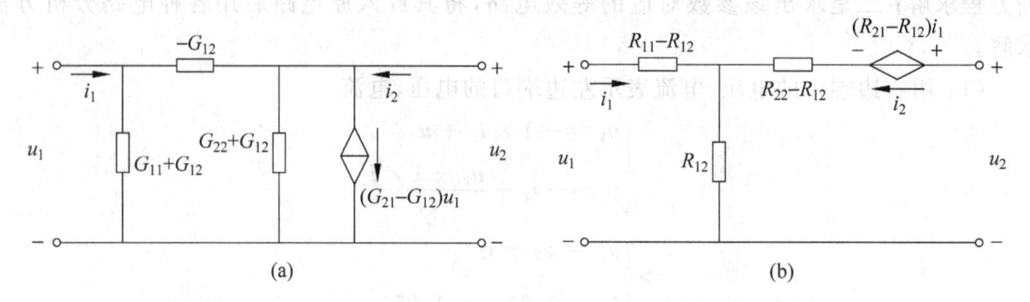

题 2.39 解图

2.40　用 5V 电源、N 沟道 MOSFET 和电阻器构成一个半加器。半加器的输入为两个待求和的二进制量 X 和 Y。输出有两个二进制量：和 S 与进位 A。进位就是当一位二进制无法表示当前数值时，向更高级增加的量，例如当 $X=1, Y=1$ 时 $S=0, A=1$。对应着

```
        1
        1
进位A ─ 1    +)
- - - - - - - - - 
        0 ─ 和S
```

提示：仿照教材第 90 页投票表决系统的构造方法。

解　类似于投票表决习题的思路，分为制表、写逻辑表达式、用 MOSFET 实现 3 步来完成。

制表：

X	Y	S	A
0	0	0	0
0	1	1	0
1	0	1	0
1	1	0	1

⇨

$$S = X\bar{Y} + \bar{X}Y$$
$$A = XY$$

题 2.40 解图给出一种实现方法(实现方法不唯一)。

2.41　计算用 N 沟道 MOSFET 构成的两输入 NAND 门和两输入 NOR 门消耗的最大功率。(注意：要求计算的是门消耗的功率，而不是 MOSFET 消耗的功率)

解　本题练习 MOSFET 构成逻辑门电路的分析。

NAND 门当输入均为 1 时消耗最大功率，等效电路如题 2.41 解图(a)所示，且

$$P_{\max} = \frac{U_S^2}{R_L + 2R_{ON}}$$

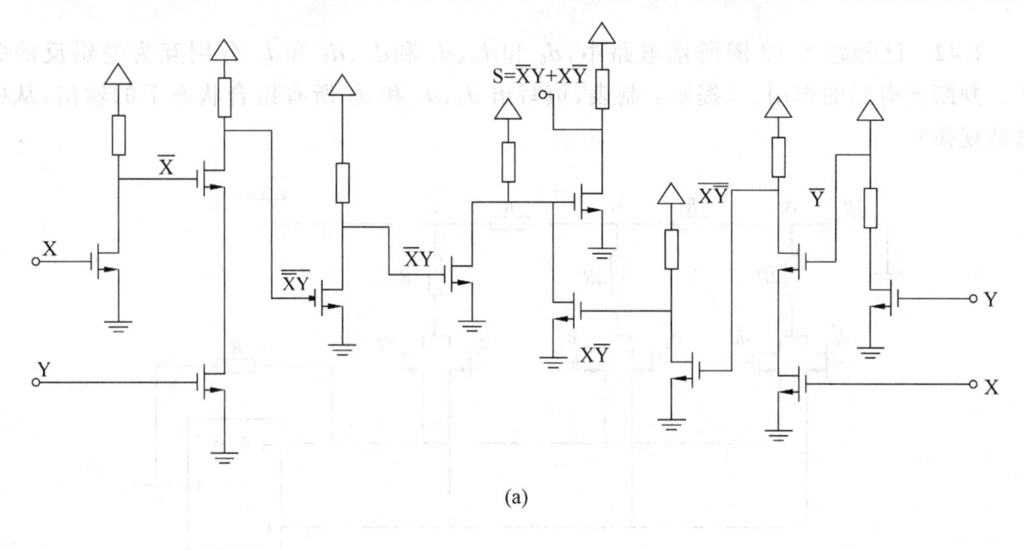

(a)

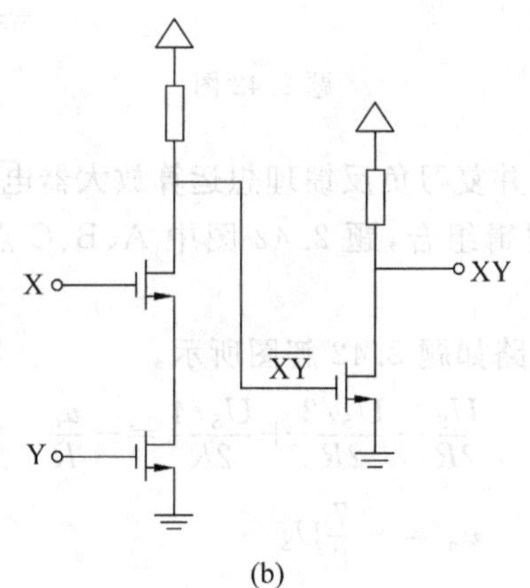

(b)

题 2.40 解图

NOR 门当两输入均为 1 时消耗最大功率，等效电路如题 2.41 解图(b)所示，且

$$P_{\max}=\frac{U_{\mathrm{S}}^{2}}{R_{\mathrm{L}}+0.5R_{\mathrm{ON}}}$$

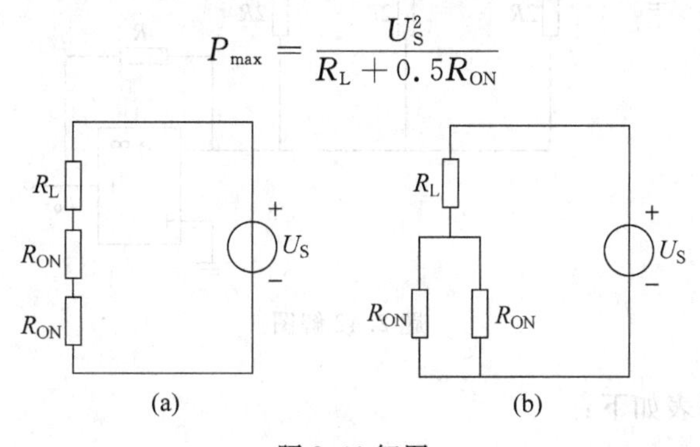

(a) (b)

题 2.41 解图

2.42 已知题 2.42 图所示电路中，d_0 和 $\overline{d}_0$、d_1 和 $\overline{d}_1$、d_2 和 $\overline{d}_2$ 分别互为逻辑反的关系。判断该电路的作用。(提示：制表，填写出 d_0、d_1 和 d_2 所有组合状态下的输出，从中总结规律)。

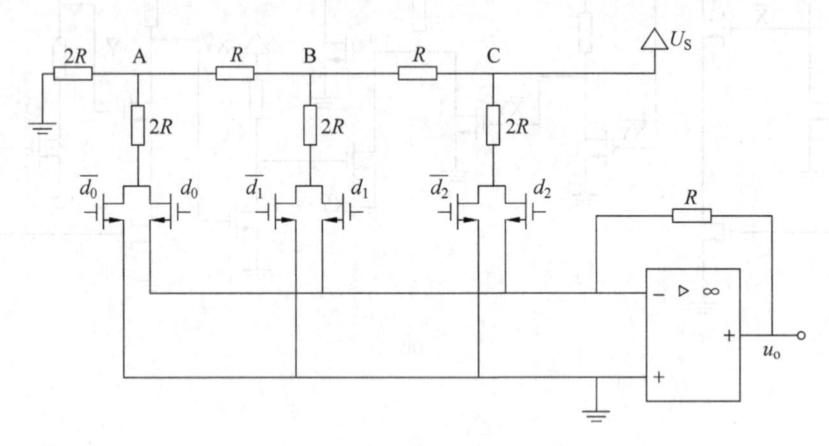

题 2.42 图

解 本题练习分压关系，并复习负反馈理想运算放大器电路的分析。

无论 d_0、d_1、d_2 为何种逻辑组合，题 2.42 图中 A、B、C 点的电压分别为 $U_S/4$、$U_S/2$、$U_S/4$。

当 $d_0=d_1=d_2=1$ 时，电路如题 2.42 解图所示。

$$\frac{U_S}{2R}+\frac{U_S/2}{2R}+\frac{U_S/4}{2R}=-\frac{u_o}{R}$$

$$u_o=-\frac{7}{8}U_S$$

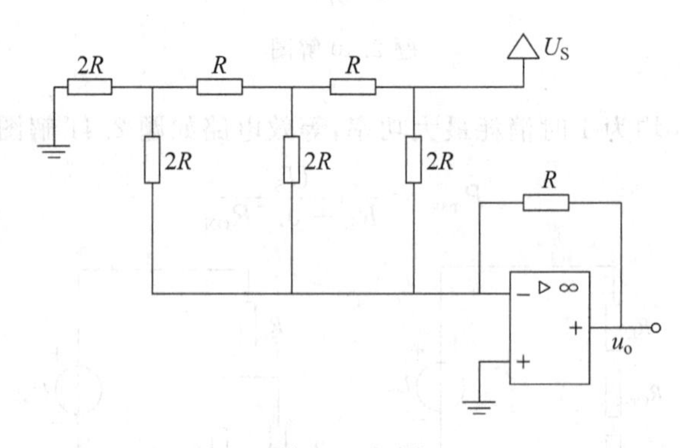

题 2.42 解图

根据上面的分析可列表如下：

d_0	d_1	d_2	$-u_0$
0	0	0	0
1	0	0	$\frac{1}{8}U_S$
0	1	0	$\frac{2}{8}U_S$
1	1	0	$\frac{3}{8}U_S$
0	0	1	$\frac{4}{8}U_S$
1	0	1	$\frac{5}{8}U_S$
0	1	1	$\frac{6}{8}U_S$
1	1	1	$\frac{7}{8}U_S$

观察可以发现，这个电路的作用是将数字输入 $d_0 \sim d_2$ 转换为模拟输出 $0 \sim -\frac{7}{8}U_S$，完成从数字到模拟的转换，该电路是一个数字模拟转换器（digital-analog-converter，DAC）。

第 3 章习题解答

3.1 用支路电流法求题 3.1 图所示电路中各支路电流。

解 本题用于练习用支路电流法求解电路，注意 KCL、KVL 两类方程的独立方程的个数。

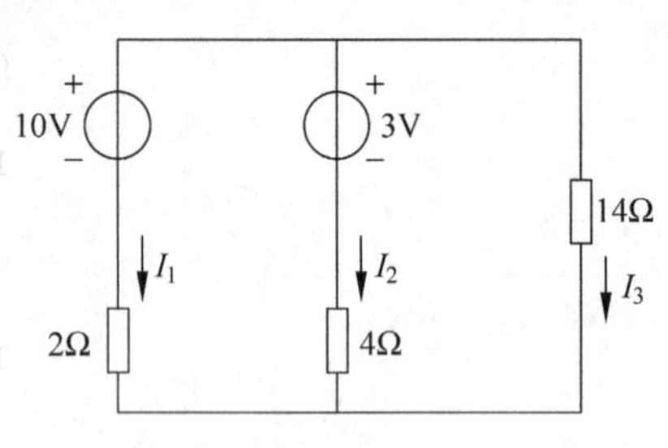

题 3.1 图

列节点的 KCL 和回路的 KVL 方程：

$$\begin{cases} I_1 + I_2 + I_3 = 0 \\ -2I_1 - 10 + 3 + 4I_2 = 0 \\ -4I_2 - 3 + 14I_3 = 0 \end{cases}$$

解得

$$I_1 = -1.5\text{A}, \quad I_2 = 1\text{A}, \quad I_3 = 0.5\text{A}$$

3.2 用支路电流法求题 3.2 图所示电路中 12V、6V 电压源各自发出的功率。

解 本题用于练习用支路电流法求电压、电流及功率。各支路电流的参考方向如题 3.2 解图所示。

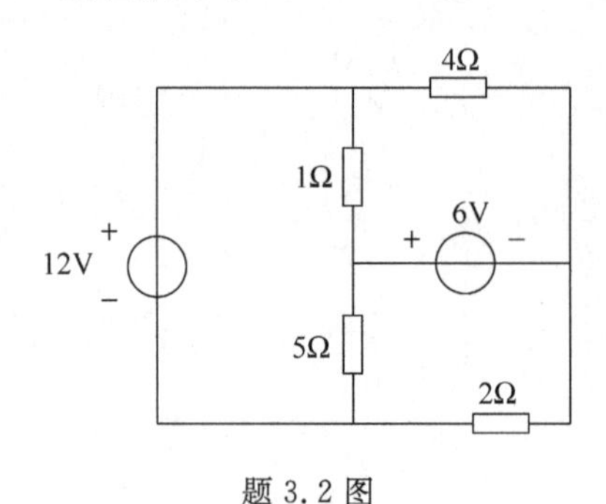

题 3.2 图

题 3.2 解图

独立的 KCL 方程为

$$\begin{cases} I_1 = I_2 + I_3 \\ I_2 = I_4 + I_5 \\ I_6 = I_3 + I_4 \end{cases}$$

独立的 KVL 方程为

$$\begin{cases} I_2 + 5I_5 = 12 \\ -I_2 + 4I_3 = 6 \\ 5I_5 - 2I_6 = 6 \end{cases}$$

求得各支路电流为

$$I_1 = 4\text{A},\quad I_2 = 2\text{A},\quad I_3 = 2\text{A},\quad I_4 = 0,\quad I_5 = 2\text{A},\quad I_6 = 2\text{A}$$

12V 电源发出功率：$P_{12\text{V发}} = 48\text{W}$。

6V 电压源发出功率：$P_{6\text{A发}} = 0$。

3.3 用节点电压法求题 3.3 图所示电路中各支路电流 $I_1 \sim I_6$。

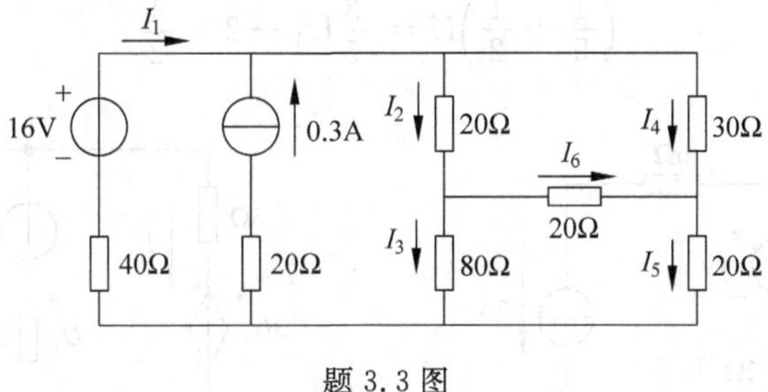

题 3.3 图

解 本题用于练习用节点电压法求解电路，要求直接列写出标准形式的方程。学习如何用节点电压来表示支路电流。思考与电流源串联的电阻在列节点方程时该如何处理。

节点电压如题 3.3 解图所示。列写节点方程：

$$\begin{cases}\left(\dfrac{1}{40}+\dfrac{1}{20}+\dfrac{1}{30}\right)U_1-\dfrac{1}{20}U_2-\dfrac{1}{30}U_3=\dfrac{16}{40}+0.3\\-\dfrac{1}{20}U_1+\left(\dfrac{1}{20}+\dfrac{1}{80}+\dfrac{1}{20}\right)U_2-\dfrac{1}{20}U_3=0\\-\dfrac{1}{30}U_1-\dfrac{1}{20}U_2+\left(\dfrac{1}{30}+\dfrac{1}{20}+\dfrac{1}{20}\right)U_3=0\end{cases}$$

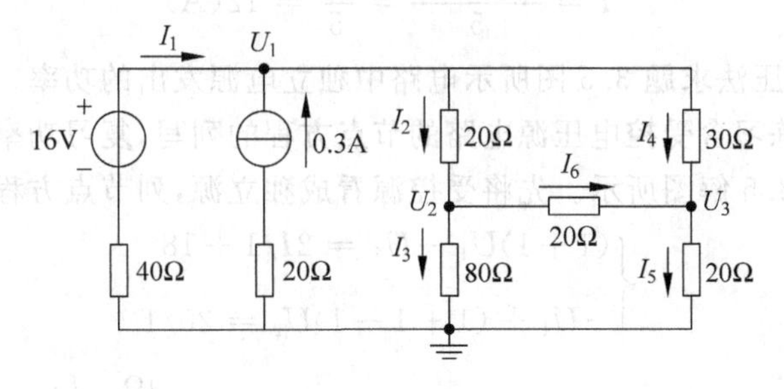

题 3.3 解图

得

$$U_1 = 12\text{V},\quad U_2 = 8\text{V},\quad U_3 = 6\text{V}$$

各支路电流为

$$I_1=\frac{-U_1+16}{40}=0.1\text{A},\quad I_2=\frac{U_1-U_2}{20}=0.2\text{A},\quad I_3=\frac{U_2}{80}=0.1\text{A}$$

$$I_4=\frac{U_1-U_3}{30}=0.2\text{A},\quad I_5=\frac{U_3}{20}=0.3A,\quad I_6=\frac{U_2-U_3}{20}=0.1\text{A}$$

3.4 用节点电压法求题 3.4 图所示电路中电流 I。

解 本题用于练习含受控电压源电路节点方程的列写,注意补充方程给出的是控制量与节点电压的关系。

节点电压如题 3.4 解图所示。先将受控源看成独立源,列写节点方程:

$$\left(\frac{1}{5}+\frac{1}{2}\right)U=\frac{3}{5}U_1-2+\frac{4}{2}$$

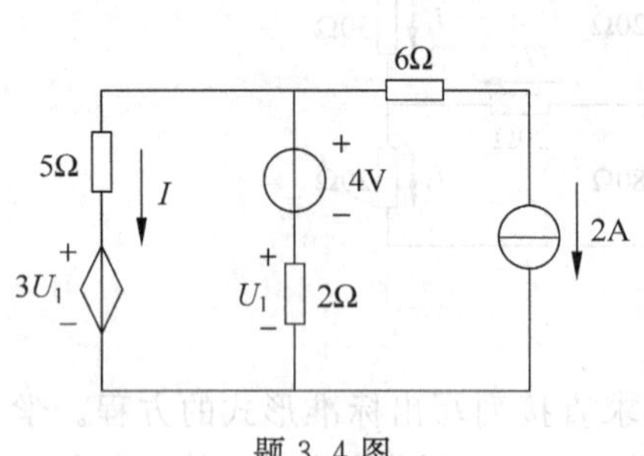

题 3.4 图

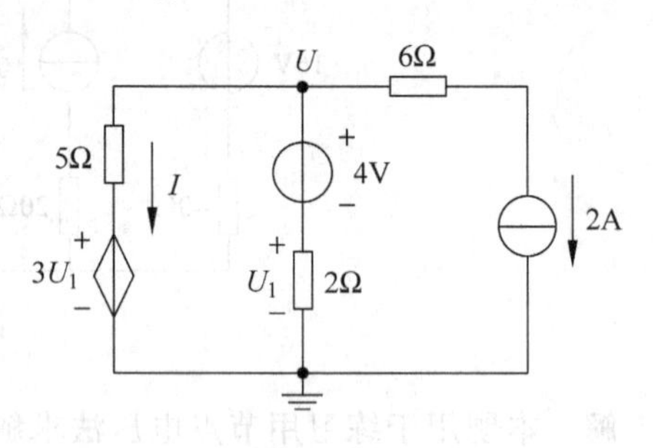

题 3.4 解图

控制量 U_1 与节点电压的关系为

$$U_1=U-4$$

得

$$U=-24\text{V},\quad U_1=-28\text{V}$$

支路电流

$$I=\frac{U-3U_1}{5}=\frac{60}{5}=12(\text{A})$$

3.5 用节点电压法求题 3.5 图所示电路中独立电源发出的功率。

解 本题用于练习含受控电压源电路的节点方程的列写,复习功率的求解。

节点电压如题 3.5 解图所示。先将受控源看成独立源,列节点方程:

$$\begin{cases}(1+1)U_1-U_2=2I/1+18\\-U_1+(1+1+1)U_2=20/1\end{cases}$$

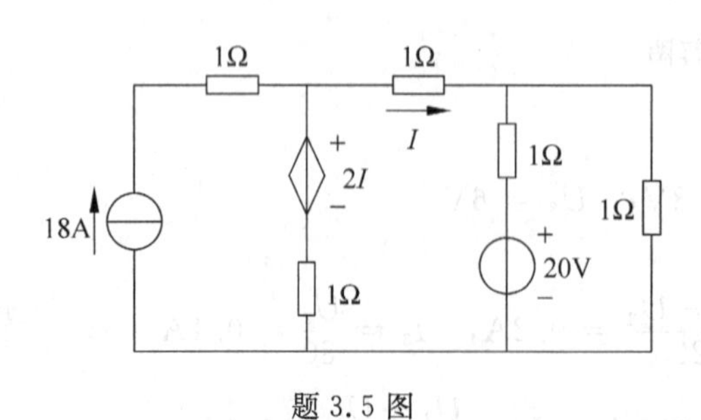

题 3.5 图

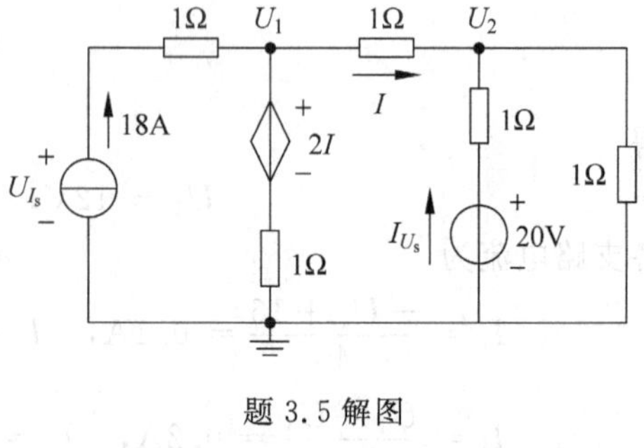

题 3.5 解图

控制量与节点电压的关系为

$$I=(U_1-U_2)/1$$

得

$$U_1=34\text{V},\quad U_2=18\text{V},\quad I=16\text{A}$$

18A 电流源的端电压

$$U_{I_S}=18+U_1=52(\text{V})$$

18A 电流源发出功率

$$P_{18\text{A发}}=936\text{W}$$

20V 电压源中的电流

$$I_{U_S}=(20-18)/1=2(\text{A})$$

20V 电压源发出的功率为

$$P_{20\text{V发}}=40\text{W}$$

3.6 用节点电压法求题 3.6 图所示电路中节点电压 U_1、U_2。

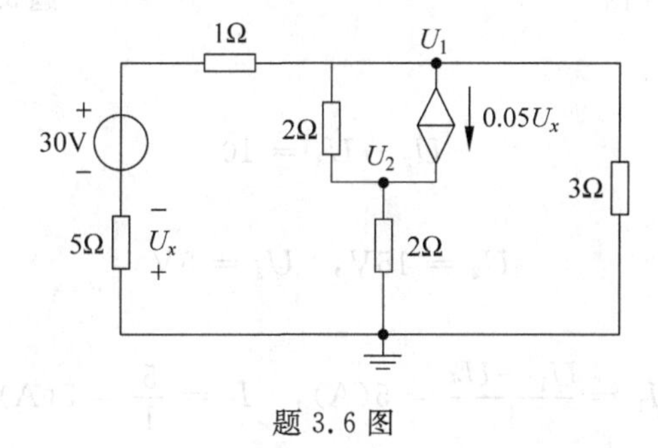

题 3.6 图

解 本题用于练习含受控电流源电路的节点方程的列写，注意补充方程给出的是控制量与节点电压的关系。

先将压控电流源看成独立源，用节点法列写方程如下：

$$\begin{cases}\left(\dfrac{1}{6}+\dfrac{1}{2}+\dfrac{1}{3}\right)U_1-\dfrac{1}{2}U_2=\dfrac{30}{6}-0.05U_x\\[2ex]-\dfrac{1}{2}U_1+\left(\dfrac{1}{2}+\dfrac{1}{2}\right)U_2=0.05U_x\end{cases}$$

控制量 U_x 与节点电压 U_1 的关系为

$$U_x=(-U_1+30)\times\frac{5}{6}$$

得

$$U_1=6\text{V},\quad U_2=4\text{V},\quad U_x=20\text{V}$$

3.7 用节点电压法求题 3.7 图所示电路中电流 I_1、I_2。

解 将参考节点设在 20V 电压源的负极，本题中有一个无串联电阻的独立电压源连接在两个节点之间，可用广义节点法列方程。

各节点电压如题 3.7 解图所示。将 U_2 与 U_3 节点看成广义节点列方程：

$$\begin{cases} U_1 = 20\text{V} \\ \left(1+\frac{1}{2}\right)U_2 + \left(\frac{1}{2}+1\right)U_3 - \left(\frac{1}{2}+1\right)U_1 = 0 \end{cases}$$

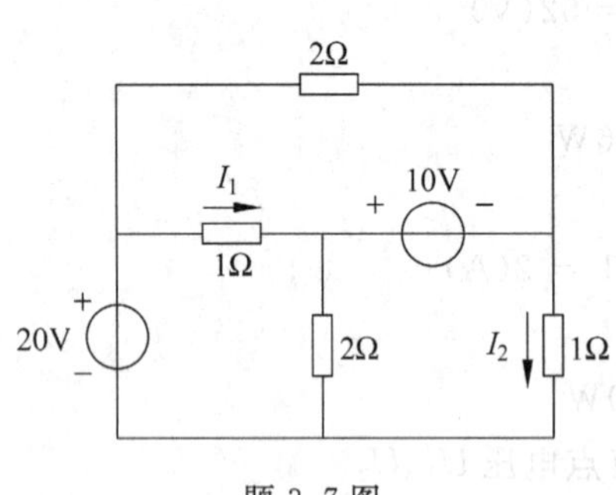

题 3.7 图

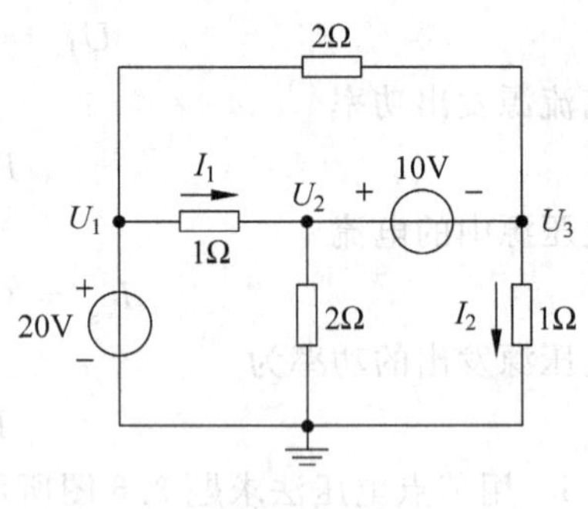

题 3.7 解图

补充方程为

$$U_2 - U_3 = 10$$

解得

$$U_2 = 15\text{V}, \quad U_3 = 5\text{V}$$

支路电流

$$I_1 = \frac{U_1 - U_2}{1} = 5(\text{A}), \quad I_2 = \frac{5}{1} = 5(\text{A})$$

3.8 用节点电压法求题 3.8 图所示电路中控制量电流 I_1、电压 U_1。

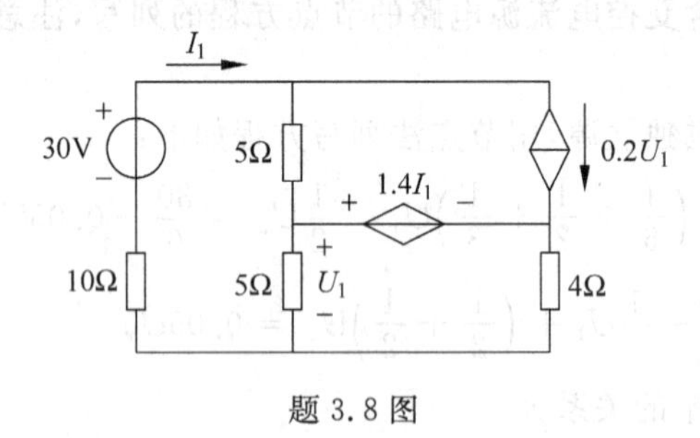

题 3.8 图

解 本题中有一个无串联电阻的受控电压源连接在两个节点之间，可用广义节点法列节点方程。

节点电压如题 3.8 解图电路所示。将流控电压源看成独立源，U_B 与 U_C 节点看成广义节点列方程。

$$\begin{cases}\left(\frac{1}{10}+\frac{1}{5}\right)U_{\mathrm{A}}-\frac{1}{5}U_{\mathrm{B}}=3-0.2U_1\\-\frac{1}{5}U_{\mathrm{A}}+\left(\frac{1}{5}+\frac{1}{5}\right)U_{\mathrm{B}}+\frac{1}{4}U_{\mathrm{C}}=0.2U_1\end{cases}$$

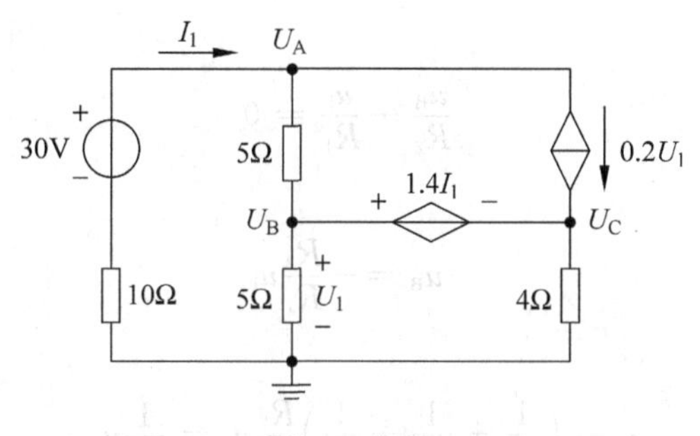

题 3.8 解图

又

$$U_{\mathrm{B}}-U_{\mathrm{C}}=1.4I_1$$

控制量与节点电压的关系为

$$\begin{cases}I_1=\dfrac{30-U_{\mathrm{A}}}{10}\\U_1=U_{\mathrm{B}}\end{cases}$$

解得

$$U_{\mathrm{A}}=10\mathrm{V},\quad U_{\mathrm{B}}=6\mathrm{V},\quad U_{\mathrm{C}}=3.2\mathrm{V},\quad I_1=2\mathrm{A},\quad U_1=6\mathrm{V}$$

3.9 求题 3.9 图所示运算放大器电路输出电压与输入电压的比值 u_o/u_i。

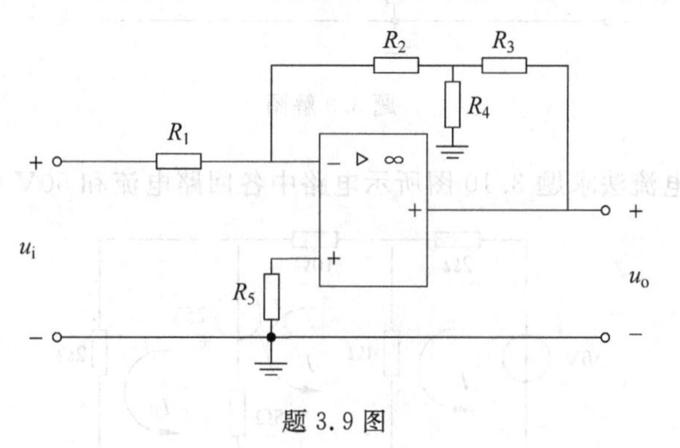

题 3.9 图

解 本题用于练习用节点电压法分析含有负反馈理想运算放大器的电路。

节点电压如题 3.9 解图所示。列方程如下：

$$\left(\frac{1}{R_1}+\frac{1}{R_2}\right)u_{\mathrm{A}}-\frac{1}{R_2}u_{\mathrm{B}}=\frac{u_{\mathrm{i}}}{R_1}\tag{1}$$

$$-\frac{1}{R_2}u_A+\left(\frac{1}{R_2}+\frac{1}{R_3}+\frac{1}{R_4}\right)u_B-\frac{1}{R_3}u_o=0 \tag{2}$$

由虚短,得

$$u_A=0$$

由虚断,得

$$\frac{u_B}{R_2}+\frac{u_i}{R_1}=0$$

即

$$u_B=-\frac{R_2}{R_1}u_i$$

代入式(2),得

$$-\left(\frac{1}{R_2}+\frac{1}{R_3}+\frac{1}{R_4}\right)\frac{R_2}{R_1}u_i=\frac{1}{R_3}u_o$$

故

$$\frac{u_o}{u_i}=-\frac{R_4R_2+R_2R_3+R_3R_4}{R_1R_4}$$

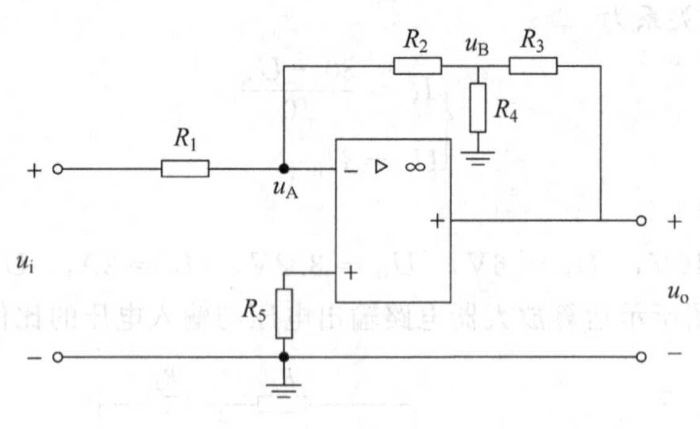

题 3.9 解图

3.10 用回路电流法求题 3.10 图所示电路中各回路电流和 50V 电压源发出的功率。

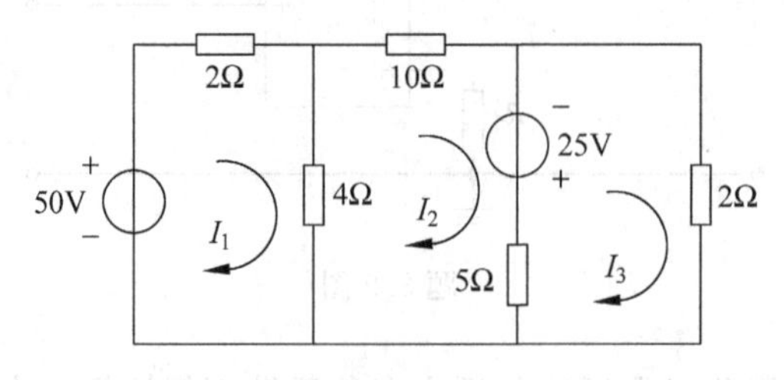

题 3.10 图

解 本题用于练习用回路电流法求解电路,要求直接列写出标准形式的方程。

回路的 KVL 方程如下:

$$\begin{cases}6I_1 - 4I_2 = 50 \\ -4I_1 + 19I_2 - 5I_3 = 25 \\ -5I_2 + 7I_3 = -25\end{cases}$$

解得

$$I_1 = 10.45\text{A},\quad I_2 = 3.17\text{A},\quad I_3 = -1.31\text{A}$$

50V 电压发出功率

$$P_{发} = 50I_1 = 50 \times 10.45 = 523(\text{W})$$

3.11 用网孔电流法求题 3.11 图所示电路中各网孔电流和受控电压源吸收的功率。

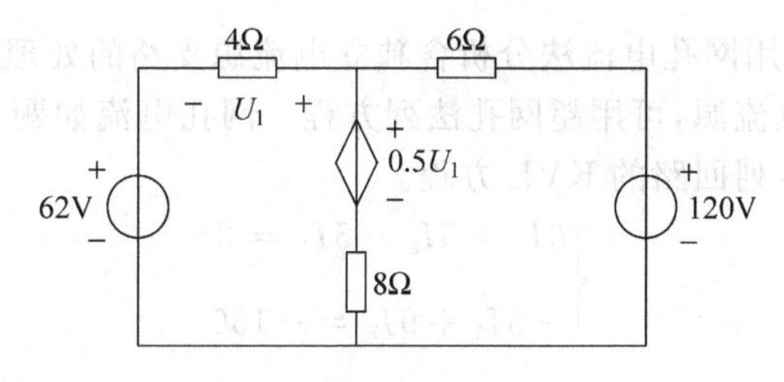

题 3.11 图

解 本题用于练习含受控电压源的网孔电流法,注意补充方程给出的是控制量与网孔电流的关系。

网孔电流如题 3.11 解图中所示,列写方程如下:

$$\begin{cases}12I_1 - 8I_2 = 62 - 0.5U_1 \\ -8I_1 + 14I_2 = 0.5U_1 - 120\end{cases}$$

控制量与网孔电流的关系为

$$U_1 = -4I_1$$

解得

$$I_1 = -1\text{A},\quad I_2 = -9\text{A},\quad U_1 = 4\text{V}$$

受控电压源吸收的功率

$$P_{吸} = 0.5U_1(I_1 - I_2) = 16(\text{W})$$

题 3.11 解图

3.12　用网孔电流法求题 3.12 图所示电路 5Ω 电阻中电流 I。

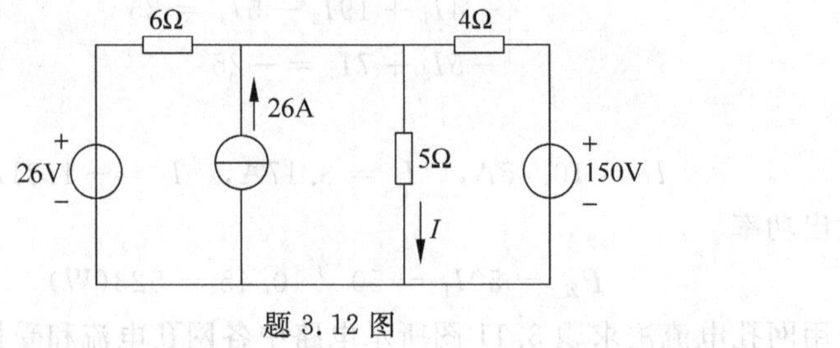

题 3.12 图

解　本题用于练习用网孔电流法分析含独立电流源支路的处理。注意到本题中左边两网孔有公共支路 26A 电流源，可用超网孔法列方程。网孔电流如题 3.12 解图所示，将网孔 1 和网孔 2 看成超网孔，列回路的 KVL 方程。

$$\begin{cases}6I_1+5I_2-5I_3=26\\-5I_2+9I_3=-150\end{cases}$$

又

$$-I_1+I_2=26$$

解得

$$I_1=-14\text{A},\quad I_2=12\text{A},\quad I_3=-10\text{A}$$

5Ω 电阻中电流

$$I=I_2-I_3=22(\text{A})$$

题 3.12 解图

3.13　用回路电流法求题 3.13 图所示电路中 15Ω 电阻上输出电压 U_o。

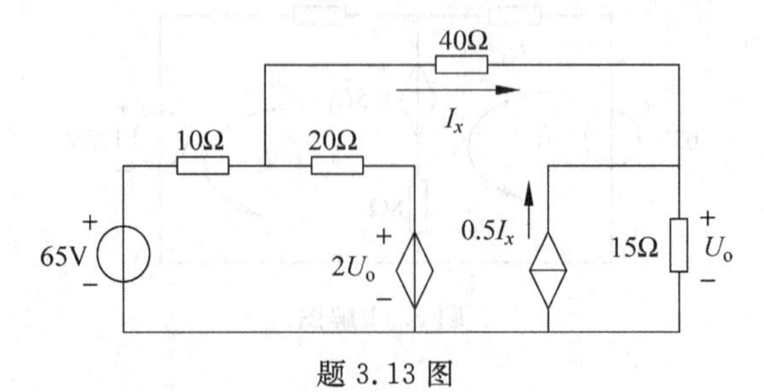

题 3.13 图

解　本题用于练习用网孔电流法分析含受控电流源支路的处理。注意到本题中右边两网孔的公共支路是一个流控电流源，先将其看做独立电流源，用超网孔法列方程；再增加一个补充方程，给出控制量与网孔电流之间的关系。

回路电流如题3.13解图中所示。将网孔2和网孔3看成超网孔，列回路的KVL方程：

$$\begin{cases} 30I_1 - 20I_2 = 65 - 2U_o \\ 60I_2 + 15I_3 - 20I_1 = 2U_o \end{cases}$$

又

$$0.5I_x = I_3 - I_2$$

控制量电压U_o、电流I_x与回路电流的关系为

$$\begin{cases} I_x = I_2 \\ U_o = 15I_3 \end{cases}$$

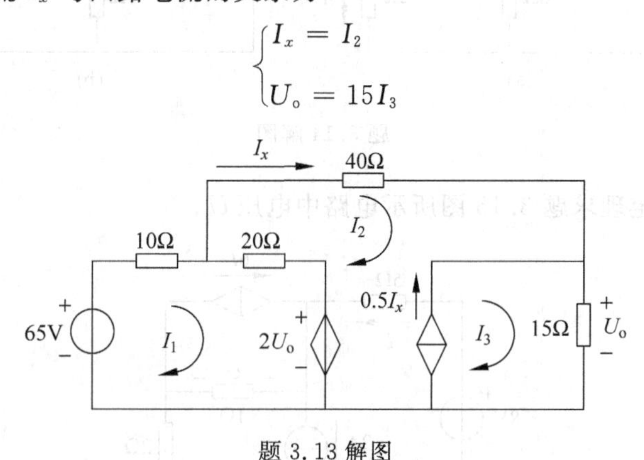

题3.13解图

解得

$$I_1 = 1.5\text{A},\quad I_2 = 0.8\text{A},\quad I_3 = 1.2\text{A}$$

15Ω电阻上输出电压

$$U_o = 15I_3 = 18\text{V}$$

3.14　用叠加定理求题3.14图所示电路中电流I。

解　本题用于练习叠加定理，应用时注意电压源和电流源的正确处理。电压源不作用意味着电压源支路短路，电流源不作用意味着电流源支路开路。

5.4V电压源单独作用(4.5A电流源开路)，电路如题3.14解图(a)所示。

$$I_1 = \frac{5.4}{3 + 6 \,/\!/\, 4} \times \frac{6}{10} = 0.6\text{A}$$

4.5A电流源单独作用(5.4V电压源短路)，电路如题3.14解图(b)所示。

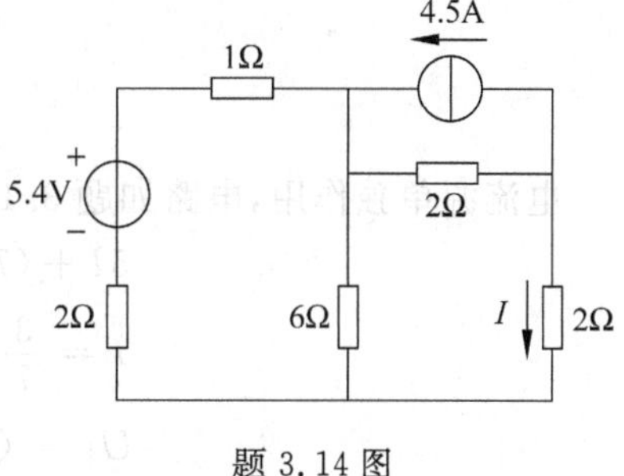

题3.14图

$$I_2 = -4.5 \times \frac{2}{2+2+3 /\!/ 6} = -1.5\text{A}$$

由叠加定理，得

$$I = I_1 + I_2 = -0.9\text{A}$$

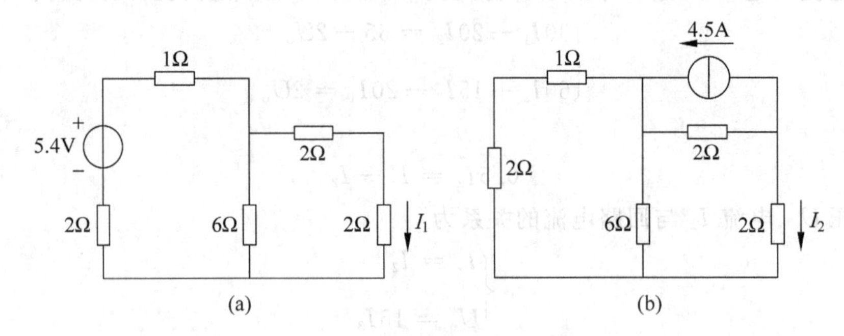

题 3.14 解图

3.15 用叠加定理求题 3.15 图所示电路中电压 U。

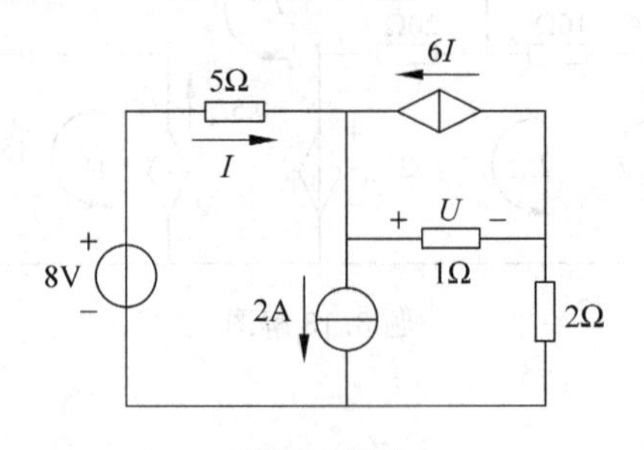

题 3.15 图

解 本题用于练习对含受控源的电路应用叠加定理。受控源与电阻元件一样处理，不参与叠加。请参阅第 3 章论题 2 的讨论。

电压源单独作用，电路如题 3.15 解图(a)所示，

$$8I + 6I = 8$$

$$I = \frac{4}{7}\text{A}$$

$$U_1 = 7I = 4\text{V}$$

电流源单独作用，电路如题 3.15 解图(b)所示，

$$5I + (7I - 2) \times 1 + 2(I - 2) = 0$$

$$I = \frac{3}{7}\text{A}$$

$$U_2 = (7I - 2) \times 1 = 1\text{V}$$

由叠加定理得

$$U = U_1 + U_2 = 5\text{V}$$

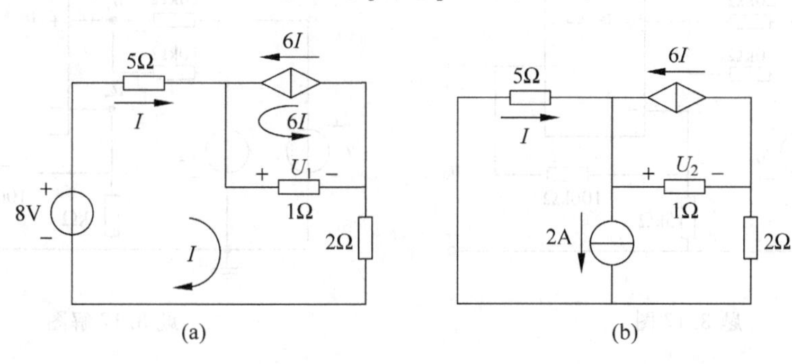

题 3.15 解图

3.16 电路如题 3.16 图所示。当 $U_{S1}=8\text{V}$，$U_{S2}=12\text{V}$，$I_S=0$ 时，电流表的读数为 1.2A；当 $U_{S1}=10\text{V}$，$U_{S2}=6\text{V}$，$I_S=1.2\text{A}$ 时，电流表的读数为 1.2A；求当 $U_{S1}=12\text{V}$，$U_{S2}=3\text{V}$，$I_S=1.8\text{A}$ 时电流表的读数。

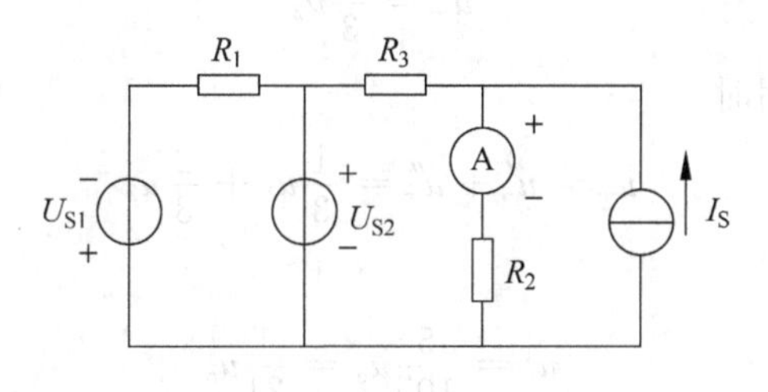

题 3.16 图

解 本题用于练习叠加定理的应用，同时复习理想电压源的特性。由于无串联电阻的理想电压源 U_{S2} 并接在电压源 U_{S1} 和电阻 R_1 串联支路两端，U_{S1} 对电流表读数贡献为 0。设 $U_{S2}=1\text{V}$ 对电流表读数贡献为 I_1，$I_S=1\text{A}$ 对电流表读数贡献为 I_2。由已知条件，有

$$\begin{cases} 12I_1 + 0 = 1.2 \\ 6I_1 + 1.2I_2 = 1.2 \end{cases}$$

解得

$$I_1 = 0.1\text{A}, \quad I_2 = 0.5\text{A}$$

因此，电流表读数为

$$3I_1 + 1.8I_2 = 0.3 + 0.9 = 1.2(\text{A})$$

3.17 用叠加定理求题 3.17 图所示电路中电压 u_o。

解 本题用于练习叠加定理在含运算放大器电路中的应用。设 u_+、u_- 分别为运算放大器同相输入端和反相输入端电压，电路如题 3.17 解图所示。

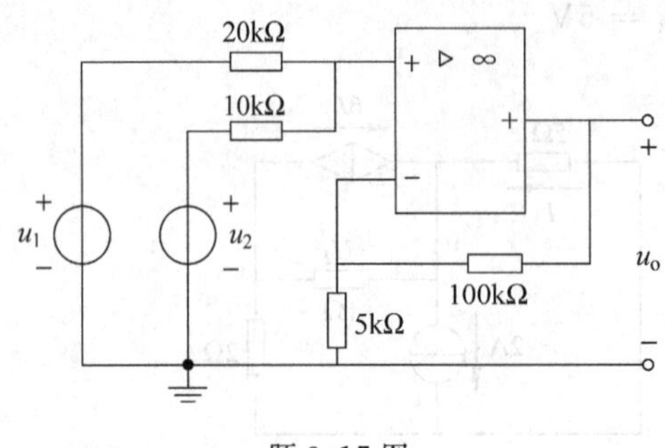

题 3.17 图

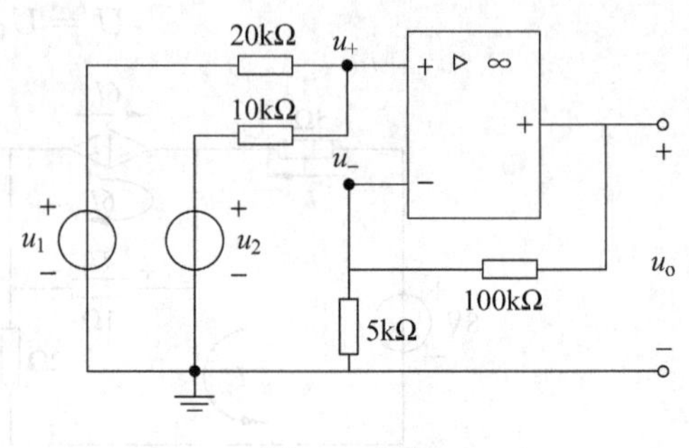

题 3.17 解图

由虚断性质,电压源 u_1 单独作用时,

$$u'_+=\frac{1}{3}u_1$$

电压源 u_2 单独作用时

$$u''_+=\frac{2}{3}u_2$$

电压源 u_1 和 u_2 共同作用时

$$u_+=u'_++u''_+=\frac{1}{3}u_1+\frac{2}{3}u_2$$

由虚断性质,可得

$$u_-=\frac{5}{105}u_o=\frac{1}{21}u_o$$

由虚短性质,得

$$u_+=u_-$$

运算放大器输出电压

$$u_o=21u_-=7u_1+14u_2$$

3.18 题 3.18 图所示电路中,方框 A 为含有独立电源线性电阻网络。已知 $U_S=1V, I_S=1A$ 时,电流 $I=6A$; $U_S=4V, I_S=3A$ 时,电流 $I=12A$; 当 $U_S=5V, I_S=4A$ 时,电流 $I=16A$。问 $U_S=3V, I_S$ 为多少时电流 $I=8A$?

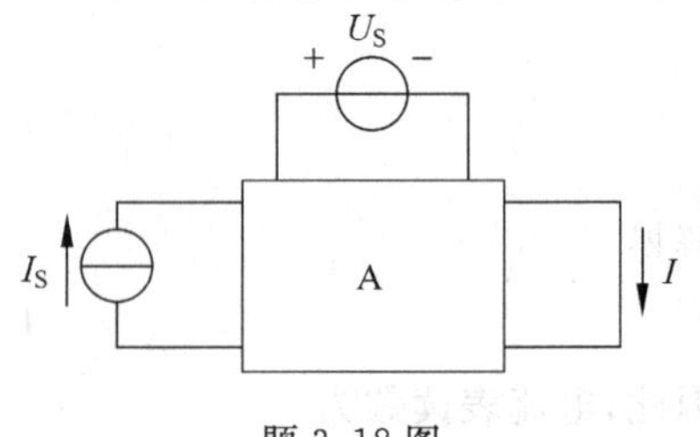

题 3.18 图

解 本题用于练习应用叠加定理分析电路。在利用线性电路的齐次性和可加性列方程时要注意各系数的物理意义。

设 $U_S=1V$ 单独作用时产生电流为 I_1, $I_S=1A$ 单独作用时产生电流为 I_2, 方框 A 中独立电源单独作用产生电流 I_3。

由已知条件列方程如下:

$$\begin{cases} I_1 + I_2 + I_3 = 6 \\ 4I_1 + 3I_2 + I_3 = 12 \\ 5I_1 + 4I_2 + I_3 = 16 \end{cases}$$

解得

$$I_1 = -2\text{A}, \quad I_2 = 6\text{A}, \quad I_3 = 2\text{A}$$

又由已知条件列方程：

$$3I_1 + I_S I_2 + I_3 = 8$$

解得

$$I_S = 2\text{A}$$

3.19 电路如题3.19图所示。已知电流$I=6\text{A}$,求网络N发出的功率。

解 本题用于练习替代定理。将网络N用一个电流源替代,替代后电路如题3.19解图所示。设节点电压为U,则有

$$\left(\frac{1}{3}+\frac{1}{6}\right)U = \frac{18}{3}+6$$

解得

$$U = 24\text{V}$$

因此,网络N发出的功率为

$$P = (24 + 6 \times 9) \times 6 = 468(\text{W})$$

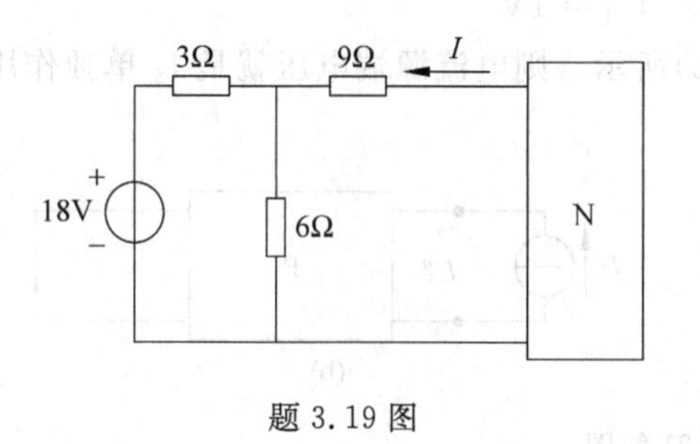

题3.19图

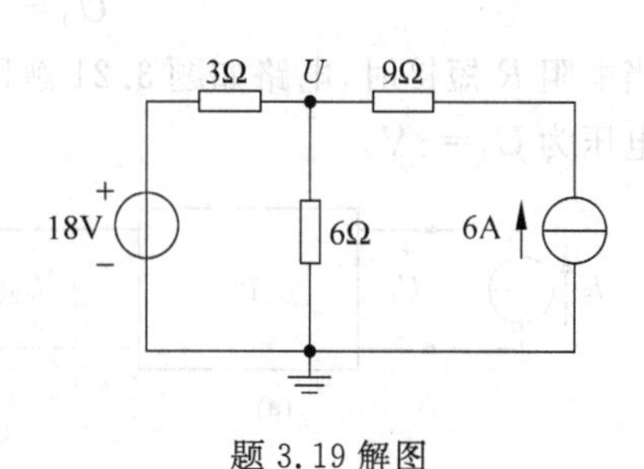

题3.19解图

3.20 已知题3.20图所示电路中流过电阻R的电流$I=1\text{A}$,求电阻R的值。

解 本题用于练习替代定理,同时复习与独立电流源串联的电阻在电路中所起的作用。

将电阻R支路用1A的电流源替代,并将与2A串联的3Ω电阻移去,得如题3.20解图所示电路。由此可得

$$U = -3 \times 1 - 6 \times (2+1) + 24 = 3(\text{V})$$

$$R = \frac{3}{1} = 3(\Omega)$$

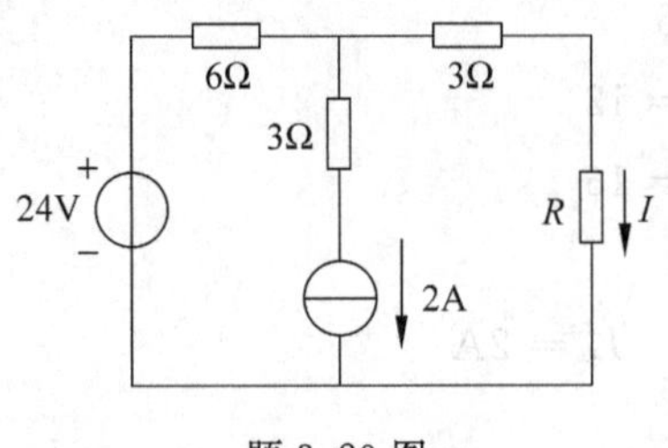

题 3.20 图

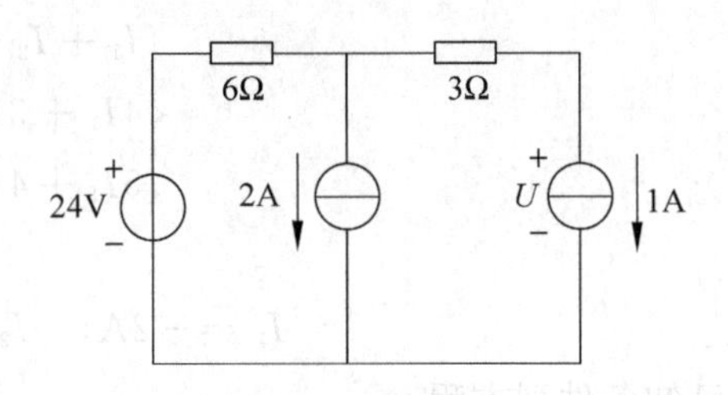

题 3.20 解图

3.21　题 3.21 图所示电路中方框 P 为电阻网络。当 $R=R_1$ 时，测得电压 $U_1=5\text{V}$，$U_2=2\text{V}$；当 $R=R_2$ 时，测得电压 $U_1=4\text{V}$，$U_2=1\text{V}$。当电阻 R 被短路时，求电流源 I_S 的端电压 U_1。

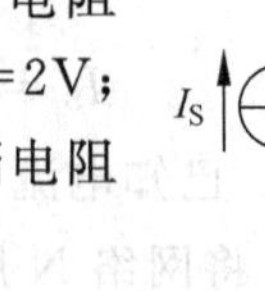

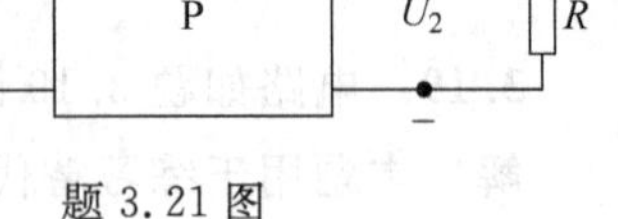

题 3.21 图

解　本题用于练习各种定理的综合应用。将电阻用电压源替代，电路如题 3.21 解图(a)所示。

设 I_S 单独作用时，在电流源两端产生电压为 U_1'；$U_2=1\text{V}$ 单独作用时，在电流源两端产生电压 U_1''，由已知条件，有

$$U_1'+2U_1''=5$$
$$U_1'+U_1''=4$$

解得

$$U_1'=3\text{V},\quad U_1''=1\text{V}$$

当电阻 R 短接时，电路如题 3.21 解图(b)所示。则电流源端电压就是 I_S 单独作用时产生的电压为 $U_1=3\text{V}$。

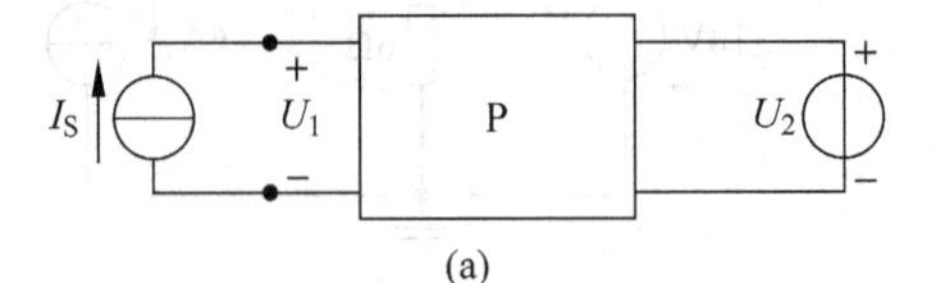

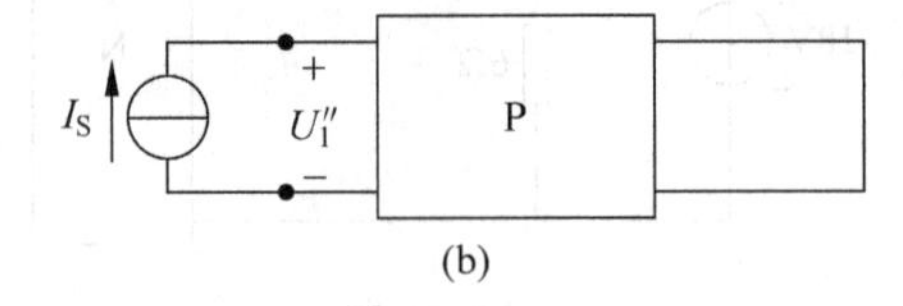

题 3.21 解图

3.22　电路如题 3.22 图所示。用戴维南定理分别求电阻 R 为 2Ω 和 4Ω 时的电流 I。

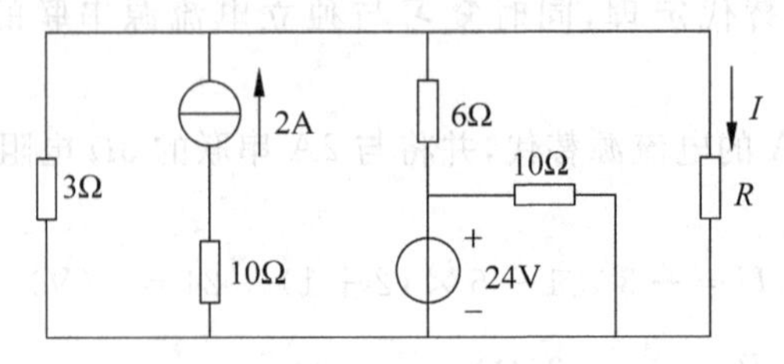

题 3.22 图

解 本题是应用戴维南定理求解电路的典型例题。

先求开路电压U_o。题3.22图所示电路中，与2A电流源串联的10Ω电阻、与24V电压源并联的10Ω电阻对开路电压无贡献。求开路电压的电路如题3.22解图(a)和经电源变换后题3.22解图(b)所示。

由此可得，开路电压

$$U_o = 6 \times 2 = 12(\text{V})$$

戴维南等效电阻

$$R_i = 3 \mathbin{/\!/} 6 = 2(\Omega)$$

戴维南等效电路如题3.22解图(c)所示。

因此，当$R=2\Omega$时，$I=3\text{A}$；当$R=4\Omega$时，$I=2\text{A}$。

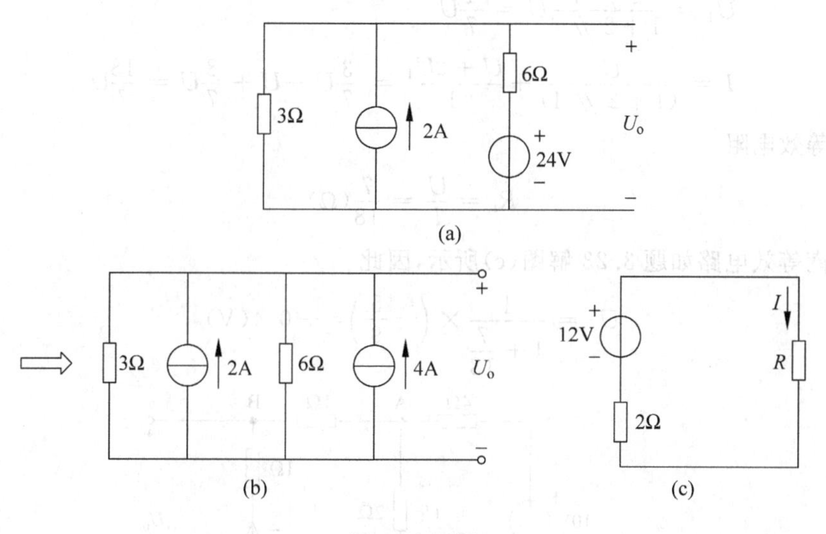

题3.22解图

3.23 用戴维南定理求题3.23图所示电路中电压U_o。

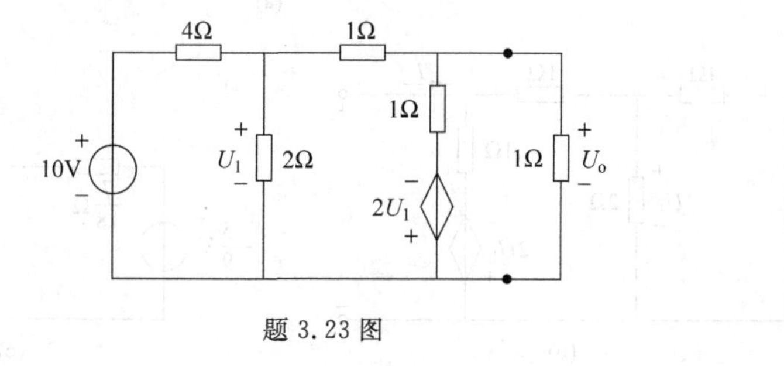

题3.23图

解　本题用于练习含受控源电路的戴维南电阻的求解。

用节点法求开路电压的电路如题 3.23 解图(a)所示。节点方程如下：

$$\left(\frac{1}{4}+\frac{1}{2}+1\right)U_{\mathrm{A}}-U_{\mathrm{B}}=\frac{10}{4}$$

$$-U_{\mathrm{A}}+(1+1)U_{\mathrm{B}}=-2U_{1}$$

$$U_{1}=U_{\mathrm{A}}$$

解得

$$U_{\mathrm{A}}=\frac{10}{9}\mathrm{V},\quad U_{\mathrm{B}}=-\frac{5}{9}\mathrm{V}$$

用加压求流法求戴维南等效电阻的电路如题 3.23 解图(b)所示，求得

$$U_{1}=\frac{2\ /\!/\ 4}{1+2\ /\!/\ 4}U=\frac{4}{7}U$$

$$I=\frac{U}{(1+2\ /\!/\ 4)}+\frac{U+2U_{1}}{1}=\frac{3}{7}U+U+\frac{8}{7}U=\frac{18}{7}U$$

则戴维南等效电阻

$$R_{\mathrm{i}}=\frac{U}{I}=\frac{7}{18}(\Omega)$$

戴维南等效电路如题 3.23 解图(c)所示，因此

$$U_{\mathrm{o}}=\frac{1}{1+\frac{7}{18}}\times\left(-\frac{5}{9}\right)=-0.4(\mathrm{V})$$

4Ω　A　1Ω　B

+　1Ω

10V　U_1　2Ω　U_o

$2U_1$

(a)

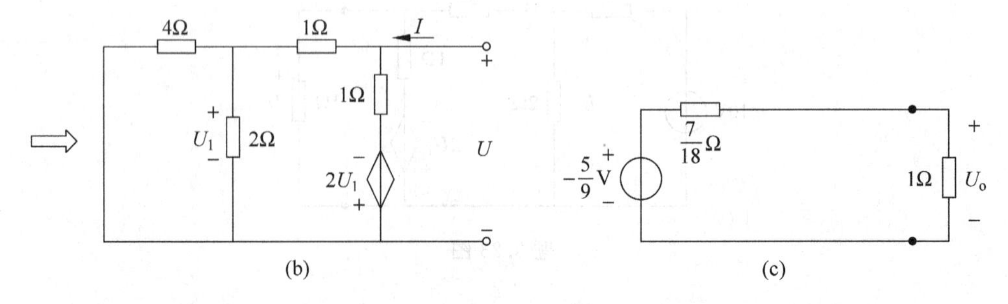

(b)　　　　(c)

题 3.23 解图

3.24 用戴维南定理求题 3.24 图所示电路中 2Ω 电阻的电压 U。

解 本题用于练习戴维南定理，同时也给出一个结论：当电路中含有受控源时，其戴维南等效电阻有可能是一个负电阻。

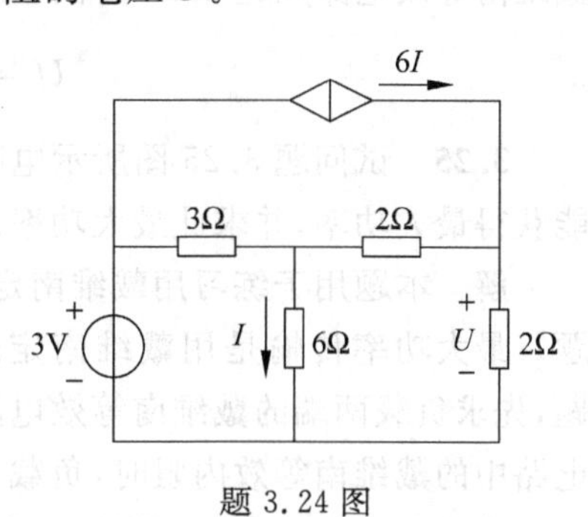

题 3.24 图

求开路电压的电路如题 3.24 解图(a)所示。由 KCL、KVL 得

$$-3(6I-I)+6I=3$$

解得

$$I=-\frac{1}{3}\text{A}$$

开路电压

$$U_o=2\times 6I+6I=18I=-6\text{V}$$

求内阻的电路如题 3.24 解图(b)所示，则

$$I=\frac{3}{9}(6I+I_x)$$

$$2(6I+I_x)+6I=U_x$$

解得内阻

$$R_i=\frac{U_x}{I_x}=-4\Omega$$

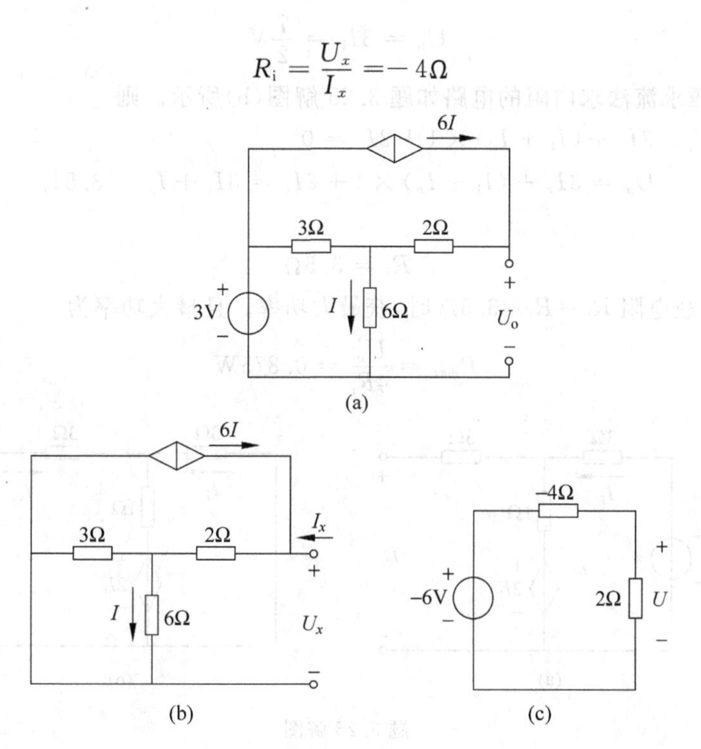

题 3.24 解图

戴维南等效电路如题3.24解图(c)所示。因此

$$U = -6 \times \left(\frac{2}{-4+2}\right) = 6(\mathrm{V})$$

3.25　试问题3.25图所示电路中电阻 R_L 为何值时能获得最大功率，并求此最大功率。

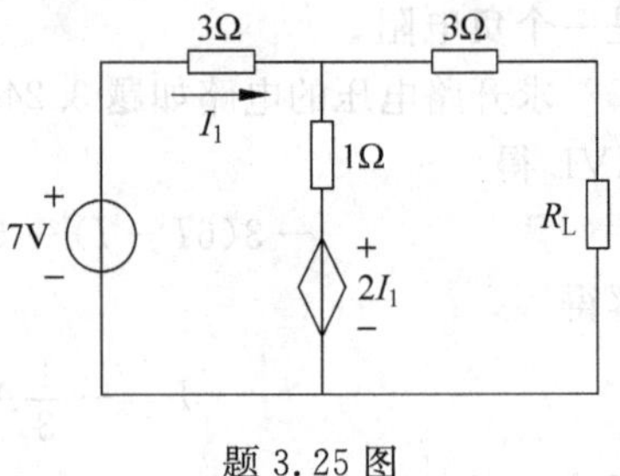

题3.25图

解　本题用于练习用戴维南定理求最大功率传输问题。最大功率传输是用戴维南定理求解的一类典型问题，先求负载两端的戴维南等效电路，当负载等于该等效电路中的戴维南等效内阻时，负载上可获得最大功率。

求负载 R_L 左端二端网络的戴维南等效电路。

求开路电压的电路如题3.25解图(a)所示。由KVL得

$$4I_1 + 2I_1 = 7$$

$$I_1 = \frac{7}{6}\mathrm{A}$$

开路电压

$$U_o = 3I_1 = \frac{7}{2}\mathrm{V}$$

用端口加压求流法求内阻的电路如题3.25解图(b)所示。则

$$3I_1 + (I_1 + I_x) \times 1 + 2I_1 = 0$$

$$U_x = 3I_x + (I_1 + I_x) \times 1 + 2I_1 = 3I_1 + I_x = 3.5I_x$$

求得内阻

$$R_i = 3.5\Omega$$

因此，当负载电阻 $R_L = R_i = 3.5\Omega$ 时，获最大功率。且最大功率为

$$P_{max} = \frac{U_o^2}{4R_i} = 0.875\mathrm{W}$$

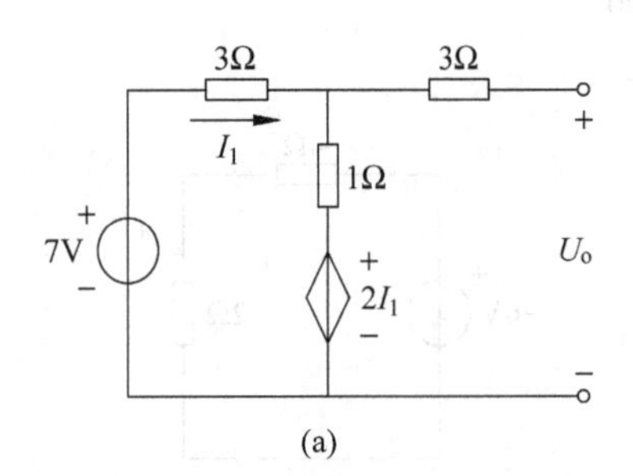

(a)

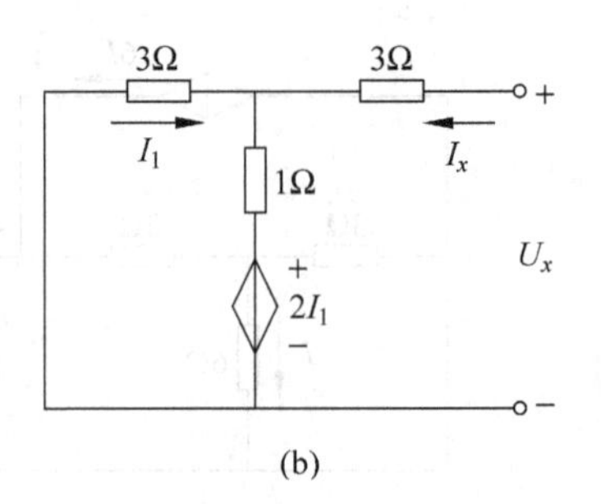

(b)

题3.25解图

3.26 电路如题 3.26 图所示，已知电压源电压 $U_S=24V$。应用戴维南定理将运算放大器输入电路作等效变换后求运算放大器的输出电压 U_o。

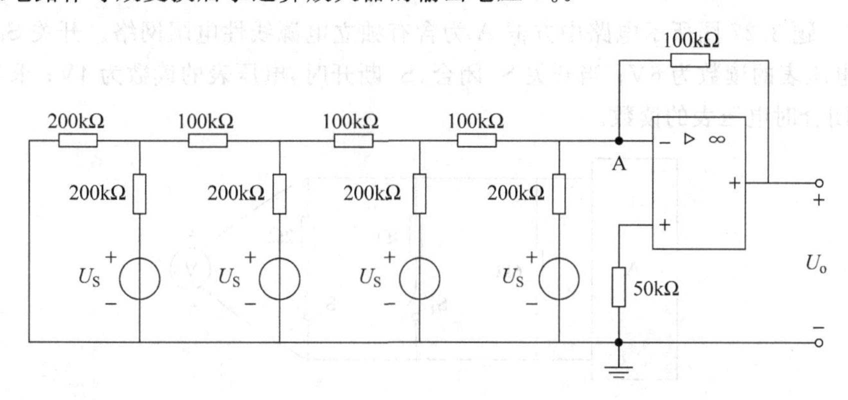

题 3.26 图

解 本题结合了戴维南等效变换和运算放大器电路的分析计算。

对 A 点与地左边的电路作戴维南等效变换，电路如题 3.26 解图(a)所示。对图 3.26 解图(a)电路进行电路等效变换的过程如题 3.26 解图(b)和 3.26 解图(c)所示，最终得到戴维南等效电路如题 3.26 解图(d)所示。

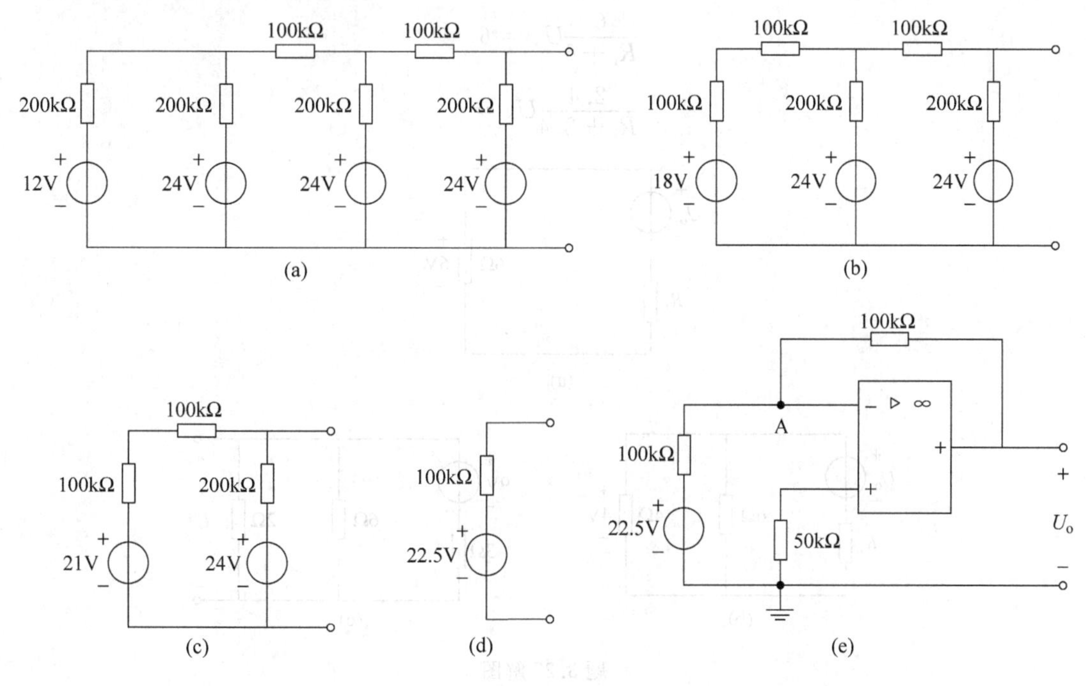

题 3.26 解图

题 3.26 解图(e)是电压放大倍数为-1的反相比例器。输出电压为

$$U_o=-22.5V$$

3.27 题 3.27 图所示电路中方框 A 为含有独立电源线性电阻网络。开关 S_1、S_2 均为断开时，电压表的读数为 6V；当开关 S_1 闭合、S_2 断开时，电压表的读数为 4V；求当开关 S_1 断开、S_2 闭合时电压表的读数。

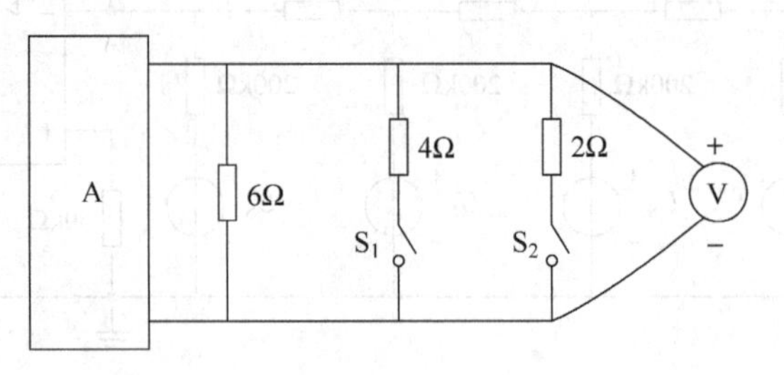

题 3.27 图

解 本题练习戴维南定理的灵活应用。

设方框 A 的戴维南等效电路为开路电压 U_o 和内阻 R_i 的串联支路。由开关 S_1、S_2 均为断开得到题 3.27 解图(a)电路；由开关 S_1 闭合，S_2 断开得到题 3.27 解图(b)所示电路。由此可得

$$\frac{6}{R_i+6}U_o=6$$

$$\frac{2.4}{R_i+2.4}U_o=4$$

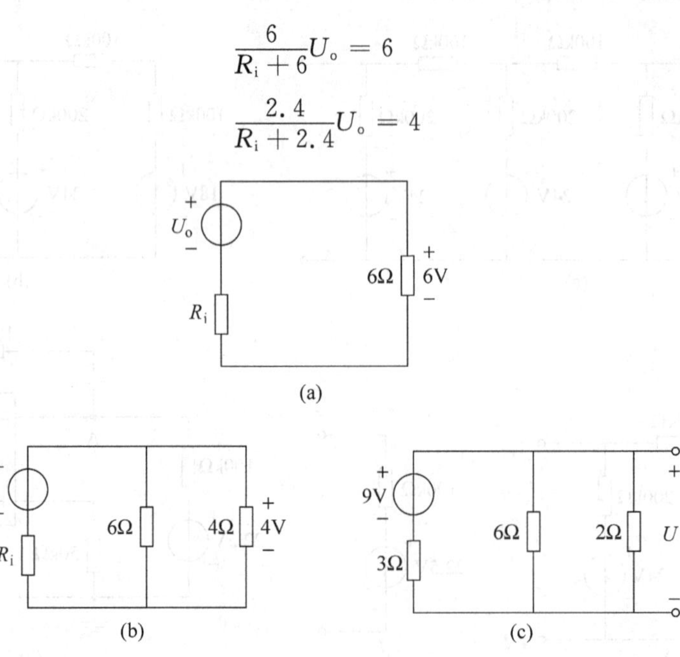

题 3.27 解图

解得

$$U_o = 9\text{V}, \quad R_i = 3\Omega$$

当开关 S_1 断开、S_2 闭合时电路如题 3.27 解图(c)所示，可求得 $U=3\text{V}$。

3.28 题 3.28 图所示电路中方框 A 为含有独立电源线性电阻网络。当 $R=5\Omega$ 时，$I=1.6\text{A}$；当 $R=2\Omega$ 时，$I=2\text{A}$。问当 R 为何值时，R 吸收功率最大，并求此最大功率。

解 本题练习戴维南定理的灵活应用，复习最大功率传输定理。

设电阻 R 断开后的二端网络的戴维南等效电路如题 3.28 解图所示，当 R 分别取 5Ω 和 2Ω 时，可得到

$$\frac{U_o}{R_i + 5} = 1.6$$

$$\frac{U_o}{R_i + 2} = 2$$

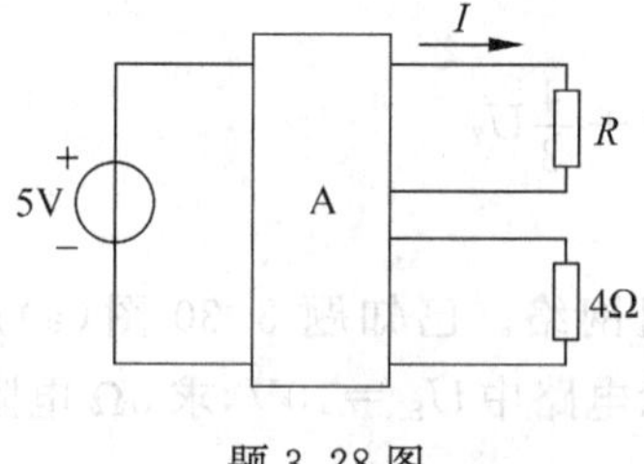

题 3.28 图

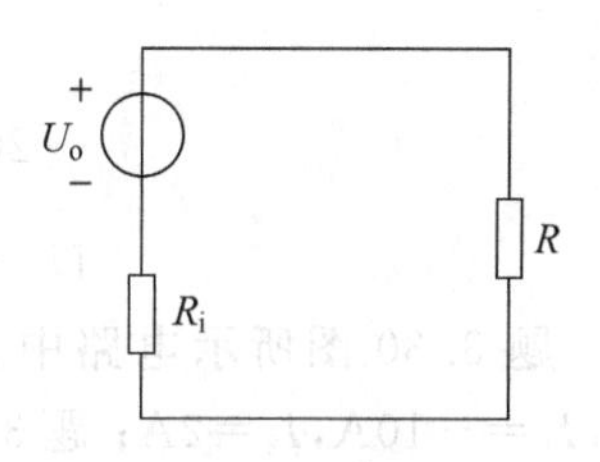

题 3.28 解图

求得开路电压和内阻分别为

$$U_o = 24\text{V}, \quad R_i = 10\Omega$$

当 $R=10\Omega$ 时获得最大功率，且

$$P_{max} = \frac{24^2}{4 \times 10} = 14.4(\text{W})$$

3.29 题 3.29 图所示电路中方框 P 为电阻网络。已知题 3.29 图(a)所示电路中 $U_S=10\text{V}$，$R_1=1\Omega$，$U_2=4/3\text{V}$，$I_1=2\text{A}$；题 3.29 图(b)所示电路中 $I_S=2\text{A}$，$R_2=4\Omega$，$U_1=12\text{V}$，问电压 U_2 是多少。

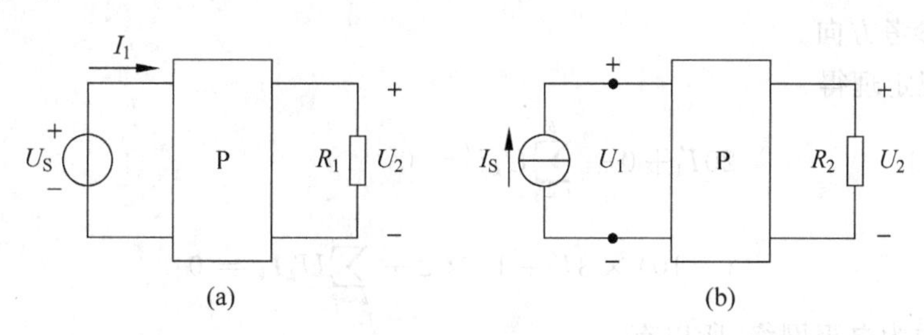

题 3.29 图

解　本题用于练习应用特勒根定理分析电路，要注意该定理表达式的正确表示。请参阅第3章问题5的讨论。

假设方框内有 $b-2$ 条支路，支路编号分别为 $3,4,\cdots,b$，支路电压 U_k 和电流 I_k 取为关联参考方向。

由特勒根定理得

$$10\times(-2)+\frac{4}{3}\times\frac{U_2}{4}+\sum_{k=3}^{b}U_k\hat{I}_k=0$$

$$12\times(-2)+\frac{4}{3}U_2+\sum_{k=3}^{b}\hat{U}_kI_k=0$$

又方框P为电阻网络，所以有

$$\sum_{k=3}^{b}U_k\hat{I}_k=\sum_{k=3}^{b}I_kR_k\hat{I}_k=\sum_{k=3}^{b}\hat{U}_kI_k$$

得

$$-20+\frac{U_2}{3}=-24+\frac{4}{3}U_2$$

$$U_2=4\text{V}$$

3.30　题3.30图所示电路中方框P为电阻网络。已知题3.30图(a)所示电路中 $U_{S1}=20\text{V}$，$I_1=-10\text{A}$，$I_2=2\text{A}$；题3.30图(b)所示电路中 $U_{S2}=10\text{V}$，求 3Ω 电阻中电流 I_1'。

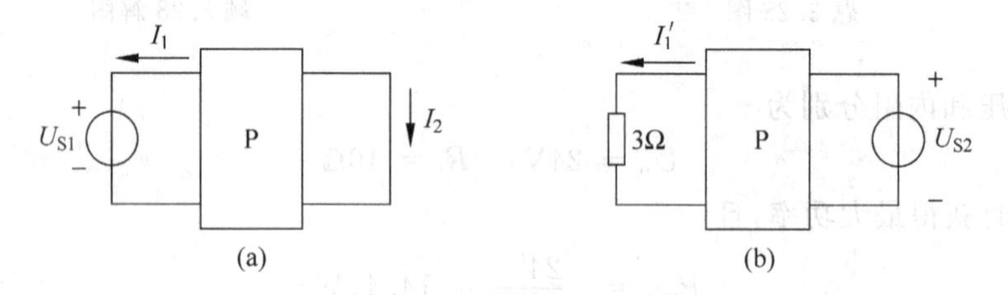

题3.30图

解　本题的求解要涉及多个定理，练习定理的综合应用。

方法一　假设方框内有 $b-2$ 条支路，支路编号分别为 $3,4,\cdots,b$，支路电压 U_k 和电流 I_k 取为关联参考方向。

由特勒根定理得

$$20I_1'+0+\sum_{k=3}^{b}U_kI_k'=0$$

$$(-10)\times3I_1'+10\times2+\sum_{k=3}^{b}U_k'I_k=0$$

因为方框P内为电阻网络，所以有

$$\sum_{k=3}^{b} U_k I'_k = \sum_{k=3}^{b} R_k I_k I'_k = \sum_{k=3}^{b} U'_k I_k$$

得

$$20I'_1 = -30I'_1 + 20$$

$$I'_1 = 0.4\text{A}$$

方法二 由题 3.30 图(a)所示电路,可得电压源 U_{S1} 右端电路(如题 3.30 解图(a)所示)的入端电阻

$$R_i = \frac{U_{S1}}{-I_1} = \frac{20}{10} = 2(\Omega)$$

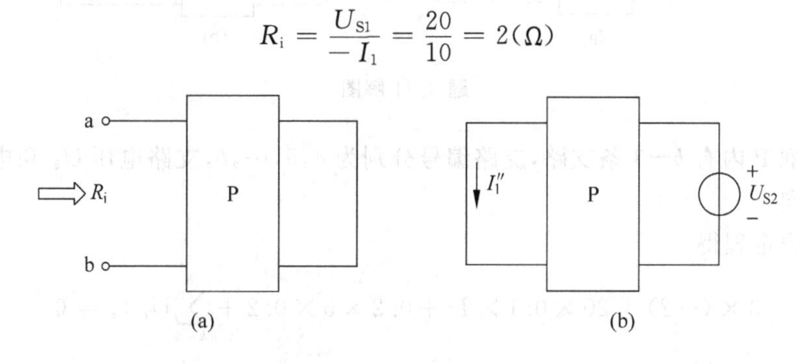

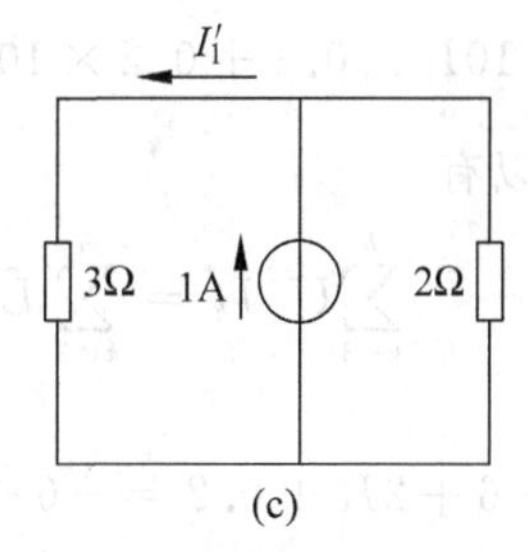

题 3.30 解图

该入端电阻也是题 3.30 图(b)所示电路 3Ω 电阻右边二端电路的戴维南入端等效电阻。将题 3.30 图(b)中 3Ω 电阻短路,如题 3.30 解图(b)电路所示,求短路电流 I''_1。

对题 3.30 图(a)和题 3.30 解图(b)两个电路应用互易定理,得

$$I''_1 = 1\text{A}$$

于是,可得题 3.30 图(b)所示电路 3Ω 电阻右边二端电路的诺顿等效电路,如题 3.30 解图(c)所示,易得

$$I'_1 = 0.4\text{A}$$

3.31 题 3.31 图所示电路中方框 P 为电阻网络。当 $U_S = 3\text{V}, R_1 = 20\Omega, R_2 = 5\Omega$ 时测得 $I = 1.2\text{A}, I_1 = 0.1\text{A}, I_2 = 0.2\text{A}$;当 $U_S = 5\text{V}, R_1 = 10\Omega, R_2 = 10\Omega$ 时测得 $I = 2\text{A}, I_2 = 0.2\text{A}$,求此种情况下的电流 I_1。

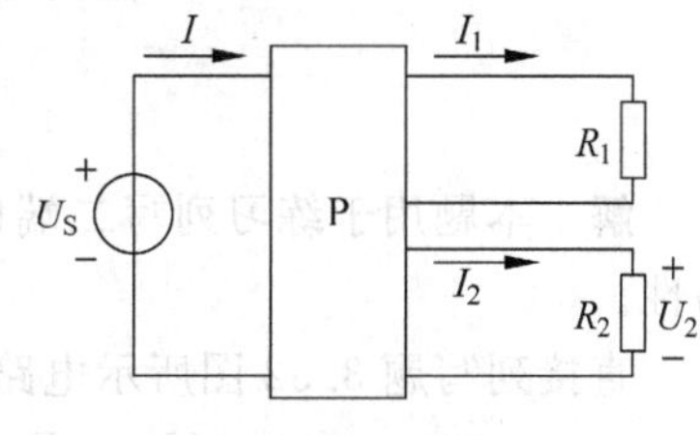

题 3.31 图

解 本题用于练习应用特勒根定理分析含三端口的电路。

根据题意,可分别画出题 3.31 解图(a)和题 3.32 解图(b)两个电路图。

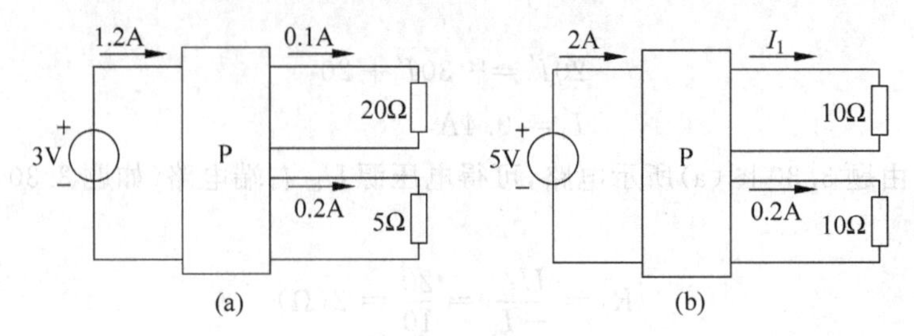

题 3.31 解图

假设方框 P 内有 $b-3$ 条支路,支路编号分别为 $4,5,\cdots,b$,支路电压 U_k 和电流 I_k 取为关联参考方向。

由特勒根定理得

$$3\times(-2)+20\times0.1\times I_1+0.2\times5\times0.2+\sum_{k=4}^{b}U_k\hat{I}_k=0$$

$$5\times(-1.2)+10I_1\times0.1+0.2\times10\times0.2+\sum_{k=4}^{b}\hat{U}_kI_k=0$$

因为方框 P 内为电阻网络,所以有

$$\sum_{k=3}^{b}U_k\hat{I}_k=\sum_{k=3}^{b}\hat{U}_kI_k$$

因此

$$-6+2I_1+0.2=-6+I_1'+0.4$$

$$I_1=0.2\text{A}$$

3.32 求题 3.32 图所示二端口网络的 R 参数,并讨论该二端口的互易性。

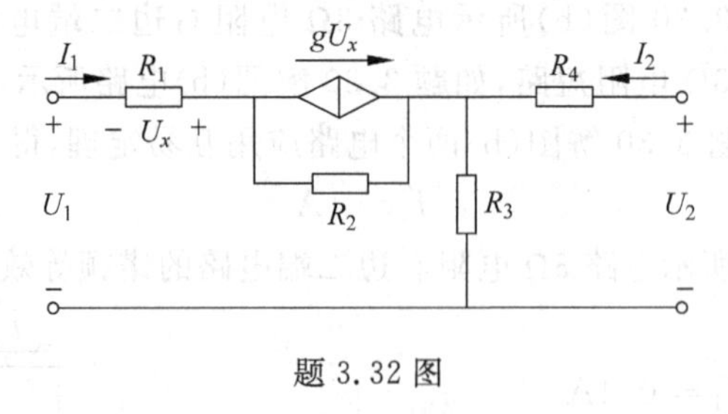

题 3.32 图

解 本题用于练习列写二端口网络的电阻参数方程,以及如何由 R 参数判断端口的互易性。

直接列写题 3.32 图所示电路中两个端口的电压、电流方程,得

$$U_1=R_1I_1+(I_1-gU_x)R_2+R_3I_1+R_3I_2$$

$$U_2 = R_4 I_2 + R_3 I_1 + R_3 I_2$$

其中

$$U_x = -R_1 I_1$$

得 R 参数矩阵

$$\boldsymbol{R} = \begin{bmatrix} R_1 + R_3 + R_2(1 + gR_1) & R_3 \\ R_3 & R_3 + R_4 \end{bmatrix}$$

R 参数 $R_{12} = R_{21}$，因此尽管本题中的二端口含有受控源，但仍是一个互易二端口。

3.33　求题 3.33 图所示二端口网络的 G 参数，并讨论该二端口的互易性。

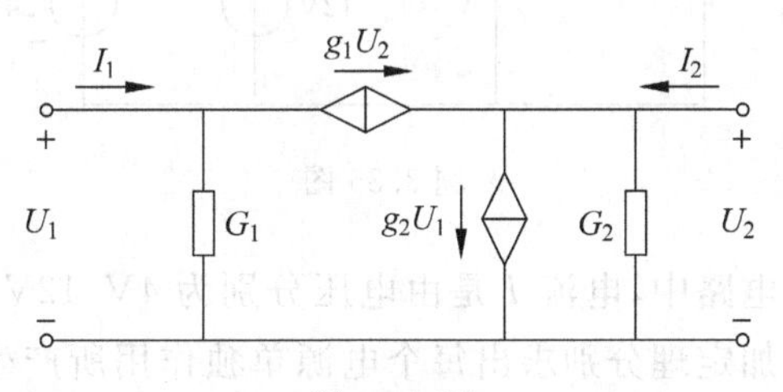

题 3.33 图

解　本题用于练习列写二端口网络的电导参数方程，以及如何由 G 参数判断端口的互易性。

直接列写题 3.33 图所示电路二个端口的电流方程：

$$I_1 = G_1 U_1 + g_1 U_2$$

$$I_2 = G_2 U_2 + g_2 U_1 - g_1 U_2$$

G 参数矩阵

$$\boldsymbol{G} = \begin{bmatrix} G_1 & g_1 \\ g_2 & G_2 - g_1 \end{bmatrix}$$

若 $g_1 \neq g_2$，则 G 参数矩阵不对称，二端口为非互易二端口。

3.34　用互易定理求题 3.34 图所示电路中电流表的读数。

解　应用互易定理，将电压源与电流表互换位置，注意参考方向，得到题 3.34 解图所示电路。

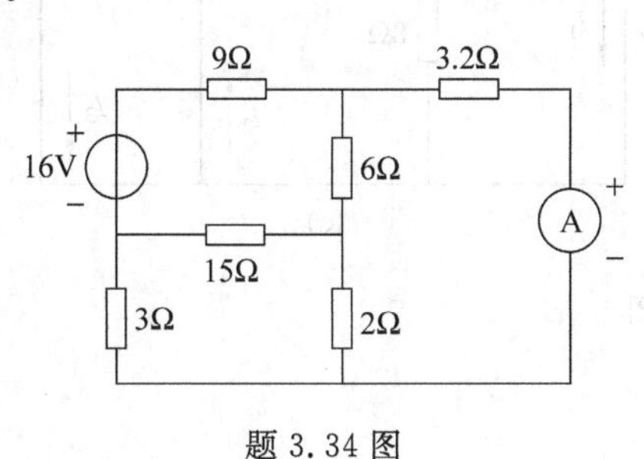

题 3.34 图

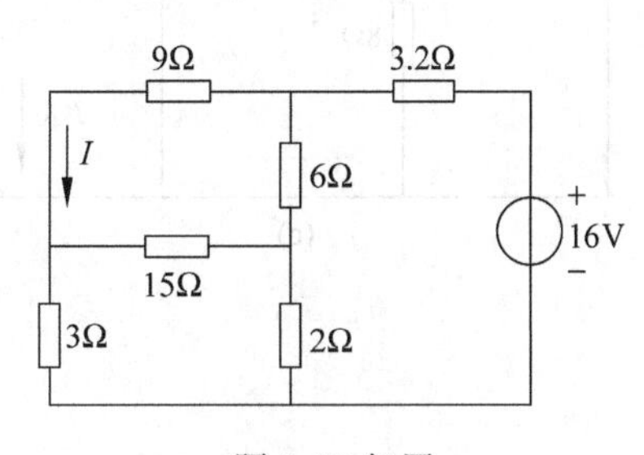

题 3.34 解图

题 3.34 解图所示电路中，左边 5 个电阻组成平衡电桥电路，易得

$$I=\frac{16}{3.2+(8\mathbin{/\!/}12)}\times\frac{8}{20}=0.8(\mathrm{A})$$

3.35 参照教材例 3.8.3 用互易定理求题 3.35 图所示电路中电阻电流 I。

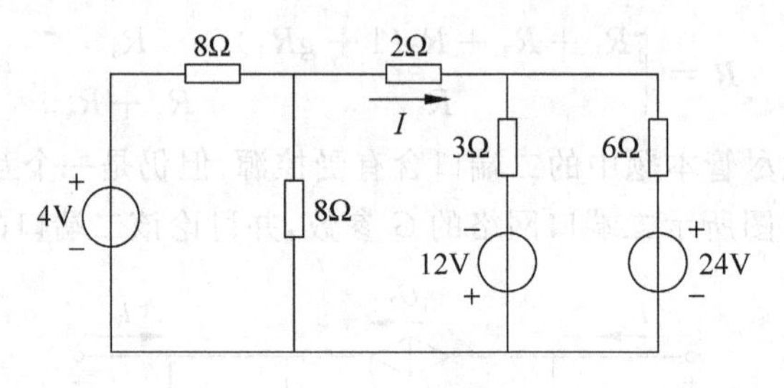

题 3.35 图

解 题 3.35 图所示电路中，电流 I 是由电压分别为 4V、12V 和 24V 的三个电压源共同作用的结果，可以用叠加定理分别求出每个电源单独作用所产生的电流后再叠加。而每个电源单独作用在 2Ω 电阻上产生的电流可以应用互易定理来求得，电路如题 3.35 解图 (a)、(b)和(c)所示。

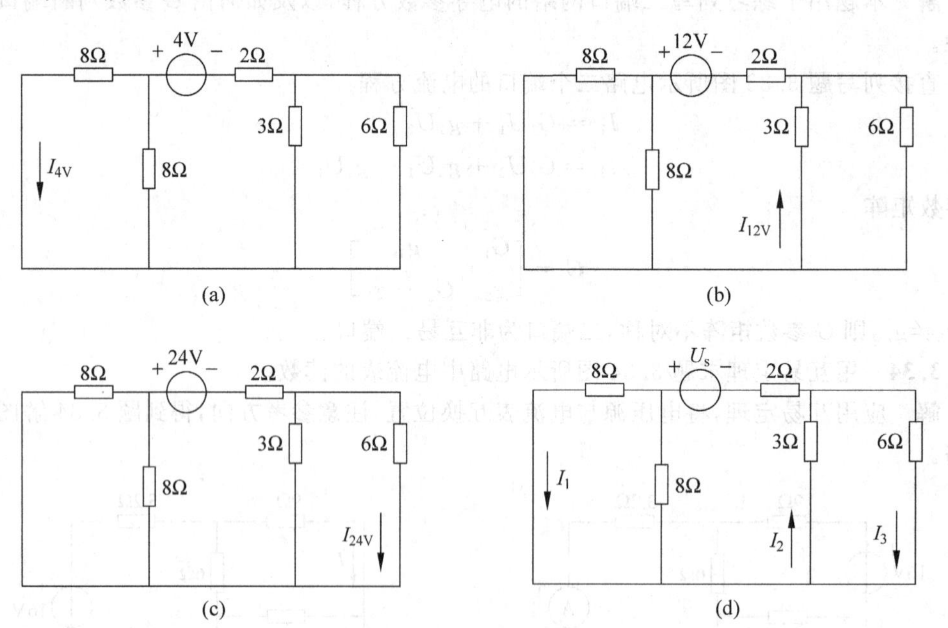

题 3.35 解图

题 3.35 解图(d)所示电路中，I_1、I_2、I_3 就是设题 3.35 图中三个电压源电压分别为 1V 时单独作用在 2Ω 电阻上产生的电流。

设 $U_S=1V$，分别求出 I_1、I_2、I_3。

$$I_1=\frac{1}{2+2+4}\times\frac{1}{2}=\frac{1}{16}(A)$$

$$I_2=\frac{1}{8}\times\frac{6}{9}=\frac{1}{12}(A)$$

$$I_3=\frac{1}{8}\times\left(-\frac{3}{9}\right)=-\frac{1}{24}(A)$$

应用齐性定理，得

$$I=I_{4V}+I_{12V}+I_{24V}=4I_1+12I_2+24I_3=\frac{1}{4}+1-1=0.25(A)$$

3.36 题 3.36 图所示电路中方框 P 为电阻网络。已知题 3.36 图(a)所示电路中 $U_S=12V$，$U_2=8V$，$I_1=2A$；若题 3.36 图(b)所示电路中 $I_S=5A$，$R_1=2\Omega$，则流过电阻 R_1 中的电流 I 是多少(建议不用特勒根定理)。

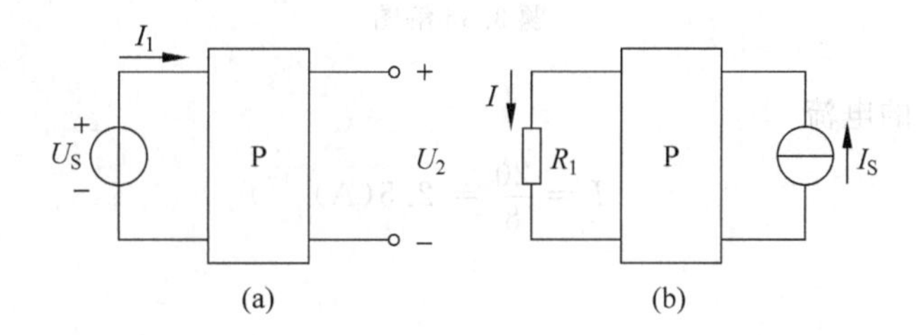

题 3.36 图

解 本题建议不用特勒根定理的缘由是：希望能通过本题的求解进一步熟悉关于线性电路的各个定理，提高定理的综合应用能力。

由题 3.36 图(a)所示电路得出计算入端电阻电路，如题 3.36 解图(a)所示，该电路也是求题 3.36 图(b)所示电路 R_1 右端电路入端电阻的电路。入端电阻为

$$R_i=\frac{U_S}{I_1}=6\Omega$$

将题 3.36 图(a)所示电路中电压源支路用 2A 电流源替代，可得到题 3.36 解图(b)所示电路。

应用互易定理得题 3.36 解图(c)所示电路，由齐性定理，可得到 5A 电流源在 R_1 两端产生的开路电压为 20V，见题 3.36 解图(d)。

由开路电压 20V 和内阻 6Ω，得到题 3.36 图(b)所示电路中求流过电阻 R_1 电流的戴维南等效电路，如题 3.36 解图(e)所示。

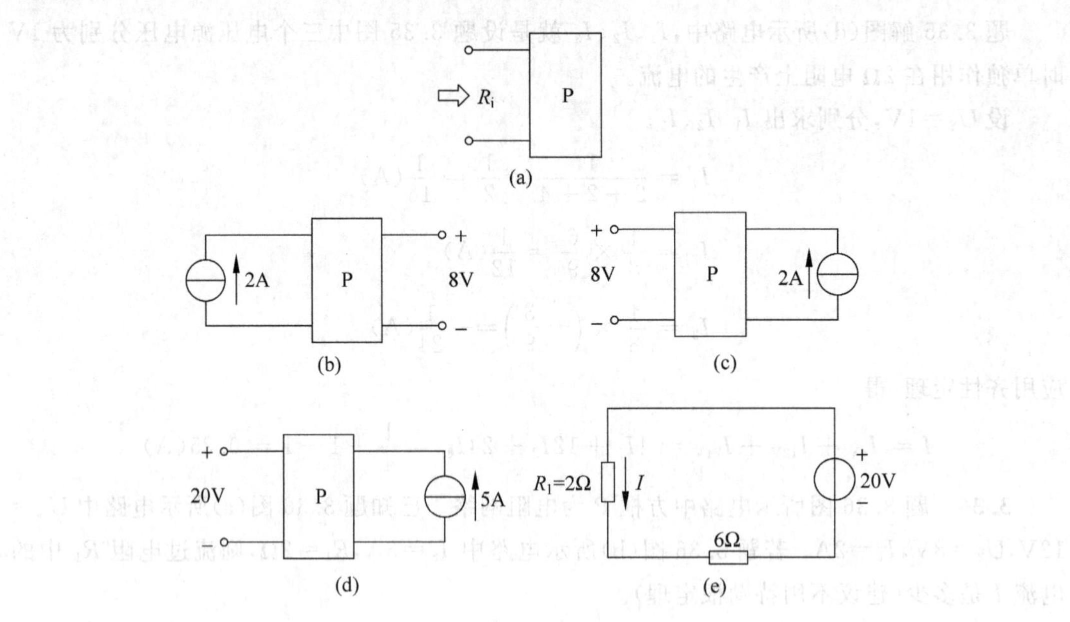

题 3.36 解图

流过电阻 R_1 的电流

$$I=\frac{20}{8}=2.5(\mathrm{A})$$

第4章习题解答

4.1 题4.1图所示电路中非线性电阻的 u-i 关系为 $i=0.013u-0.33\times10^{-6}u^3$，已知 $u=115\text{V}$，求非线性电阻吸收的功率和电源发出的功率。

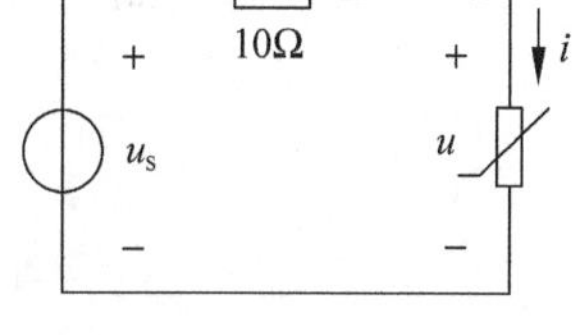

题4.1图

解 本题用于练习非线性电阻的性质并复习KVL。

$i=0.013\times115-0.33\times10^{-6}\times115^2=0.993(\text{A})$

$u_S=10i+u=124.93(\text{V})$

非线性电阻吸收功率

$$P_{吸}=115\times0.993=114(\text{W})$$

电源发出的功率

$$P_{发}=124.93\times0.993=124(\text{W})$$

4.2 已知非线性电阻的 u-i 关系为 $u=2i+3i^3$，求 $i=1\text{A}$ 和 $i=2\text{A}$ 处的静态电阻和动态电阻。

解 本题用于复习静态电阻和动态电阻的定义。

(1) $i=1\text{A}, u=5\text{V}\Rightarrow$静态电阻 $R_s=\dfrac{5}{1}=5\Omega$

$\Delta u=(2+9i^2)|_{i=1}\Delta i=11\Delta i\Rightarrow$动态电阻 $R_d=11\Omega$

(2) $i=2\text{A}, u=28\text{V}\Rightarrow$静态电阻 $R_s=\dfrac{28}{2}=14\Omega$

$\Delta u=(2+9i^2)|_{i=2}\Delta i=38\Delta i\Rightarrow$动态电阻 $R_d=38\Omega$

4.3 题4.3图(a)所示电路中非线性电阻的伏安特性如题4.3图(b)和(c)所示。分别在下列两种情况下求出电流源端电压 u：

(1) $i_S=0.5\text{A}$；

(2) $i_S=-1\text{A}$。

解 本题用于练习两个非线性电阻并联的 u-i 特性，这一点在教材中并未讲授，请参阅第4章论题1的讨论。

由 $i_S=i_1+i_2$，根据2个非线性电阻的 u-i 曲线可画出其并联电路的 u-i 关系曲线。

由于并联的特点是两个电阻的电压相同，因此可以对每一个 u，求两条曲线的和得对应的 i。类似地，如果求串联非线性电阻的 u-i 曲线，可以对每一个 i，求两条曲线的和得对应的 u。

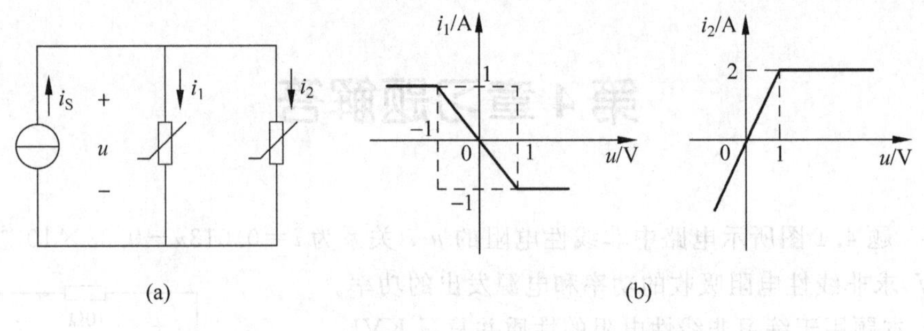

题 4.3 图

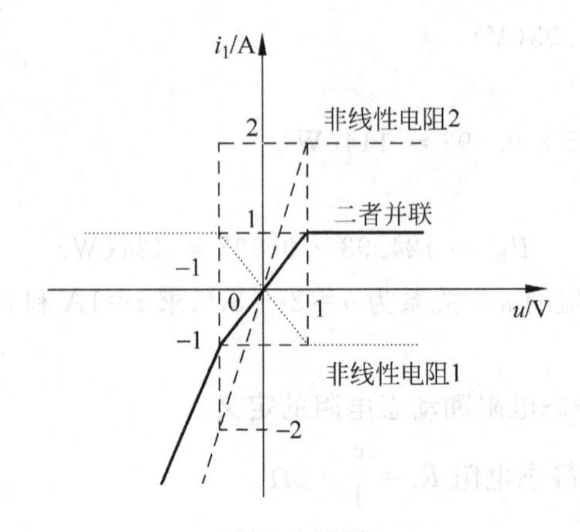

题 4.3 解图

(1) $i_S = 0.5$A,查题 4.3 解图知,$u = 0.5$V。

(2) $i_S = -1$A,查题 4.3 解图知,$u = -1$V。

4.4　求题 4.4 图所示电路中二极管 D 所在的支路电流 i(选择合适的二极管模型)。

解　本题用于练习非线性电阻电路的分段线性法。对于分段线性法,有两个问题需要解决。其一在于采用哪种模型,其二在于选择好模型后如何确定元件工作于哪段线性区域。

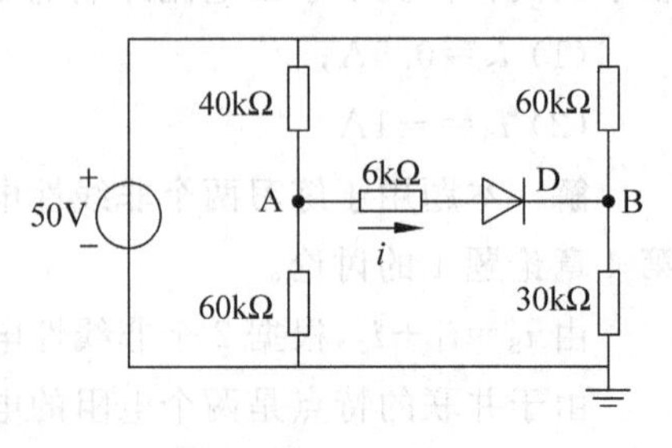

题 4.4 图

由于本题中电阻均为 kΩ 量级(远小于二极管反向关断时的等效电阻),而且电压均为 10V 量级(远大于二极管的导通压降),因此考虑用二极管的模型 4(即理想二极管模型)。

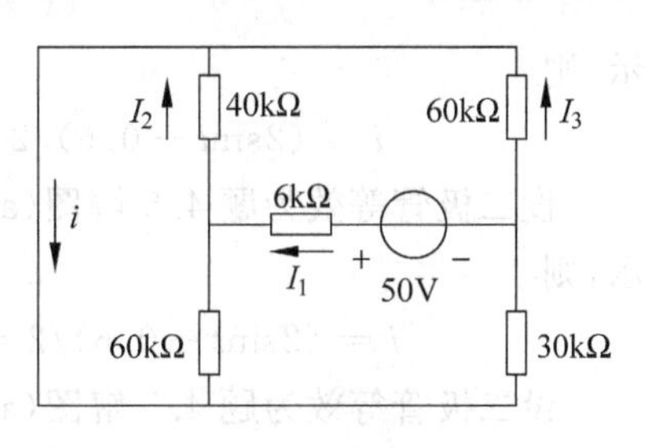

题 4.4 解图

接下来就需要判断二极管是否导通。假设二极管处于关断状态,则题 4.4 图中电压 $U_{AB}<0$。在二极管关断的状态下,40kΩ 和 60kΩ 电阻构成分压器,60kΩ 和 30kΩ 电阻构成另一个分压器。可知,

$$U_A = 50\times\frac{60}{100} = 30V,\quad U_B = 50\times\frac{30}{90} = 16.67V$$

不满足 $U_{AB}<0$,因此二极管处于导通状态。

对于此时得到的桥式电路来说,不构成平衡电桥,而进行△-Y等效变换会使得电流 i 消失,因此只能采用节点法(2 个独立方程)或回路法(3 个独立方程)来求解。

下面介绍采用互易定理的简便求解方法。将 50V 所在支路和 6kΩ 所在支路分别作为二端口网络端口 1 和端口 2 的外接电路,则该二端口是电阻二端口,满足互易定理。

应用互易定理得到题 4.4 解图所示电路(注意电压和电流的参考方向)。该电路是简单串并联电路。从 50V 看出 $R=6+(40/\!/60)+(60/\!/30)=50(\text{k}\Omega)$。

$$\begin{cases} I_1 = \dfrac{50}{50} = 1(\text{mA}) \\ I_2 = 1\times\dfrac{60}{60+40} = 0.6(\text{mA}) \\ I_3 = -1\times\dfrac{30}{30+60} = -0.333(\text{mA}) \end{cases}$$

解得

$$i = I_2 + I_3 = 0.267(\text{mA})$$

4.5　选用合适的二极管模型求题 4.5 图电路中的 i 并画图。

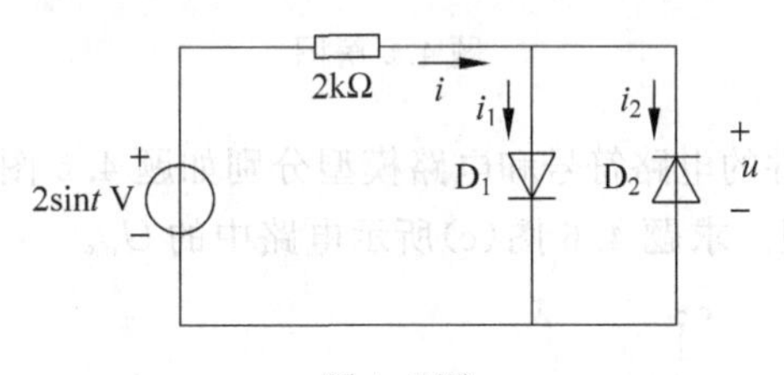

题 4.5 图

解　本题用于练习非线性电阻电路的分段线性法。同样需要解决选择模型和判断线性工作区域两个问题。

由于激励电压为 V 量级,电阻为 kΩ 量级,因此比较适合选择模型 2。再利用习题 4.3 给出的并联非线性电阻的 u-i 关系求法,二者并联,二极管的 u-i 关系如题 4.5 解题(a)所示。

设二极管等效为题 4.5 解图(a)中条件 $i>0$ 所对应的电压源,电路如题 4.5 解图(b)所

示，则

$$i=(2\sin t-0.6)/2=(\sin t-0.3)\text{mA}\quad(\sin t>0.3\text{ 时成立})$$

设二极管等效为题4.5解图(a)中条件 $i<0$ 所对应的电压源，电路如题4.5解图(c)所示，则

$$i=(2\sin t+0.6)/2=(\sin t+0.3)\text{mA}\quad(\sin t<-0.3\text{ 时成立})$$

设二极管等效为题4.5解图(a)中条件 $-0.6<u<0.6$ 所对应的电路，电路如题4.5解图(d)所示，则

$$-0.6<2\sin t<0.6\quad(\text{即 }-0.3<\sin t<0.3\text{ 时成立})$$

(图略。)

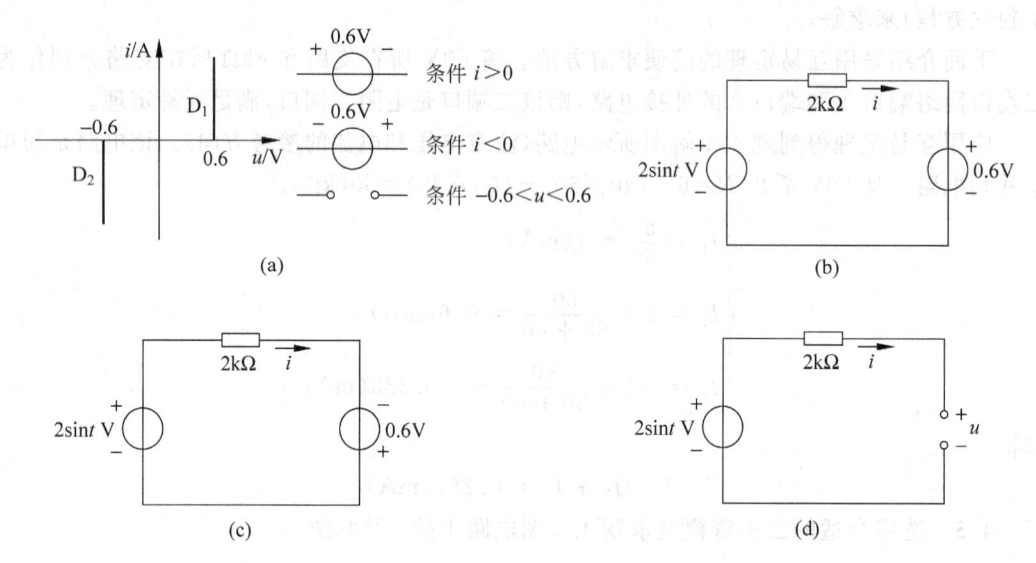

题4.5解图

4.6　已知某三端元件的电路符号和电路模型分别如题4.6图(a)和(b)所示，其中图(b)中包含了理想二极管模型。求题4.6图(c)所示电路中的 U_o。

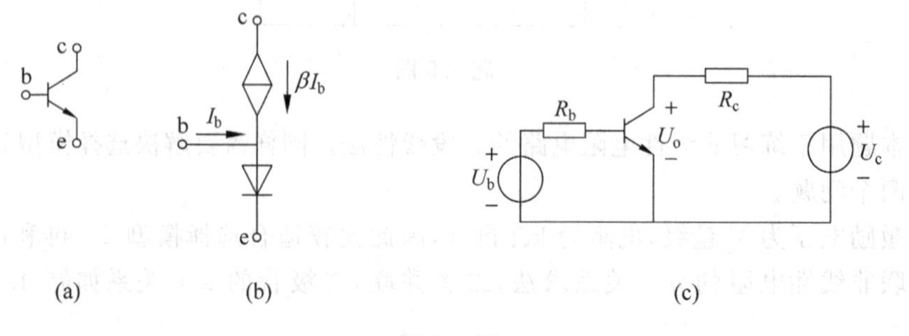

题4.6图

解 本题用于练习给定非线性电阻模型后，利用该模型分析电路的方法。

将模型代入原电路，如题 4.6 解图所示。

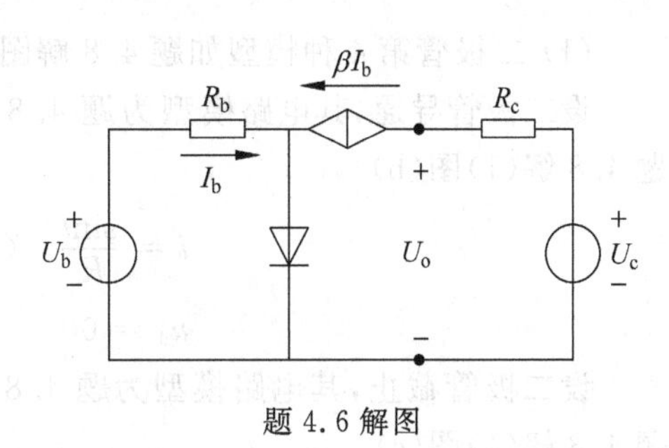

题 4.6 解图

当 $U_b>0$ 时，二极管导通

$$I_b=\frac{U_b}{R_b}$$

所以

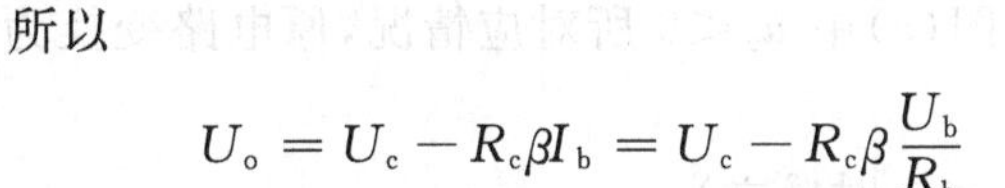

$$U_o=U_c-R_c\beta I_b=U_c-R_c\beta\frac{U_b}{R_b}$$

4.7 题 4.7 图所示电路中，非线性电阻的伏安特性为 $u=i+0.5i^3$，电压源电压 $U_S=10\text{V}$，$u_S(t)=0.9\sin(10^3t)\,\text{V}$，$R=2\Omega$。用小信号法求电流 i。

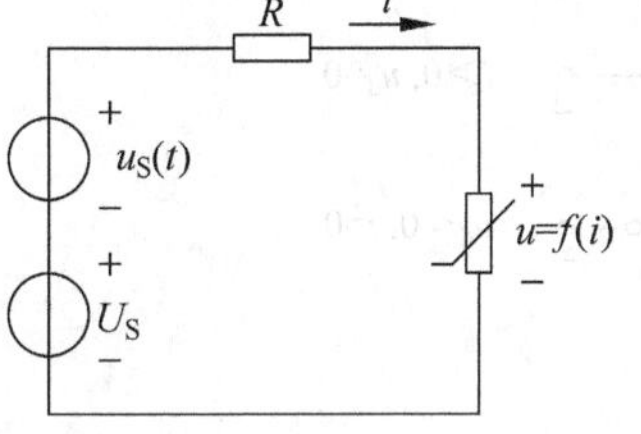

题 4.7 图

解 本题用于练习非线性电路的小信号法，请参阅第 4 章论题 3～5 的讨论。

(1) 求直流工作点，电路如题 4.7 解图(a)所示。

根据 KVL

$$10=i+0.5i^3+2i\Rightarrow i=2\text{A}$$

(2) 求小信号响应。工作点处动态电阻为 $R_d=1+1.5i^2|_{i=2}=7(\Omega)$，因此小信号电路如题 4.7 解图(b)所示。

$$\Delta i=0.1\sin(10^3t)\,\text{A}$$

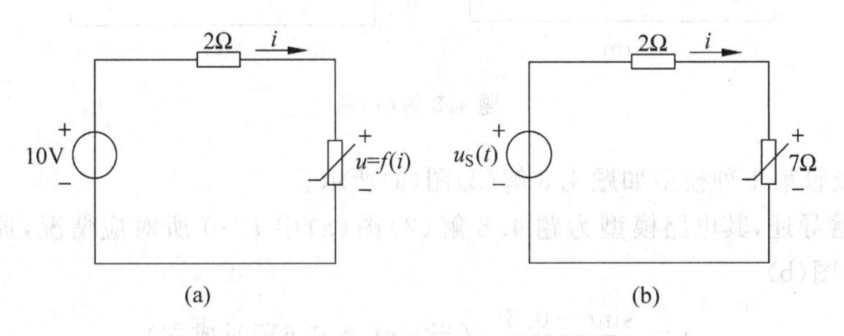

题 4.7 解图

(3) 合成：$i=2+0.1\sin(10^3t)\,\text{A}$。

4.8 在题 4.8 图所示电路中，

(1) 用分段线性法求 u_d（二极管采用模型 4，在同一幅图中画出 u_S 和 u_d 的波形）；

(2) 用分段线性法求 u（二极管采用模型 1，在同一幅图中画出 u_S 和 u 的波形）。

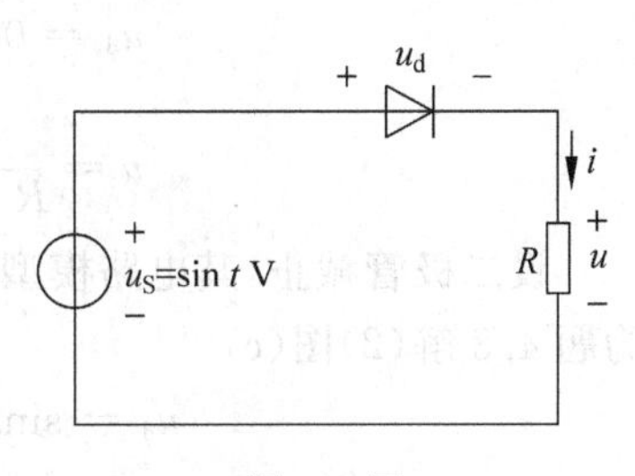

题 4.8 图

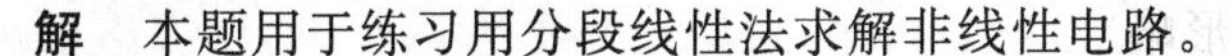

解 本题用于练习用分段线性法求解非线性电路。

(1) 二极管第4种模型如题4.8解图(a)所示。

设二极管导通，其电路模型为题4.8解(1)图(a)中 $i>0$ 所对应情况，原电路变换为题4.8解(1)图(b)

$$i=\frac{\sin t}{R}\quad（当 \sin t>0 时成立）$$

$$u_d=0$$

设二极管截止，其电路模型为题4.8解(1)图(a)中 $u_d<0$ 所对应情况，原电路变换为题4.8解(1)图(c)

$$u_d=u_S\quad（当 \sin t<0 时成立）$$

（波形略）

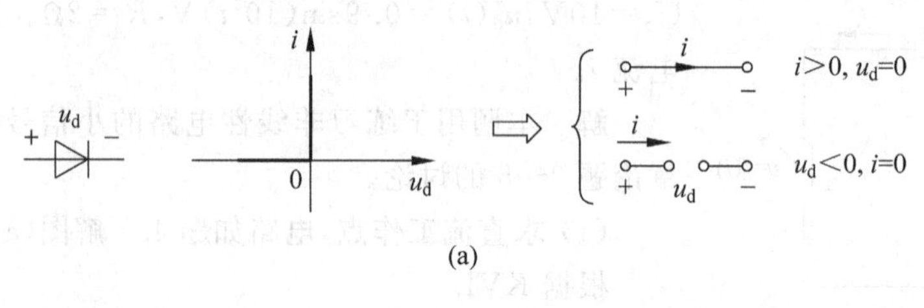

(a)

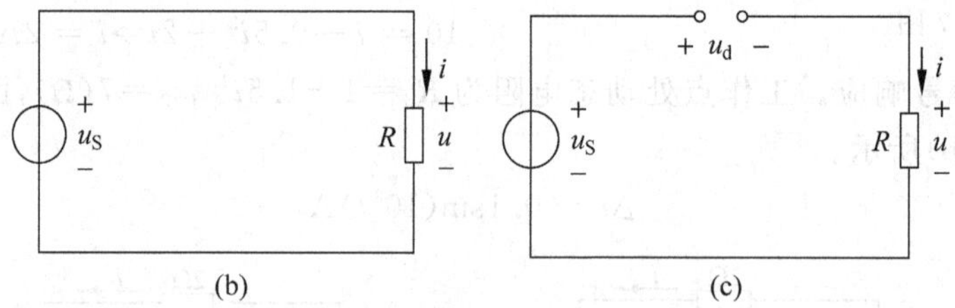

(b) (c)

题4.8解(1)图

(2) 二极管第1种模型如题4.8解(2)图(a)所示。

设二极管导通，其电路模型为题4.8解(2)图(a)中 $i>0$ 所对应情况，原电路变换为题4.8解(2)图(b)

$$i=\frac{\sin t-0.6}{R+R_1}\quad（当 \sin t>0.6\text{V} 时成立）$$

$$u_d=0.6+\frac{R_1}{R+R_1}(\sin t-0.6)$$

$$u=\frac{R}{R+R_1}\quad(\sin t-0.6)$$

设二极管截止，其电路模型为题4.8解(2)图(a)中 $u_d<0.6\text{V}$ 所对应情况，原电路变换为题4.8解(2)图(c)

$$u_d=\sin t<0.6\text{V}\quad（当 \sin t<0.6\text{V} 时成立）$$

$$u=0\quad（波形略）$$

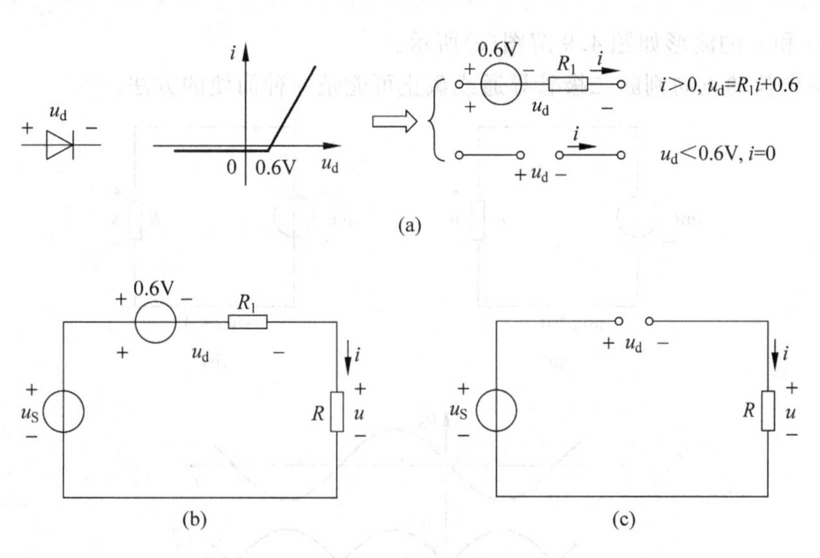

题 4.8 解(2)图

4.9 用二极管的模型 4 分析题 4.9 图所示电路,顺序回答下面的问题。

(1) 总共有几种可能状态?

(2) 电流 i 的方向可能是怎样的?

(3) 沿着(2)的思路,$D_1 \sim D_4$ 是怎样的状态时(可能不止一种)才能实现(2)中的电流?画出此时的等效电路图。

(4) 在同一幅图中画出 u_S 和 u。

(5) 从上面的分析过程总结出如何更简便地用二极管的模型 4 进行电路分析。

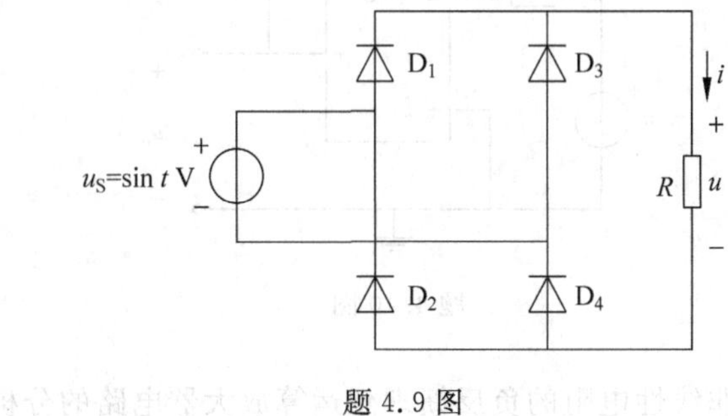

题 4.9 图

解 本题练习用分段线性法分析非线性电路。

(1) 总共有 $4^2=16$ 种可能状态

(2) i 的方向始终向下(如题 4.9 图所示)

(3) D_1、D_4 导通,D_2、D_3 截止;D_2、D_3 导通,D_1、D_4 截止;等效电路分别如题 4.9 解图(a)和(b)所示。

(4) u_S 和 u 的波形如题 4.9 解图(c)所示。

(5) 从电流的方向判断二极管导通或截止可能是一种简便的方法。

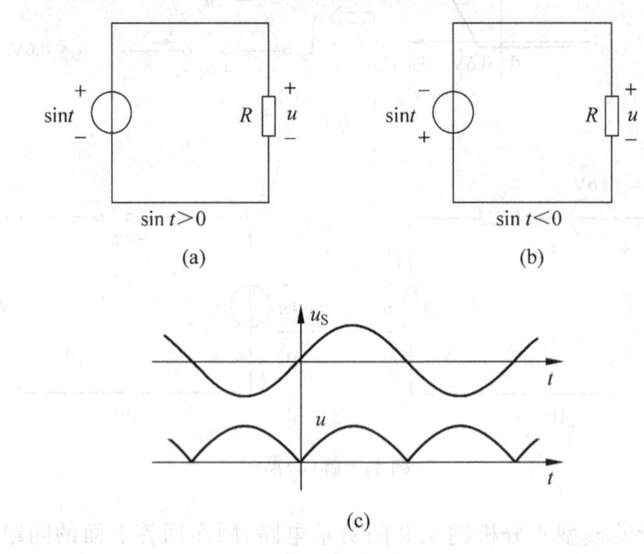

题 4.9 解图

4.10 题 4.10 图中元件 X 的 u-i 特性为 $i=Ae^{u/B}$，其中 A、B 均为常数。分析题 4.10 图所示电路的 u_o-u_i 关系(即指出该电路实现了怎样的运算)。

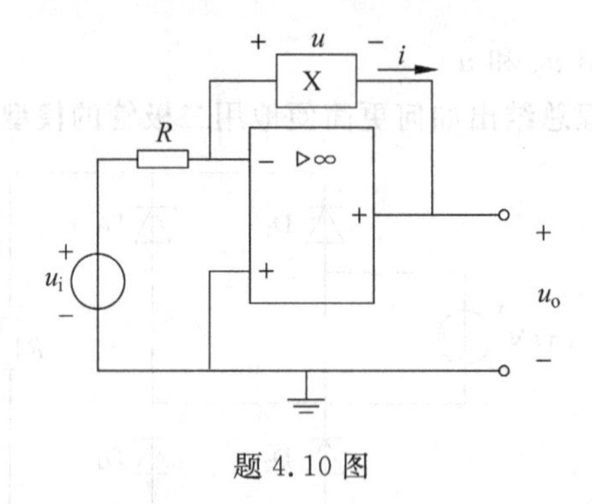

题 4.10 图

解 本题练习包含非线性电阻的负反馈理想运算放大器电路的分析。

根据理想运放的虚断和虚短性质，有

$$\frac{u_i}{R}=Ae^{-\frac{u_o}{B}}$$

解得

$$u_o=-B\ln\frac{u_i}{AR}$$

该电路实现了对数运算。

4.11 题 4.11 图中元件 X 的 u-i 特性同题 4.10。分析题 4.11 图所示电路的 u_o-u_i 关系(即指出该电路实现了怎样的运算)。

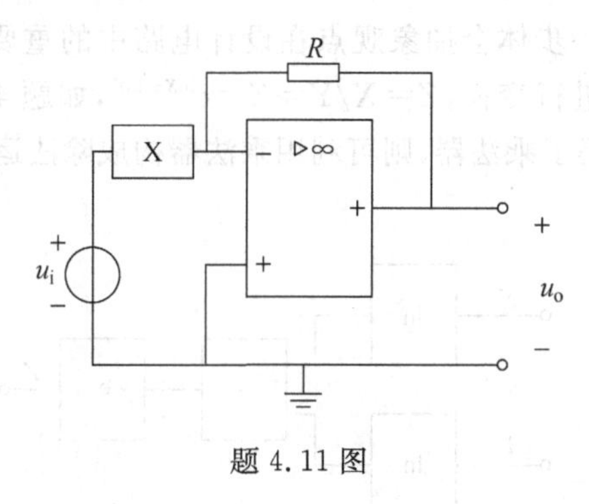

题 4.11 图

解 本题思路与习题 4.10 类似。

$$-\frac{u_o}{R} = A\mathrm{e}^{\frac{u_i}{B}}$$

解得

$$u_o = -AR\,\mathrm{e}^{\frac{u_i}{B}}$$

该电路实现了指数运算。

4.12 对题 4.10 图和题 4.11 图所示电路进行抽象,结合书中介绍的运算电路,设计出能够实现两个输入信号相乘功能的运算电路,在此基础上设计出能够实现信号平方功能的运算电路。

解 通过本题,可以体会抽象观点在设计电路中的重要应用。

由于 $Z=XY \Rightarrow Z=\mathrm{e}^{\ln X+\ln Y}$,因而可以将乘法运算变换为指数运算、对数运算和加法运算的结合,如题 4.12 解图所示。图中框图表示如下,每一个方框所表示的运算单元的具体电路读者是了解的,也可参见习题 4.10 和习题 4.11。

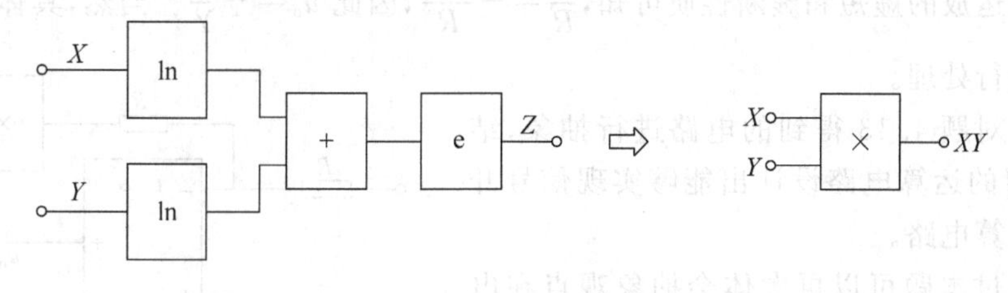

题 4.12 解图

题 4.12 解图中没有对习题 4.10 和习题 4.11 答案中的负号进行处理。此外,图中的加法运算可以利用第 2 章讨论的电路来实现。

4.13　设计出能够实现两个输入信号相除功能的运算电路。（提示：既可对题4.10图和题4.11图所示电路进行抽象并结合书中介绍的运算电路，也可对题4.12得到的电路进行抽象并结合书中介绍的运算电路。）

解　通过本题可以进一步体会抽象观点在设计电路中的重要应用。

方法一　对除法运算进行变换，$Z=X/Y\Rightarrow Z=\mathrm{e}^{\ln X-\ln Y}$，如题4.13解图(a)所示框图。

方法二　假设已经获得了乘法器，则可利用乘法器构成除法运算电路，如题4.13解图(b)所示。

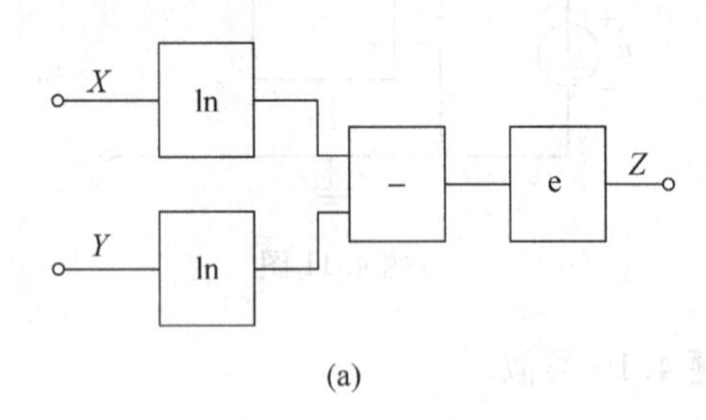

(a)

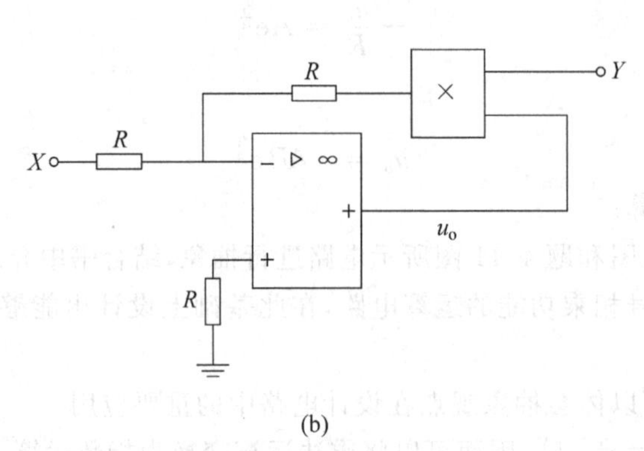

(b)

题4.13解图

由理想运放的虚短和虚断性质可知，$\dfrac{X}{R}=-\dfrac{u_o Y}{R}$，因此 $u_o=-\dfrac{X}{Y}$。当然，具体实现时，对负号还要进行处理。

4.14　对题4.13得到的电路进行抽象，结合书中介绍的运算电路设计出能够实现信号开方功能的运算电路。

解　通过本题可以再次体会抽象观点在电路设计中的重要应用。

根据虚短和虚断可知 $\dfrac{X}{R}=-\dfrac{u_o^2}{R}$，因此 $u_o=\sqrt{-X}$。当然，具体实现时，对负号还要进行处理。

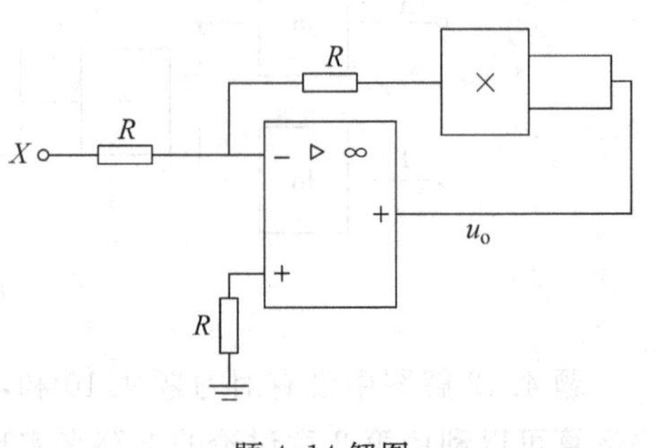

题4.14解图

4.15 在教材例 4.6.1 的基础上，分析使得 MOSFET 工作在恒流区的 u_{GS} 范围。

解 本题用于练习如何确定 MOSFET 的工作区域。

MOSFET 工作于恒流区需要满足下面两个条件：

$$\begin{cases} u_{GS}-U_T>0\text{V} \quad \Rightarrow \quad u_{GS}>1\text{V} \\ u_{DS}=U_S-\dfrac{K}{2}(u_{GS}-U_T)^2R_L>(u_{GS}-U_T) \quad \Rightarrow \quad -1.342\text{V}<u_{GS}<2.898\text{V} \end{cases}$$

综上所述，$1\text{V}<u_{GS}<2.898\text{V}$。

4.16 不改变教材例 4.6.2 电路拓扑结构和 MOSFET 的参数，如果希望得到更大的小信号放大倍数，可以采取怎样的措施？解释为什么这样的措施能够有效。进一步讨论影响小信号放大倍数的因素。

解 本题用于分析 MOSFET 的工作点对放大倍数的影响。

根据教材例 6.4.2 的结论可知，

$$\frac{\Delta u_o}{\Delta u_i}=-R_LK(U_{GS}-U_T)$$

因此有两个方法：增大 U_{GS} 和增大 R_L。但需要确保 MOSFET 始终工作于恒流区。

4.17 在题 4.17 图所示电路中，$u_i=2\text{V}$，$U_S=5\text{V}$，$K=2\text{mA/V}^2$，$U_T=1\text{V}$，$R_L=1\text{k}\Omega$，$R_{ON}=1\text{k}\Omega$。

(1) 用假设-检验的方法判断 MOSFET 工作于哪个区。

(2) 求此时的 u_o。

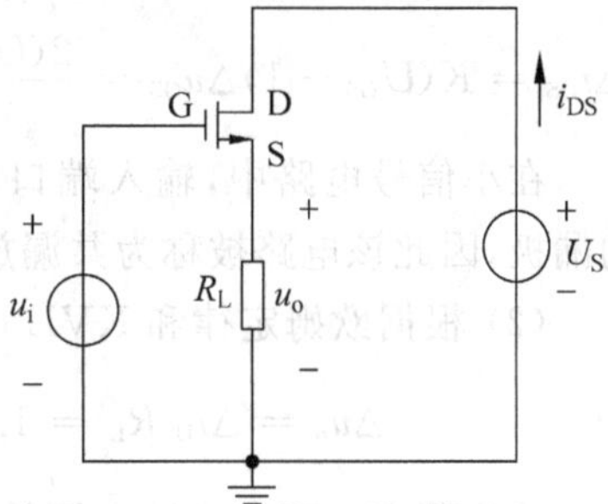

题 4.17 图

解 本题用于练习确定 MOSFET 的工作区域的方法，即假设-检验法。该电路是 MOSFET 共漏放大电路，其特点请参阅第 4 章论题 7 的讨论。

设 MOSFET 工作在电阻区，D、S 之间电阻为 R_{ON}，电路模型如题 4.17 解图(a)所示。可知

$$U_{DS}=2.5\text{V}$$

$$U_{GS}=2-2.5=-0.5(\text{V})$$

不满足 $U_{GS}>U_T$，且 $U_{DS}<(U_{GS}-U_T)$，假设错误。

设 MOSFET 工作在恒流区，电路模型如题 4.17 解图(b)所示。

$$U_{GS}=2-(U_{GS}-1)^2 \quad \Rightarrow \quad U_{GS}=1.618\text{V}$$

$$U_{DS}=5-(U_{GS}-1)^2=4.618\text{V}$$

满足 $U_{GS}>U_T$，且 $U_{DS}>(U_{GS}-U_T)$，所以 MOSFET 工作在恒流区。

(2) $u_o=(U_{GS}-1)^2=0.38\text{V}$

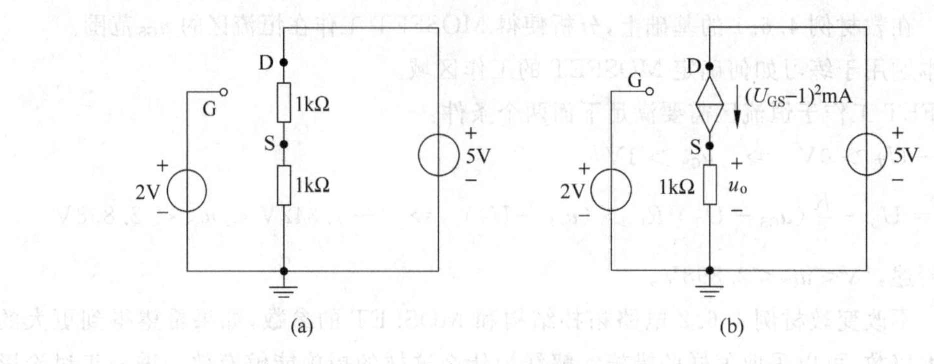

题 4.17 解图

4.18　在题 4.17 的基础上，

(1) 画出题 4.17 图所示电路的小信号电路，注明 MOSFET 的 G、D、S 端，标出 Δu_i、Δu_o 和 Δu_{GS}、Δu_{DS}；

(2) 求此时的小信号放大倍数，即$\dfrac{\Delta u_o}{\Delta u_i}$。

解　本题练习用小信号法分析 MOSFET 放大器。

(1)小信号电路如题 4.18 解图所示。

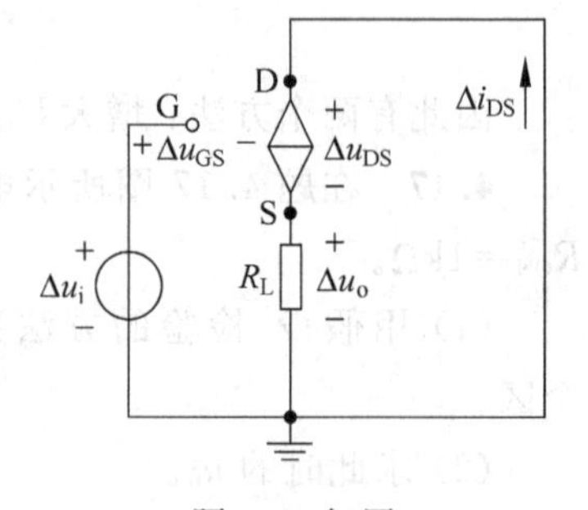

题 4.18 解图

$$\Delta i_{DS}=K(U_{GS}-1)\Delta u_{GS}=\frac{2(U_{GS}-1)\Delta u_{GS}}{1000}=\frac{1.236}{1000}\Delta u_{GS}$$

在小信号电路中，输入端口和输出端口共用 MOSFET 的漏极，因此该电路被称为共漏放大电路。

(2) 根据欧姆定律和 KVL 可知，

$$\Delta u_o=\Delta i_{DS}R_L=1.236\Delta u_{GS}=1.236(\Delta u_i-\Delta u_o)\Rightarrow\frac{\Delta u_o}{\Delta u_i}=0.55$$

建议研究一下该电路电压放大倍数的范围。可以发现，该电路的电压放大倍数≤1。那么新的问题产生了：相对于教材图 4.6.5 所示的共源放大电路来说，共漏放大电路的作用是什么？请计算一下两个电路的输出电阻(从输出端加压求流，小信号激励源置零)再进行讨论。请参阅第 4 章论题 6、7 的讨论。

4.19　非线性电阻 u-i 关系为 $u=f(i)=50i+0.5t^3$，激励为 $i=2\sin(2\pi\times50t)$A，求响应 u 中的频率成分。

解　本题用于对非线性电阻电路产生新频率的特点建立感性认识。

$$\begin{aligned}u&=100\sin(2\pi\times50t)+\sin^3(2\pi\times50t)\\&=100.75\sin(2\pi\times50t)-0.25\sin(2\pi\times150t)\end{aligned}$$

$$f_1=50\text{Hz},\quad f_2=150\text{Hz}$$

即非线性电阻电路产生了 3 倍于激励频率的新频率成分。

第 5 章习题解答

5.1 题 5.1 图所示电路中所有开关在 $t=0$ 时动作。分别画出 0^+ 时刻各电路的等效电路图，并求出图中所标电压、电流在 0^+ 时刻的值。设所有电路在换路前均已处于稳态。

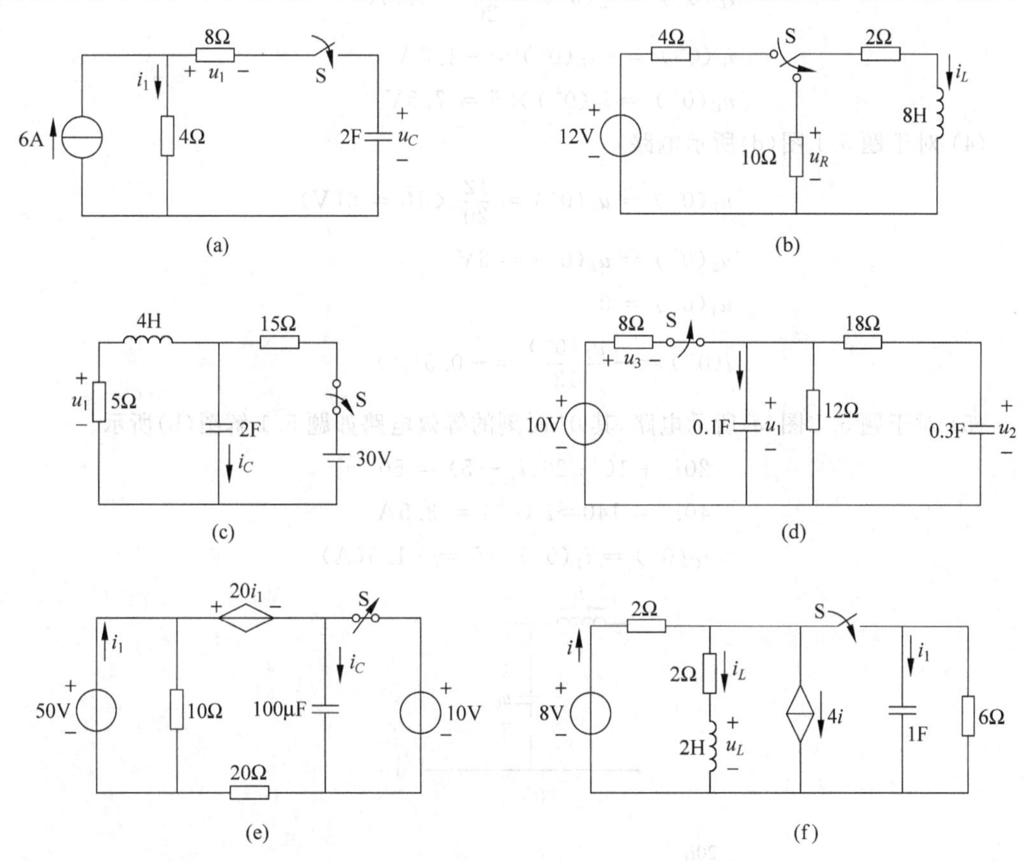

题 5.1 图

解 本题用于练习利用换路定律求直流激励作用下电路的初始值，请参阅第 5 章论题 2。

(1) 对于题 5.1 图(a)所示电路，0^+ 时刻的等效电路图略。

$$u_C(0^+) = u_C(0^-) = 0$$

$$i_1(0^+) = \frac{8}{4+8} \times 6 = 4(\text{A})$$

$$u_1(0^+) = [6 - i_1(0^+)] \times 8 = 16(\text{V})$$

(2) 对于题 5.1 图(b)所示电路，0^+ 时刻的等效电路图略。

$$i_L(0^+)=i_L(0^-)=2\text{A}$$

$$u_R(0^+)=-i_L(0^+)\times 10=-20(\text{V})$$

(3) 对于题 5.1 图(c)所示电路，电感电流和电容电压的参考方向如题 5.1 解图(a)所示。

$$u_C(0^+)=u_C(0^-)=\frac{5}{20}\times 30=7.5\text{V}$$

$$i_L(0^+)=i_L(0^-)=\frac{30}{20}=1.5\text{A}$$

$$i_C(0^+)=-i_L(0^+)=-1.5\text{A}$$

$$u_C(0^+)=i_L(0^+)\times 5=7.5\text{V}$$

(4) 对于题 5.1 图(d)所示电路

$$u_1(0^+)=u_1(0^-)=\frac{12}{20}\times 10=6(\text{V})$$

$$u_2(0^+)=u_2(0^-)=6\text{V}$$

$$u_3(0^+)=0$$

$$i(0^+)=-\frac{u_1(0^+)}{12}=-0.5(\text{A})$$

(5) 对于题 5.1 图(e)所示电路，其 0^+ 时刻的等效电路如题 5.1 解图(b)所示。

$$20i_1+10+20(i_1-5)=50$$

$$40i_1=140\Rightarrow i_1(0^+)=3.5\text{A}$$

$$i_C(0^+)=i_1(0^+)-5=-1.5(\text{A})$$

i_L + u_C −

(a)

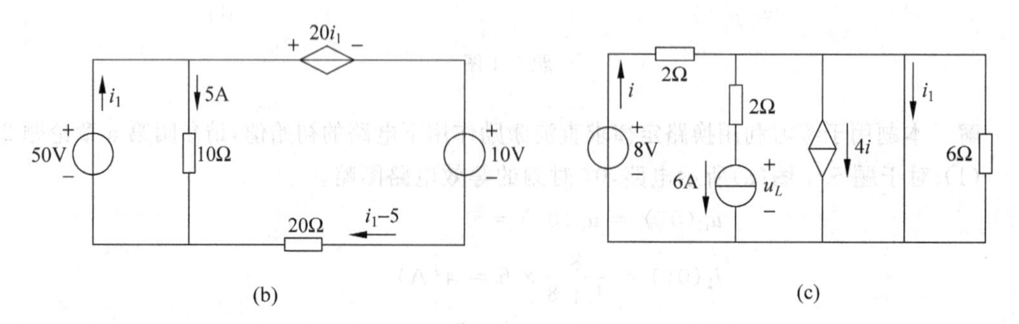

(b) (c)

题 5.1 解图

(6) 对于题 5.1 图(f)所示电路,其 0^+ 时刻的等效电路如题 5.1 解图(c)所示。

先求 $i_L(0^-)$。换路前

$$i_L = i - 4i = 3i$$

$$8 = 2i + 2i_L = -4i \Rightarrow i = -2\text{A}$$

$$i_L = 6\text{A} \Rightarrow i_L(0^+) = i_L(0^-) = 6\text{A}$$

$$i(0^+) = 8/2 = 4\text{A}$$

$$i_1(0^+) = i(0^+) - i_L(0^+) - 4i(0^+) = 4 - 6 - 4 \times 4 = -18(\text{A})$$

$$u_L(0^+) = 8 - 2i_L(0^+) - 2i(0^+) = -12(\text{V})$$

5.2 题 5.2 图所示电路中,$u_S = 100\sin(1000t + 60°)\text{V}$,$i_S = 3\sin(50t + 45°)\text{A}$,$t<0$ 时电路处于稳态,$t=0$ 时合上开关 S。求换路后瞬间图中所标出电压和电流的初始值。

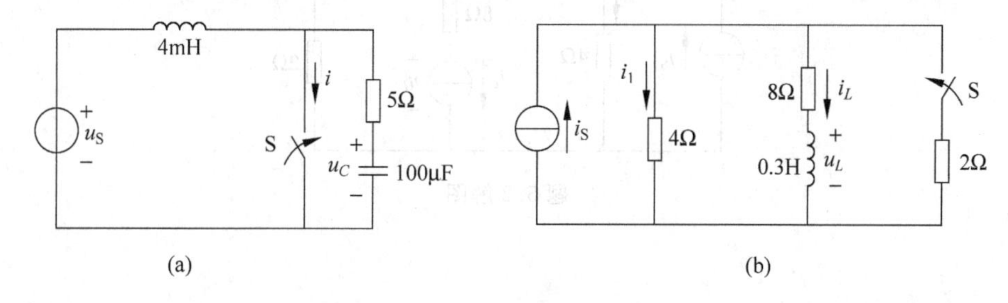

题 5.2 图

解 本题用于练习利用换路定律求正弦激励作用下电路的初始值,请参阅第 5 章论题 2。若没有学习用相量法求解正弦稳态电路,可以对换路前电路列写微分方程,用待定系数法进行求解。

(1) 对于题 5.2 图(a)所示电路

$$\omega L = 1000 \times 4 \times 10^{-3} = 4(\Omega)$$

$$\frac{1}{\omega C} = \frac{1}{1000 \times 100 \times 10^{-6}} = 10(\Omega)$$

$$\dot{U}_C = \frac{100\angle 60°}{5 - \text{j}6}(-\text{j}10) = 128\angle 20.2°(\text{V})$$

$$u_C = 128\sin(1000t + 20.2°)\text{V}$$

$$u_C(0^+) = u_C(0^-) = 44.19\text{V}$$

设题 5.2 图(a)中电感电流的参考方向为从左指向右,则

$$\dot{I}_L = \frac{100\angle 60°}{5 - \text{j}6} = 12.8\angle 110.2°(\text{A})$$

$$i_L = 12.8\sin(1000t + 110.2°)\text{A}$$

$$i_L(0^+) = i_L(0^-) = 12.01\text{A}$$

$$i(0^+) = i_L(0^+) + \frac{u_C(0^+)}{5} = 12.01 + 44.19/5 = 20.85(\mathrm{A})$$

(2) 对于题5.2图(b)所示电路，用相量法求解换路前电路。

$$\omega L = 50 \times 0.3 = 15(\Omega)$$

$$\dot{I}_L = \frac{4}{4+8+\mathrm{j}15}\dot{I}_\mathrm{S} = 0.625\angle -6.34°(\mathrm{A})$$

$$i_L = 0.625\sin(50t - 6.34°)\mathrm{A}$$

$$i_L(0^+) = i_L(0^-) = -0.069\mathrm{A}$$

原电路 0^+ 时刻的等效电路如题5.2解图所示。

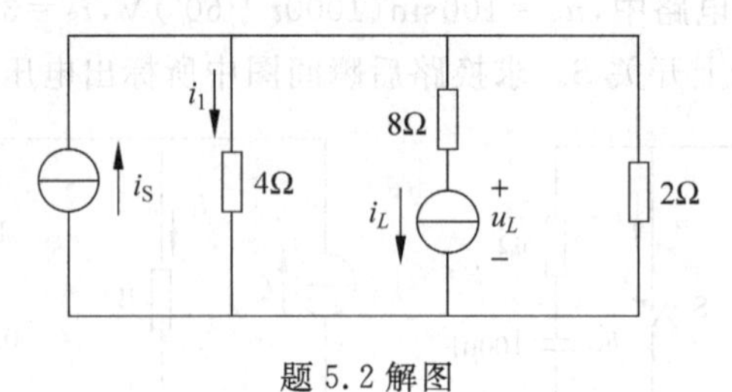

题5.2解图

$$i_1(0^+) = \frac{2}{4+2}[i_\mathrm{S}(0^+) - i_L(0^+)] = 0.73(\mathrm{A})$$

$$u_L(0^+) = 4i_1(0^+) - 8i_L(0^+) = 3.47(\mathrm{V})$$

5.3　题5.3图所示电路中，$t=0$ 时打开开关S。求换路后瞬间电感电流和电容电压初始值及其一阶导数的初始值。

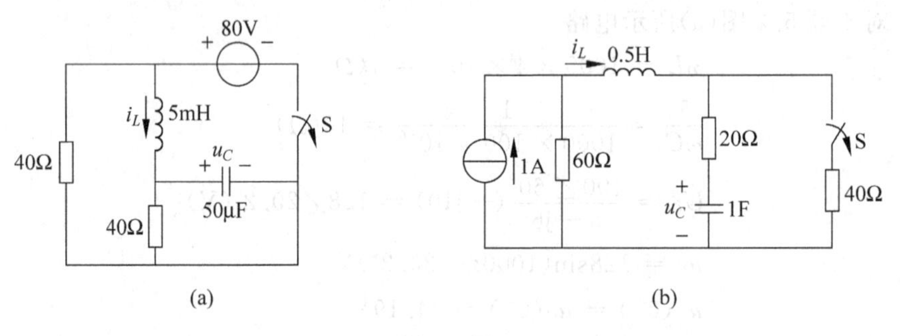

题5.3图

解　本题同样用于练习利用换路定律求直流激励作用下电路的初始值，与题5.1不同的是，要求电感电流和电容电压的一阶导数的初始值。根据元件性质，电感电流和电容电压的一阶导数是有明确的物理意义的，分别对应着电感电压和电容电流。因此，只需对 0^+ 时刻电路运用KCL、KVL求出电感电压和电容电流，问题就可以得到解决。

(1) 对于题 5.3 图(a)所示电路

$$i_L(0^+) = i_L(0^-) = \frac{80}{40 \,//\, 40} \times \frac{1}{2} = 2(\text{A})$$

$$u_C(0^+) = u_C(0^-) = 80\text{V}$$

原电路 0^+ 时刻的等效电路如题 5.3 解图(a)所示。

$$u_L(0^+) = -80 - i_L(0^+) \times 40 = -160(\text{V})$$

$$\left.\frac{\mathrm{d}i_L}{\mathrm{d}t}\right|_{t=0^+} = \frac{1}{L}u_L(0^+) = \frac{1}{5 \times 10^{-3}} \times (-160) = -32\,000(\text{A/s})$$

$$i_1(0^+) = \frac{80}{40} = 2(\text{A})$$

$$i_C(0^+) = i_L(0^+) - i_1(0^+) = 0$$

$$\left.\frac{\mathrm{d}u_C}{\mathrm{d}t}\right|_{t=0^+} = \frac{1}{C}i_C(0^+) = 0$$

(2) 对于题 5.3 图(b)所示电路

$$i_L(0^+) = i_L(0^-) = \frac{60}{60+40} \times 1 = 0.6(\text{A})$$

$$u_C(0^+) = u_C(0^-) = i_L(0^-) \times 40 = 24(\text{V})$$

原电路 0^+ 时刻的等效电路如题 5.3 解图(b)所示。

$$i_C(0^+) = i_L(0^+) = 0.6\text{A}$$

$$\left.\frac{\mathrm{d}u_C}{\mathrm{d}t}\right|_{t=0^+} = \frac{1}{C}i_C(0^+) = 0.6(\text{V/s})$$

$$u_L(0^+) = (1-0.6) \times 60 - 0.6 \times 20 - 24 = -12(\text{V})$$

$$\left.\frac{\mathrm{d}i_L}{\mathrm{d}t}\right|_{t=0^+} = \frac{1}{L}u_L(0^+) = \frac{1}{0.5} \times (-12) = -24(\text{A/s})$$

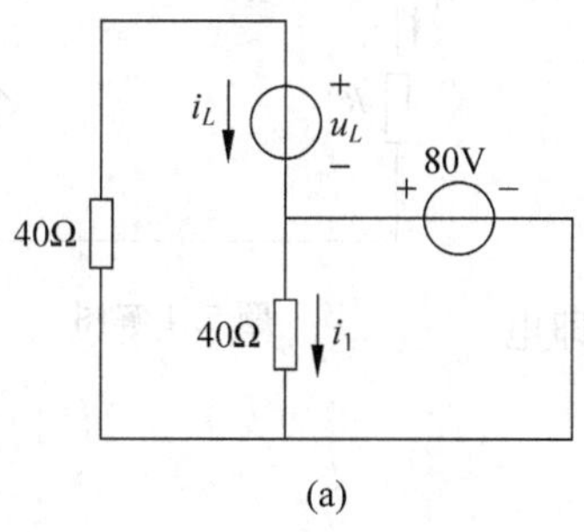

(a)

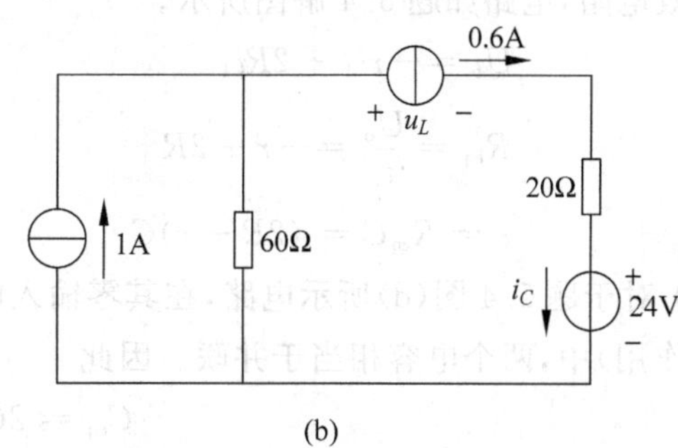

(b)

题 5.3 解图

5.4 求题 5.4 图所示各电路的时间常数。

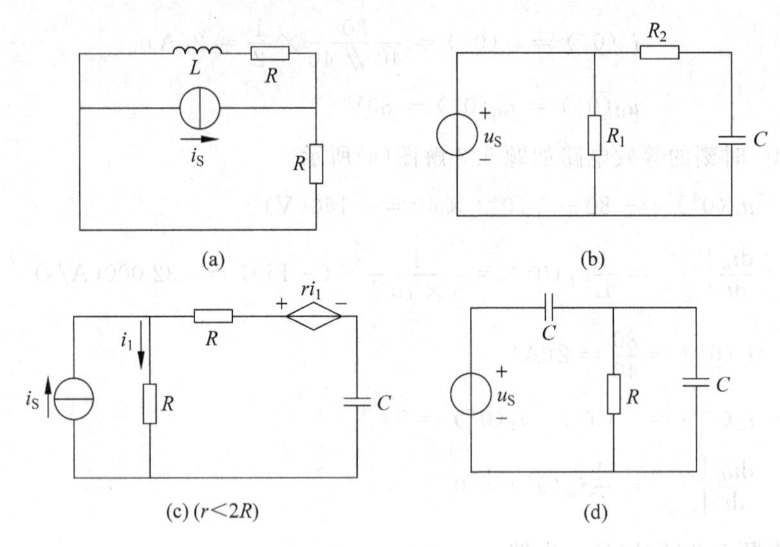

题 5.4 图

解 本题用于练习求一阶电路的时间常数,请参阅第 5 章论题 2。对于只有一个储能元件的一阶电路,其时间常数表达式中的 R 等于从该储能元件两端看过去的戴维南等效电阻。

(1) 对于题 5.4 图(a)所示电路

$$\tau = \frac{L}{2R}$$

(2) 对于题 5.4 图(b)所示电路

$$\tau = R_2C$$

(3) 对于题 5.4 图(c)所示电路,从电容 C 看进去的一端口等效电阻,电路如题 5.4 解图所示。

$$U_o = -ri_1 + 2Ri_1$$

$$R_{eq} = \frac{U_o}{i_1} = -r + 2R$$

$$\tau = R_{eq}C = (2R - r)C$$

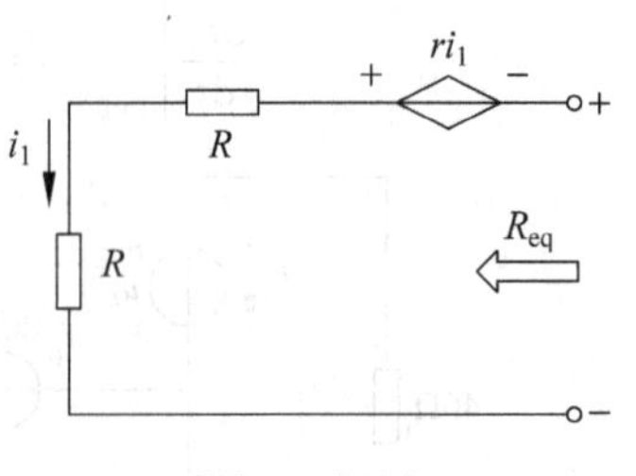

题 5.4 解图

(4) 对于题 5.4 图(d)所示电路,在其零输入电路(即电压源不作用)中,两个电容相当于并联。因此

$$C_{eq} = 2C$$

$$\tau = 2RC$$

5.5　题 5.5 图所示电路原处于稳态，$t=0$ 时合上开关 S。求电容电压 $u_C(t)$，并定性画出其变化曲线。

解　本题用于练习用三要素法求解直流激励下的一阶 RC 电路。

$$u_C(0^+) = u_C(0^-) = 2\times 5 + 10 = 20(\text{V})$$

$$u_C(\infty) = 0$$

$$\tau = RC = 25\times 10^{-6}\times 50\times 10^3 = 1.25(\text{s})$$

$$u_C(t) = 20\text{e}^{-0.8t}\text{V}\quad (t\geqslant 0^+)$$

$u_C(t)$的变化曲线如题 5.5 解图所示。

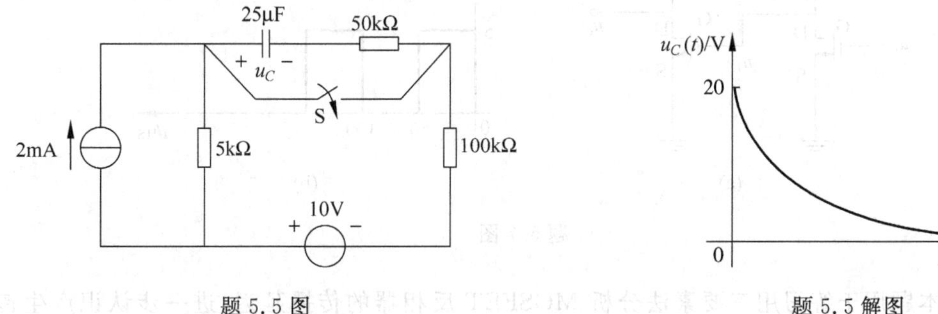

题 5.5 图

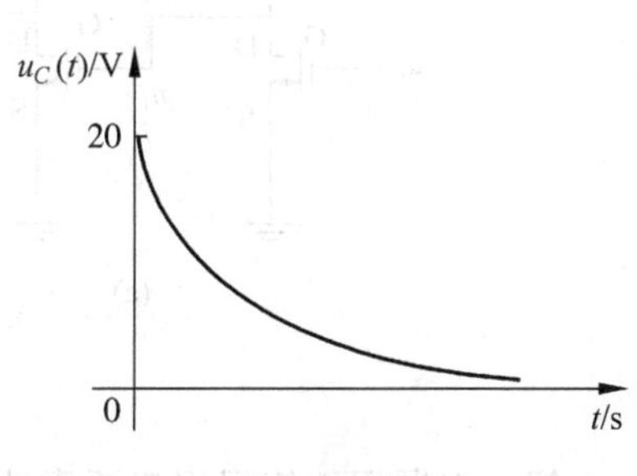

题 5.5 解图

5.6　题 5.6 图所示电路换路前已处于稳态，$t=0$ 时打开开关 S。求流过电感的电流 $i_L(t)$，并定性画出其变化曲线。

解　本题用于练习用三要素法求解直流激励下的一阶 RL 电路。

$$i_L(0^+) = i_L(0^-) = 0.3 - \frac{9}{10} = -0.6(\text{A})$$

$$i_L(\infty) = 0$$

$$\tau = \frac{L}{R} = \frac{0.2}{20} = 0.01(\text{s})$$

$$i_L(t) = -0.6\text{e}^{-100t}\text{A}\quad (t\geqslant 0^+)$$

$i_L(t)$的变化曲线如题 5.6 解图所示。

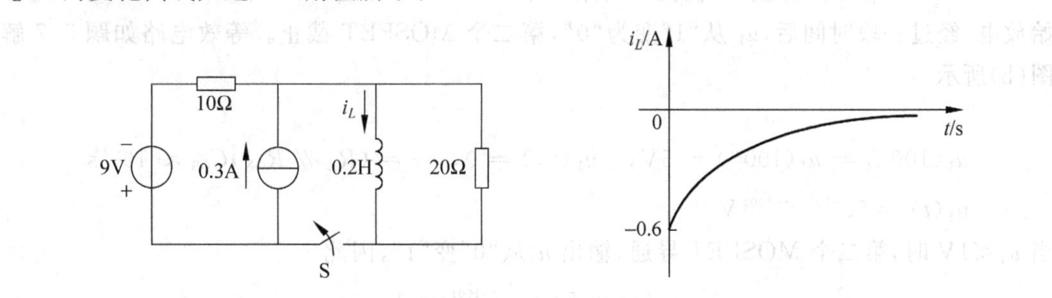

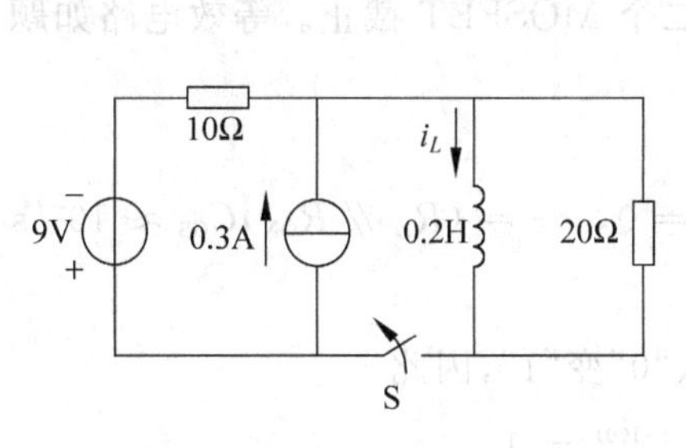

题 5.6 图　　　　题 5.6 解图

5.7 在题5.7图(a)所示电路中，两个MOSFET的工作特性为：$u_{GS}<1V$时，DS开路；$u_{GS}>1V$时，DS间为电阻R_{ON}。当u_i频率很高时，考虑GS之间存在的杂散电容，即$C_{GS}=1nF$。已知MOSFET的$R_{ON}=100\Omega$，$R_L=10k\Omega$，$U_S=5V$，u_i波形如题5.7图(b)所示。求：

(1) $t=50\mu s$时，u_i从"1"变为"0"后，u_o要多长时间之后才能从"1"变为"0"；

(2) $t=100\mu s$时，u_i从"0"变为"1"后，u_o要多长时间之后才能从"0"变为"1"。

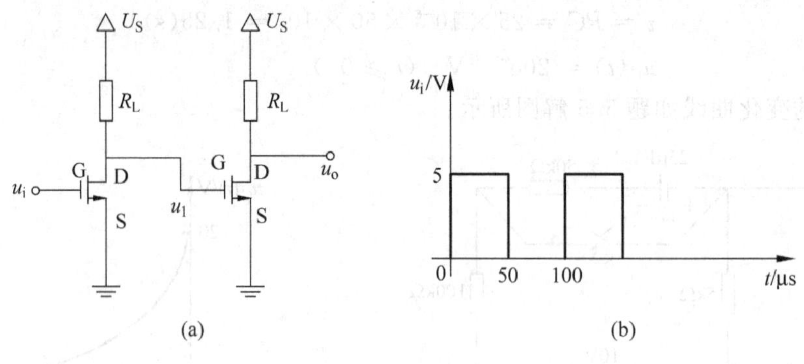

题5.7图

解 本题用于练习用三要素法分析MOSFET反相器的传播延迟，进一步认识产生传播延迟的本质，增加对反相器电路的一些典型值的了解。请参阅第5章论题3的讨论。

(1) $t=50\mu s$时，u_i从"1"变为"0"，第一个MOSFET截止，电源通过R_L对第二个MOSFET的GS之间的杂散电容C_{GS2}充电，u_1从"0"开始经过一段时间后变为"1"，第二个MOSFET导通。等效电路如题5.7解图(a)所示。

$$u_1(50^+)=u_1(50^-)=0,\quad u_1(\infty)=U_S=5V,\quad \tau=R_LC_{GS}=10^{-5}s$$

$$u_1(t)=5(1-e^{-100\,000(t-50)})V$$

当$u_1>1V$时，第二个MOSFET导通，输出u_o从"1"变"0"，因此

$$u_1(t)=5(1-e^{-100\,000(t-50)})=1$$

$$t_{d1}=t-50=2.23(\mu s)$$

(2) $t=100\mu s$时，u_i从"0"变为"1"，第一个MOSFET导通，第二个MOSFET的C_{GS2}开始放电，经过一段时间后，u_1从"1"变为"0"，第二个MOSFET截止。等效电路如题5.7解图(b)所示。

$$u_1(100^+)=u_1(100^-)=5V,\quad u_1(\infty)=0,\quad \tau=(R_L\ /\!/\ R_{ON})C_{GS}\approx10^{-7}s$$

$$u_1(t)=5e^{-10^{-7}(t-100)}V$$

当$u_1<1V$时，第二个MOSFET导通，输出u_o从"0"变"1"，因此

$$u_1(t)=5e^{-10^{-7}(t-100)}=1$$

$$t_{d2}=t-100=0.16(\mu s)$$

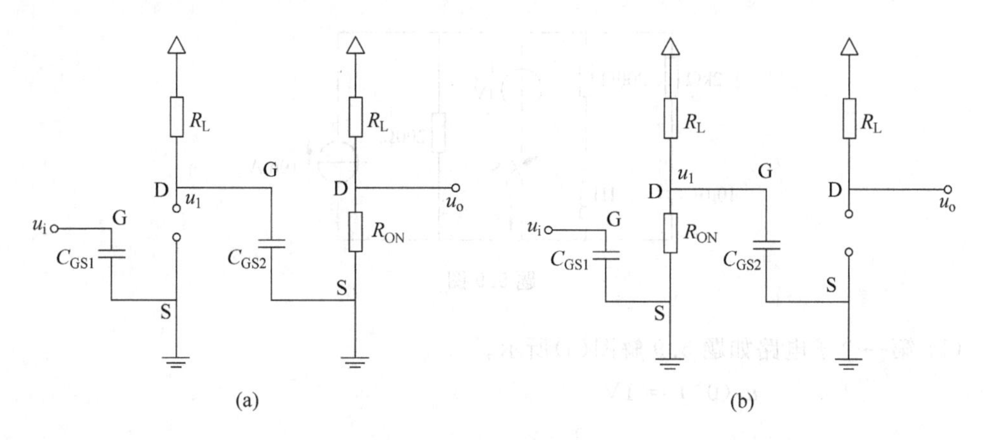

题 5.7 解图

5.8 题 5.8 图所示电路中，$t=0$ 时打开开关 S，$t=0.1\mathrm{s}$ 时 $i_L=0.5\mathrm{A}$。求 $u_1(t)$，并定性画出其变化曲线。

解 本题用于练习用三要素法分析含受控源的一阶 RL 电路的动态过程。

受控源等效为 $3\times2=6(\Omega)$ 电阻，得

$$i_L(0^+)=i_L(0^-)=\frac{12}{6}=2(\mathrm{A})$$

$$i_L(t)=2\mathrm{e}^{-\frac{t}{\tau}}\mathrm{A}\quad(t>0)$$

当 $t=0.1\mathrm{s}$ 时

$$i_L(0.1)=2\mathrm{e}^{-\frac{0.1}{\tau}}=0.5$$

$$\tau=0.072\mathrm{s}$$

因此 $u_1(t)=-2i_L(t)=-4\mathrm{e}^{-13.86t}\mathrm{V}\quad(t\geqslant0^+)$，$u_1(t)$ 的变化曲线如题 5.8 解图所示。

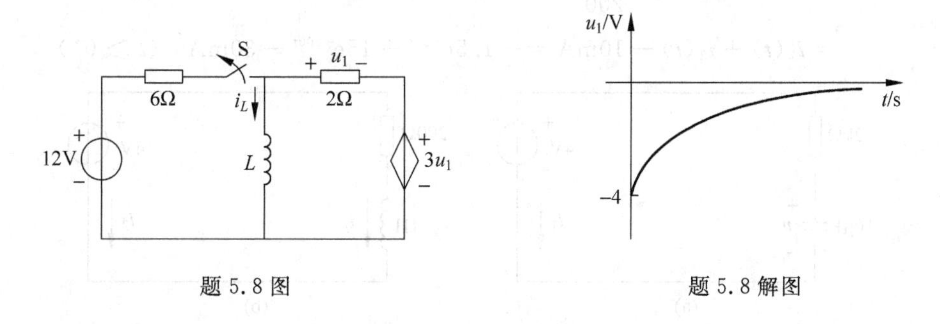

题 5.8 图　　　　题 5.8 解图

5.9 电路如题 5.9 图所示，$t=0$ 时闭合开关 S。求 i。

解 本题依然用于练习三要素法，同时复习了理想电压源的性质。

开关合上以后，根据理想电压源的性质，可将原电路分为两个一阶电路进行求解。

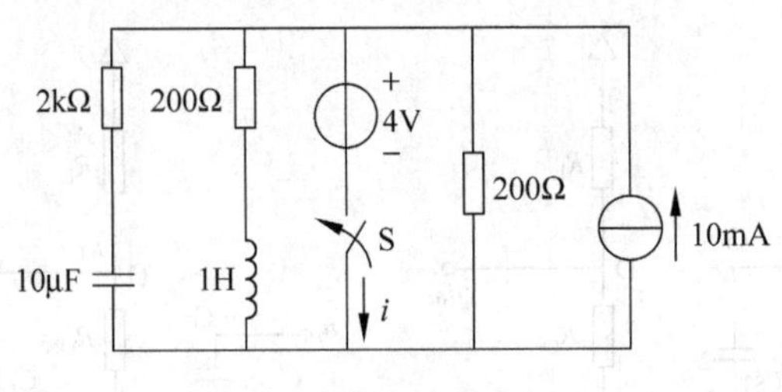

题 5.9 图

(1) 第一个子电路如题 5.9 解图(a)所示。

$$u_C(0^+) = 1\text{V}$$

$$i_1(0^+) = -\frac{3}{2\times 10^3} = -1.5(\text{mA})$$

$$i_1(\infty) = 0$$

$$\tau = RC = 2\times 10^3 \times 10 \times 10^{-6} = 2\times 10^{-2}(\text{s})$$

$$i_1(t) = -1.5\text{e}^{-\frac{t}{\tau}} = -1.5\text{e}^{-50t}\text{mA} \quad (t \geqslant 0^+)$$

(2) 第二个子电路如题 5.9 解图(b)所示。

$$i_2(0^+) = -i_L(0^+) = -5\text{mA}$$

$$i_2(\infty) = -\frac{4}{200} = -20(\text{mA})$$

$$\tau = \frac{L}{R} = \frac{1}{200} = 0.005(\text{s})$$

$$i_2(t) = -20 + 15\text{e}^{-200t}\text{mA} \quad (t \geqslant 0^+)$$

综上所述,结合原电路可得

$$i(t) = i_1(t) + i_2(t) - \frac{4}{200}\times 10^3 + 10\text{mA}$$

$$= i_1(t) + i_2(t) - 10\text{mA} = -1.5\text{e}^{-50t} + 15\text{e}^{-200t} - 30\text{mA} \quad (t \geqslant 0^+)$$

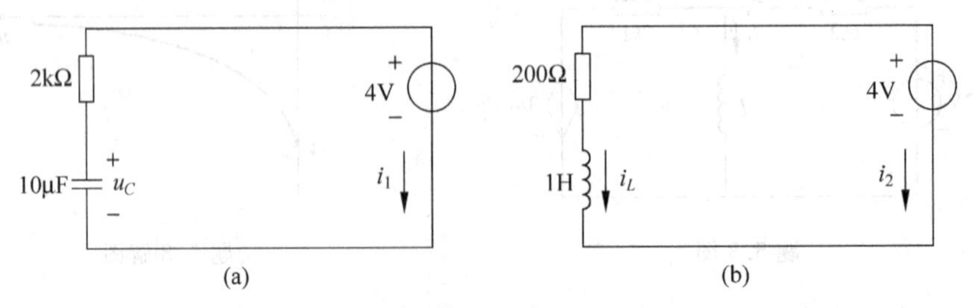

题 5.9 解图

5.10 题5.10图所示电路中，已知 $R=25\Omega, C=100\mu F, u_C(0^-)=0, t=0$ 时闭合开关S。求：

(1) 当 $u_S=100\sin(314t+30°)$ V 时的 u_C 和 i；

(2) 当 $u_S=100\sin(314t+\alpha)$ V 时，问初相位 α 等于多少可使电路中无过渡过程？并求电容电压 u_C。

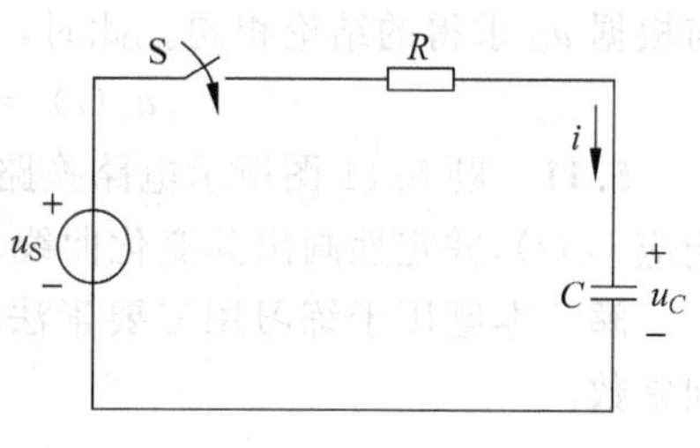

题5.10图

解 本题用于练习用三要素法求解正弦激励下的一阶电路，体现了正弦激励的初相位对电路的动态过程的影响。

(1) 当 $u_S=100\sin(314t+30°)$ V 时

$$\frac{1}{\omega C}=\frac{1}{314\times 10^{-4}}=31.85$$

$$\dot{I}=\frac{\dot{U}_S}{R-j\frac{1}{\omega C}}=\frac{100\angle 30°}{25-j31.85}=2.47\angle 81.87°$$

$$i(\infty)=2.47\sin(314t+81.87°)$$

$$i(0^+)=\frac{u_S(0^+)-u_C(0^+)}{R}=\frac{50-0}{25}=2(\text{A})$$

$$\dot{U}_C=\dot{I}\frac{1}{j\omega C}=78.66\angle -8.13°$$

$$u_C(\infty)=78.66\sin(314t-8.13°)$$

$$\tau=RC=25\times 10^{-4}=0.0025(\text{s})$$

$$u_C(t)=78.66\sin(314t-8.13°)+(0+11.12)e^{-400t}\text{V}\quad(t\geqslant 0^+)$$

$$i(t)=2.47\sin(314t+81.87°)+(2-2.445)e^{-400t}\text{A}(t\geqslant 0^+)$$

(2) 当 $u_S=100\sin(314t+\alpha)$ V 时

从 u_C 看，无过渡过程的条件是

$$\alpha-\arctan\left(-\frac{\frac{1}{\omega C}}{R}\right)-90°=0$$

因此 $\alpha=90°-51.87°=38.13°$。

从 i 看，无过渡过程的条件是

$$\frac{100\sin\alpha}{R}=2.47\sin\left(\alpha+\arctan\frac{\frac{1}{\omega C}}{R}\right)=2.47\sin(\alpha+51.87°)$$

$$\begin{aligned}4\sin\alpha&=2.47\sin(\alpha+51.87°)\\&=2.47\sin\alpha\cos 51.87°+2.47\cos\alpha\sin 51.87°\\&=1.525\sin\alpha+1.943\cos\alpha\end{aligned}$$

$$\tan\alpha=\frac{1.943}{2.475}=0.785$$

$$\alpha = 38.13°$$

与根据 u_C 求得的结论相同。此时，

$$u_C(t) = 78.66\sin 314t\text{V}\quad (t \geqslant 0^+)$$

5.11　题5.11图所示电路换路前已达稳态，电容无初始储能。$t=0$ 时闭合开关S。求响应 $u_C(t)$，并定性画出其变化曲线。

解　本题用于练习用三要素法求解直流激励下的一阶 RC 电路，难点在于求电路的时间常数。

$$u_C(0^+) = 0, u_C(\infty) = \frac{4}{5} \times 80 - \frac{1}{5} \times 80 = 48(\text{V})$$

$$\tau = (80 \mathbin{/\!/} 20 + 80 \mathbin{/\!/} 20)C = 32 \times 10^{-4}(\text{s})$$

$$u_C(t) = 48(1 - \text{e}^{-\frac{t}{\tau}}) = 48(1 - \text{e}^{-312.5t})\text{V}\quad (t \geqslant 0^+)$$

$u_C(t)$ 的变化曲线如题5.11解图所示。

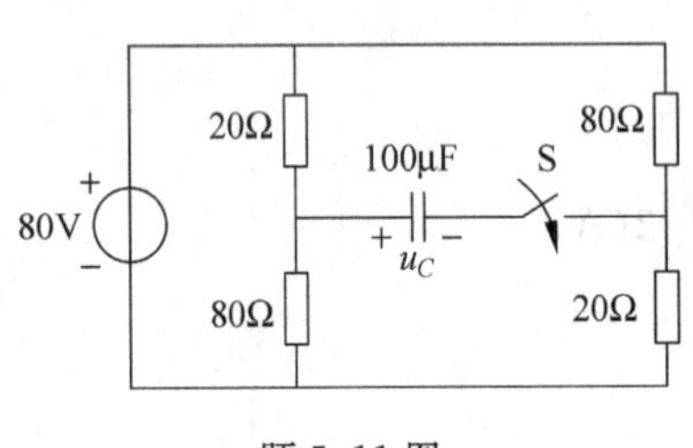

题5.11图

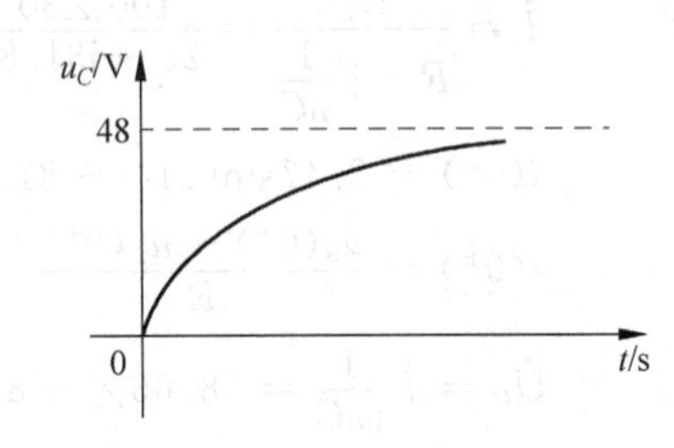

题5.11解图

5.12　电路如题5.12图所示。求响应 $i_L(t)$ 和 $i_1(t)$。

解　本题用于练习用三要素法求解直流激励下含受控源的一阶 RL 电路，求初始值、稳态值和时间常数时都要考虑受控源的作用。

由于 $i_L(0^+)=0$，因此 0^+ 时刻电感相当于开路；到达稳态时，电感相当于短路，0^+ 等效电路和稳态等效电路如题5.12解图所示。故

$$i_1(0^+) = 60\text{mA}$$

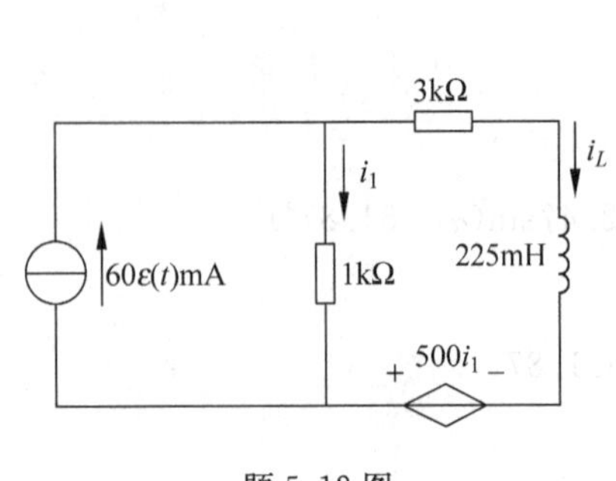

题5.12图

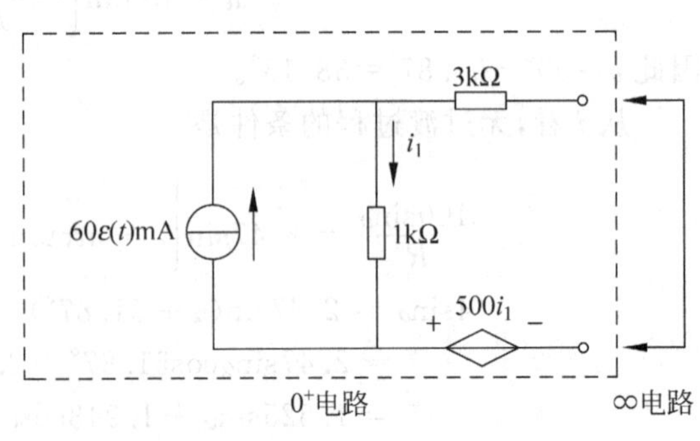

题5.12解图

求 $i_L(\infty)$，$i_1(\infty)$。

$$1500i_1 = 3000i_L \Rightarrow i_1 = 2i_L \qquad (1)$$

$$i_1 + i_L = 60\text{mA} \qquad (2)$$

式(1)、(2)联立求解，得

$$i_1(\infty) = 40\text{mA}, i_L(\infty) = 20\text{mA}$$

求时间常数。其中的 R_{eq} 等于从电感两端看入的戴维南等效内阻，加流(I_o)求压(U_o)。

$$R_{eq} = \frac{U_o}{I_o} = \frac{3000I_o + 1000I_o + 500I_o}{I_o} = 4500(\Omega)$$

$$\tau = \frac{L}{R_{eq}} = 0.225/4500 = 0.05 \times 10^{-3}\text{s} = 5 \times 10^{-5}(\text{s})$$

$$i_L(t) = 20(1 - e^{-\frac{t}{\tau}}) = 20(1 - e^{-20\,000t})\text{mA} \quad (t \geqslant 0^+)$$

$$i_1(t) = 40 + (60 - 40)e^{-\frac{t}{\tau}} = 40 + 20e^{-20\,000t}\text{mA} \quad (t \geqslant 0^+)$$

5.13 题 5.13 图所示电路中，已知 $u_C(0^-) = 1\text{V}$，$t=0$ 时闭合开关 S。求 U_S 分别为 5V 和 10V 时 u_C 的零状态响应、零输入响应和全响应。

解 本题用于强调零状态响应、零输入响应和全响应的基本概念。零状态响应和外加激励成正比，零输入响应和电路的初始值成正比，二者之和为全响应。全响应既不与外加激励成正比，也不与初始值成正比。这三种响应都可以用三要素法求解。

求时间常数。求从电容看进去的一端口等效电阻的电路如题 5.13 解图所示。

$$u_o = 2i_1 + 3i_1, i_o = 4i_1$$

$$R_{eq} = \frac{u_o}{i_o} = 1.25(\Omega)$$

$$\tau = R_{eq}C = 1.25 \times 10^{-4}(\text{s})$$

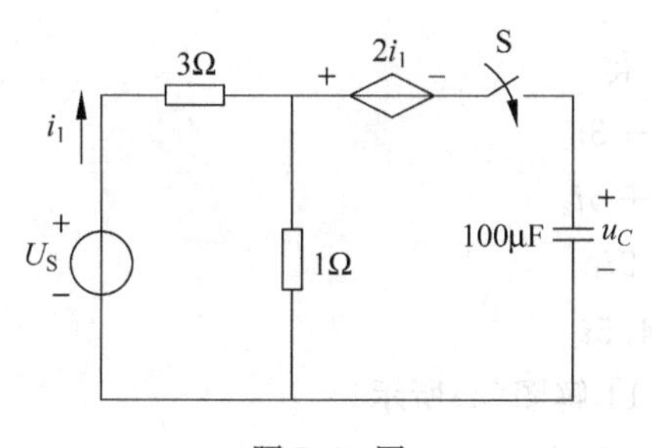

题 5.13 图

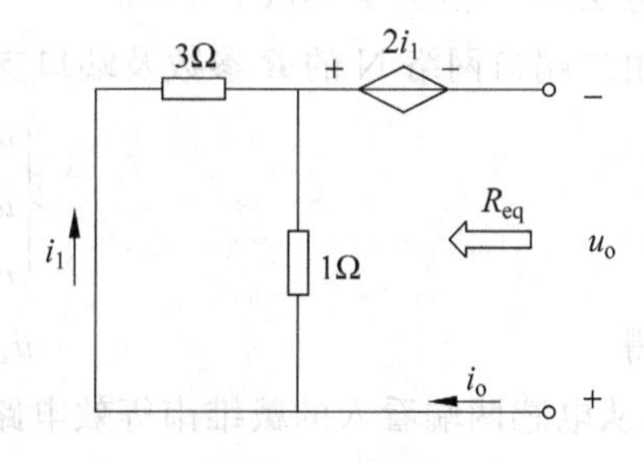

题 5.13 解图

求零输入响应。

$$u_C(0^+) = u_C(0^-) = 1\text{V}, u_C(\infty) = 0$$

$$u_{Czi}(t) = e^{-8000t}\text{V}(t \geqslant 0^+)$$

求零状态响应。

$$u_C(0^+) = u_C(0^-) = 0, u_C(\infty) = -2i_1 + i_1 = -i_1 = -\frac{u_S}{4}$$

$$u_{Czs}(t) = -\frac{u_S}{4}(1 - e^{-8000t})V(t \geqslant 0^+)$$

求全响应。

$u_S = 5V$ 时

$$u_C(t) = u_{Czi} + u_{Czs} = e^{-8000t} - 1.25 \times (1 - e^{-8000t})$$
$$= 1.25 + 2.25e^{-8000t}(V) \quad (t \geqslant 0^+)$$

$u_S = 10V$ 时

$$u_C(t) = u_{Czi} + u_{Czs} = e^{-8000t} - 2.5 \times (1 - e^{-8000t})$$
$$= -2.5 + 3.5e^{-8000t}(V) \quad (t \geqslant 0^+)$$

5.14 题 5.14 图中二端口 N 的 R 参数为$\boldsymbol{R} = \begin{bmatrix} 4 & 3 \\ 3 & 6 \end{bmatrix}\Omega$,求 $i_L(t)$的零状态响应,并定性画出其变化曲线。

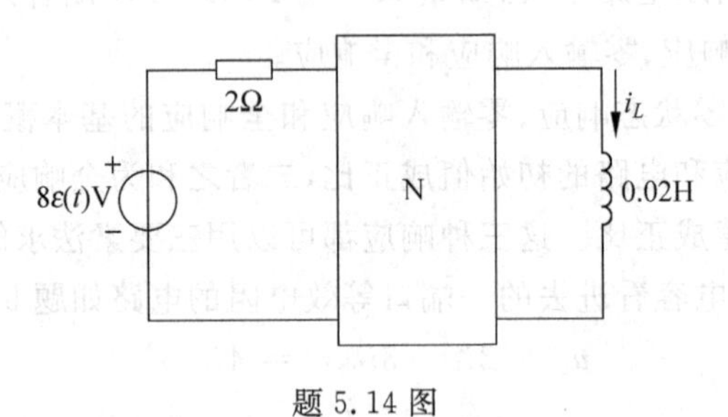

题 5.14 图

解 本题用于练习用三要素法求零状态响应,同时复习二端口的有关内容。

方法一 $i_L(0^+) = i_L(0^-) = 0$

由二端口网络 N 的 $\boldsymbol{R}$ 参数及端口支路条件,得

$$\begin{cases} u_1 = 4i_1 + 3i_2 \\ u_2 = 3i_1 + 6i_2 \\ u_1 = 8 - 2i_1 \end{cases}$$

整理得

$$u_2 = 4 + 4.5i_2$$

因此,从电感两端看入的戴维南等效电路如题 5.14 解图(a)所示。

$$i_L(\infty) = 0.889A$$

$$\tau = \frac{L}{R} = \frac{0.02}{4.5} = \frac{1}{225}(s)$$

$$i_L(t) = 0.889(1 - e^{-225t})\varepsilon(t)A$$

$i_L(t)$的变化曲线如题 5.14 解图(b)所示。

方法二 先求出二端口等效电路,如题 5.14 解图(c)所示,则可求出与上述相同的结果。

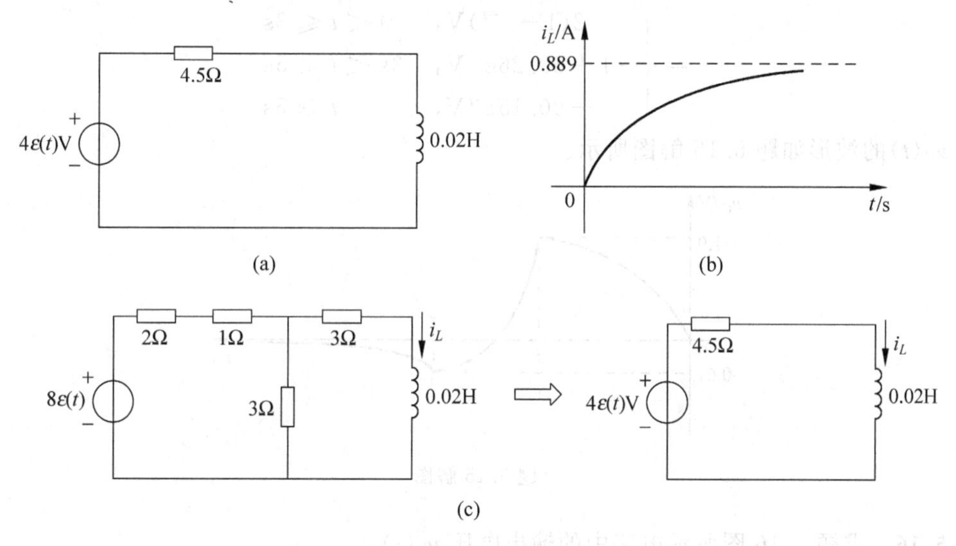

题 5.14 解图

5.15 已知题 5.15 图(a)所示电路中，P 为电阻性二端口网络，电容电压对单位阶跃电流源的零状态响应为 $u_C(t)=(1-e^{-t})\varepsilon(t)\text{V}$。若电流源 $i_S(t)$波形如题 5.15 图(b)所示，求电路的零状态响应 $u_C(t)$，并画出其波形。

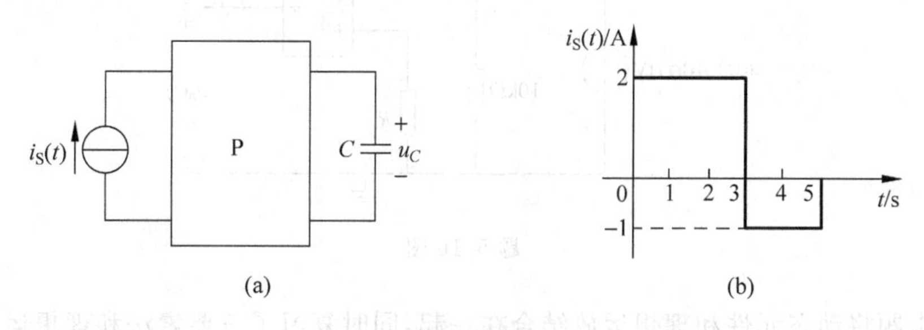

题 5.15 图

解 本题突出了零状态响应的基本概念和零状态响应与输入成正比的性质，同时复习了线性非时变系统的性质。

先求原电路的单位阶跃响应，再利用线性非时变系统的性质求解。

由题意知 $i_S=\varepsilon(t)$时，电容电压的单位阶跃响应为

$$u_C(t)=(1-e^{-t})\varepsilon(t)$$

图(b)所示电流源可表示为

$$i_S(t)=2\varepsilon(t)-3\varepsilon(t-3)+\varepsilon(t-5)$$

因此 $u_C(t)=2(1-e^{-t})\varepsilon(t)-3(1-e^{-(t-3)})\varepsilon(t-3)+(1-e^{-(t-5)})\varepsilon(t-5)$

$$
=\begin{cases} 2(1-\mathrm{e}^{-t})\mathrm{V}, & 0<t\leqslant 3\mathrm{s} \\ -1+58.26\mathrm{e}^{-t}\mathrm{V}, & 3\mathrm{s}<t<5\mathrm{s} \\ -90.15\mathrm{e}^{-t}\mathrm{V}, & t\geqslant 5\mathrm{s} \end{cases}
$$

$u_C(t)$的波形如题 5.15 解图所示。

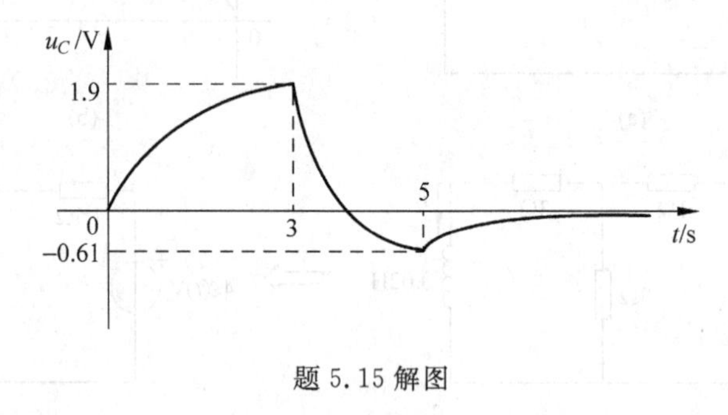

题 5.15 解图

5.16 求题 5.16 图所示电路中的输出电压 $u_o(t)$。

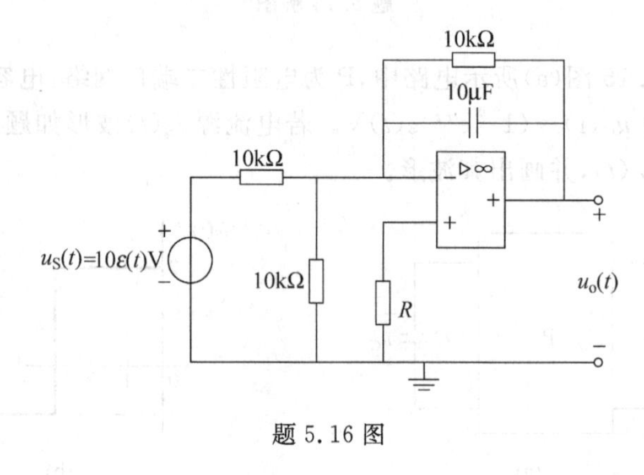

题 5.16 图

解 本题将动态元件和理想运放结合在一起,同时复习了三要素法和理想运放的虚短、虚断性质。

列方程求解:

$$
\frac{u_S}{10\times 10^3}=\frac{-u_o}{10\times 10^3}-C\frac{\mathrm{d}u_o}{\mathrm{d}t}
$$

$$
\frac{\mathrm{d}u_o}{\mathrm{d}t}+10u_o=100
$$

上述微分方程的特征根 $p=-10$。

$$
u_C(0^+)=u_C(0^-)=0\mathrm{V}
$$

$$
u_o(0^+)=0\mathrm{V}
$$

又

$$
u_o(\infty)=-u_S=-10\mathrm{V}
$$

$$\tau = -\frac{1}{p} = 0.1(\mathrm{s})$$

因此

$$u_o(t) = -10(1 - \mathrm{e}^{-10t})\varepsilon(t)\mathrm{V}$$

5.17 题5.17图所示电路中，已知 $i_S = 2\varepsilon(t)\mathrm{A}$，$u_S = 100\sin(1000t + 30°)\varepsilon(t)\mathrm{V}$，$R_1 = R_2 = 10\Omega$，$L = 0.01\mathrm{H}$。求 $i_1(t)$ 和 $i_2(t)$。

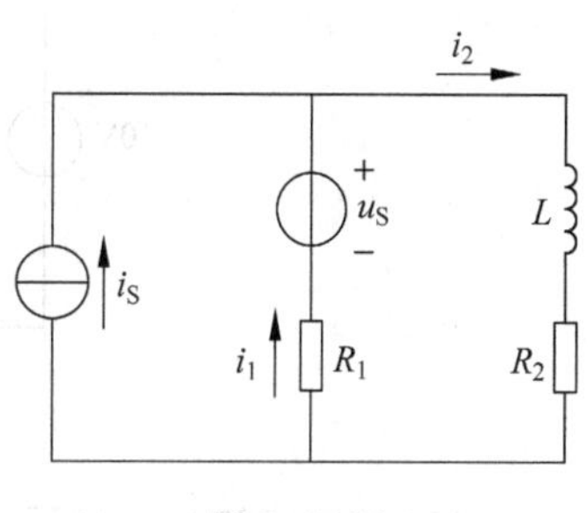

题5.17图

解 本题用于练习三要素法，同时复习了叠加定理。由于两个激励的性质不同，分别为直流激励和正弦交流激励，因此必须用叠加定理求电路的初始值和稳态值。

(1) 电流源 $i_S = 2\varepsilon(t)\mathrm{A}$ 单独作用

$$i_{L1}(0^+) = 0,\quad i_{L1}(\infty) = 1\mathrm{A},\quad \tau = \frac{L}{R_{\mathrm{eq}}} = \frac{0.01}{20} = 0.5\times10^{-3}(\mathrm{s})$$

$$i_{L1}(t) = (1 - \mathrm{e}^{-2000t})\varepsilon(t)\mathrm{A}$$

$$i_{11}(0^+) = -2\mathrm{A},\quad i_{11}(\infty) = -1\mathrm{A}$$

$$i_{11}(t) = (-1 + (-2+1)\mathrm{e}^{-2000t})\varepsilon(t) = (-1 - \mathrm{e}^{-2000t})\varepsilon(t)\mathrm{A}$$

(2) 电压源 $\dot{U}_S = 100\angle30°\mathrm{V}$ 单独作用

$$\omega L = 10\Omega$$

因此

$$u_S(0^+) = 100\sin30° = 50(\mathrm{V})$$

$$i_{L2}(0^+) = 0,\quad i_{12}(0^+) = 0$$

$$\dot{I}_{12}(\infty) = \dot{I}_{L2}(\infty) = \frac{\dot{U}_S}{R_1 + R_2 + \mathrm{j}\omega L} = \frac{100\angle30°}{20 + \mathrm{j}10} = 4.47\angle3.43°(\mathrm{A})$$

$$i_{12}(\infty) = i_{L2}(\infty) = 4.47\sin(1000t + 3.43°) = 50(\mathrm{V})$$

$$\tau = \frac{L}{R_1 + R_2} = 0.5\times10^{-3}(\mathrm{s})$$

因此

$$i_{12}(t) = i_{L2}(t) = (4.47\sin(1000t + 3.43°) + (0 - 0.27)\mathrm{e}^{-2000t})\varepsilon(t)\mathrm{A}$$

根据叠加定理可得

$$i_1 = i_{11} + i_{12} = (-1 + 4.47\sin(1000t + 3.43°) - 1.27\mathrm{e}^{-2000t})\varepsilon(t)\mathrm{A}$$

$$i_2 = i_L = i_{L1} + i_{L2} = (1 + 4.47\sin(1000t + 3.43°) - 1.27\mathrm{e}^{-2000t})\varepsilon(t)\mathrm{A}$$

5.18 电路如题5.18图所示。$t=0$ 时闭合开关 S_1，$t=1\mathrm{s}$ 时闭合开关 S_2。求 u_C 和 i_C，并定性画出其变化曲线。

解 本题用于练习多次换路情况下一阶电路的求解。仍然可以用三要素法，需要提醒的是，在求每次换路后电路的稳态值时，不必考虑在此之后是否会发生换路。定性画图时要给出转折点(即每一个换路时刻)的坐标。

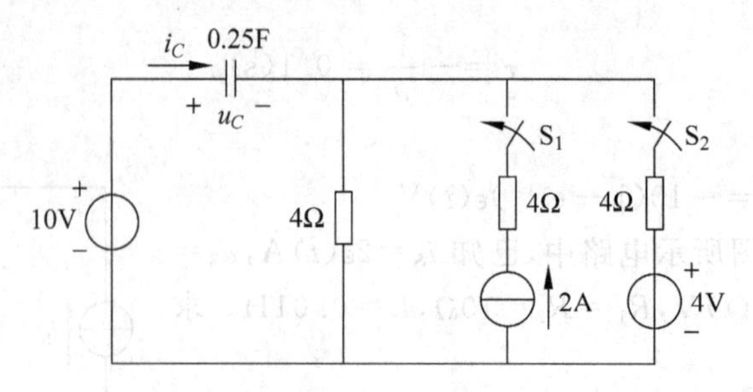

题 5.18 图

$$u_C(0^+) = u_C(0^-) = 10\text{V}, \quad u_C(\infty) = 10 - 8 = 2\text{V}, \quad \tau = RC = 0.25 \times 4 = 1(\text{s})$$

因此

$$u_C(t) = 2 + 8\text{e}^{-t}\text{V} \quad (0 < t \leqslant 1\text{s})$$

$$u_C(1^+) = u_C(1^-) = 4.94\text{V}, \quad u_C(\infty) = 10 - 2 \times 2 - 4 \times \frac{4}{4+4} = 4(\text{V})$$

$$\tau = 0.25 \times (4 \mathbin{/\!/} 4) = 0.5(\text{s})$$

因此

$$u_C(t) = 4 + 0.94\text{e}^{-2(t-1)}\text{V} \quad (t > 1\text{s})$$

根据电容的元件性质可得

$$i_C(t) = C\frac{\text{d}u_C}{\text{d}t} = \begin{cases} -2\text{e}^{-t}\text{A}, & 0 < t \leqslant 1\text{s} \\ -0.47\text{e}^{-2(t-1)}\text{A}, & t > 1\text{s} \end{cases}$$

$i_C(t)$的变化曲线如题 5.18 解图所示。

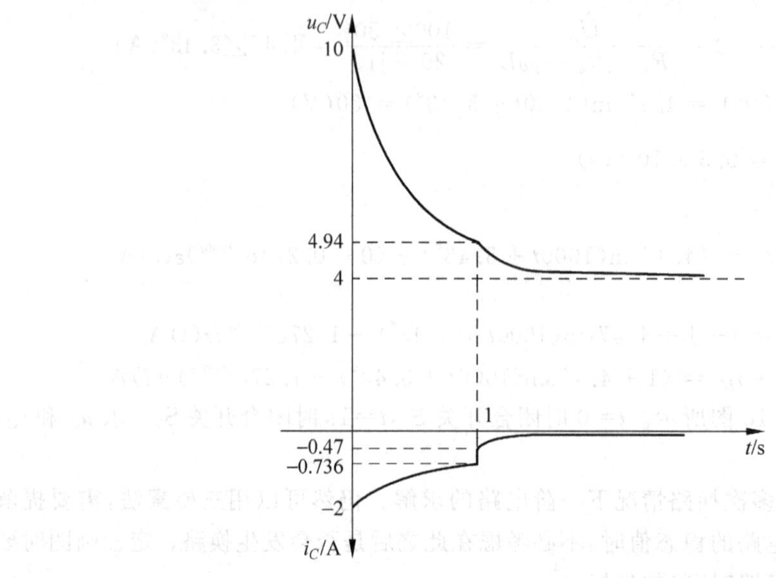

题 5.18 解图

5.19 从教材 5.4.3 小节中例 5.4.7 出发设计一个三角波发生器,要求波形的上升和下降时间不同,并分析求出该三角波的周期表达式。

解 方波积分得三角波。要求波形的上升和下降时间不同,则除了要使产生方波的占空比不等于 50%外,还要改变积分电路分别工作在方波的高电平和低电平的时间常数,使得一个周期的终止值等于起始值。

为消除积分电路对方波发生器的负载效应,在二者之间加一跟随器实现隔离。

EWB 仿真电路和波形如题 5.19 解图(a)和(b)所示。

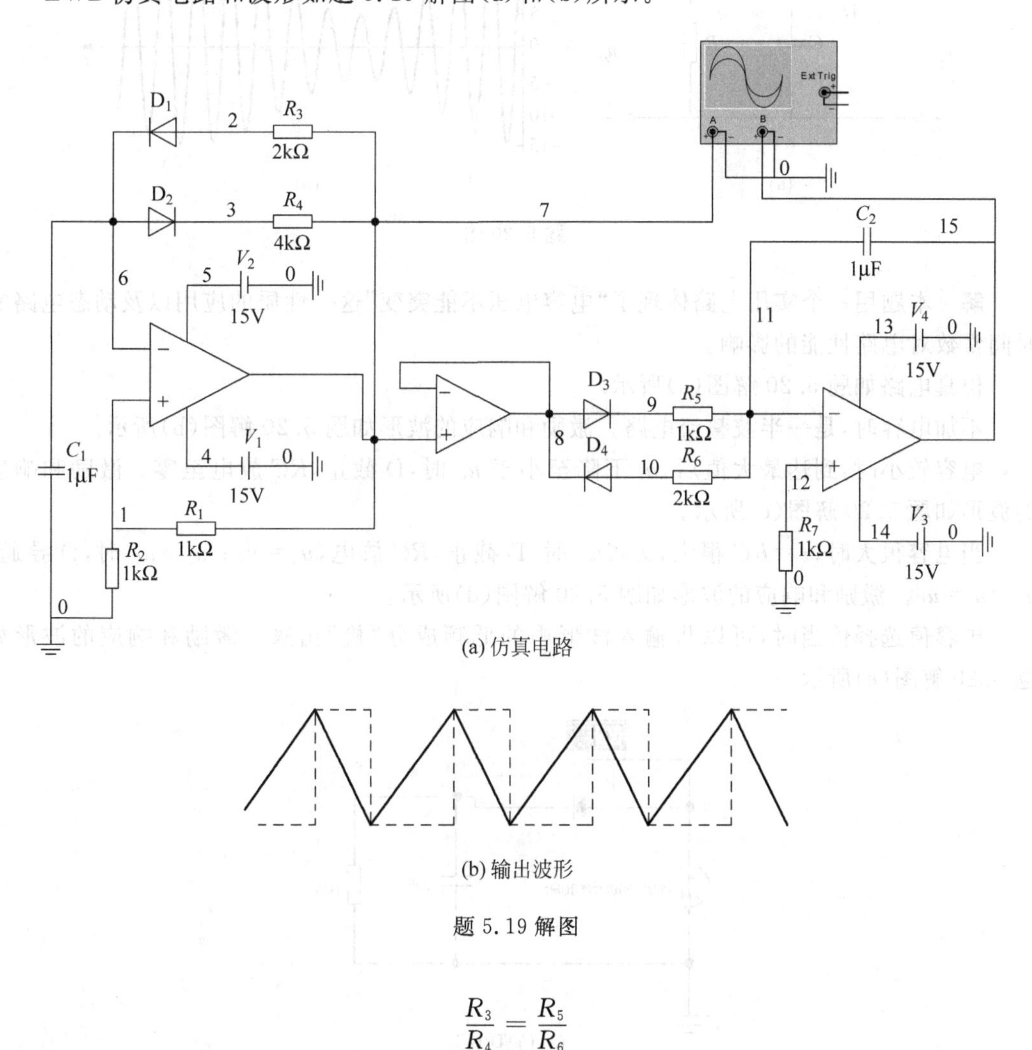

(a) 仿真电路

(b) 输出波形

题 5.19 解图

$$\frac{R_3}{R_4}=\frac{R_5}{R_6}$$

三角波周期等于方波周期。

由例 5.4.7 可知

$T=(R_3+R_4)C\ln3$　（若正反馈电阻不是 R_1、R_2 周期需要重新计算）

5.20　题5.20图(a)所示电路是一个检波器，激励波形如题5.20图(b)所示。仿照教材例5.4.10中对加电容后的全波整流电路的分析过程，定性分析检波器的响应情况，简要说明检波实现了什么功能，并定性画出响应波形。

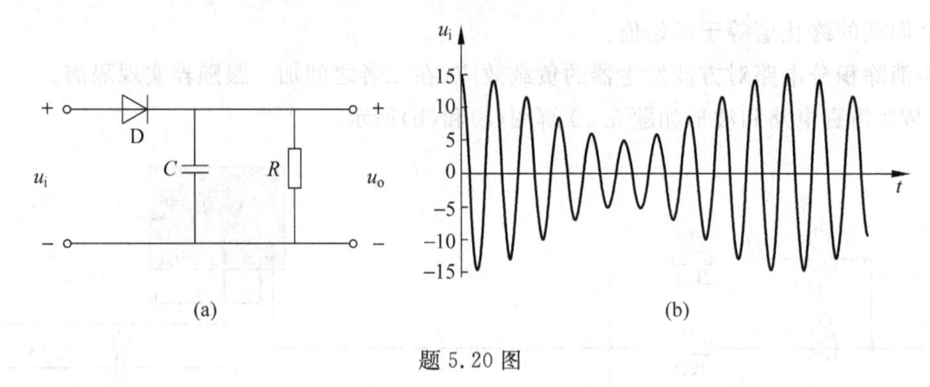

题5.20图

解　本题用一个实用电路体现了“电容电压不能突变”这一性质的应用以及动态电路的时间常数对电路性能的影响。

仿真电路如题5.20解图(a)所示。

不加电容时，是一半波整流电路。激励和响应的波形如题5.20解图(b)所示。

电容较小时，到达最大值后，u_i 下降至小于 u_C 时，D截止，RC 放电至零。激励和响应的波形如题5.20解图(c)所示。

当电容很大时，$\tau=RC$ 很大，$u_i<u_C$ 时，D截止，RC 放电，$u_o=u_C$；$u_i>u_C$ 时，D导通，$u_o=u_i=u_C$。激励和响应的波形如题5.20解图(d)所示。

电容值选择恰当时，可以将输入波形中的低频成分“检”出来。激励和响应的波形如题5.20解图(e)所示。

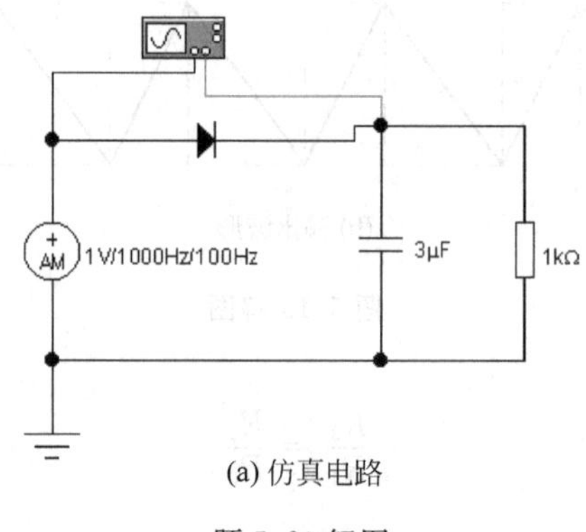

(a) 仿真电路

题5.20解图

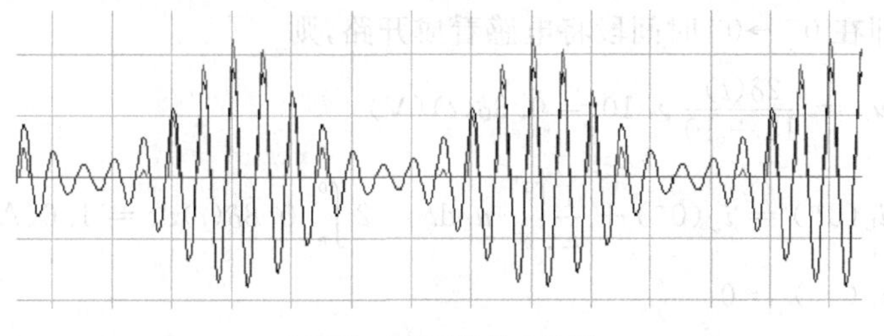

(b) 不加电容时的输出波形

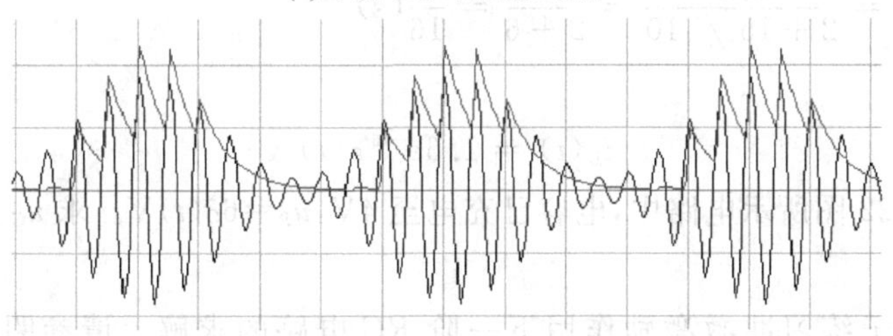

(c) 电容较小时的输出波形

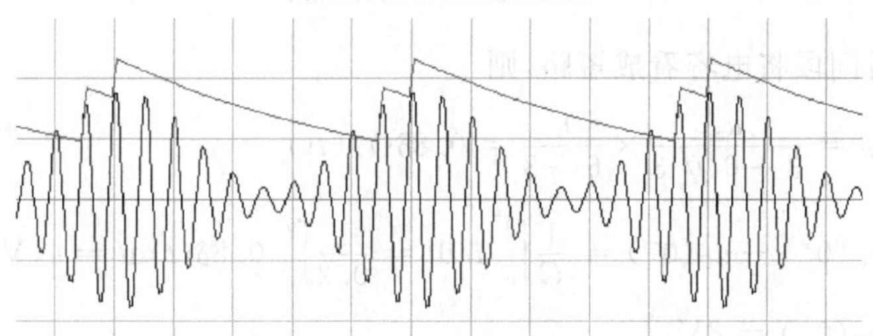

(d) 电容较大时的输出波形

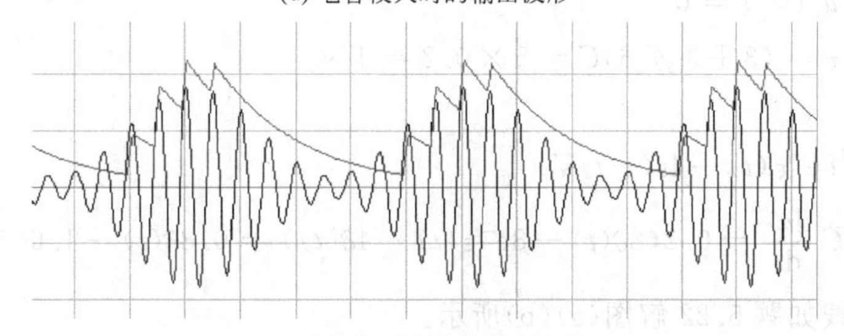

(e) 电容值适当时的输出波形

题 5.20 解图(续)

5.21 电路如题 5.21 图所示。电感无初始储能，$u_S = 2\delta(t)$V。求电感电流 i_L。

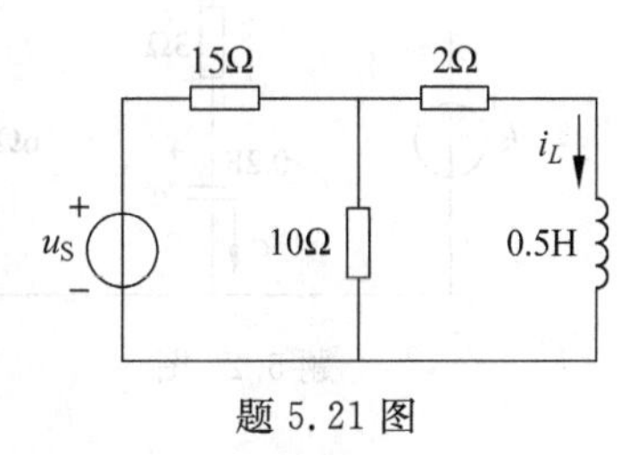

题 5.21 图

解 本题用于练习冲激激励作用下一阶 RL 电路的求解。此时，换路定律一般不再成立，关键是求电路的初始值，请参阅第 5 章论题 9 的讨论。

用直观法，即在 $0^- \rightarrow 0^+$ 时间段将电感看成开路，则

$$u_L = \frac{2\delta(t)}{15+10} \times 10 = 0.8\delta(t)\text{(V)}$$

$$i_L(0^+) = i_L(0^-) + \frac{1}{L}\int_{0^-}^{0^+} u_L \mathrm{d}t = 2\int_{0^-}^{0^+} 0.8\delta(t)\mathrm{d}t = 1.6\text{(A)}$$

$$i_L(\infty) = 0$$

$$\tau = \frac{0.5}{2+15 /\!/ 10} = \frac{0.5}{2+6} = \frac{1}{16}\text{(s)}$$

因此

$$i_L(t) = 1.6\mathrm{e}^{-16t}\varepsilon(t)\text{A}$$

5.22 题 5.22 图所示电路中，电容已充电至 4V，$u_S = 6\delta(t)$V。求 u_C 和 i_C，并定性画出其曲线。

解 本题用于练习冲激激励作用下一阶 RC 电路的求解。请参阅第 5 章论题 9 的讨论。

在 $0^- \rightarrow 0^+$ 时间段将电容看成短路，则

$$i_C = \frac{u_S}{3+6 /\!/ 3} \times \frac{6}{6+3} = 0.8\delta(t)\text{(A)}$$

$$u_C(0^+) - u_C(0^-) = \frac{1}{C}\int_{0^-}^{0^+} i_C \mathrm{d}t = \frac{1}{0.2}\int_{0^-}^{0^+} 0.8\delta(t)\mathrm{d}t = 4\text{(V)}$$

$$u_C(0^+) = 8\text{V}$$

$$u_C(\infty) = 0$$

$$\tau = (3+3 /\!/ 6)C = 5 \times 0.2 = 1\text{(s)}$$

因此

$$u_C(t) = 8\mathrm{e}^{-t}\varepsilon(t) + 4\varepsilon(-t)\text{V}$$

$$i_C(t) = C\frac{\mathrm{d}u_C}{\mathrm{d}t} = 0.2(8\delta(t) - 8\mathrm{e}^{-t}\varepsilon(t) - 4\delta(t)) = 0.8\delta(t) - 1.6\mathrm{e}^{-t}\varepsilon(t)\text{(A)}$$

u_C，i_C 的定性曲线如题 5.22 解图(a)(b)所示。

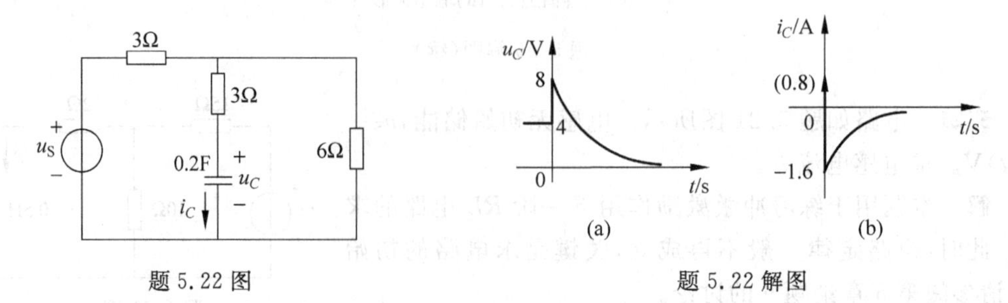

题 5.22 图　　题 5.22 解图

5.23 电路如题5.23图所示，$i_S=2\delta(t)\text{A}$，$u_S=10\varepsilon(t)\text{V}$。求电感电流 i_L。

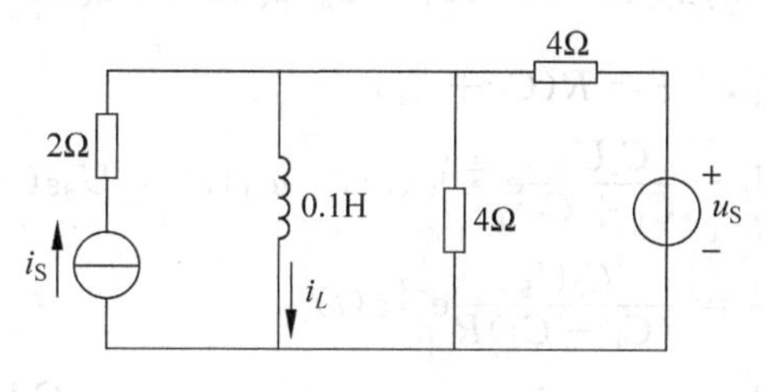

题5.23图

解 本题用于练习冲激激励作用下一阶 RL 电路的求解，请参阅第5章论题9的讨论；同时复习三要素法。由于阶跃激励和冲激激励的性质不一样，因此最好应用叠加定理对二者分别求解。

i_S 单独作用：冲激激励作用下的响应，直观法求初值。

$$i_{L1}(0^-)=0,\quad u_{L1}=i_S\times(4\,/\!/\,4)=4\delta(t)$$

$$i_{L1}(0^+)-i_{L1}(0^-)=\frac{1}{L}\int u_{L1}\,\mathrm{d}t=\frac{1}{0.1}\int 4\delta(t)\,\mathrm{d}t=40(\text{A})$$

$$i_{L1}(0^+)=40\text{A},\quad i_{L1}(\infty)=0,\quad \tau_1=\frac{0.1}{4\,/\!/\,4}=0.05(\text{s})$$

因此

$$i_{L1}(t)=40\mathrm{e}^{-20t}\varepsilon(t)\text{A}$$

u_S 单独作用：直流激励，三要素法求解。

$$i_{L2}(0^+)=0,\quad i_{L2}(\infty)=\frac{10}{4}=2.5\text{A},\quad \tau_2=\frac{0.1}{2}=0.05(\text{s})$$

因此

$$i_{L2}(t)=2.5(1-\mathrm{e}^{-20t})\varepsilon(t)\text{A}$$

根据叠加定理，可得

$$i(t)=(2.5+37.5\mathrm{e}^{-20t})\varepsilon(t)\text{A}$$

5.24 题5.24图所示电路中，电容 C_2 原未充电，电路已处于稳态，$t=0$ 时合上开关S。求电容电压 u_{C2} 和电流 i、i_1、i_2，并定性画出其曲线。

解 本题用于练习由于存在纯电容回路从而导致电容电压跳变的情况，请参阅第5章论题11的讨论。

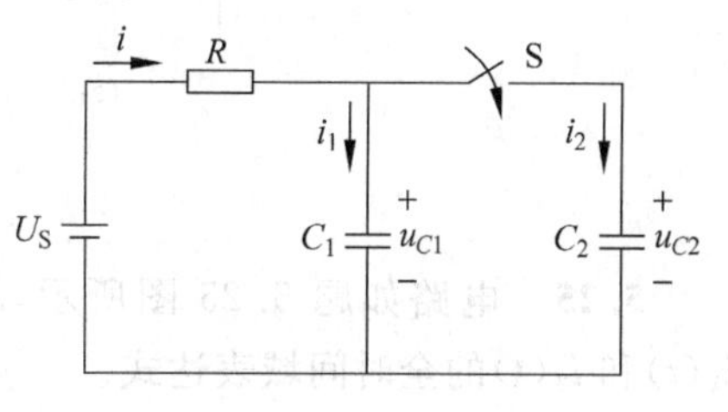

题5.24图

开关S闭合后，C_1、C_2 构成回路，因此两个电容的电压都有跳变，跳变过程中遵循节点电荷守恒。开关S闭合后，两电容上电压相等，设为 u_C。

$$u_{C1}(0^-)=U_S,\;u_{C2}(0^-)=0$$

$$C_1 u_{C1}(0^-) + C_2 u_{C2}(0^-) = (C_1 + C_2) u_C(0^+) \Rightarrow u_C(0^+) = \frac{C_1 U_S}{C_1 + C_2}$$

$$u_C(\infty) = U_S, \quad \tau = R(C_1 + C_2)$$

$$u_{C2}(t) = \left(U_S - \frac{C_2 U_S}{C_1 + C_2} e^{-\frac{t}{\tau}}\right)\varepsilon(t), \quad u_{C1}(t) = U_S\varepsilon(-t) + u_{C2}(t)$$

$$i = \frac{U_S - u_{C1}}{R} = \frac{C_2 U_S}{(C_1 + C_2) R} e^{-\frac{t}{\tau}}\varepsilon(t)$$

$$i_1(t) = C_1 \frac{du_{C1}}{dt} = C_1 \frac{d}{dt}\left(U_S\varepsilon(-t) + U_S\varepsilon(t) - \frac{C_2 U_S}{C_1 + C_2} e^{-\frac{t}{\tau}}\varepsilon(t)\right)$$

$$= -\frac{C_1 C_2 U_S}{C_1 + C_2}\delta(t) + \frac{C_1 C_2 U_S}{R(C_1 + C_2)^2} e^{-\frac{t}{\tau}}\varepsilon(t)$$

$$i_2(t) = C_2 \frac{du_{C2}}{dt} = C_2 \frac{d}{dt}\left(U_S - \frac{C_2 U_S}{C_1 + C_2} e^{-\frac{t}{\tau}}\varepsilon(t)\right)$$

$$= C_2 U_S\delta(t) - \frac{C_2^2 U_S}{C_1 + C_2}\delta(t) + \frac{C_2^2 U_S}{R(C_1 + C_2)^2} e^{-\frac{t}{\tau}}\varepsilon(t)$$

$$= \frac{C_1 C_2 U_S}{C_1 + C_2}\delta(t) + \frac{C_2^2 U_S}{R(C_1 + C_2)^2} e^{-\frac{t}{\tau}}\varepsilon(t)$$

各变量的定性曲线如题 5.24 解图所示。

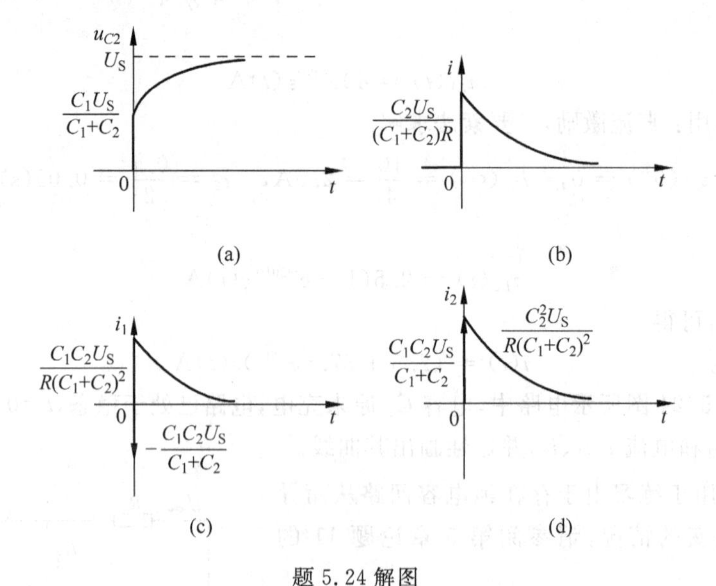

题 5.24 解图

5.25 电路如题 5.25 图所示，$t=0$ 时打开开关 S。换路前电路已经到达稳态。求 $i_1(t)$和 $i_2(t)$的全时间域表达式。

解 本题用于练习由于存在纯电感割集从而导致电感电流跳变的情况，请参阅第 5 章

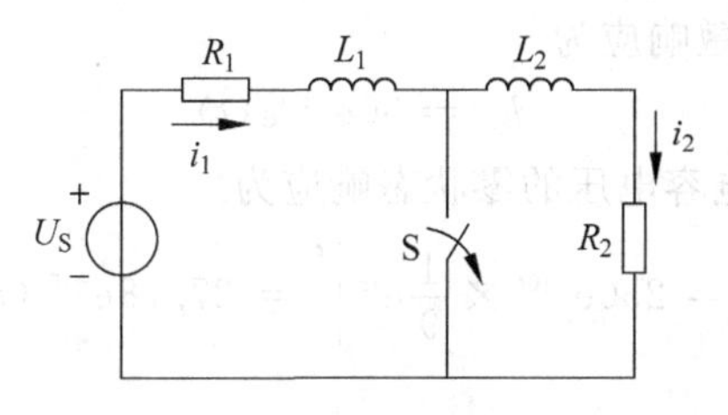

题 5.25 图

论题 12 的讨论。

开关 S 打开后，L_1、L_2 构成纯电感割集，因此两个电感的电流都有跳变，跳变过程中遵循磁链守恒。开关 S 打开后，两电感的电流相等，设为 i。

$$i_1(0^-)=\frac{U_S}{R_1},\quad i_2(0^-)=0$$

$$i_1(0^+)=i_2(0^+)=i(0^+)$$

$$L_1i_1(0^+)+L_2i_2(0^+)=L_1i_1(0^-)+L_2i_2(0^-)$$

$$i(0^+)=\frac{L_1}{L_1+L_2}\frac{U_S}{R_1}$$

$$i_1(\infty)=i_2(\infty)=\frac{U_S}{R_1+R_2},\quad \tau=\frac{L_1+L_2}{R_1+R_2}$$

因此

$$i_1(t)=\left(\frac{U_S}{R_1+R_2}+\left(\frac{L_1}{L_1+L_2}\frac{U_S}{R_1}-\frac{U_S}{R_1+R_2}\right)e^{-\frac{t}{\tau}}\right)\varepsilon(t)+\frac{U_S}{R_1}\varepsilon(-t)$$

$$i_2(t)=\left(\frac{U_S}{R_1+R_2}+\left(\frac{L_1}{L_1+L_2}\frac{U_S}{R_1}-\frac{U_S}{R_1+R_2}\right)e^{-\frac{t}{\tau}}\right)\varepsilon(t)$$

5.26 题 5.26 图中 P 为电阻性二端口。已知 $u_C(0^-)=4\text{V}$，当 $u_S=2\varepsilon(t)\text{V}$ 时，电容电压 $u_C=10-6e^{-10t}\text{V}(t\geqslant0)$。用卷积积分法求 $u_S=5e^{-t}\varepsilon(t)\text{V}$ 时电路的响应 $u_C(t)$。

解 本题用于练习卷积积分，同时复习零状态响应和零输入响应的基本概念。

卷积积分只能求电路的零状态响应，因此必须首先将给出的电容电压的全响应分解成零状态响应和零输入响应。

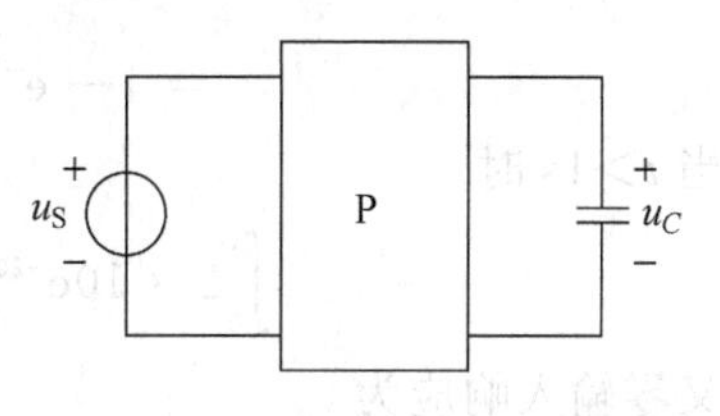

题 5.26 图

$$u_C=10(1-e^{-10t})+4e^{-10t}\quad(t\geqslant0)$$

零状态响应为

$$u_{Czs}=10(1-e^{-10t})\varepsilon(t)$$

因此，相应的单位阶跃响应为

$$u_{Czs}=5(1-e^{10t})\varepsilon(t)$$

求导，得电容电压的单位冲激响应为

$$h_C = 50\mathrm{e}^{-10t}\varepsilon(t)$$

τ 不变，$u_S=5\mathrm{e}^{-t}\varepsilon(t)\mathrm{V}$ 时，电容电压的零状态响应为

$$u_{Czs} = \int_0^t 5\mathrm{e}^{-\tau} \times 50\mathrm{e}^{-10(t-\tau)}\mathrm{d}\tau = 250\mathrm{e}^{-10t} \times \frac{1}{9}\mathrm{e}^{9\tau}\Big|_0^t = 27.78\mathrm{e}^{-10t}(\mathrm{e}^{9t}-1) = 27.78(\mathrm{e}^{-t}-\mathrm{e}^{-10t})$$

所以，此时的全响应为

$$u_C(t) = 27.78(\mathrm{e}^{-t}-\mathrm{e}^{-10t}) + 4\mathrm{e}^{-10t} = 27.78\mathrm{e}^{-t} - 23.8\mathrm{e}^{-10t} \quad (t \geqslant 0)$$

5.27 题 5.27 图(a)所示电路中，电压源波形如题 5.27 图(b)所示，$i_L(0^-)=2\mathrm{A}$。试用卷积积分求电感电流 i_L。

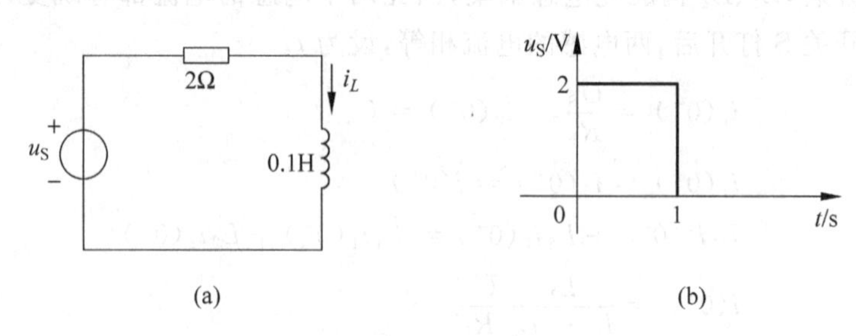

题 5.27 图

解 本题用于练习卷积积分的图形解法，请参阅第 5 章论题 14 的讨论。

单位冲激响应 $h_{i_L}(t)=10\mathrm{e}^{-20t}\varepsilon(t)$，其波形如题 5.27 解图所示。

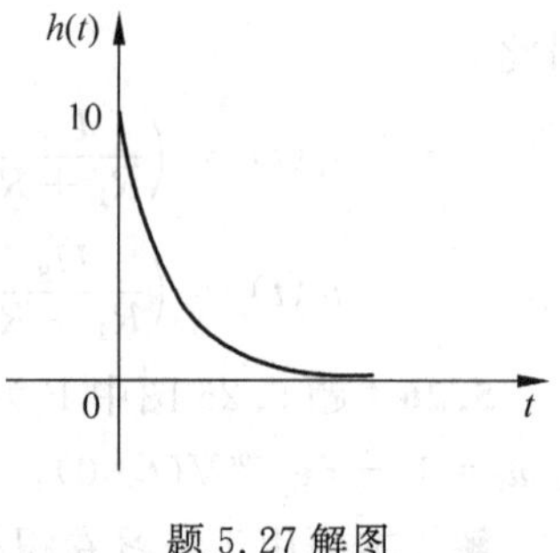

题 5.27 解图

用卷积积分求电感电流的零状态响应：

当 $0<t\leqslant 1\mathrm{s}$ 时

$$\int_0^t 2\times 10\mathrm{e}^{-20(t-\tau)}\mathrm{d}\tau = 20\mathrm{e}^{-20t}\int_0^t \mathrm{e}^{20\tau}\mathrm{d}\tau = \mathrm{e}^{-20t}\times \mathrm{e}^{20\tau}\Big|_0^t$$
$$= 1-\mathrm{e}^{-20t}$$

当 $t>1\mathrm{s}$ 时

$$\int_0^1 2\times 10\mathrm{e}^{-20(t-\tau)}\mathrm{d}\tau = \mathrm{e}^{-20t}\times \mathrm{e}^{20\tau}\Big|_0^1 = \mathrm{e}^{-20(t-1)} - \mathrm{e}^{-20t}$$

又零输入响应为 $i_{Lzi}=2\mathrm{e}^{-20t} \quad (t\geqslant 0)$

因此，全响应为

$$i_L = \begin{cases} 1+\mathrm{e}^{-20t}, & 0<t\leqslant 1\mathrm{s} \\ \mathrm{e}^{-20(t-1)}+\mathrm{e}^{-20t}, & t>1\mathrm{s} \end{cases}$$

5.28 判断题 5.28 图所示电路的过渡过程性质，若振荡则求出衰减系数 α 及有阻尼衰减振荡角频率 ω_d。

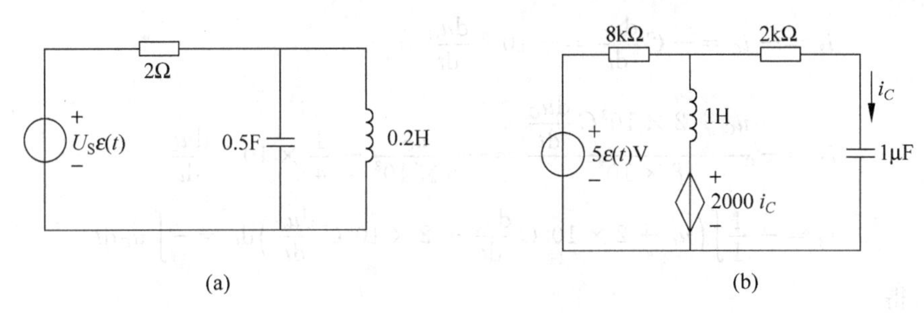

题 5.28 图

解 本题用于练习二阶电路的求解,请参阅第 5 章论题 7 的讨论。

外加激励对电路响应性质没有影响,因此可将电路中所有独立源移去再列写方程。

(1) 对于题 5.28 图(a)所示电路,将独立电压源短路,列方程:

$$\frac{u_C}{2}+0.5\frac{\mathrm{d}u_C}{\mathrm{d}t}+\frac{1}{0.2}\int u_C\mathrm{d}t=0$$

整理得

$$0.1\frac{\mathrm{d}^2u_C}{\mathrm{d}t^2}+0.1\frac{\mathrm{d}u_C}{\mathrm{d}t}+u_C=0$$

特征方程

$$p^2+p+10=0\Rightarrow\Delta=1-4\times10<0,\alpha=0.5(\text{衰减系数})$$

因此系统欠阻尼,衰减振荡。

解特征方程得

$$p_{1,2}=-\frac{1}{2}\pm\mathrm{j}\frac{\sqrt{39}}{2}$$

阻尼振荡角频率 $\omega_d=\frac{\sqrt{39}}{2}=3.12\mathrm{rad/s}$。

(2) 对于题 5.28 图(b)所示电路,将独立电压源短路,如题 5.28 解图所示。

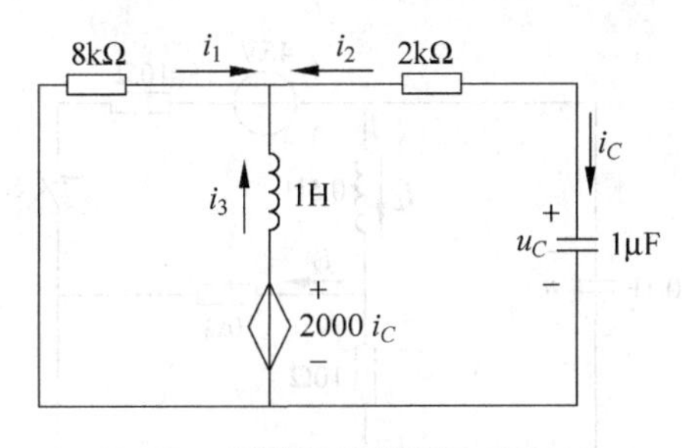

题 5.28 解图

$$i_2=-i_C=-C\frac{du_C}{dt}=-10^{-6}\frac{du_C}{dt}$$

$$i_1=-\frac{u_C+2\times10^3C\dfrac{du_C}{dt}}{8\times10^3}=-\frac{u_C}{8\times10^3}-\frac{1}{4}\times10^{-6}\frac{du_C}{dt}$$

$$i_3=-\frac{1}{1}\int\left(u_C+2\times10^3C\frac{du_C}{dt}-2\times10^3C\frac{du_C}{dt}\right)dt=-\int u_C dt$$

由 KCL,得

$$i_1+i_2+i_3=0$$

$$10^{-6}\frac{du_C}{dt}+\frac{u_C}{8\times10^3}+\frac{1}{4}\times10^{-6}\frac{du_C}{dt}+\int u_C dt=0$$

$$10^{-6}\frac{d^2u_C}{dt^2}+\frac{1}{8\times10^3}\frac{du_C}{dt}+\frac{1}{4}\times10^{-6}\frac{d^2u_C}{dt^2}+u_C=0$$

$$1.25\frac{d^2u_C}{dt^2}+125\frac{du_C}{dt}+10^6u_C=0$$

特征方程

$$1.25p^2+125p+10^6=0$$

$$p^2+100p+8\times10^5=0$$

$$\Delta=10^4-4\times8\times10^5<0$$

因此系统欠阻尼,衰减振荡。

由特征方程得

$$p_{1,2}=-50\pm j\sqrt{319\times10^4}$$

$$\alpha=50$$

$$\omega_d=\sqrt{319\times10^4}=1786(\text{rad/s})$$

5.29 题 5.29 图所示电路,已知 $u_C(0^-)=8V$,$i_L(0^-)=2A$,$t=0$ 时闭合开关 S。求 $u_C(t)$ 和 $i_2(t)$,并定性画出其变化曲线。

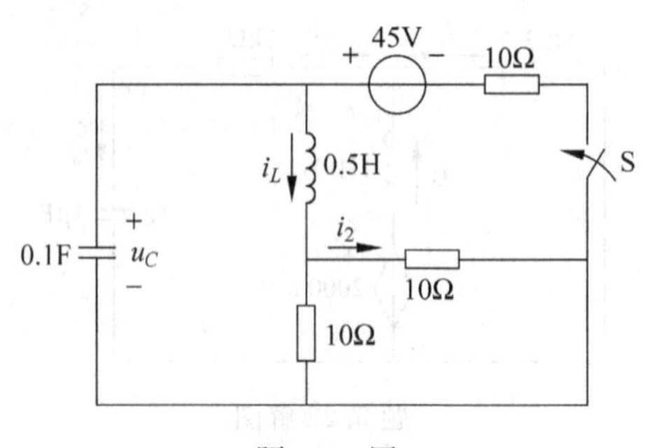

题 5.29 图

解 本题用于练习二阶电路的求解，同时复习换路定律。

由已知条件，根据换路定律得

$$u_C(0^+)=8\text{V},\quad i_L(0^+)=2\text{A}$$

0^+ 时刻等效电路如题 5.29 解图(a)所示。可求得

$$i_2(0^+)=1\text{A}$$

到达稳态时，电容相当于开路，电感相当于短路，有

$$u_C(\infty)=\frac{45}{10+10\mathbin{/\!/}10}\times(10\mathbin{/\!/}10)=15(\text{V})$$

$$i_2(\infty)=\frac{45}{10+10\mathbin{/\!/}10}\times\frac{10}{10+10}=1.5(\text{A})$$

再求待求量一阶导数的初值：

$$\left.\frac{\mathrm{d}u_C}{\mathrm{d}t}\right|_{0^+}=\frac{1}{C}i_C(0^+)=\frac{3.7-2}{0.1}=17(\text{V/s})$$

$$\left.\frac{\mathrm{d}i_2}{\mathrm{d}t}\right|_{0^+}=\frac{1}{2}\left.\frac{\mathrm{d}i_L}{\mathrm{d}t}\right|_{0^+}=\frac{1}{2L}u_L(0^+)=\frac{1}{2\times0.5}\times(8-10)=-2(\text{A/s})$$

将所有独立源移去，电路如题 5.29 解图(b)所示，列写方程：

$$C\frac{\mathrm{d}u_C}{\mathrm{d}t}+\frac{u_C}{10}+i_L=0$$

$$L\frac{\mathrm{d}i_L}{\mathrm{d}t}+5i_L=u_C$$

整理得

$$LC\frac{\mathrm{d}^2i_L}{\mathrm{d}t^2}+\left(5C+\frac{L}{10}\right)\frac{\mathrm{d}i_L}{\mathrm{d}t}+1.5i_L=0$$

代入参数，得特征方程为

$$p^2+11p+30=0$$

解得特征根 $p_1=-5,p_2=-6$。因此，

$$u_C(t)=15+A_1\mathrm{e}^{-5t}+A_2\mathrm{e}^{-6t}$$

$$i_2(t)=1.5+B_1\mathrm{e}^{-5t}+B_2\mathrm{e}^{-6t}$$

利用前面已经求出的待求量及其一阶导数的初值，得

$$\begin{cases}15+A_1+A_2=8\\-5A_1-6A_2=17\end{cases}\Rightarrow\begin{cases}A_1=-25\\A_2=18\end{cases}$$

$$u_C(t)=15-25\mathrm{e}^{-5t}+18\mathrm{e}^{-6t}\quad(t\geqslant0^+)$$

$$\begin{cases}1.5+B_1+B_2=1\\-5B_1-6B_2=-2\end{cases}\Rightarrow\begin{cases}B_1=-5\\B_2=4.5\end{cases}$$

$$i_2(t)=1.5-5\mathrm{e}^{-5t}+4.5\mathrm{e}^{-6t}\quad(t\geqslant0^+)$$

$u_C(t)$和 $i_2(t)$的变化曲线如题 5.29 图(c)和(d)所示。

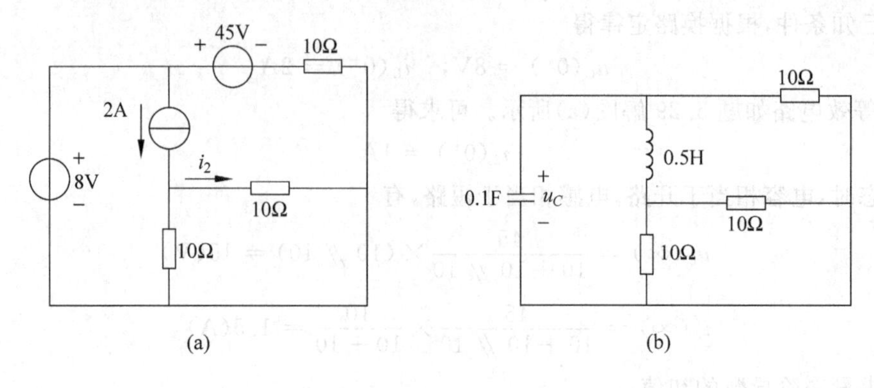

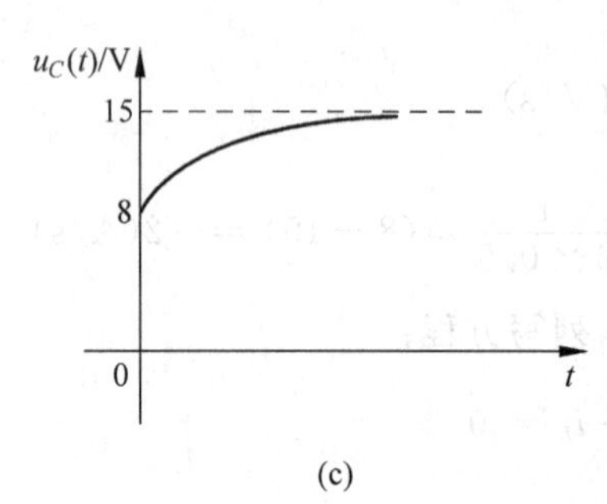

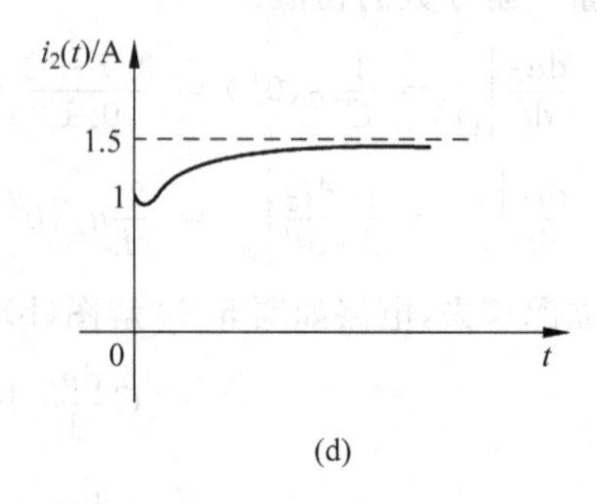

题 5.29 解图

5.30 题 5.30 图所示电路中,已知电容初始储能为 0.08J。$t=0$ 时闭合开关 S,电容电压的响应为 $u_C=40\mathrm{e}^{-100t}\cos 400t\mathrm{V}$。求 R,L,C 和 $i(t)$。

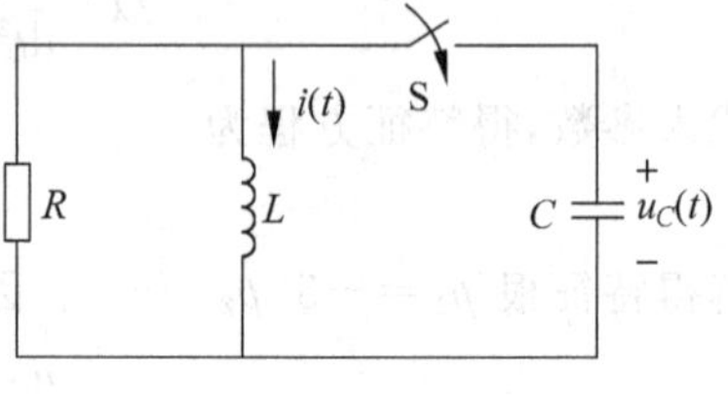

题 5.30 图

解 本题用于练习根据二阶电路的响应性质求电路中的元件参数。

$$u_C(0^+)=40\cos 0^\circ=40\mathrm{V}=u_C(0^-)$$

$$0.5Cu_C^2(0^-)=0.08\mathrm{J}$$

$$C=\frac{2\times 0.08}{u_C^2(0^-)}=100(\mu\mathrm{F})$$

因此,

$$C\frac{\mathrm{d}u_C}{\mathrm{d}t}+\frac{u_C}{R}+\frac{1}{L}\int u_C\mathrm{d}t=0$$

整理得

$$LC\frac{\mathrm{d}^2u_C}{\mathrm{d}t^2}+\frac{L}{R}\frac{\mathrm{d}u_C}{\mathrm{d}t}+u_C=0$$

特征方程为

$$LCp^2 + \frac{L}{R}p + 1 = 0$$

$$\alpha = \frac{L/R}{2LC} = \frac{1}{2RC} = 100$$

可求得　$R=50\Omega$

又　$\omega_d = 400$

$$\frac{\sqrt{\left(\frac{L}{R}\right)^2 - 4LC}}{2LC} = \mathrm{j}400$$

因此可求得　$L = \frac{1}{17} = 0.0508\mathrm{H} = 58.8\mathrm{mH}$

代入特征方程

$$\frac{10^{-4}}{17}p^2 + \frac{1}{50\times 17}p + 1 = 0$$

可求得　$p = -100 \pm \mathrm{j}400$

验证了 u_C。

$$i(t) = -C\frac{\mathrm{d}u_C}{\mathrm{d}t} + \frac{u_C}{R}$$
$$= -0.4\mathrm{e}^{-100t}\cos 400t + 1.6\mathrm{e}^{-100t}\sin 400t(\mathrm{A})$$

5.31　电路如题 5.31 图所示，求下列三种情况下 $i_L(t)$ 的零状态响应：(1)$C=\frac{1}{6}$F；(2)$C=\frac{3}{8}$F；(3)$C=\frac{1}{2}$F。

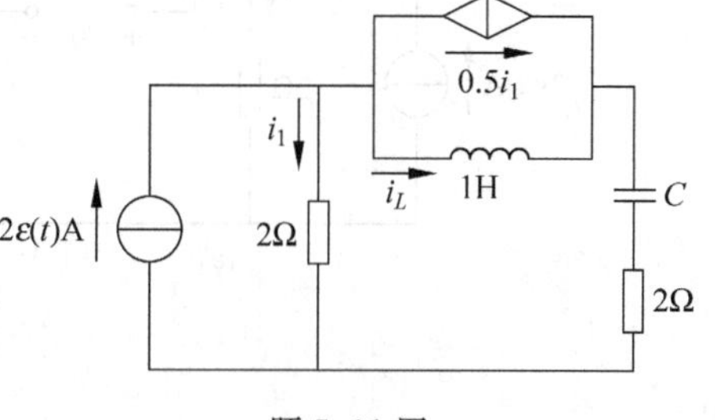

题 5.31 图

解　本题用于练习二阶电路的求解。元件参数的改变会改变二阶电路的响应性质。下面的求解采用直觉解法，请参阅第 5 章论题 7 的讨论。

对于零状态响应，有 $i_L(0^+) = i_L(0^-) = 0$，0^+ 时刻电路如题 5.31 解图(a)所示。

$$2 = i_1(0^+) + 0.5i_1(0^+)$$

解得　$i_1(0^+) = \frac{4}{3}\mathrm{A}$

$$2i_1(0^+) = u_L(0^+) + 0.5i_1(0^+) \times 2$$

可解得　$u_L(0^+) = i_1(0^+) = \frac{4}{3}\mathrm{V}$

$$\left.\frac{\mathrm{d}i_L}{\mathrm{d}t}\right|_{0^+} = \frac{1}{L}u_L(0^+) = \frac{4}{3}\mathrm{A/s}$$

$$i_L(\infty) = -0.5i_S = -0.5\times 2 = -1(\mathrm{A})$$

去掉独立源 i_S，电路如题 5.31 解图(b)所示。列方程：

$$i_L = -1.5i_1 \Rightarrow i_1 = -\frac{2}{3}i_L$$

由 KVL，得

$$2i_1 = L\frac{\mathrm{d}i_L}{\mathrm{d}t} + u_C + 2(0.5i_1 + i_L)$$

由 KCL，得

$$C\frac{\mathrm{d}u_C}{\mathrm{d}t} = 0.5i_1 + i_L = \frac{2}{3}i_L$$

整理得

$$u_C = \frac{2}{3C}\int i_L\mathrm{d}t$$

代入 KVL 方程，得

$$-\frac{4}{3}i_L = \frac{\mathrm{d}i_L}{\mathrm{d}t} + \frac{2}{3C}\int i_L\mathrm{d}t + \frac{4}{3}i_L$$

$$\frac{\mathrm{d}^2 i_L}{\mathrm{d}t^2} + \frac{8}{3}\frac{\mathrm{d}i_L}{\mathrm{d}t} + \frac{2}{3C}i_L = 0$$

$$3p^2 + 8p + \frac{2}{C} = 0$$

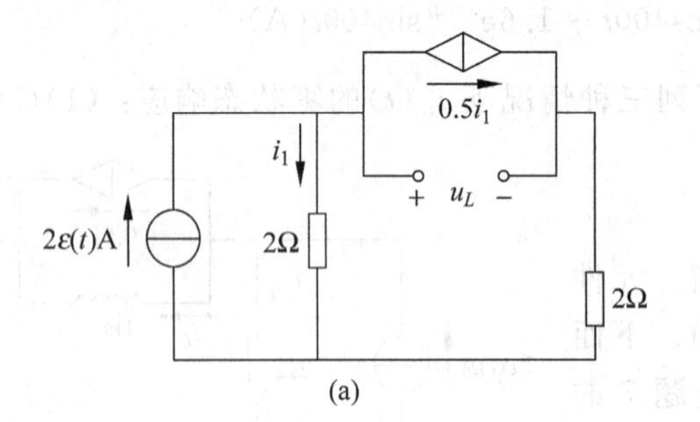

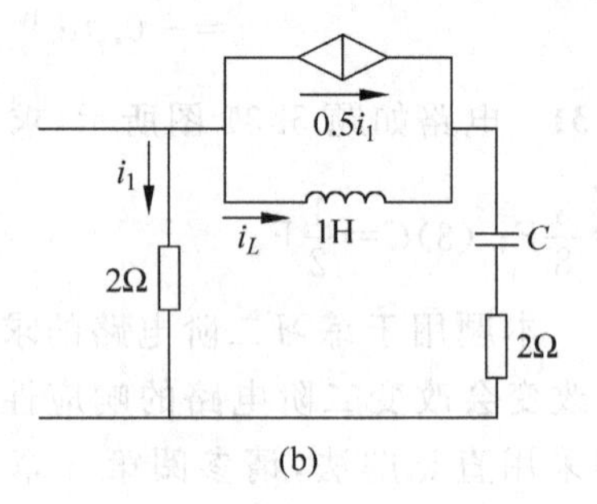

题 5.31 解图

(1) $C=\frac{1}{6}\mathrm{F}$

$$\Delta = 8^2 - 4\times 3\times 12 = -80，欠阻尼$$

$$p = -1.33 \pm \mathrm{j}1.49$$

$$i_L(t) = k\mathrm{e}^{-1.33t}\sin(1.49t+\varphi) - 1$$

$$\begin{cases} k\sin\varphi - 1 = 0 \\ 1.49k\cos\varphi - 1.33k\sin\varphi = 1.33 \end{cases} \quad 解得 \quad \begin{cases} k = 2.05 \\ \varphi = 29.3^\circ \end{cases}$$

因此

$$i_L(t) = 2.05\mathrm{e}^{-1.33t}\sin(1.49t + 29.3^\circ) - 1(\mathrm{A}) \quad (t \geqslant 0^+)$$

(2) $C=\frac{3}{8}$F

$$\Delta = 8^2 - 4\times 3\times \frac{16}{3} = 0\text{，临界阻尼}$$

$$p_{1,2} = -1.33$$

$$i_L(t) = (A_1 + A_2 t)\mathrm{e}^{-1.33t} - 1$$

$$\begin{cases} A_1 - 1 = 0 \\ -1.33A_1 + A_2 = 1.33 \end{cases} \quad \text{解得} \quad \begin{cases} A_1 = 1 \\ A_2 = 2.67 \end{cases}$$

因此

$$i_L(t) = (1 + 2.67t)\mathrm{e}^{-1.33t} - 1(\mathrm{A}) \quad (t \geqslant 0^+)$$

(3) $C=\frac{1}{2}$F

$$\Delta = 8^2 - 4\times 3\times 4 = 16\text{，过阻尼}$$

$$p_1 = -\frac{2}{3}, p_1 = -2$$

$$i_L(t) = A_1\mathrm{e}^{-\frac{2}{3}t} + A_2\mathrm{e}^{-2t} - 1$$

$$\begin{cases} A_1 + A_2 - 1 = 0 \\ -\frac{2}{3}A_1 - 2A_2 = \frac{4}{3} \end{cases} \quad \text{解得} \quad \begin{cases} A_1 = 2.5 \\ A_2 = -1.5 \end{cases}$$

因此

$$i_L(t) = 2.5\mathrm{e}^{-\frac{2}{3}t} - 1.5\mathrm{e}^{-2t} - 1(\mathrm{A}) \quad (t \geqslant 0^+)$$

5.32 题5.32图所示电路中，$u_C(0^-)=4\mathrm{V}, i_L(0^-)=1\mathrm{A}, u_S(t)=5\delta(t)\mathrm{V}$。求 $u_C(t)$。

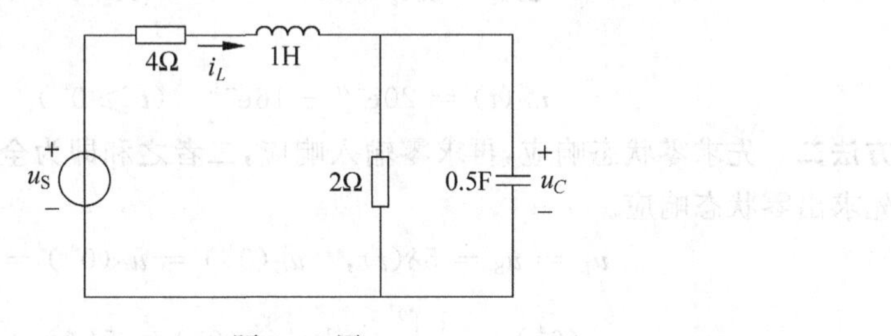

题5.32图

解 本题用于练习冲激激励作用下的二阶电路。电路初值的求解与冲激激励作用下的一阶电路求解类似，请参阅第5章论题9的讨论。

方法一 直接求全响应。

$$i_L = C\frac{\mathrm{d}u_C}{\mathrm{d}t} + \frac{u_C}{2}$$

$$u_S = 4i_L + L\frac{di_L}{dt} + u_C = 4C\frac{du_C}{dt} + 2u_C + C\frac{d^2u_C}{dt} + \frac{1}{2}\frac{du_C}{dt} + u_C$$

代入元件参数，得

$$u_S = 0.5\frac{d^2u_C}{dt^2} + 2.5\frac{du_C}{dt} + 3u_C$$

对上式从 $0^- \to 0^+$ 积分，有

$$5 = 0.5\left(\left.\frac{du_C}{dt}\right|_{0^+} - \left.\frac{du_C}{dt}\right|_{0^-}\right)$$ （因为 u_C 和 $\frac{du_C}{dt}$ 中都不可能含有冲激，因此积分为 0）

又 $$\left.\frac{du_C}{dt}\right|_{0^-} = \frac{1}{C}i_C(0^-) = \frac{1}{0.5}\left(i_L(0^-) - \frac{u_C(0^-)}{2}\right) = 2\times\left(1-\frac{4}{2}\right) = -2(\text{V/s})$$

由此可得

$$\left.\frac{du_C}{dt}\right|_{0^+} = 10 + \left.\frac{du_C}{dt}\right|_{0^-} = 8(\text{V/s})$$

$$u_C(0^+) = u_C(0^-) = 4\text{V}$$

$$u_C(\infty) = 0$$

特征方程

$$0.5p^2 + 2.5p + 3 = 0$$

$$p_1 = -2, \quad p_1 = -3$$

所以

$$u_C(t) = A_1e^{-2t} + A_2e^{-3t}$$

$$\begin{cases} A_1 + A_2 = 4 \\ -2A_1 - 3A_2 = 8 \end{cases} \quad \text{解得} \quad \begin{cases} A_1 = 20 \\ A_2 = -16 \end{cases}$$

故

$$u_C(t) = 20e^{-2t} - 16e^{-3t} \quad (t \geqslant 0^+)$$

方法二 先求零状态响应，再求零输入响应，二者之和即为全响应。

先求出零状态响应。

$$u_L = u_S = 5\delta(t), \quad u_C(0^+) = u_C(0^+) = 0$$

$$i_L(0^+) = \frac{1}{L}\int_{0^-}^{0^+} u_L\,dt + i_L(0^-) = 5(\text{A})$$

所以

$$\left.\frac{du_C}{dt}\right|_{0^+} = \frac{1}{C}i_C(0^+) = \frac{1}{0.5}\left(i_L(0^+) - \frac{u_C(0^+)}{2}\right) = 10(\text{V/s})$$

$$u_{Czs} = A_1e^{-2t} + A_2e^{-3t}$$

$$\begin{cases} A_1 + A_2 = 0 \\ -2A_1 - 3A_2 = 10 \end{cases} \quad \text{解得} \quad \begin{cases} A_1 = 10 \\ A_2 = -10 \end{cases}$$

故

$$u_{Czs}(t) = 10e^{-2t} - 10e^{-3t}\text{V} \quad (t \geqslant 0^+)$$

再求零输入响应。

$$u_C(0^+) = u_C(0^-) = 4\text{V}$$

$$\left.\frac{du_C}{dt}\right|_{0^+} = \frac{1}{C}i_C(0^+) = \frac{1}{0.5}\left(i_L(0^+) - \frac{u_C(0^+)}{2}\right) = \frac{1}{0.5}\left(1 - \frac{4}{2}\right) = -2(\text{V/s})$$

$$u_{Czi} = A_1 e^{-2t} + A_2 e^{-3t}$$

$$\begin{cases} A_1 + A_2 = 4 \\ -2A_1 - 3A_2 = -2 \end{cases} \quad 解得 \quad \begin{cases} A_1 = 10 \\ A_2 = -6 \end{cases}$$

故

$$u_{Czi}(t) = 10e^{-2t} - 6e^{-3t}\text{V} \quad (t \geqslant 0^+)$$

最后得

$$u_C(t) = 20e^{-2t} - 16e^{-3t}\text{V} \quad (t \geqslant 0^+)$$

方法三 直接利用第5章论题9中介绍的简便方法求电路的初始值。在冲激激励作用期间即 $0^- \sim 0^+$ 期间，电容看做短路，电感看做开路，原电路的等效电路如题5.32解图所示。

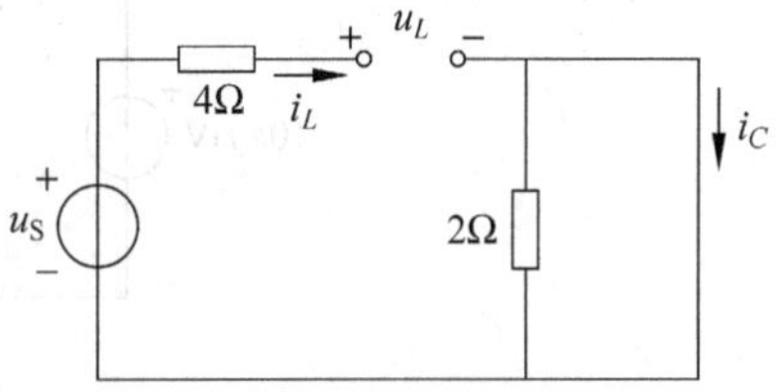

题5.32解图

由此可知：在 $0^- \sim 0^+$ 期间，$u_L = u_S = 5\delta(t)$，$i_C = 0$。因此

$$u_C(0^+) = u_C(0^-) = 4\text{V}$$

$$i_L(0^+) = i_L(0^-) + \frac{1}{L}\int_{0^-}^{0^+} u_L \, dt = 6\text{A}$$

再根据 0^+ 时刻的等效电路(原电路中，电容用电压源替代，电感用电流源替代)，有

$$\left.\frac{du_C}{dt}\right|_{0^+} = \frac{1}{C}i_C(0^+) = \frac{1}{0.5}\left(i_L(0^+) - \frac{u_C(0^+)}{2}\right) = \frac{1}{0.5}\left(6 - \frac{4}{2}\right) = 8(\text{V/s})$$

此后的求解过程与方法一相同，这里不再赘述。

5.33 若题5.32中的电压源 u_S 的波形如题5.33图所示。试用卷积积分求 $u_C(t)$。

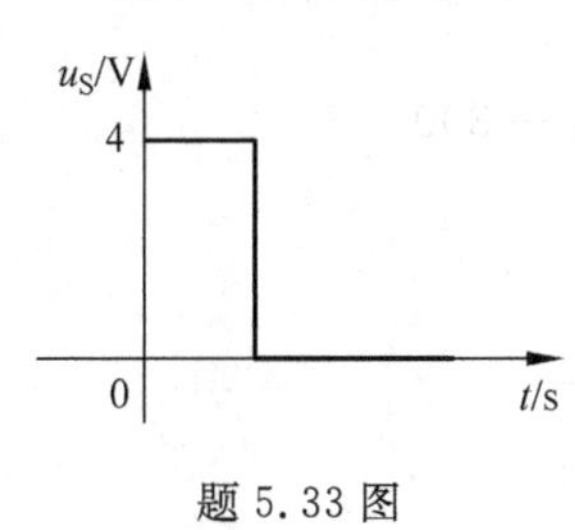

题5.33图

解 本题用于练习卷积积分的图形解法，重点在确定卷积积分的上、下限。本题电压源可表示为

$$u_S = \varepsilon(t) - \varepsilon(t-1)$$

由题5.32求解方法二可知电容电压的单位冲激响应为

$$h(t) = 2(e^{-2t} - e^{-3t})\varepsilon(t)$$

因此在 $u_S = \varepsilon(t) - \varepsilon(t-1)$ 作用下电容电压的零状态响应为(卷积积分)

当 $0 < t \leqslant 1\text{s}$ 时

$$u_{Czs}=8\int_0^t(\mathrm{e}^{-2t}-\mathrm{e}^{-3t})\mathrm{d}\tau=-4\mathrm{e}^{-2\tau}\Big|_0^t+\frac{8}{3}\mathrm{e}^{-3\tau}\Big|_0^t=-4\mathrm{e}^{-2t}+\frac{8}{3}\mathrm{e}^{-3t}+\frac{4}{3}(\mathrm{V})$$

当 $t\geqslant 1\mathrm{s}$ 时

$$u_{Czs}=8\int_{t-1}^t(\mathrm{e}^{-2t}-\mathrm{e}^{-3t})\mathrm{d}\tau=-4\mathrm{e}^{-2\tau}\Big|_{t-1}^t+\frac{8}{3}\mathrm{e}^{-3\tau}\Big|_{t-1}^t$$
$$=-4(\mathrm{e}^{-2t}-\mathrm{e}^{-2(t-1)})+\frac{8}{3}(\mathrm{e}^{-3t}-\mathrm{e}^{-3(t-1)})(\mathrm{V})$$

由题 5.32 求解方法二可知电路的零输入响应为

$$u_{Czi}=10\mathrm{e}^{-2t}-6\mathrm{e}^{-3t}\mathrm{V}\quad(t\geqslant 0)$$

因此全响应为

$$u_C=\begin{cases}6\mathrm{e}^{-2t}-3.33\mathrm{e}^{-3t}+1.33(\mathrm{V}), & 0<t\leqslant 1\mathrm{s}\\ 35.56\mathrm{e}^{-2t}-56.89\mathrm{e}^{-3t}(\mathrm{V}), & t\geqslant 1\mathrm{s}\end{cases}$$

5.34 列写题 5.34 图所示电路状态方程。

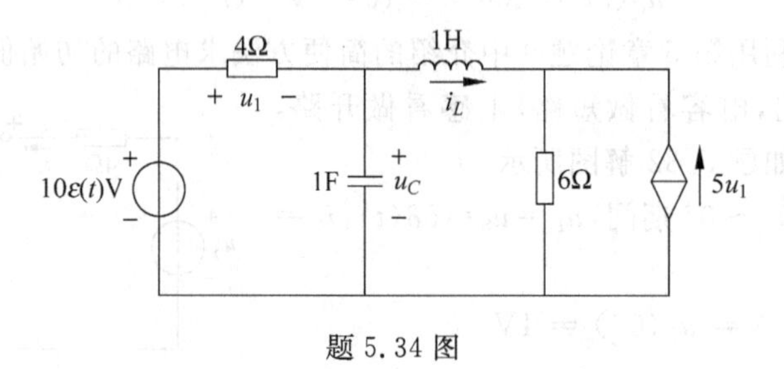

题 5.34 图

解 本题用于练习用直观法列写高阶电路的状态方程。尽管状态变量的选择不唯一，但一般都以电容电压和电感电流为状态变量列写状态方程。

以 u_C 和 i_L 为状态变量，列写状态方程如下：

$$\begin{cases}\dfrac{\mathrm{d}u_C}{\mathrm{d}t}=\dfrac{10-u_C}{4}-i_L=-0.25u_C-i_L+2.5\\ \dfrac{\mathrm{d}i_L}{\mathrm{d}t}=u_C-6(i_L+5(10-u_C))=31u_C-6i_L-300\end{cases}$$

写成矩阵形式

$$\begin{bmatrix}\dfrac{\mathrm{d}u_C}{\mathrm{d}t}\\ \dfrac{\mathrm{d}i_L}{\mathrm{d}t}\end{bmatrix}=\begin{bmatrix}-0.25 & -1\\ 31 & -6\end{bmatrix}\begin{bmatrix}u_C\\ i_L\end{bmatrix}+\begin{bmatrix}2.5\\ -300\end{bmatrix}$$

5.35 用叠加法列写题 5.35 图所示电路的状态方程，并写出输出方程（输出量为图中的 u_1，u_2 和 u_3）。

解 本题用于练习用叠加法列写高阶电路的状态方程。

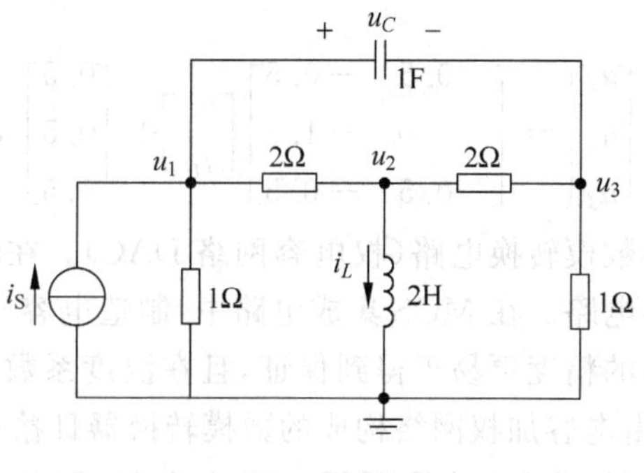

题 5.35 图

以 u_C 和 i_L 为状态变量，列写状态方程。

将电容用电压源替代，电感用电流源替代，得到原电路的等效电路，如题 5.35 解图所示。

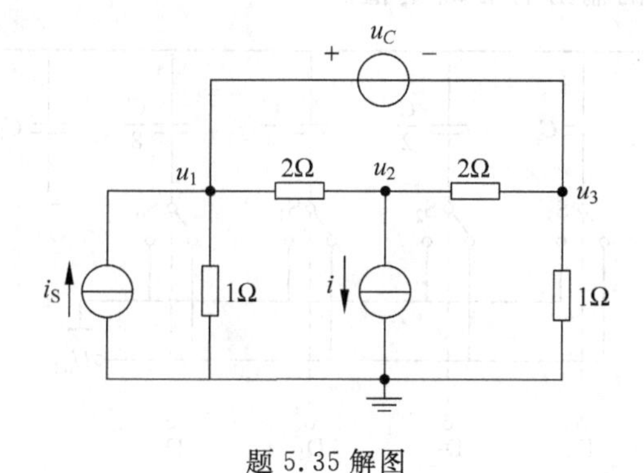

题 5.35 解图

用电容电压 u_C、电感电流 i_L 和电流源 i_S 表示电容电流 $C\dfrac{du_C}{dt}$、电感电压 $L\dfrac{di_L}{dt}$ 以及输出量 u_1、u_2、u_3：

	u_C	i_L	i_S
$\dfrac{du_C}{dt}$	$-\dfrac{3}{4}$	0	$\dfrac{1}{2}$
$2\dfrac{di_L}{dt}$	0	$-\dfrac{3}{2}$	$\dfrac{1}{2}$

	u_C	i_L	i_S
u_1	0.5	−0.5	0.5
u_2	0	−1.5	0.5
u_3	−0.5	−0.5	0.5

因此，状态方程为

$$\begin{bmatrix}\dfrac{du_C}{dt}\\\dfrac{di_L}{dt}\end{bmatrix}=\begin{bmatrix}-0.75 & 0\\0 & -0.75\end{bmatrix}\begin{bmatrix}u_C\\i_L\end{bmatrix}+\begin{bmatrix}0.5\\0.25\end{bmatrix}i_S$$

输出方程为

$$\begin{bmatrix}u_1\\u_2\\u_3\end{bmatrix}=\begin{bmatrix}0.5 & -0.5\\0 & -1.5\\-0.5 & -0.5\end{bmatrix}\begin{bmatrix}u_C\\i_L\end{bmatrix}+\begin{bmatrix}0.5\\0.5\\0.5\end{bmatrix}i_S$$

5.36 由电容构成的数模转换电路(权电容网络 DAC)。在教材例 3.4.3 中介绍了一种由电阻构成的数模转换电路。在 MOS 集成电路中,制造电容比电阻更节省芯片面积,电容阵列的精度比电阻网络的精度更易于得到保证,且在温度系数、电压系数、功耗等方面也都优于电阻网络。因此,由电容加权网络构成的数模转换器日益受到重视,得到了广泛的应用。题 5.36 图是权电容网络 DAC 的原理图。工作之前,开关 S′闭合,其余各位开关接地,以消除各电容上的剩余电荷。工作时,开关 S′打开,各位开关按照其对应的输入数字量进行动作:数字量为 1 时,开关接基准电压 U_{ref};数字量为 0 时,开关接地。求用数字量 $\mathrm{D}_i(i=0,1,2,3)$表示的输出电压 u_o 的值。

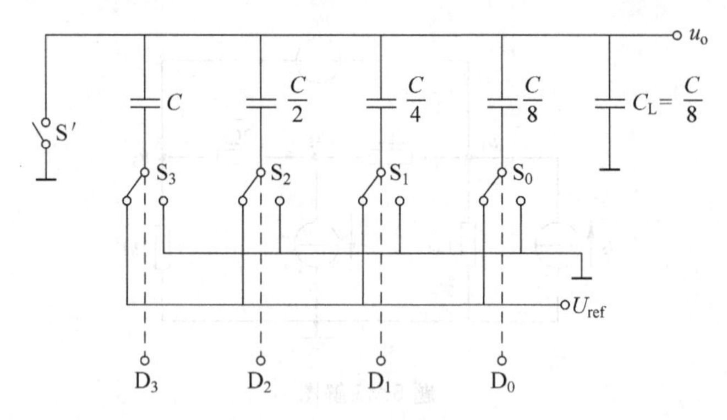

题 5.36 图 权电容网络 DAC

解 本题用于练习电容的串、并联等效化简以及电容的分压关系。通过一个具体实例体现电容在数字电路中的应用。

工作之前,开关 S′闭合,其余各位开关接地,输出电压 $u_o=0$。

工作时,根据电容 C_1 与其他电容的分压关系(注意电容分压与电阻分压的不同),可以计算出输出电压,以 $\mathrm{D_1D_2D_3D_4}=1011$ 为例,分压电路如题 5.36 解图。

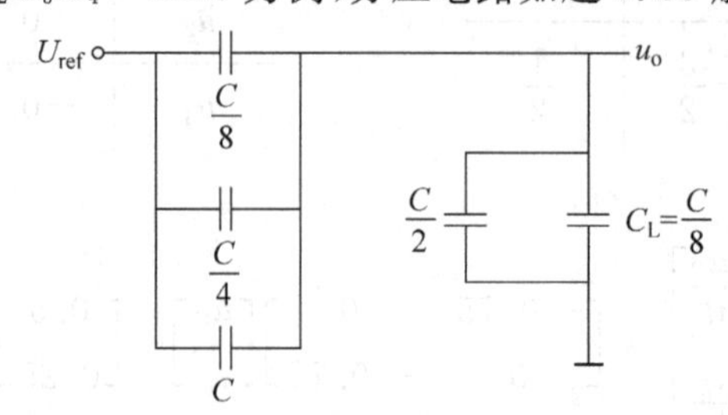

题 5.36 解图

输出电压

$$u_o = \frac{C + \frac{C}{4} + \frac{C}{8}}{C + \frac{C}{4} + \frac{C}{8} + \frac{C}{2} + \frac{C}{8}} U_{ref} = \frac{11}{16} U_{ref}$$

其他输入组合可做类似分析,因此输出电压

$$u_o = \frac{U_{ref}}{2^4} \sum_{i=0}^{3} D_i \times 2^i$$

通过前面的讨论可以看出,题 5.36 图所示电路利用电容网络实现了数模转换。请与题 2.42 图所示电路进行比较,分析两种电路的特点和优劣。

第6章习题解答

6.1 $u_1=100\sin(314t)\text{V}$，$u_2=100\sin(3\times314t)\text{V}$，在同一幅图中画出 u_1、u_2 和 u_1+u_2。

解 本题用于复习正弦量的三要素，画图略。

6.2 证明两个同频率的正弦电压源之和的有效值不大于这两个电压源有效值之和。

解 本题用于复习相量与正弦量的对应关系以及相量图的画法，数学本质即为证明三角形的两边之和大于第三边，特殊情况——当两个同频正弦量又同相位时，它们的有效值之和等于和的有效值。具体证明过程略。

6.3 电阻 $R=10\Omega$ 和电感 $L=100\text{mH}$ 串联，电源频率 $f=50\text{Hz}$，求该串联支路的入端阻抗 Z，入端导纳 Y 和功率因数。

解 本题用于复习阻抗、导纳和功率因数的基本概念。

$$\omega L=2\pi fL=2\pi\times50\times0.1=31.42(\Omega)$$

$$Z=10+\text{j}31.42\Omega$$

$$Y=\frac{1}{Z}=0.03\angle-72.3^\circ=9.2\times10^{-3}-\text{j}0.029(\text{S})$$

$$\varphi=72.3^\circ\Rightarrow\cos\varphi=0.303$$

6.4 求题6.4图所示电路的入端阻抗。

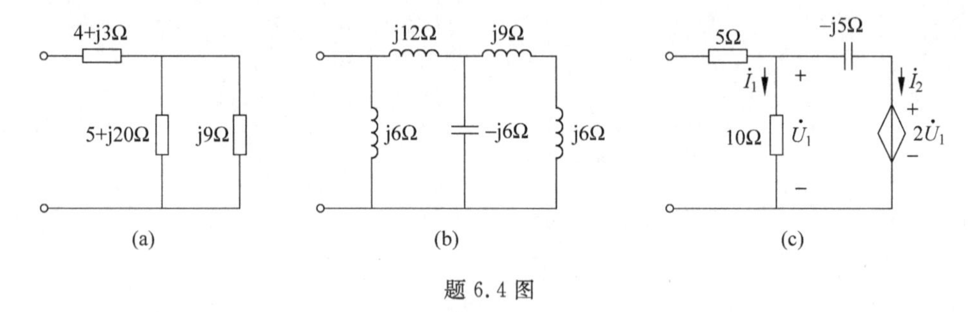

题6.4图

解 本题用于练习阻抗的串、并联等效变换。

(1) 对于题6.4图(a)所示电路

$$Z=4+\text{j}3+(5+\text{j}20)\,/\!/\,\text{j}9=4+\text{j}3+\frac{(5+\text{j}20)\times\text{j}9}{5+\text{j}20+\text{j}9}=4.47+\text{j}9.29(\Omega)$$

(2) 对于题6.4图(b)所示电路

$$Z=\text{j}6\,/\!/\,(\text{j}12+(-\text{j}6)\,/\!/\,(\text{j}9+\text{j}6))=\text{j}6\,/\!/\,\left(\text{j}12+\frac{-\text{j}6\times\text{j}15}{-\text{j}6+\text{j}15}\right)=\text{j}6\,/\!/\,\text{j}2=\text{j}1.5(\Omega)$$

(3) 对于题 6.4 图(c)所示电路,用加压求流法求等效阻抗。设端口电压为 U_o,端口电流为 I_o,则

$$\dot{U}_o = 5\dot{I}_o + \dot{U}_1$$

又

$$\left.\begin{aligned} \dot{U}_1 &= 10\dot{I}_1 \\ \dot{U}_1 &= -\mathrm{j}5\dot{I}_2 + 2\dot{U}_1 \Rightarrow \dot{U}_1 = \mathrm{j}5\dot{I}_2 \\ \dot{I}_o &= \dot{I}_1 + \dot{I}_2 \end{aligned}\right\}$$

整理得

$$\dot{I}_1 = (0.2 + \mathrm{j}0.4)\dot{I}_o$$

因此

$$\dot{U}_1 = (2 + \mathrm{j}4)\dot{I}_o$$

则

$$\dot{U}_o = 5\dot{I}_o + (2 + \mathrm{j}4)\dot{I}_o$$

$$Z_{eq} = \frac{\dot{U}_o}{\dot{I}_o} = (7 + \mathrm{j}4)\Omega$$

6.5　题 6.5 图所示电路中 $U = 25\text{V}$,$U_1 = 20\text{V}$,$U_3 = 45\text{V}$。

(1) 求 U_2;

(2) 若 U 不变,电源频率增大为 2 倍,求 U_1、U_2、U_3。

解　本题用于练习相量图的画法和复习 RLC 三种基本元件各自的电压、电流的相位关系。画出相量图后,可以借助一些几何知识进行求解。

(1) 题 6.5 图所示电路的相量图如题 6.5 解图所示。根据几何关系有

$$U_1^2 + (U_3 - U_2)^2 = U^2$$

代入已知条件,得

$$20^2 + (45 - U_2)^2 = 25^2$$

解得

$$U_2 = 30\text{V 或 } 60\text{V}$$

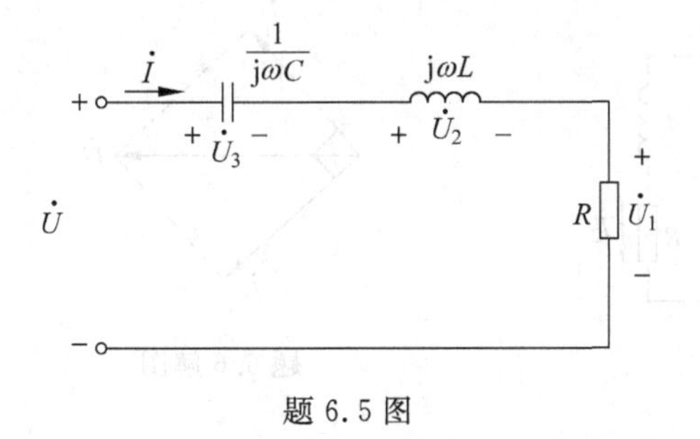

题 6.5 图

$\dot{U}_2$　$\dot{U}_3$　$\dot{U}$　$\dot{I}$　$\dot{U}_1$

题 6.5 解图

(2) 根据电压三角形和阻抗三角形相似,得

$$\frac{1}{\omega C} = \frac{U_3}{U_1}R = 2.25R,\quad \omega L = \frac{U_2}{U_1}R = 1.5R \text{ 或 } 3R$$

因此，$|Z|=1.25R$。

当电源频率增大为两倍时，

$$\frac{1}{2\omega C}=1.125R,\quad 2\omega L=3R\text{ 或 }6R$$

因此

$$|Z|'=\sqrt{R^2+\left(2\omega L-\frac{1}{2\omega C}\right)^2}=2.125R\text{ 或 }4.98R$$

再利用电压三角形和阻抗三角形相似，得

$$U_1=\frac{R}{|Z|'}U=11.76\text{V 或 }5.02\text{V}$$

$$U_2=\frac{2\omega L}{|Z|'}U=35.29\text{V 或 }30.12\text{V}$$

$$U_3=\frac{\frac{1}{2\omega C}}{|Z|'}U=13.24\text{V 或 }5.65\text{V}$$

6.6 在题 6.6 图所示电路中已知 $I_1=I_2$，为使 $|\psi_{i_1}-\psi_{i_2}|=\frac{\pi}{2}$，$R$、$L$、$C$ 之间应满足怎样的关系？

解 本题同样是用于练习相量图的画法。

以端口电压为参考相量，画相量图如题 6.6 解图所示。则

$$I_1=I_2\Rightarrow |Z_1|=|Z_2|$$

$$R^2+\left(\frac{1}{\omega C}\right)^2=R^2+(\omega L)^2$$

则

$$\frac{1}{\omega C}=\omega L$$

题 6.6 图

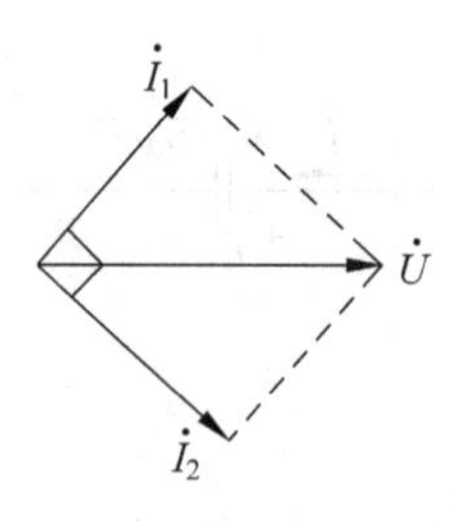

题 6.6 解图

又 $|\psi_{i_1}-\psi_{i_2}|=\frac{\pi}{2}$，由相量图可知

$$R=\frac{1}{\omega C}=\omega L$$

6.7 题 6.7 图所示电路中 $U=2\text{V}$，$R=X_L=-X_C$，求电压表读数。

解 本题仍然是用于练习相量图的画法。关键是参考相量的选择。

以端口电压为参考相量，画相量图如题 6.7 解图所示。

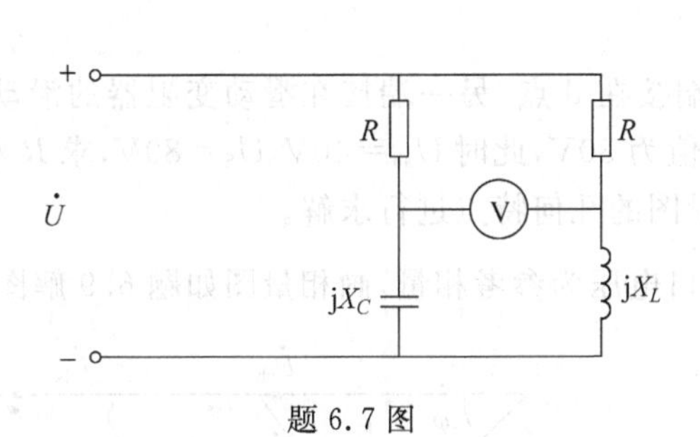

题 6.7 图

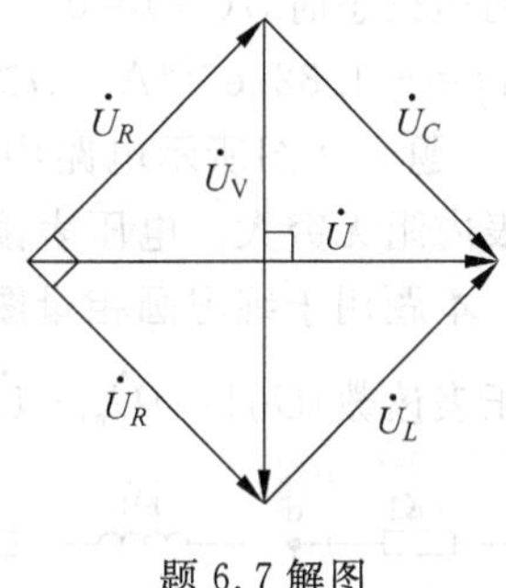

题 6.7 解图

由相量图易得

$$U_V = U = 2\text{V}$$

6.8 题 6.8 图所示电路中，$t=0$ 时闭合开关 S。换路时电路已经到达稳态。求 $i(t)(t>0)$。

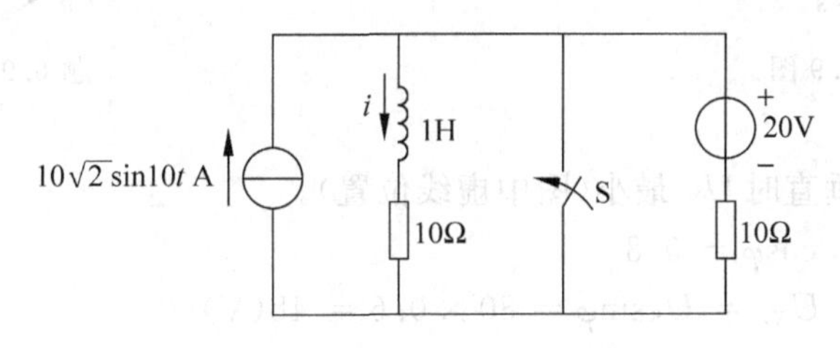

题 6.8 图

解 本题用于练习用相量法求正弦激励下电路的初始值，同时也复习三要素法。

首先利用叠加定理求电路的初始值。

20V 单独作用：

$$i_1 = \frac{20}{10+10} = 1(\text{A})$$

$10\sqrt{2}\sin 10t$ 单独作用：

$$\dot{I}_S = 10\angle 0°\text{A}, \quad \omega L = 10\times 1 = 10(\Omega)$$

$$\dot{I}_2 = \frac{10}{10+(10+\text{j}10)}\dot{I}_S = \frac{1}{2+\text{j}}10\angle 0° = 4.47\angle -26.57\angle°(\text{A})$$

$$i_2 = 4.47\sqrt{2}\sin(10t-26.57°)\text{A}$$

因此

$$i = i_1 + i_2 = 1 + 4.47\sqrt{2}\sin(10t-26.57°)\text{A}$$

$$i(0^+) = i(0^-) = 1 - 2.827 = -1.827(\text{A})$$

$t>0$ 时为零输入响应。

$$\tau = \frac{L}{R} = \frac{1}{10} = 0.1(\mathrm{s})$$

换路后到达稳态时，$i(\infty)=0$

因此，$i(t)=-1.827\mathrm{e}^{-10t}\mathrm{A}\quad(t>0)$

6.9 题6.9图所示电路中电压表一端接在d点，另一端接在滑动变阻器的滑动端b，设电压表内阻无穷大。电压表读数的最小值为30V，此时$U_{ab}=40\mathrm{V}$，$U_S=80\mathrm{V}$，求R和X_L。

解 本题用于练习画相量图，根据相量图的几何特点进行求解。

电压表读数$|\dot{U}_V|=|\dot{U}_{ad}-\dot{U}_{ab}|$。以端口电压为参考相量，画相量图如题6.9解图所示。

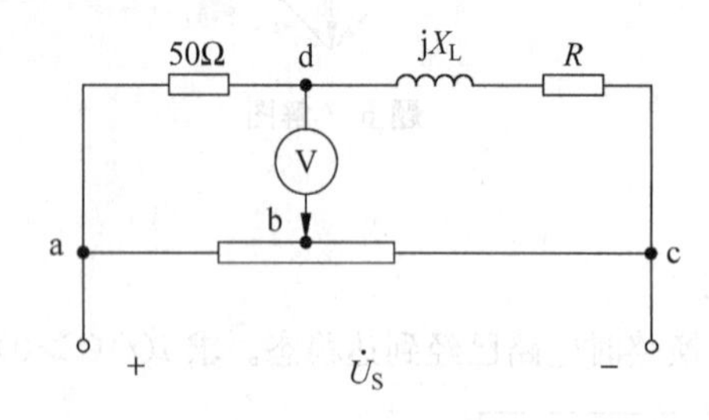

题6.9图

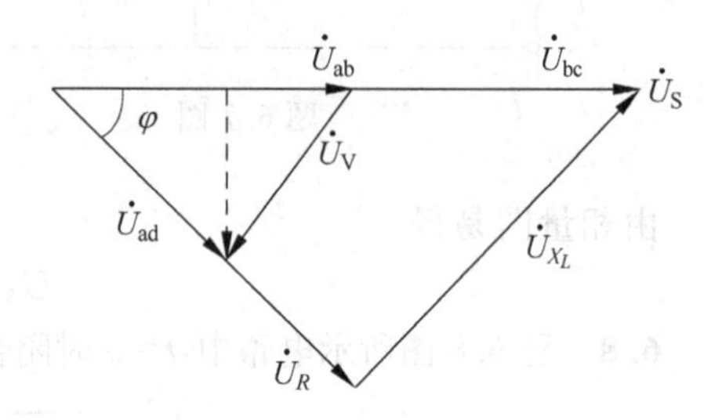

题6.9解图

显然，$\dot{U}_V$与$\dot{U}_S$垂直时U_V最小(图中虚线位置)。

$$\cos\varphi = 0.8$$

$$U_{X_L} = U_S\sin\varphi = 80\times0.6 = 48(\mathrm{V})$$

$$U_R = 80\cos\varphi - U_{ad} = 80\times0.8-50 = 14(\mathrm{V})$$

$$\frac{R}{50}=\frac{U_R}{U_{ad}}=\frac{14}{50}$$

得 $$R=14\Omega\quad X_L=(R+50)\tan\varphi=48\Omega$$

6.10 在题6.10图所示电路中，$R=4\Omega$，$L=30\mathrm{mH}$，$C=30\mu\mathrm{F}$，$U=100\mathrm{V}$。

(1) 电源频率f为何值时电流I最大？并求I_{max}。

(2) 电源频率$f=50\mathrm{Hz}$时求电流I，电路的功率因数，电路吸收的有功功率、无功功率、视在功率和复功率。

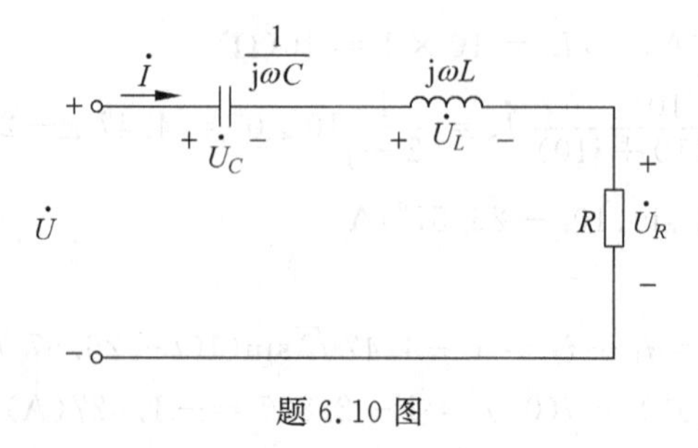

题6.10图

解 本题用于复习基本概念,包括谐振、正弦稳态电路的各种功率和功率因数。

(1) RLC 串联电路,U 一定时,发生串联谐振时 I 最大,此时

$$f=\frac{1}{2\pi\sqrt{LC}}=\frac{1}{2\pi\sqrt{3\times10^{-2}\times3\times10^{-4}}}=\frac{1}{2\pi\times3\times10^{-3}}=53.05(\text{Hz})$$

$$I_{\max}=\frac{100}{4}=25(\text{A})$$

(2) 当 $f=50\text{Hz}$ 时

$$\omega L=2\pi f\times0.03=9.425\Omega$$

$$\frac{1}{\omega C}=\frac{1}{2\pi f\times3\times10^{-4}}=\frac{1}{3\pi\times10^{-2}}=10.61(\Omega)$$

$$Z=R+\text{j}\left(\omega L-\frac{1}{\omega C}\right)=4-\text{j}1.185=4.17\angle-16.5^\circ(\Omega)$$

$$\cos\varphi=\cos(-16.5^\circ)=0.96(\text{超前})$$

$$\dot{I}=\frac{\dot{U}}{Z}=\frac{100\angle0^\circ}{4.17\angle-16.5^\circ}=23.98\angle16.5^\circ(\text{A})$$

$$P=UI\cos\varphi=100\times23.98\cos(-16.5^\circ)=2299.33(\text{W})$$

$$Q=UI\sin\varphi=100\times23.98\cos(-16.5^\circ)=-681.1(\text{var})$$

$$S=UI=2398\text{VA}$$

$$\overline{S}=P+\text{j}Q=2299.3-\text{j}681.1\text{VA}$$

6.11 题 6.11 图所示电路中 $I=9\text{A}$,$I_1=15\text{A}$,端口电压电流同相位,求 I_2。

解 本题用于练习根据谐振电路的特点(端口电压、电流同相位)求解电路,同时复习相量图的画法。

由题意可知,电路处于谐振状态,$\dot{U}$,$\dot{I}$ 同相位。

以端口电压为参考相量,画相量图如题 6.11 解图所示。则有

$$I_2=\sqrt{I_1^2-I^2}=12\text{A}$$

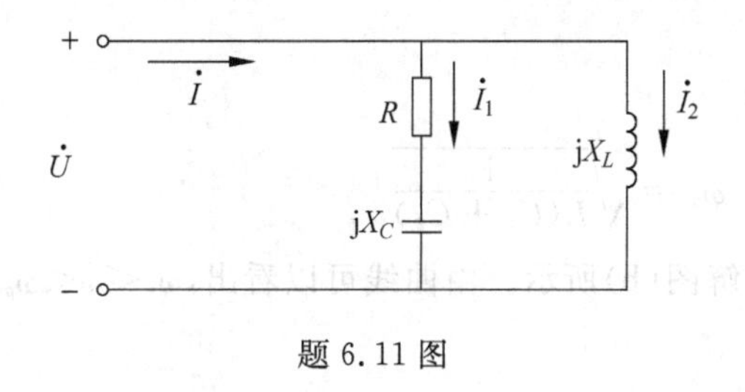

题 6.11 图

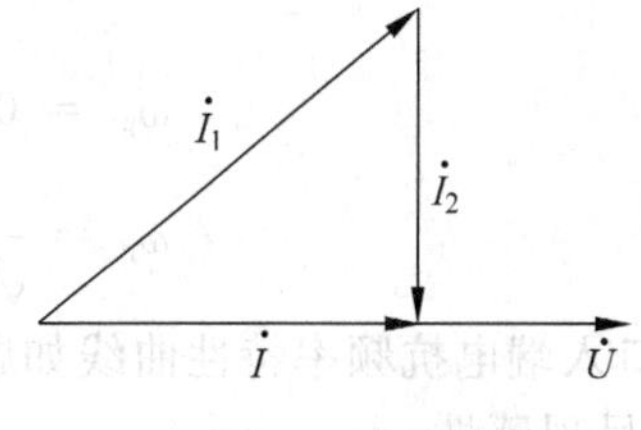

题 6.11 解图

6.12 在题 6.12 图所示电路中。

(1) 求谐振角频率;

(2) 定性画 AB 端口的入端电抗频率特性曲线;

(3) 在什么频率范围内端口 AB 间的电路呈现感性?

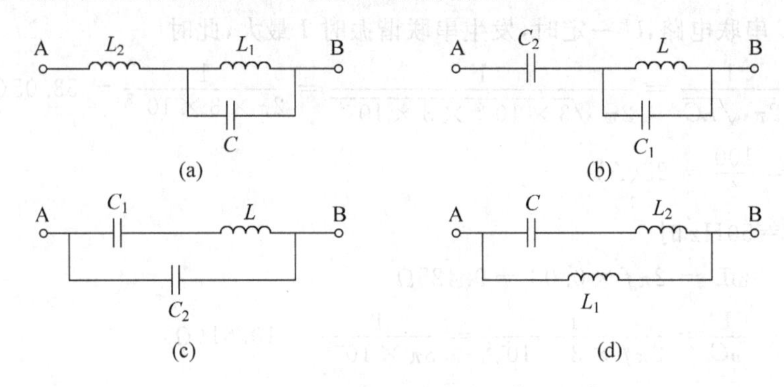

题 6.12 图

解 本题用于练习求谐振频率以及定性绘制纯电抗电路的频率特性曲线。

(1) 串联谐振时阻抗的虚部为 0;并联谐振时导纳的虚部为 0 或阻抗的虚部为无穷大。

$$Z=\mathrm{j}\omega L_2+\frac{\mathrm{j}\omega L_1\times\dfrac{1}{\mathrm{j}\omega C}}{\mathrm{j}\omega L_1+\dfrac{1}{\mathrm{j}\omega C}}=\frac{\mathrm{j}\omega L_1}{1-\omega^2 L_1 C}+\mathrm{j}\omega L_2=\frac{\mathrm{j}\omega(L_1+L_2+\omega^2 L_1 L_2 C)}{1-\omega^2 L_1 C}$$

因此

$$\omega_{\mathrm{s}}=\sqrt{\frac{L_1+L_2}{L_1 L_2 C}},\quad \omega_{\mathrm{p}}=\frac{1}{\sqrt{L_1 C}}$$

AB 端口入端电抗频率特性曲线如题 6.12 解图(a)所示。由曲线可以看出,$0<\omega<\omega_{\mathrm{p}}$,$\omega>\omega_{\mathrm{s}}$ 时入端电抗呈现感性。

(2) 原理同上。因为

$$Z=\frac{1}{\mathrm{j}\omega C_2}+\frac{\mathrm{j}\omega L\times\dfrac{1}{\mathrm{j}\omega C_1}}{\mathrm{j}\omega L+\dfrac{1}{\mathrm{j}\omega C_1}}=\frac{\mathrm{j}\omega L}{1-\omega^2 LC_1}+\frac{1}{\mathrm{j}\omega C_2}=\frac{1-\omega^2 LC_1-\omega^2 LC_2}{\mathrm{j}\omega C_2(1-\omega^2 LC_1)}$$

所以

$$\omega_{\mathrm{p1}}=0(\text{舍去})$$

$$\omega_{\mathrm{p}}=\frac{1}{\sqrt{LC_1}},\quad \omega_{\mathrm{s}}=\sqrt{\frac{1}{L(C_1+C_2)}}$$

AB 端口入端电抗频率特性曲线如题 6.12 解图(b)所示。由曲线可以看出,$\omega_{\mathrm{s}}<\omega<\omega_{\mathrm{p}}$ 时入端电抗呈现感性。

(3) 原理同上。因为

$$Z=\frac{\left(\mathrm{j}\omega L+\dfrac{1}{\mathrm{j}\omega C_1}\right)\dfrac{1}{\mathrm{j}\omega C_2}}{\mathrm{j}\omega L+\dfrac{1}{\mathrm{j}\omega C_1}+\dfrac{1}{\mathrm{j}\omega C_2}}=\frac{\mathrm{j}\omega C_1+\dfrac{1}{\mathrm{j}\omega}}{C_1+C_2-\omega^2 LC_1C_2}$$

所以

$$\omega_{\mathrm{s}}=\frac{1}{\sqrt{LC_1}},\quad \omega_{\mathrm{p}}=\sqrt{\frac{C_1+C_2}{LC_1C_2}}$$

AB 端口入端电抗频率特性如题 6.12 解图(c)所示。由图可以看出，$\omega_{\mathrm{s}}<\omega<\omega_{\mathrm{p}}$ 时入端电抗呈现感性。

(4) 原理同上。因为

$$Z=\frac{\left(\mathrm{j}\omega L_2+\dfrac{1}{\mathrm{j}\omega C}\right)\mathrm{j}\omega L_1}{\mathrm{j}\omega L_1+\mathrm{j}\omega L_2+\dfrac{1}{\mathrm{j}\omega C}}=\frac{\dfrac{L_1}{C}-\omega^2L_1L_2}{(1-\omega^2(L_1C+L_2C))\dfrac{1}{\mathrm{j}\omega C}}$$

所以

$$\omega_{\mathrm{s}}=\frac{1}{\sqrt{L_2C}},\quad \omega_{\mathrm{p}}=\frac{1}{\sqrt{(L_1+L_2)C}}$$

AB 端口入端阻抗频率特性如题 6.12 解图(d)所示。由图可以看出，$0<\omega<\omega_{\mathrm{p}}$，$\omega>\omega_{\mathrm{s}}$ 时入端电抗呈现感性。

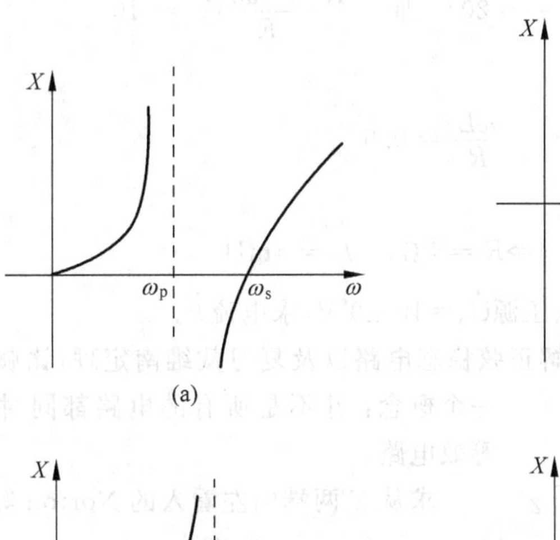

(a)

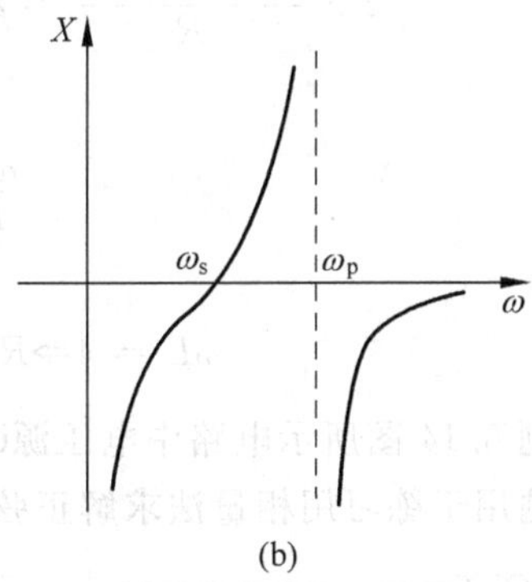

(b)

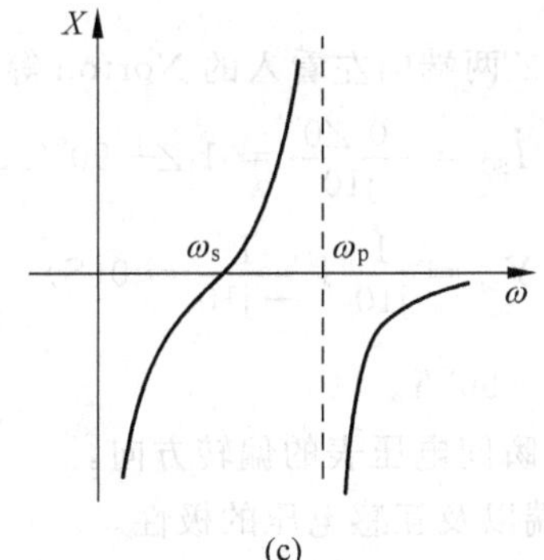

(c)

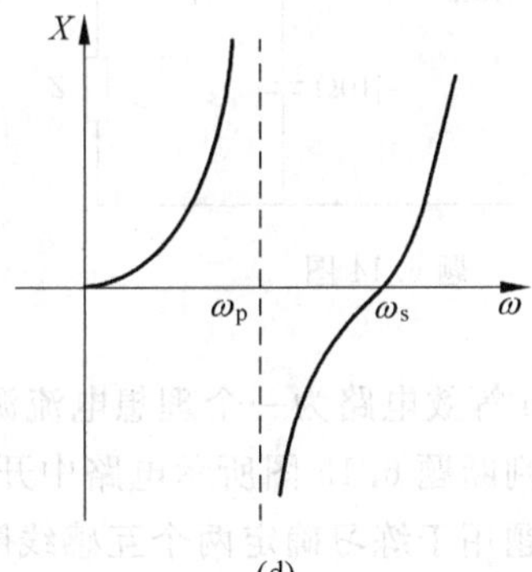

(d)

题 6.12 解图

6.13 题 6.13 图所示电路中电容 C 可调。当调节 $C=50\mu\text{F}$ 时，电路发生谐振，此时电压表读数为 20V。已知电流源 $i_S(t)=2\sqrt{2}\sin1000t\text{A}$。求电阻 R 和电感 L(近似认为谐振频率就是幅值最大时的频率)。

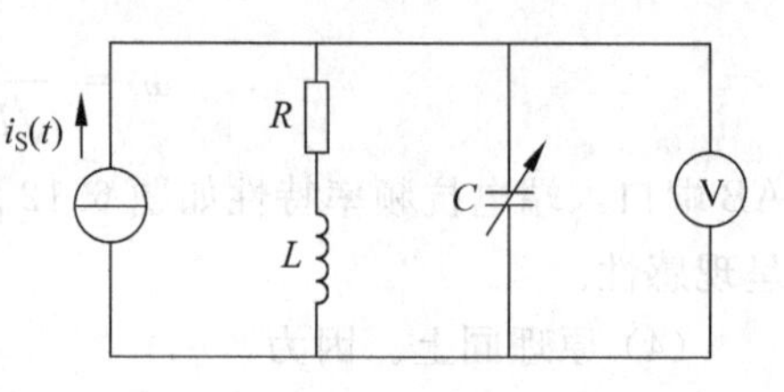

题 6.13 图

解 本题用于练习根据谐振电路的特点求电路元件的参数。

根据谐振性质，电路发生谐振时，入端导纳 $Y(\omega)$虚部为零。因为

$$Y(\text{j}\omega)=\text{j}\omega C+\frac{1}{R+\text{j}\omega L}=\frac{R}{R^2+(\omega L)^2}+\text{j}\left(\omega C-\frac{\omega L}{R^2+(\omega L)^2}\right)$$

所以

$$\omega C=\frac{\omega L}{R^2+(\omega L)^2}=0.05$$

又因为

$$2\times\frac{R^2+(\omega L)^2}{R}=20 \quad \text{即} \quad \frac{R^2+(\omega L)^2}{R}=10$$

联立求解

$$\frac{\omega L}{R}=0.5$$

则

$$\omega L=4\Rightarrow R=8\Omega,\quad L=4\text{mH}$$

6.14 题 6.14 图所示电路中电压源$\dot{U}_S=10\angle0°\text{V}$，求电流$\dot{I}$。

解 本题用于练习用相量法求解正弦稳态电路以及复习戴维南定理(诺顿定理)，强调一个概念：并不是所有的电路都同时存在这两种等效电路。

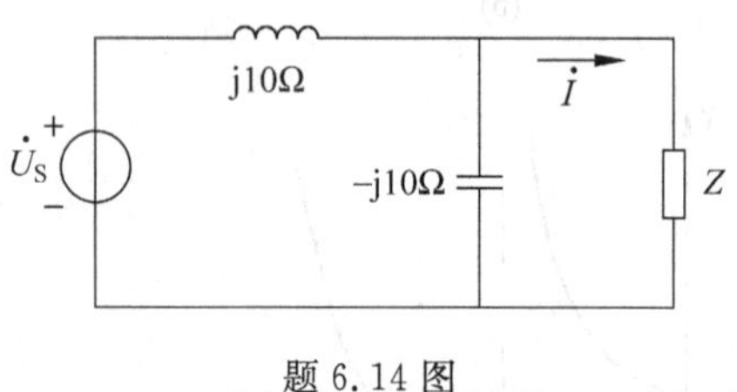

题 6.14 图

求从 Z 两端向左看入的 Norton 等效电路。

$$\dot{I}_{SC}=\frac{10\angle0°}{\text{j}10}=1\angle-90°(\text{A})$$

$$Y_{eq}=\frac{1}{\text{j}10}+\frac{1}{-\text{j}10}=0(\text{S})$$

因此，Norton 等效电路为一个理想电流源，$\dot{I}=1\angle-90°\text{A}$。

6.15 判断题 6.15 图所示电路中开关 S 打开瞬间电压表的偏转方向。

解 本题用于练习确定两个互感线圈的同名端以及互感电压的极性。

先判断两个线圈的同名端，如题 6.15 解图所示。

$$u=M\frac{\text{d}i}{\text{d}t}$$

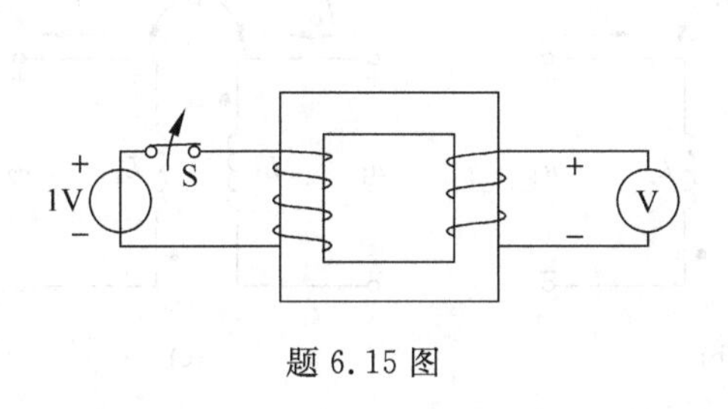

题 6.15 图

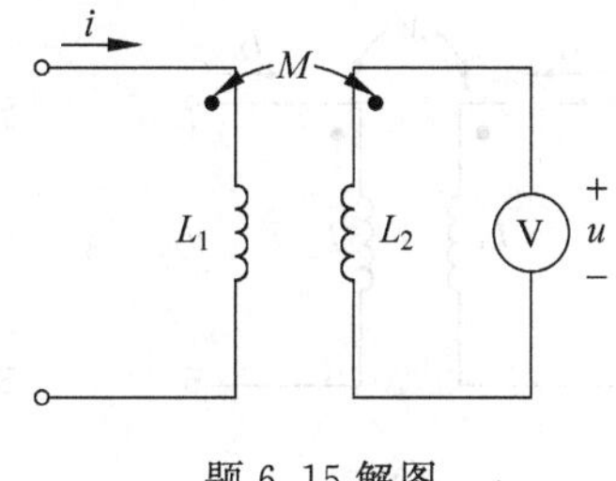

题 6.15 解图

打开 S，$\frac{di}{dt}<0$，$u<0$，所以电压表反偏。

6.16　求题 6.16 图所示电路的入端等效电感（$k\neq1$）。

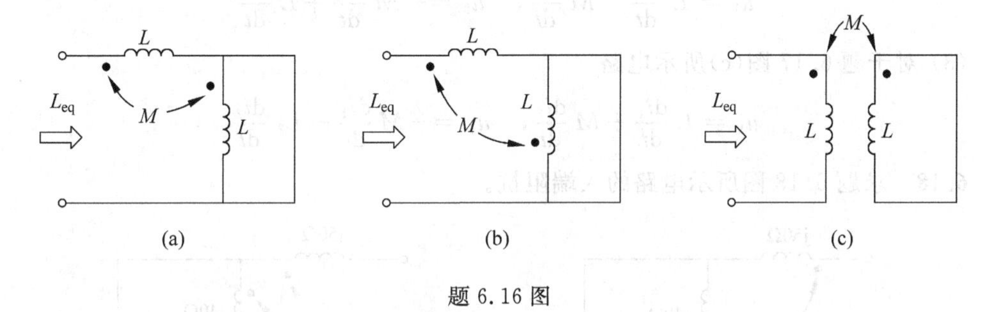

题 6.16 图

解　本题用于练习互感的去耦等效。

(1) 对于题 6.16 图(a)所示电路

$$L_{eq}=L+M+(L+M)\ /\!/\ (-M)=L+M+\frac{(L+M)(-M)}{L}=\frac{L^2-M^2}{L}$$

(2) 对于题 6.16 图(b)所示电路

$$L_{eq}=L-M+(L-M)\ /\!/\ (M)=L-M+\frac{(L-M)M}{L}=\frac{L^2-M^2}{L}$$

(3) 对于题 6.16 图(c)所示电路

$$L_{eq}=\frac{L^2-M^2}{L}$$

6.17　分别写出题 6.17 图所示电路中端口电压与电流的关系。

解　本题用于练习根据互感线圈的同名端和电压、电流的参考方向确定互感电压的极性。

(1) 对于题 6.17 图(a)所示电路

$$u_1=L_1\frac{di_1}{dt}+M\frac{di_2}{dt},\quad u_2=M\frac{di_1}{dt}+L_2\frac{di_2}{dt}$$

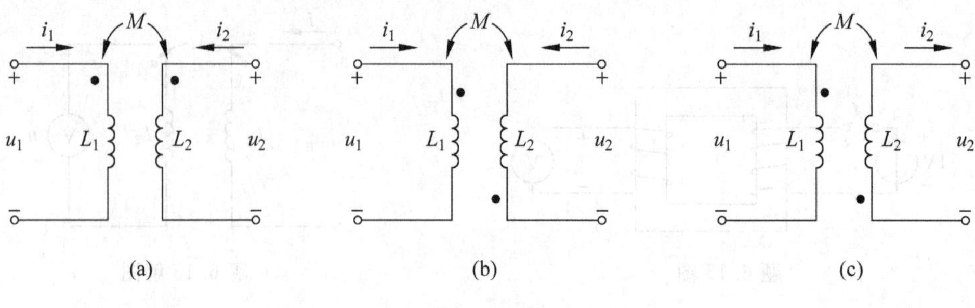

题 6.17 图

(2) 对于题 6.17 图(b)所示电路

$$u_1 = L\frac{di_1}{dt} - M\frac{di_2}{dt},\quad u_2 = -M\frac{di_1}{dt} + L\frac{di_2}{dt}$$

(3) 对于题 6.17 图(c)所示电路

$$u_1 = L\frac{di_1}{dt} + M\frac{di_2}{dt},\quad u_2 = -M\frac{di_1}{dt} - L_2\frac{di_2}{dt}$$

6.18　求题 6.18 图所示电路的入端阻抗。

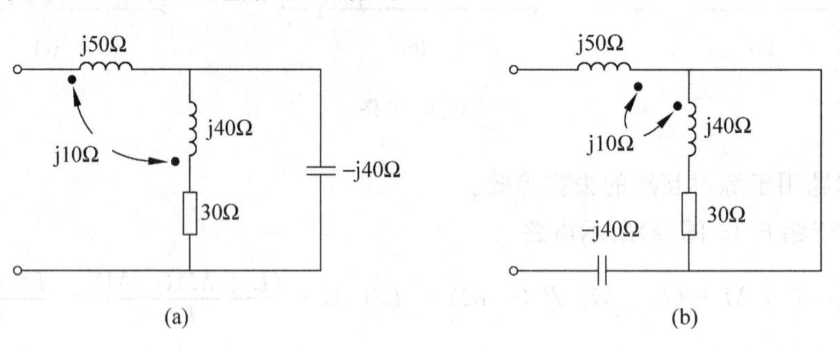

题 6.18 图

解　本题用于练习互感的去耦等效以及阻抗的串、并联等效化简。

(1) 对于题 6.18 图(a)所示电路，去耦等效电路如题 6.18 解图所示。

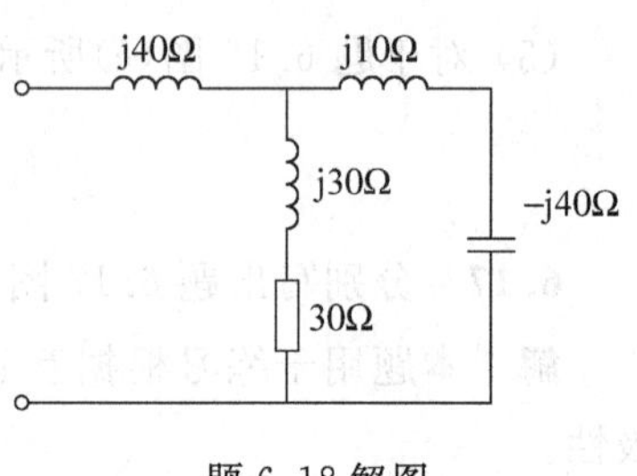

题 6.18 解图

$$Z_{eq} = j40 + (30 + j30) \mathbin{/\!/} (j10 - j40) = 30 + j10(\Omega)$$

(2) 对于题 6.18(b)所示电路，原理同上(进行去耦等效)。

$$Z_{eq} = j40 + (30 + j30) \mathbin{/\!/} j10 - j40 = 1.2 + j8.4(\Omega)$$

6.19　已知题 6.19 图所示电路中电源电压 $u_S(t) = 20\sin(20\,000t)$V，求电流 $i(t)$。

解　本题用于练习用相量法求解含互感的电路。

$$\omega L_1 = 2\times 10^4 \times 10\times 10^{-3} = 200(\Omega),\quad \omega L_2 = 1200\Omega,\quad \omega M = 400\Omega$$

原电路的去耦等效电路如题 6.19 解图所示。

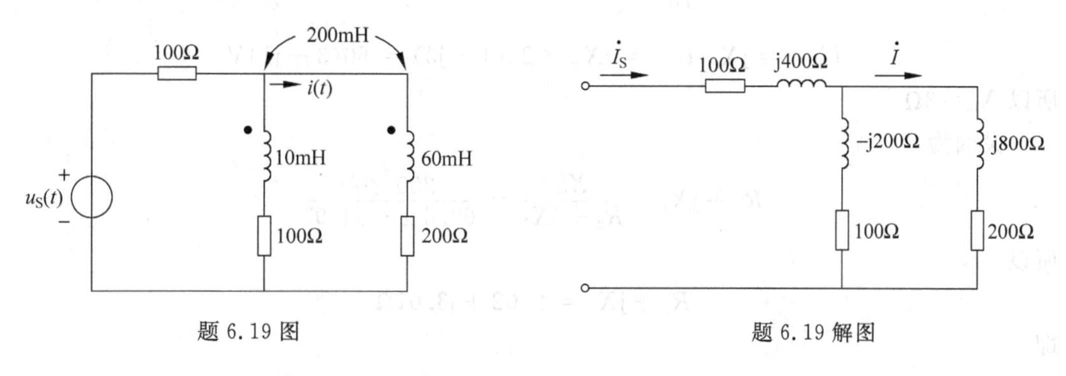

题 6.19 图　　　　　　题 6.19 解图

$$Z = 100 + j400 + \frac{(100 - j200)(200 + j800)}{300 + j600} = 273.3 + j186.7(\Omega)$$

$$\dot{I}_S = \frac{\dot{U}_S}{Z} = \frac{20}{Z} = 0.06\angle -34.3°(A)$$

$$\dot{I} = \dot{I}_S\frac{100 - j200}{300 + j600} = 0.02\angle -161.2°(A)$$

$$i(t) = 0.02\sin(20\,000t - 161.2°)A$$

6.20 (1) 已知变压器原边和副边绕组正向串联得到的电感为 1.992H，反向串联得到的电感为 8mH，求变压器的互感 M。

(2) 在(1)的基础上，已知变压器原边绕组的电感为 0.5H，副边绕组的电感为 0.5H，求变压器的耦合系数。

解　本题给出了一种互感的实验测量方法，可用于练习两个互感的串联化简，同时复习了互感系数的基本概念。

(1) $M = \dfrac{1.992 - 0.008}{4} = \dfrac{1.984}{4} = 0.496(H)$

(2) $k = \dfrac{M}{\sqrt{L_1L_2}} = \dfrac{0.496}{\sqrt{0.5\times 0.5}} = 0.992$

6.21　变压器电路如题 6.21 图所示。变压器原边接电压 $\dot{U}_S = 200\angle 0°V$。副边开路时原边电流 $\dot{I}_{1OC} = 20(1 - j3)A$，副边开路电压 $\dot{U}_{2OC} = 60(3 + j1)V$。副边短路时原边电流 $\dot{I}_{1SC} = 60.6\angle -54.9°A$。求变压器参数 R_1、X_1、R_2、X_2、X_m。

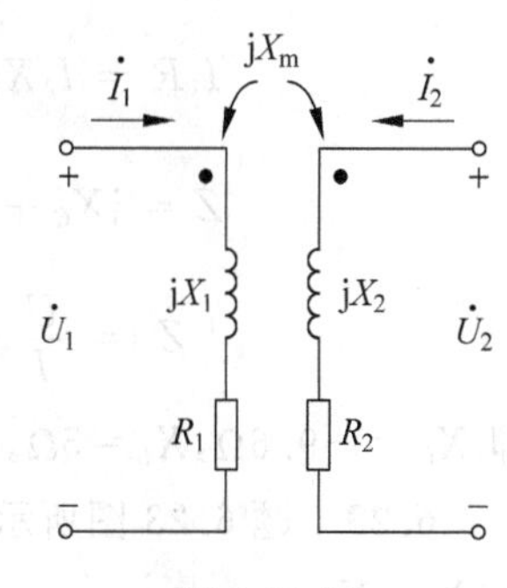

题 6.21 图

解　本题用于练习用相量法分析空心变压器电路，涉及的概念有空心变压器的原边等效电路、互感电压等。

因为

$$R_1+\mathrm{j}X_1=\frac{\dot{U}_1}{\dot{I}_{1OC}}=\frac{200\angle 0^\circ}{20(1-\mathrm{j}3)}=1+\mathrm{j}3(\Omega)$$

$$\dot{U}_{2OC}=\mathrm{j}X_m\dot{I}_{1OC}=\mathrm{j}X_m\times 20(1-\mathrm{j}3)=60(3+\mathrm{j}1)\mathrm{V}$$

所以 $X_m=3\Omega$。

又因为

$$R_1+\mathrm{j}X_1+\frac{X_m^2}{R_2+\mathrm{j}X_2}=\frac{200\angle 0^\circ}{60.6\angle -54.9^\circ}$$

所以

$$R_2+\mathrm{j}X_2=9.02+\mathrm{j}3.01\Omega$$

即

$$R_1=1\Omega,\quad X_1=3\Omega,\quad R_2=9\Omega,\quad X_2=3\Omega,\quad X_m=3\Omega$$

6.22　题6.22图所示电路吸收有功功率180W，$U=36$V，$I=5$A，$R=20\Omega$，求 X_C、X_L。

解　本题用于练习用相量法分析正弦稳态电路，重点是要明确有功功率的物理本质，它就是电阻上消耗的功率。

设 R 上的电流为 $\dot{I}_1$，X_L 上电流为 $\dot{I}_2$，方向均向下，则各支路电流的相量图如题6.22解图所示。

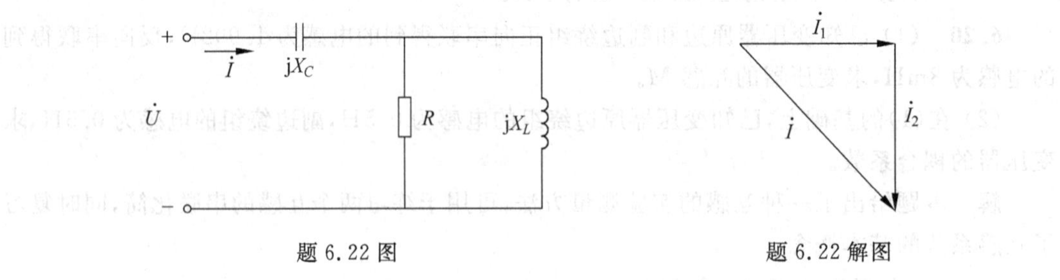

题6.22图　　　　题6.22解图

$$I_1^2R=180\Rightarrow I_1=3\mathrm{A}$$

又 $I=5\mathrm{A}\Rightarrow I_2=4\mathrm{A}$

$$I_1R=I_2X_L\Rightarrow X_L=\frac{3}{4}\times 20=15(\Omega)$$

$$Z=\mathrm{j}X_C+\frac{R\times \mathrm{j}X_L}{R+\mathrm{j}X_L}=\mathrm{j}X_C+\frac{20\times \mathrm{j}15}{20+\mathrm{j}15}=7.2+\mathrm{j}(X_C+9.6)$$

$$|Z|=\frac{U}{I}=\frac{36}{5}=7.2(\Omega)\Rightarrow X_C=-9.6\Omega$$

即 $X_C=-9.6\Omega$，$X_L=5\Omega$。

6.23　题6.23图所示电路吸收有功功率2000W，$R=20\Omega$，$X_{C1}=-20\Omega$，$I=I_1=I_2$，求 U、X_{C2}、X_L。

解 本题用于练习根据相量图的几何特点求电路元件的参数。

以电流$\dot{I}_1$为参考相量，画相量图如题 6.23 解图所示。

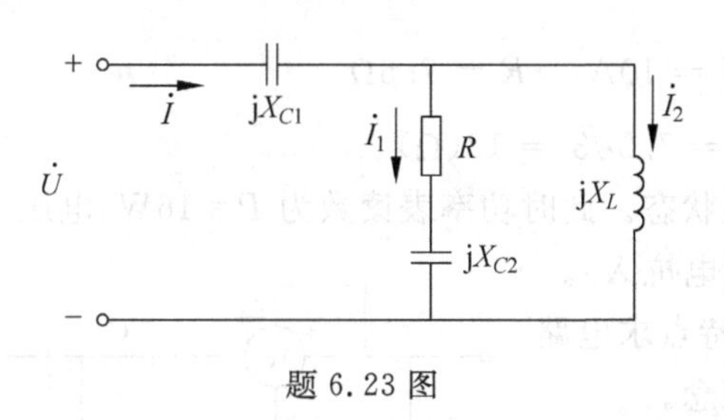

题 6.23 图

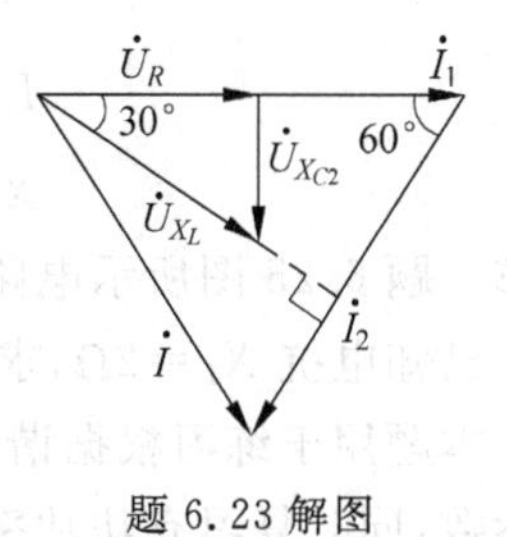

题 6.23 解图

在 R 和 X_{C2} 串联支路上，根据阻抗三角形和电压三角形相似，有

$$|X_{C2}| = \frac{1}{\sqrt{3}}R = \frac{20}{\sqrt{3}} = 11.55(\Omega)$$

则
$$X_{C2} = -11.55\Omega$$

$$U_{X_L} = 10 \times 20 \times \frac{2}{\sqrt{3}} = 230.94(\text{V})$$

因电路中只有一个电阻元件，因此电路吸收的有功功率就是电阻 R 吸收的有功功率，即

$$I_1^2 R = 2000 \Rightarrow I_1 = 10\text{A}, \quad X_L = \frac{U_{X_L}}{I_2} = 23.1\Omega$$

$$\begin{aligned}\dot{U} &= 230.94\angle -30^\circ + I\,|X_{C1}|\,\angle -150^\circ \\ &= 230.94\angle -30^\circ + 200\angle -150^\circ \\ &= 217.1\angle -82.9^\circ(\text{V})\end{aligned}$$

6.24 题 6.24 图所示电路吸收有功功率 1500W，$I=I_1=I_2$，$U=150$V，求 R、X_L、X_C。

解 本题同样用于练习根据相量图的几何特点求电路元件的参数。

以端口电压为参考相量，画相量图如题 6.24 解图所示。

$$I_1^2 R + I_2^2 R = 1500, \quad I_2^2 R = 750$$

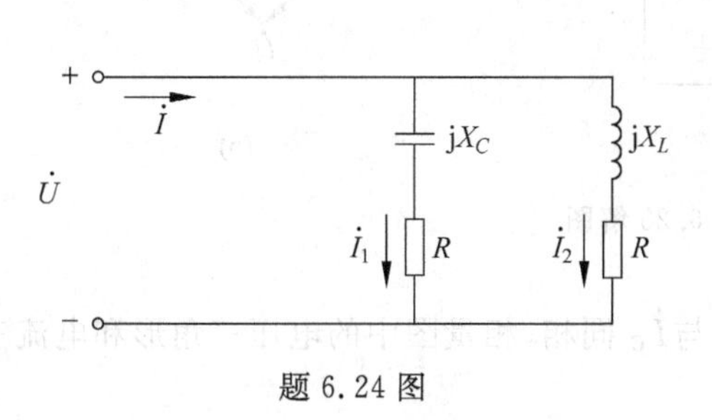

题 6.24 图

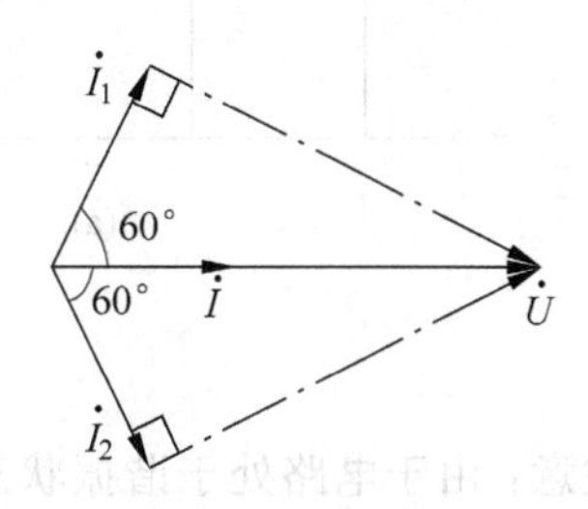

题 6.24 解图

在两条串联支路上，根据阻抗三角形和电压三角形相似，由相量图可知：

$$I_2 R = 75\text{V}$$

因此

$$I_1 = I_2 = I = 10\text{A}, \quad R = 7.5\Omega$$

$$X_L = -X_C = 7.5\sqrt{3} = 13(\Omega)$$

6.25 题 6.25 图所示电路处于谐振状态。此时功率表读数为 $P=16\text{W}$，电压表读数为 $U=4\text{V}$。已知电抗 $X_L=2\Omega$，求电阻 R 和电抗 X_C。

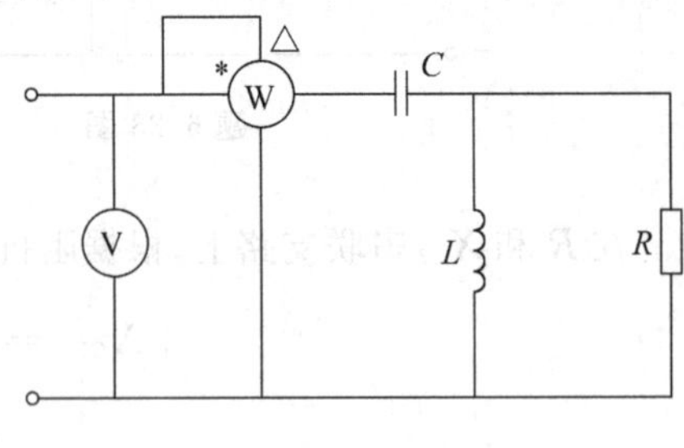

题 6.25 图

解 本题用于练习根据谐振电路的特点求电路元件的参数，同时复习有功功率的基本概念。

方法一 电路的入端阻抗为

$$Z=\frac{1}{\text{j}\omega C}+\frac{R\times \text{j}\omega L}{R+\text{j}\omega L}=\text{j}X_C+\frac{R\times \text{j}X_L(R-\text{j}X_L)}{R^2+X_L^2}$$

$$=\text{j}X_C+\frac{RX_L^2+\text{j}R^2X_L}{R^2+X_L^2}$$

因为

$$\frac{RX_L^2}{R^2+X_L^2}=\frac{U^2}{P}=1\text{A}, \quad 即\frac{4R}{R^2+4}=1$$

所以 $R=2\Omega$。

又因为电路谐振，因此

$$X_C+\frac{R^2X_L}{R^2+X_L^2}=0 \quad 解得 \quad X_C=-1\Omega$$

方法二 画相量图求解。各支路电压、电流的参考方向和电路的相量图分别如题 6.25 解图(a)、(b)所示。未标出的电压或电流与相应支路的电流或电压取关联参考方向。

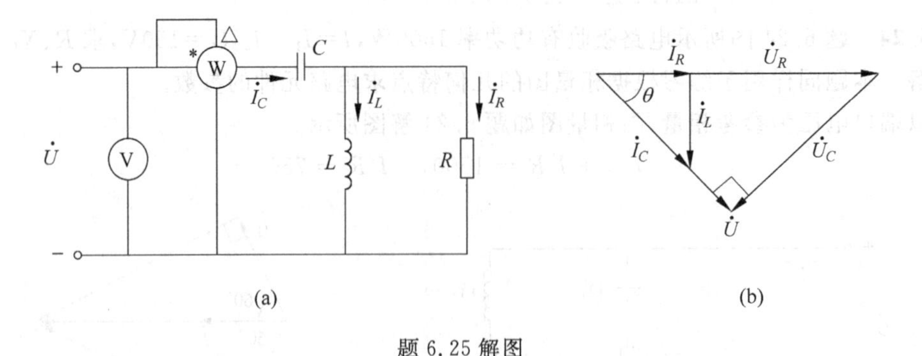

题 6.25 解图

注意：由于电路处于谐振状态，因此$\dot{U}$与$\dot{I}_C$同相，相量图中的电压三角形和电流三角形相似。这一点很重要。

$$P = UI_C \Rightarrow I_C = \frac{P}{U} = 4\text{A}$$

$$\begin{cases} I_L = I_C\sin\theta = 4\sin\theta \\ U_R = \dfrac{U}{\cos\theta} = \dfrac{4}{\cos\theta} \\ U_R = I_L X_L = 2I_L \end{cases} \Rightarrow \quad \theta = \frac{\pi}{4}$$

因此

$$I_R = I_L \quad \Rightarrow \quad R = X_L = 2\Omega$$

$$U_C = U = 4\text{V} \quad \Rightarrow \quad X_C = -\frac{U_C}{I_C} = -1\Omega$$

6.26 题 6.26 图所示电路中电源电压$\dot{U}_\text{S} = 180\ \angle 45°\text{V}$，求图中电压表和功率表的读数。

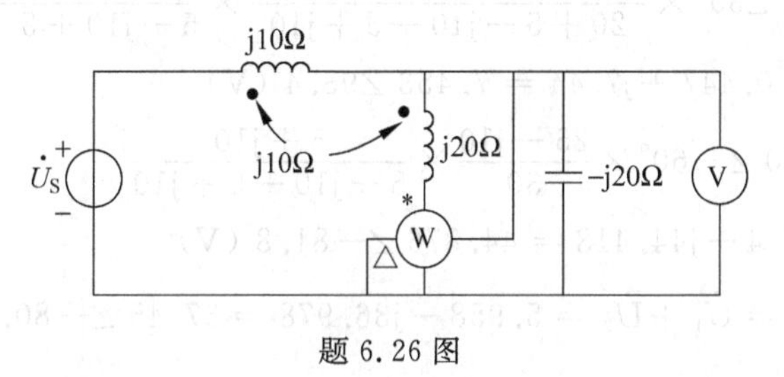

题 6.26 图

解 本题用于练习互感的去耦等效和功率表读数的求法。注意纯电抗电路并联谐振时电路端口相当于开路的特点。

画出原电路的去耦等效电路如题 6.26 解图所示。

显然，电路处于并联谐振，$\dot{I} = 0$。

电压表两端电压

$$\dot{U} = \frac{2}{3}\dot{U}_\text{S} = 120\ \angle 45°(\text{V})$$

电压表示数为 120V。

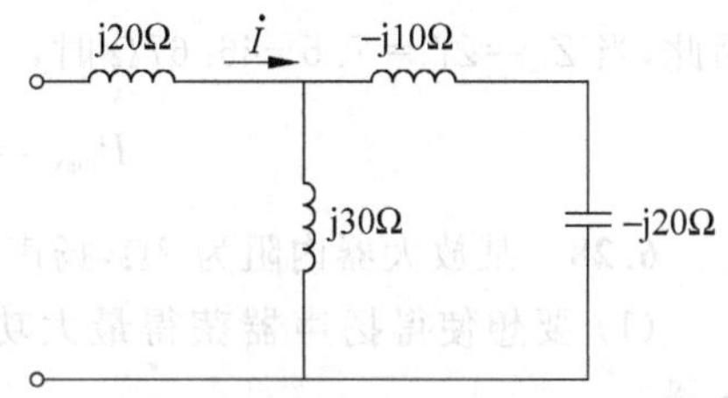

题 6.26 解图

功率表流过的电流

$$\dot{I}_1 = \frac{\dot{U}_\text{S}}{\text{j}30} = \frac{180\ \angle 45°}{\text{j}30} = 6\ \angle -45°(\text{A})$$

因此，功率表读数为 $120 \times 6 \times \cos(45° + 45°) = 0$。

6.27 对于题 6.27 图所示电路，a、b 端所接阻抗为多大时该阻抗能获得最大的有功功率，并求该功率。

解 本题用于练习负载可变的最大功率传输问题。求负载两端的戴维南等效电路，当负载等于戴维南等效阻抗的共轭时，负载上可获得最大有功功率。

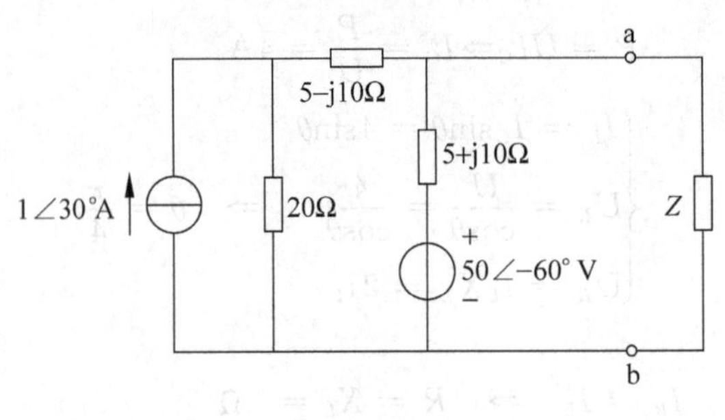

题 6.27 图

应用叠加定理求 a、b 两端的戴维南等效电路。

求开路电压：

$$\dot{U}_1 = 1\angle 30^\circ \times \frac{20\times(5-\mathrm{j}10+5+\mathrm{j}10)}{20+5-\mathrm{j}10+5+\mathrm{j}10}\times\frac{5+\mathrm{j}10}{5-\mathrm{j}10+5+\mathrm{j}10}$$

$$=-0.447+\mathrm{j}7.44 = 7.453\angle 93.4^\circ(\mathrm{V})$$

$$\dot{U}_2 = 50\angle -60^\circ \times \frac{25-\mathrm{j}10}{30}\times\frac{5+\mathrm{j}10}{5-\mathrm{j}10+5+\mathrm{j}10}$$

$$=6.4-\mathrm{j}44.418 = 44.876\angle -81.8^\circ(\mathrm{V})$$

$$\dot{U}_{\mathrm{OC}} = \dot{U}_1+\dot{U}_2 = 5.958-\mathrm{j}36.978 = 37.45\angle -80.85^\circ(\mathrm{V})$$

求等效阻抗：

$$Z_{\mathrm{i}} = \frac{(5+\mathrm{j}10)(25-\mathrm{j}10)}{30} = 7.5+\mathrm{j}6.67 = 10.03\angle 41.63^\circ(\Omega)$$

因此，当 $Z_{\mathrm{L}}=Z_{\mathrm{i}}^*=7.5-\mathrm{j}6.67\Omega$ 时，

$$P_{\max} = \frac{37.45^2}{4\times 7.5} = 46.75(\mathrm{W})$$

6.28　某放大器内阻为 2Ω，扬声器电阻为 8Ω。

(1) 要想使得扬声器获得最大功率，在放大器和扬声器之间要插入变比为多少的变压器？

(2) 在(1)的基础上，如果扬声器获得的最大功率为 10W，则放大器输出的正弦信号幅值是多少？

(3) 如果将扬声器直接与放大器相连，放大器输出正弦信号幅值为多少时扬声器获得 10W 的功率。

解　本题用于练习负载不可变，在电源和负载之间插入理想变压器实现最大功率传输的问题，请参阅第 6 章论题 7 的讨论。

(1) 扬声器获得最大功率时

$$n^2\times 8 = 2 \Rightarrow n = 0.5$$

所以应接入一个变比为 1∶2 的变压器。

(2) 扬声器最大功率为10W时

$$P_{\max}=\frac{U_S^2}{4R_i}=\frac{U_S^2}{4\times 2}=10$$

$$U_S=\sqrt{80}=4\sqrt{5}(\text{V})$$

所以正弦信号幅值为$\sqrt{2}U_S=4\sqrt{10}=12.65(\text{V})$。

(3) 扬声器直接与放大器相连的电路如题6.28解图。扬声器获得功率为10W时

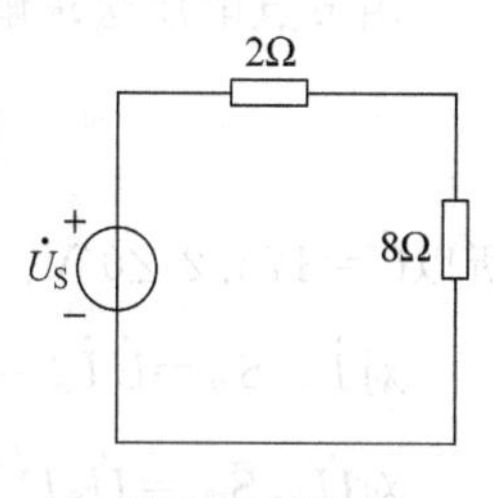

题6.28解图

$$10=\left(\frac{U_S}{2+8}\right)^2\Rightarrow U_S=11.18\text{V}$$

放大器输出正弦信号幅值为 $\sqrt{2}U_S=15.8\text{V}$

6.29 题6.29图所示电路中$\dot{U}_S=100\angle 0°\text{V}$，$X_1=20\Omega$，$X_2=30\Omega$，$X_M=R=10\Omega$。求负载容抗为多少时电源发出最大有功功率，并求此功率。

解 本题用于练习负载仅虚部可变的最大功率传输问题，请参阅第6章论题7的讨论。原电路的去耦等效电路如题6.29解图所示。

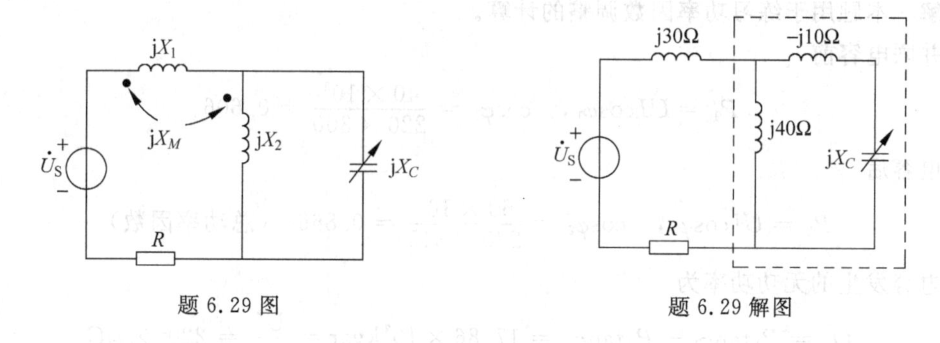

题6.29图　　题6.29解图

将虚线框中整体看成一个负载，则

$$\frac{\text{j}40\times(-\text{j}(10-X_C))}{\text{j}40-\text{j}(10-X_C)}=\frac{-\text{j}40\times(10-X_C)}{30+X_C}=-\text{j}30$$

解得

$$X_C=-\frac{50}{7}=-7.14(\Omega)$$

6.30 求题6.30图所示电路中各电源发出的复功率。

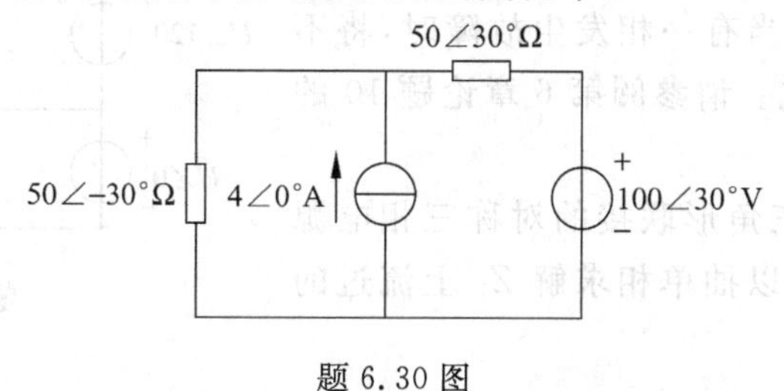

题6.30图

解　本题用于复习复功率的基本概念，同时复习一般电路的分析方法，如节点电压法、回路电流法等。

用节点电压法求解，设电流源上方节点电压为$\dot{U}$，则

$$\left(\frac{1}{50\angle 30^\circ}+\frac{1}{50\angle -30^\circ}\right)\dot{U}=\frac{100\angle 30^\circ}{50\angle 30^\circ}+4=6$$

所以$\dot{U}=173.2\angle 0^\circ\text{V}$。

对$\dot{I}_S$，$\overline{S}_{发}=\dot{U}\dot{I}_S^*=173.2\times 4=692.8(\text{VA})$

对$\dot{U}_S$，$\overline{S}_{吸}=\dot{U}_S I^*=100\angle 30^\circ\times\left(\dfrac{173.2-100\angle 30^\circ}{50\angle 30^\circ}\right)^*=200\angle 90^\circ=\text{j}200(\text{VA})$，所以$\overline{S}_{发}=-\text{j}200\text{VA}$。

6.31　电压为220V的工频电源供给一组动力负载，负载电流$I=300\text{A}$，吸收有功功率$P=40\text{kW}$。现在要在此电源上再接一组功率为20kW的照明设备(白炽灯)，并希望照明设备接入后电路总电流为315A，为此需要并联电容。计算所需的电容值，并计算此时电路的总功率因数。

解　本题用于练习功率因数调整的计算。

并联电容前

$$P_1=UI\cos\varphi_1,\quad \cos\varphi_1=\frac{40\times 10^3}{220\times 300}=0.606$$

并联电容后

$$P_2=UI\cos\varphi_2,\quad \cos\varphi_2=\frac{60\times 10^3}{220\times 315}=0.866\quad(\text{总功率因数})$$

并联电容发生的无功功率为

$$Q_C=P_1\tan\varphi_1-P_2\tan\varphi_2=17.86\times 10^3\text{kvar}=\frac{U^2}{\dfrac{1}{\omega C}}=220^2\times\omega C$$

因此，$C=1174.6\mu\text{F}$。

6.32　求题6.32图所示电路中的$\dot{I}$。

解　本题用于练习对称三相电路的抽单相求解方法。同时通过本题也给出了一个结论：三角形联接的对称三相电源，当有一相发生故障时，将不影响对负载的正常供电。请参阅第6章论题10的讨论。

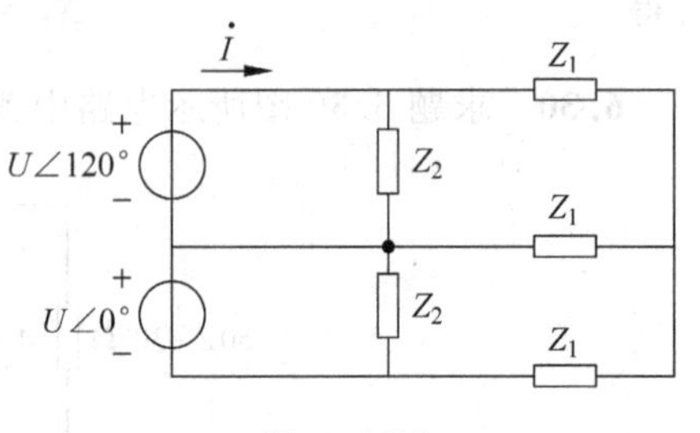

题6.32图

电源可以看成是三角形联接的对称三相电源(缺一相)，因此仍然可以抽单相求解Z_1上流过的电流。

将对称三相电源变换为Y型连接,对应的一相电压(不妨设为A相)为

$$\dot{U}_{\mathrm{AN}}=\frac{U\angle 120^{\circ}}{\sqrt{3}}\angle -30^{\circ}=\frac{U\angle 90^{\circ}}{\sqrt{3}}$$

因此

$$\dot{I}=\frac{U\angle 90^{\circ}}{\sqrt{3}Z_1}+\frac{U\angle 120^{\circ}}{Z_2}=\frac{U\angle 90^{\circ}}{\sqrt{3}Z_1}+\frac{U\angle 120^{\circ}}{Z_2}$$

6.33　题6.33图所示电路中A、B、C与线电压为380V的对称三相电源相连,$Z_1=100+\mathrm{j}60\Omega$,$Z_2=60-\mathrm{j}90\Omega$。求电流$\dot{I}$。

解　本题用于练习对称三相电路的抽单相求解方法。

一相等效电路如题6.33解图所示。

$$\dot{I}_{\mathrm{A}}=\frac{220\angle 0^{\circ}}{100+\mathrm{j}60}+\frac{220\angle 0^{\circ}}{20-\mathrm{j}30}=5+\mathrm{j}4.11=6.47\angle 39.4^{\circ}(\mathrm{A})$$

$$\dot{I}=\dot{I}_{\mathrm{B}}=6.47\angle -80.6^{\circ}\mathrm{A}$$

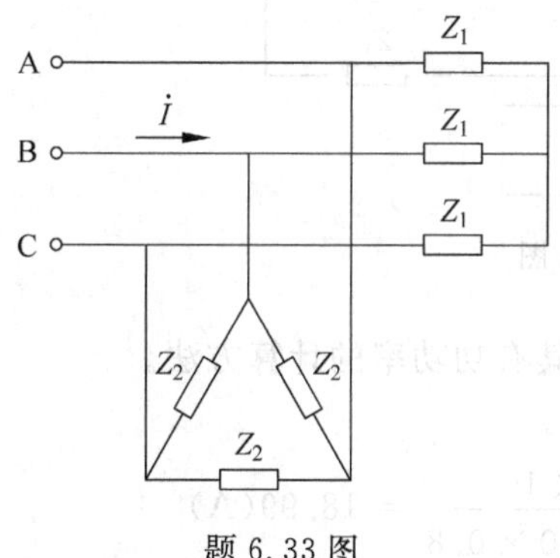

题6.33图

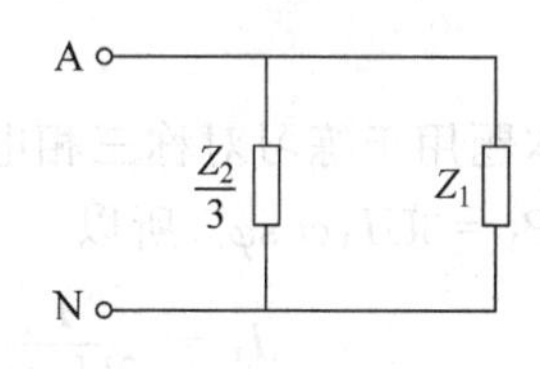

题6.33解图

6.34　题6.34图所示电路中A、B、C与线电压为380V的对称三相电源相连,$Z=60+\mathrm{j}30\Omega$。

(1) 求电路吸收的有功功率;

(2) 若用两表法测三相吸收的有功功率,其中一表已接好,画出另一功率表的接线图,并求出两表的读数。

解　本题用于练习对称三相电路的功率测量方法,请参阅第6章论题9的讨论。

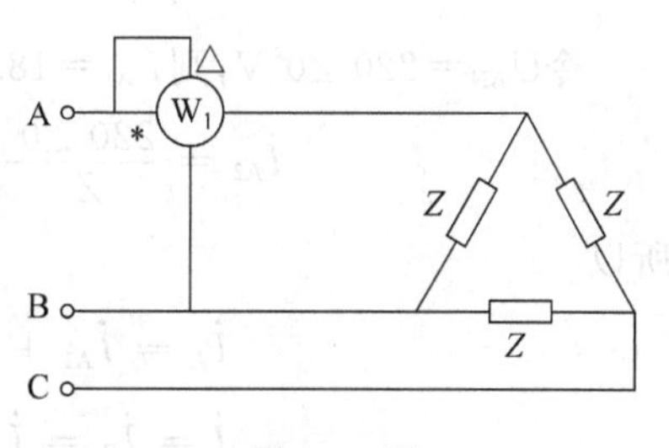

题6.34图

对称三相电路,抽单相计算。设$\dot{U}_{\mathrm{AN}}=220\angle 0^{\circ}$,则

$$\dot{I}_{\mathrm{A}}=\frac{220\angle 0^{\circ}}{20+\mathrm{j}10}=9.84\angle -26.57^{\circ}(\mathrm{A})$$

因此

(1) 电路吸收的有功功率为

$$P = 3UI\cos\varphi = 3 \times 220 \times 9.84 \times \cos 26.57^\circ = 5808.8(\text{W})$$

(2) 根据已知，本题两表法测三相功率的接线为共B接线(图略)。

W_1 的示数为

$$U_{AB}I_A\cos\varphi_1 = 380 \times 9.84 \times \cos(30^\circ + 26.57^\circ) = 2060.3(\text{W})$$

W_2 的示数为

$$U_{CB}I_C\cos\varphi_2 = 380 \times 9.84 \times \cos(90^\circ + 26.57^\circ - 120^\circ) = 3732.5(\text{W})$$

6.35 题6.35图所示电路中A、B、C与线电压为380V的对称三相电源相连，对称三相负载1吸收有功功率10kW，功率因数为0.8(滞后)，$Z_1 = 10 + \text{j}5\Omega$，求电流$\dot{I}$。

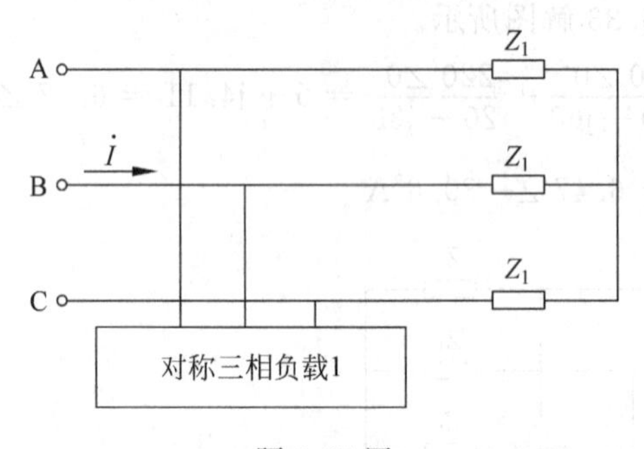

题6.35图

解 本题用于练习对称三相电路的求解及其有功功率的计算方法。

因为 $P_1 = 3UI_1\cos\varphi_1$，所以

$$I_1 = \frac{P_1}{3U\cos\varphi_1} = \frac{10 \times 10^3}{\sqrt{3} \times 380 \times 0.8} = 18.99(\text{A})$$

$$\cos\varphi = 0.8 \quad \Rightarrow \quad \varphi = 36.9^\circ$$

令$\dot{U}_{AN} = 220\angle 0^\circ\text{V}$，则$\dot{I}_{A1} = 18.99\angle -36.9^\circ\text{A}$。

$$\dot{I}_{A2} = \frac{220\angle 0^\circ}{Z_1} = \frac{220\angle 0^\circ}{10 + \text{j}5} = 19.68\angle -26.57^\circ(\text{A})$$

所以

$$\dot{I}_A = \dot{I}_{A1} + \dot{I}_{A2} = 38.51\angle -31.6^\circ\text{A}$$

$$\dot{I} = \dot{I}_B = \dot{I}_A\angle -120^\circ = 38.51\angle -151.6^\circ\text{A}$$

6.36 题6.36图所示电路中A、B、C与线电压为380V的对称三相电源相连，三相电动机吸收的有功功率为1000W，$I_A = 5\text{A}$，$I_B = 10\text{A}$，$I_C = 5\text{A}$，求阻抗Z。

解 本题用于练习不对称三相电路的求解。在不对称三相电路中，有可能局部电路仍然是三相对称的，对这部分电路仍然可以应用对称三相电路的求解方法和全部结论。画三相电路的相量图时，需要注意电压或电流的相序关系。

三相电动机为对称三相负载，因此电流$\dot{I}_{A1}$、$\dot{I}_{B1}$、$\dot{I}_{C}$为对称三相电流。

接上阻抗Z后，$\dot{I}_A$、$\dot{I}_B$、$\dot{I}_C$不再对称，但仍然满足$\dot{I}_A+\dot{I}_B+\dot{I}_C=0$，结合幅值关系，$\dot{I}_A$与$\dot{I}_C$同相，因此$\dot{I}_A=\dot{I}_C$。

相量图如题 6.36 解图所示。

$$P = 3UI\cos\varphi = 3\times 220\times 5\times \cos\varphi = 1000$$
$$\cos\varphi = 0.303$$
$$\varphi = 72.36°$$

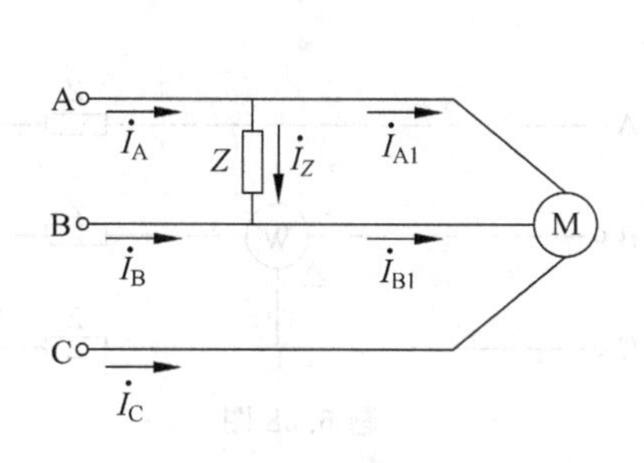

题 6.36 图

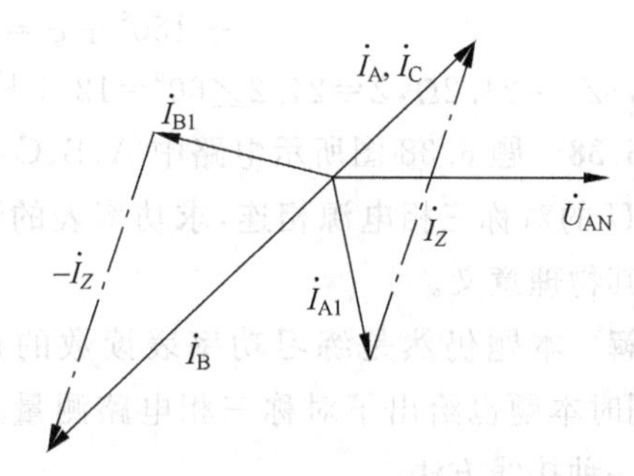

题 6.36 解图

令$\dot{U}_{AN}=220\angle 0°\text{V}$，则

$$\dot{I}_{A1} = 5\angle -72.36°\text{A},\quad \dot{I}_A = \dot{I}_C = 5\angle(-72.36°+120°) = 5\angle 47.64°(\text{A})$$

又

$$\dot{I}_A = 5\angle -72.36° + \frac{\sqrt{3}\times 220\times \angle 30°}{Z}$$

故

$$5\angle 47.64° = 5\angle -72.36° + \frac{380\angle 30°}{Z}$$

得$Z=29.56-\text{j}32.4\Omega$。

6.37 题 6.37 图所示电路中 A、B、C 与线电压为 380V 的对称三相电源相连，W_1读数为 0，W_2读数为 3000W，求感性阻抗Z。

解 本题用于练习用两表法测量对称三相电路的功率，关键是用电压、电流正确表示两表读数或清楚两表读数之间的关系，请参阅第 6 章论题 9 的讨论。

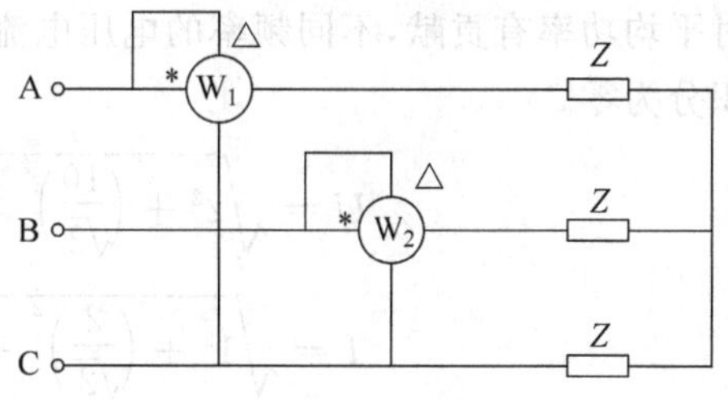

题 6.37 图

对称三相电路吸收的总功率为$P=3000\text{W}$，因此

$$P_Z=1000\text{W}=UI\cos\varphi=220\times\frac{220}{|Z|}\cos\varphi\Rightarrow\frac{|Z|}{\cos\varphi}=48.4$$

令$\dot{U}_{\text{AN}}=220\angle 0°\text{V}$,则

$$\dot{U}_{\text{AC}}=-\dot{U}_{\text{CA}}=-\dot{U}_{\text{AB}}\angle 120°=\dot{U}_{\text{AB}}\angle 120°=\sqrt{3}\,\dot{U}_{\text{AN}}\angle -30°$$

$$\dot{I}_{\text{C}}=\dot{I}_{\text{A}}\angle 120°=I_{\text{A}}\angle(-\varphi+120°)$$

因此功率表 W_1 的读数为

$$U_{\text{AC}}I_{\text{C}}\cos(-30°+\varphi-120°)=0$$

$$-150°+\varphi=\pm 90°\Rightarrow\varphi=60°$$

因此,$|Z|=24.2\Omega$,$Z=24.2\angle 60°=12.1+\text{j}20.96\Omega$。

6.38 题6.38图所示电路中A、B、C与相电压为U的对称三相电源相连,求功率表的读数并指出其物理意义。

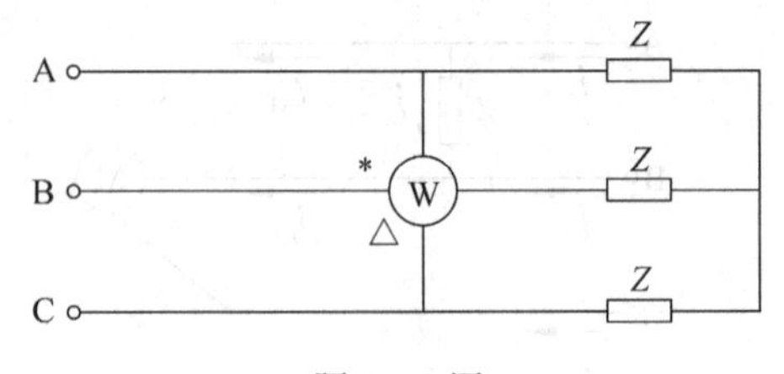

题6.38图

解 本题仍然是练习功率表读数的正确表示,同时本题也给出了对称三相电路测量无功功率的一种接线方法。

$$\dot{U}_{\text{CA}}=\dot{U}_{\text{AB}}\angle 120°=\sqrt{3}\,\dot{U}_{\text{AN}}\angle(30°+120°)=\sqrt{3}U\angle 150°(\text{V})$$

$$\dot{I}_{\text{B}}=\dot{I}_{\text{A}}\angle -120°=I\angle(-\varphi-120°)$$

$$P=U_{\text{CA}}I_{\text{B}}\cos(150°+\varphi+120°)=\sqrt{3}UI\cos(\varphi-90°)=\sqrt{3}UI\sin\varphi$$

P 乘以$\sqrt{3}$就是对称三相电路的总无功功率。

6.39 某一端口网络端口电压电流取关联参考方向。已知

电压 $u(t)=2+10\sin\omega t+5\sin 2\omega t+2\sin 3\omega t\,\text{V}$

电流 $i(t)=1+2\sin(\omega t-30°)+\sin(2\omega t-60°)\text{A}$

求端口电压、电流的有效值和该网络吸收的平均功率。

解 本题用于复习周期非正弦电路中电压、电流的有效值和平均功率的基本概念。尤其要注意"平均功率等于各次谐波的有功功率之和"绝不是叠加的概念,而是因为"同频出功率",即只有相同频率的电压、电流相乘得到的瞬时功率分量在一个周期内对时间积分才能对平均功率有贡献,不同频率的电压电流相乘得到的瞬时功率分量在一个周期内对时间的积分为零。

$$U=\sqrt{2^2+\left(\frac{10}{\sqrt{2}}\right)^2+\left(\frac{5}{\sqrt{2}}\right)^2+\left(\frac{2}{\sqrt{2}}\right)^2}=8.28(\text{V})$$

$$I=\sqrt{1^2+\left(\frac{2}{\sqrt{2}}\right)^2+\left(\frac{1}{\sqrt{2}}\right)^2}=1.87(\text{A})$$

$$P = 2\times 1 + \frac{10}{\sqrt{2}}\times\frac{2}{\sqrt{2}}\times\cos30^\circ + \frac{5}{\sqrt{2}}\times\frac{1}{\sqrt{2}}\times\cos60^\circ = 11.91(\text{W})$$

6.40 周期电流的波形如题 6.40 图所示。将该电流作用于一个电阻。问：

(1) 多大的直流电流在此电阻上消耗的功率与周期电流在此电阻上消耗的平均功率相等？

(2) 另有一周期为 T 的正弦电流在此电阻上消耗的平均功率与题 6.40 图中周期电流在此电阻上消耗的平均功率相等，求正弦电流的时域表达式。

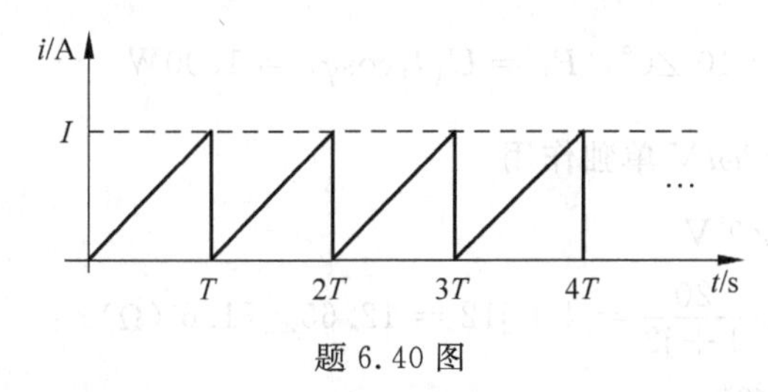

题 6.40 图

解 本题用于练习根据有效值的定义求任意周期非正弦信号的有效值。

(1) 根据周期信号有效值的定义：

$$I_{\text{rms}} = \sqrt{\frac{1}{T}\int_0^T i^2\,\mathrm{d}t} = \sqrt{\frac{1}{T}\int_0^T\left(\frac{I}{T}t\right)^2\mathrm{d}t} = \sqrt{\frac{1}{T}\frac{I^2}{T^2}\int_0^T t^2\,\mathrm{d}t} = \sqrt{\frac{I^2}{T^3}\frac{1}{3}t^3\Big|_0^T} = \frac{I}{\sqrt{3}}$$

故所求直流电流为 $I/\sqrt{3}$。

(2) 由于平均功率相等，所以正弦电流的有效值为 $I/\sqrt{3}$，时域表达式为

$$i = \sqrt{2}\,\frac{I}{\sqrt{3}}\sin\left(\frac{2\pi}{T}t + \varphi\right)$$

6.41 题 6.41 图所示电路中电压 $u = 50 + \sqrt{2}\times 100\sin\omega t + \sqrt{2}\times 50\sin 2\omega t\,\text{V}$，$\omega L = 10\Omega$，$R = 20\Omega$，$\frac{1}{\omega C} = 20\Omega$。求电流 i 的有效值及电路吸收的平均功率。

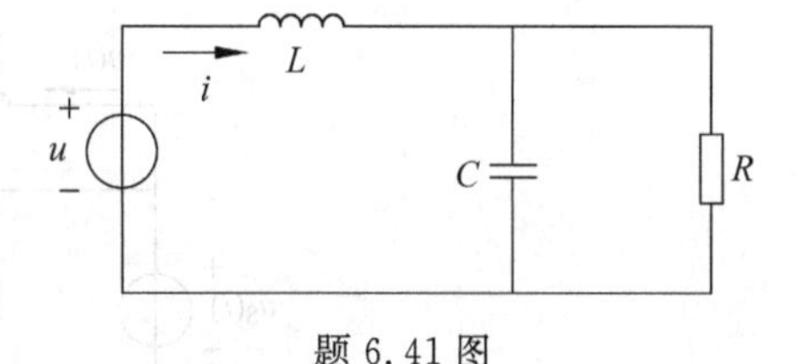

题 6.41 图

解 本题用于练习一般周期非正弦电路的分析方法——谐波分析法，其本质是叠加定理。需要注意两点：

(1) 在不同频率的各次谐波分别作用时，电路中所有动态元件的电抗要随之变化；

(2) 不同频率的各次谐波分别作用时，可以用相量法求解各支路量；但在写出某一支路量的总的结果时，不能直接相量相加，必须是相应的瞬时值相加，原因就在于这些相量对应的频率是不同的。

下面用谐波分析法分析周期非正弦激励下的线性电路的响应。

(1) $U_0 = 50\text{V}$ 单独作用：

$$I_0 = \frac{50}{R} = 2.5\text{A},\quad P_0 = I_0^2 R = 125\text{W}$$

(2) $u_1=\sqrt{2}\times100\sin\omega t\,\text{V}$ 单独作用

$$\dot{U}_1=100\angle0^\circ\text{V}$$

$$Z=\text{j}\omega L+\frac{R\dfrac{1}{\text{j}\omega C}}{R+\dfrac{1}{\text{j}\omega C}}=\frac{R}{1+\text{j}\omega CR}+\text{j}\omega L=\frac{20}{1+\text{j}}+\text{j}10=10(\Omega)$$

$$\dot{I}_1=\frac{\dot{U}_1}{Z}=10\angle0^\circ\quad P_1=U_1I_1\cos\varphi_1=1000\text{W}$$

(3) $u_2=\sqrt{2}\times50\sin2\omega t\,\text{V}$ 单独作用

$$\dot{U}_2=50\angle0^\circ\text{V}$$

$$Z=\text{j}20+\frac{20}{1+\text{j}2}=4+\text{j}12=12.65\angle71.6^\circ(\Omega)$$

$$\dot{I}_2=\frac{50\angle0^\circ}{Z}=3.95\angle-71.6^\circ\text{A},\quad P_2=U_2I_2\cos\varphi_2=62.46\text{W}$$

所以

$$i=2.5+10\sqrt{2}\sin\omega t+\sqrt{2}\times3.95\sin(2\omega t-71.6^\circ)\text{A}$$
$$I=\sqrt{2.5^2+10^2+3.95^2}=11.04(\text{A})$$
$$P=P_0+P_1+P_2=1187.46\text{W}$$

6.42 题6.42图所示电路中电源电压 $u_S(t)=30+60\sin\omega t+80\sin(2\omega t+45^\circ)\text{V}$，$R=60\Omega$，$\omega L_1=\omega L_2=100\Omega$，$\frac{1}{\omega C_1}=400\Omega$，$\frac{1}{\omega C_2}=100\Omega$。求：

(1) 电压 $u_R(t)$ 和电流 $i(t)$；

(2) 电波发出的平均功率。

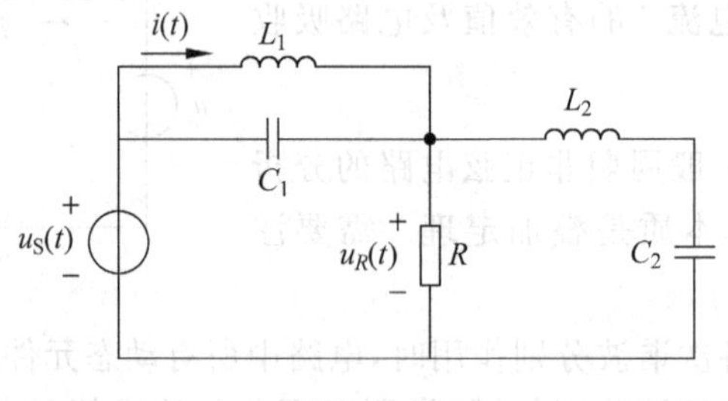

题6.42图

解 本题同样用于练习一般周期非正弦电路的分析方法——谐波分析法。

(1) $U_0=30\text{V}$ 单独作用

$$I_0=\frac{30}{60}=0.5\text{A},\quad U_{R0}=U_0=30\text{V}$$

$\dot{U}_1=60\angle 0°\text{V}$ 单独作用，L_2 与 C_2 串联谐振，相当于短路，故

$$\omega L_1 \ /\!/ \ \frac{1}{\omega C_1}=\frac{\text{j}100\times(-\text{j}400)}{\text{j}100-\text{j}400}=\text{j}\,\frac{400}{3}\Omega,\quad \dot{U}_{R1}=0$$

$$\dot{I}_1=\frac{\dot{U}_1}{\text{j}\,\dfrac{400}{3}}\,\frac{-\text{j}400}{\text{j}100-\text{j}400}=0.6\angle -90°(\text{A})$$

$\dot{U}_2=80\angle 45°\text{V}$ 单独作用，因为

$$2\omega L_1=200\Omega,\quad \frac{1}{2\omega C_1}=200\Omega$$

所以 L_2 与 C_2 并联谐振，相当于开路，故

$$\dot{U}_{R2}=0,\quad \dot{I}_2=\frac{\dot{U}_2}{\text{j}2\omega L_1}=\frac{80\angle 45°}{\text{j}200}=0.4\angle -45°(\text{A})$$

因此

$$u_R(t)=30\text{V}$$

$$i(t)=0.5+0.6\sin(\omega t-90°)+0.4\sin(2\omega t-45°)\text{A}$$

(2) 电源发出的平均功率为

$$P=30\times 0.5=15(\text{W})$$

6.43 题 6.43 图所示电路中直流电压源 $U_{S1}=12\text{V}$，$u_{S2}(t)=20\sin(2t+45°)\text{V}$，求电流 $i(t)$ 和两个电源各自发出的功率。

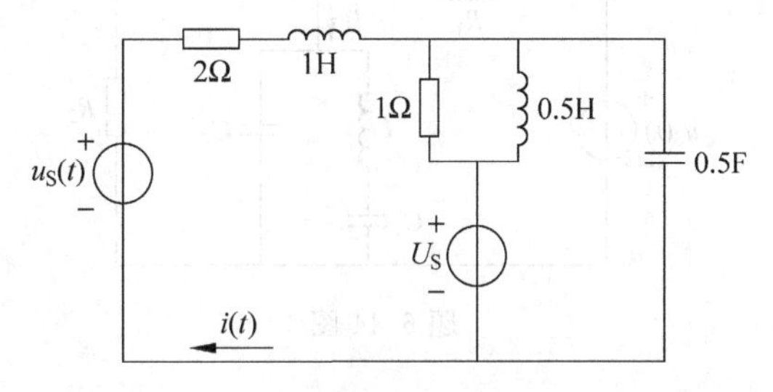

题 6.43 图

解 本题同样用于练习一般周期非正弦电路的分析方法——谐波分析法，其中结合了谐振，利用谐振电路的特点可以简化计算过程。

U_{S1} 单独作用

$$I_0=-\frac{12}{2}=-6(\text{A})$$

u_{S2} 单独作用，电路的相量模型如题 6.43 解图所示。电路发生并联谐振，故

$$\dot{I}_1=\frac{\dot{U}_{S2}}{3+\text{j}2}=\frac{20\angle 45°}{3+\text{j}2}=5.55\angle 11.3°(\text{A})$$

因此，$i(t)=i_0+i_1=-6+5.55\sin(2t+11.3°)$A

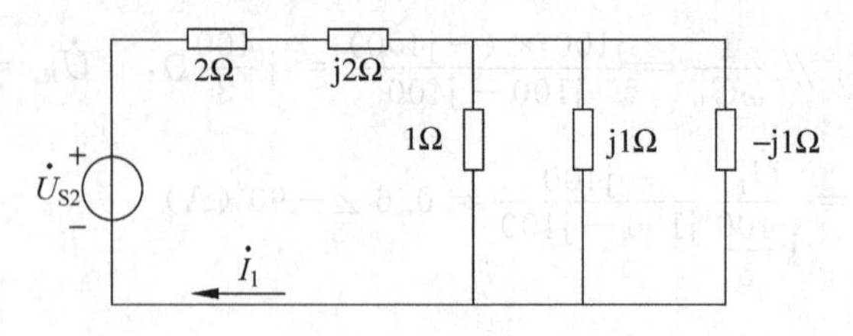

题 6.43 解图

U_{S1}发出功率为

$$P_1=\frac{U_S^2}{R}=\frac{12^2}{2}=72(\text{W})$$

u_{S2}发出功率为

$$P_2=U_{S2}I_1\cos\varphi=\frac{20}{\sqrt{2}}\times\frac{5.55}{\sqrt{2}}\cos(45°-11.3°)=46.17(\text{W})$$

6.44　题 6.44 图所示电路中 $R_2=10\Omega$，$C_1=100\mu\text{F}$，电源电压 $u_S(t)=20+20\sin(50t+30°)+10\sin(100t+45°)$V，电流 $i_1(t)=2\sin(50t+30°)$A。求：

(1) 电阻 R_1、电感 L 和电容 C_2；

(2) 电流 $i_2(t)$。

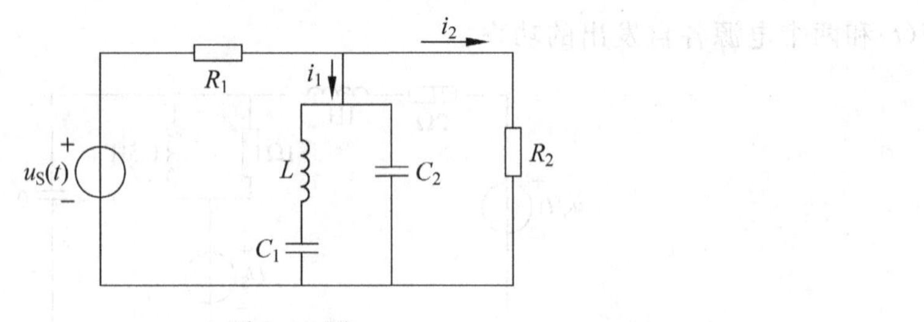

题 6.44 图

解　本题仍然用于练习一般周期非正弦电路的分析方法——谐波分析法，其中结合了谐振，利用谐振电路的特点可以简化计算过程。

(1) i_1 中只含基波分量，因此二次谐波作用时电路发生并联谐振，参照题 6.12(3)，有

$$\omega_p=\sqrt{\frac{C_1+C_2}{LC_1C_1}}=100\Rightarrow\frac{C_1+C_2}{LC_1C_1}=10\,000$$

又 i_1 与基波同相，因此基波时发生串联谐振，故

$$R_1=\frac{20}{2}=10\Omega$$

$$\frac{1}{\sqrt{LC_1}}=50,\frac{1}{LC_1}=2500\Rightarrow L=4\text{H}$$

从而可以得到 $C_2=33.3\mu\text{F}$。

(2) 直流时：

$$I_{20}=\frac{20}{R_1+R_2}=\frac{20}{10+10}=1(\text{A})$$

基波：$i_{21}=0$

2 次谐波：$i_{22}=\dfrac{u_{S2}}{R_1+R_2}=0.5\sin(100t+45^\circ)\text{A}$

所以，$i_2(t)=1+0.5\sin(100t+45^\circ)\text{A}$。